高等学校计算机科学与技术教材

多媒体技术应用

李建芳　编著

清华大学出版社
北京交通大学出版社
·北京·

内 容 简 介

本书主要讲述各类媒体素材的处理与合成技术及与之相关的多媒体技术基本理论。全书分 6 章，内容依次为多媒体技术概述、图形图像处理、动画制作、音频编辑、视频处理、多媒体信息集成。通过这门课的学习，可以使学习者掌握多媒体素材的处理与合成的基本用法，了解多媒体技术的相关基本理论，提高多媒体作品设计能力与艺术素养。

本书主要面向全国高等院校相关专业的本科生和研究生，也可作为多媒体技术应用的社会培训教材及广大多媒体爱好者的参考书籍。

图书在版编目（CIP）数据

多媒体技术应用 / 李建芳编著. —北京：清华大学出版社；北京交通大学出版社，2011.2
（高等学校计算机科学与技术教材）
ISBN 978-7-5121-0482-2

Ⅰ. ①多…　Ⅱ. ①李…　Ⅲ. ①多媒体技术-高等学校-教材　Ⅳ. ①TP37

中国版本图书馆 CIP 数据核字（2011）第 010070 号

责任编辑：谭文芳　　特邀编辑：李晓敏
出版发行：清 华 大 学 出 版 社　　邮编：100084　　电话：010-62776969　　http://www.tup.com.cn
　　　　　北京交通大学出版社　　邮编：100044　　电话：010-51686414　　http://press.bjtu.edu.cn
印 刷 者：北京瑞达方舟印务有限公司
经　　销：全国新华书店
开　　本：185×260　　印张：17.5　　字数：445 千字
版　　次：2011 年 2 月第 1 版　　2011 年 2 月第 1 次印刷
书　　号：ISBN 978-7-5121-0482-2/TP・631
印　　数：1～4 000 册　　定价：29.00 元

本书如有质量问题，请向北京交通大学出版社质监组反映。对您的意见和批评，我们表示欢迎和感谢。
投诉电话：010-51686043，51686008；传真：010-62225406；E-mail：press@bjtu.edu.cn。

前　言

随着计算机技术与通信技术的飞速发展，多媒体技术的应用已经渗透到人类社会的各个领域，改变着人们传统的生活与工作方式。学习多媒体技术并掌握其相关应用，是当代大学生应该具备的基本素质。

本书主要讲述各类媒体素材的处理与合成技术及与之相关的多媒体技术基本理论。全书分6章，内容依次为多媒体技术概述、图形图像处理、动画制作、音频编辑、视频处理和多媒体信息集成，涵盖Photoshop、Flash、Audition和Premiere等主流多媒体软件的基本应用。通过这门课的学习，可以使学习者掌握多媒体素材的处理与合成的基本用法，了解多媒体技术的相关基本理论，提高多媒体作品设计能力与艺术素养。

第1章多媒体技术概述，介绍了多媒体基本概念、多媒体计算机系统基本知识和多媒体技术的主要应用领域等内容。

第2章图形图像处理，讲述了图形图像处理的基本概念、常用的图形图像处理软件、图像处理大师Photoshop的基本操作和相关应用案例。

第3章动画制作，讲述了计算机动画的基本概念、常用的动画制作软件、平面矢量动画大师Flash的基本操作和相关应用案例。

第4章音频编辑，讲述了数字音频的基本知识、常用的音频编辑软件、Adobe Audition的基本操作和应用案例。

第5章视频处理，讲述了数字视频的基本知识、常用的视频合成软件、非线性视频编辑大师Premiere的基本操作和相关应用案例。

第6章多媒体信息集成，主要讲解了两个多媒体信息集成综合案例的制作过程。同时在本章开始简明扼要地介绍了多媒体信息集成的含义、传统数字媒体集成和流媒体集成的基本知识。

附录为习题答案，提供了前面各章习题的答案或操作提示。

本书具有以下特色。

- 以多媒体技术应用的实践操作为主。主要讲解案例，适当介绍相关理论，做到真正的实践教学。
- 特别注意激发读者的学习兴趣。精心选择书中案例，注重实用性、趣味性和艺术性；达到寓教于乐、轻松学习的目的。

本书各章配有适量的习题，本书用到的相关实验素材请在出版社网站（http://press.bjtu.edu.cn）下载，或与本书责任编辑联系：cbstwf@jg.bjtu.edu.cn。

本书编写者是长期从事计算机多媒体课程教学的一线教师，在编写过程中注意紧扣教学要求，并力图在教材中介绍一些计算机多媒体技术的新发展和新观念。

本书可作为高等院校相关专业的多媒体技术应用教材，本科生公共选修课教材，研究生分流课教材；也可作为多媒体技术应用的社会培训教材及广大多媒体爱好者的参考书籍。

在本书的编写中，由于时间仓促和作者水平所限，错误与不当之处在所难免，恳请读者批评指正。

编　者

2010年12月

目　录

第 1 章　多媒体技术概述

1.1　多媒体基本概念

多媒体诞生于 20 世纪 80 年代。从诞生到现在短短二十多年的时间里，多媒体发展非常迅速，对社会许多领域产生了巨大的影响。特别是近些年来，数字高新技术不断取得新的突破，伴随着计算机、数码产品（如手机、数字电视机等）和网络的普及，多媒体已经成为当今世界最热门的话题之一。

1.1.1　媒体

媒体（Media），是承载和传播信息的载体。从传统意义上讲，日常生活中人们熟知的报纸、图书、广播、电影、电视等都是媒体。计算机领域中的媒体概念有两层含义：第一层含义是指传递信息的载体，如文本、声音、图形、图像、动画、影视等，它们借助显示屏、音频卡、视频卡等设备以各自不同的方式向人们传递着信息，但都以二进制数据的形式存储在计算机存储器中；第二层含义是指用以存储上述信息的实体，如磁带、磁盘、光盘、各种移动存储卡等。本章所探讨的多媒体技术中的媒体主要指的是前者。

1.1.2　多媒体

多媒体一词译自英文 Multimedia（由 mutiple 和 media 复合而成），与多媒体对应的是单媒体（Monomedia）。因此，从字面上即可看出，多媒体是由单媒体复合而成的。

多媒体是传统媒体在数字化技术的支持下产生的。它不仅具有传统媒体（报纸、图书、广播、电影、电视等）的信息传播功能，还能够在数字存储设备中保存、复制、修改完善，不仅处理起来非常方便，而且更加环保和节省能源。因此，多媒体比传统媒体具有更多优点和更广阔的发展前景。

在信息技术领域，多媒体是指文本、声音、图形、图像、动画、影视等多种媒体信息的组合使用。如图 1-1 所示是由 Flash 合成的多媒体作品截图。

本章所阐述的多媒体技术是指使用计算机对多种媒体信息（文本、声音、图形、图像、动画和影视等）进行加工处理，并在它们之间建立一定的逻辑连接，形成一个具有集成性、实时性和交互性的系统的综合技术。

一般将多媒体看作“多媒体技术”的同义语。因此，多媒体不仅指多种媒体本身，而主要是指处理和应用它的一整套技术。

计算机多媒体的产生和发展对传统的媒体产生了巨大的冲击力，在很大程度上改变了人们生产和生活的方式，促进了社会生产力的迅速发展。

图 1-1　多媒体作品截图

1.1.3　多媒体技术

促进多媒体发展的关键技术主要有数据压缩和编码技术、超大规模集成电路制造技术、大容量的光盘存储技术、多媒体同步技术、多媒体网络技术、多媒体信息检索技术、虚拟现实技术和流媒体技术等。只有这些技术取得了突破性的进展，多媒体技术才能够得到迅速发展。

1．数据压缩和编码技术

数字化的各类媒体（特别是视频）的数据量非常大，如果不进行压缩，对计算机的数据处理能力、存储空间和传输速度将构成严重障碍。所谓数据的压缩和编码，通俗地讲，就是用最少的数码表示各种媒体信号，同时保持一定的信号质量。先进的数据压缩和编码技术，极大地促进了多媒体的实现和迅速发展。

2．超大规模集成电路制造技术

多媒体数据的处理过程需要大量的计算，普通的 PC 很难胜任；若采用中型或大型机，高昂的成本使得多媒体技术无法推广。采用超大规模集成电路（Very Large Scale Integrated Circuites，VLSI）先进技术生产的数字信号处理器（Digital Signal Processing，DSP）芯片，计算速度快而价格低廉，很好地解决了上述问题。因此 VLSI 技术为多媒体技术的普及创造了必要条件。

3．大容量的光盘存储技术

经压缩编码后的多媒体信息的数据量仍然是很大的，需要大容量、携带方便而价格低廉的存储器存储和传播发行。大容量的光盘存储器 CD、VCD 和 DVD 正好满足了上述要求。目前，CD-ROM 的容量在 650 MB 左右；单面结构的 DVD 的容量可达 4.7 GB，双层双面结构的 DVD 的容量更是高达 17 GB。因此，大容量的光盘存储技术促进了多媒体技术的普及和发展。

4．多媒体同步技术

在多媒体的应用中，各媒体信息之间往往存在着空间或时间上的相互依存关系。比如，音频和视频之间在时间上必须保持同步，否则将导致音像不一致，严重影响多媒体的播放效果。因此，必须重视多媒体同步技术的研究和发展。

5．多媒体网络技术

多媒体网络技术是多媒体技术与网络技术相结合的产物。随着社会的发展，人们越来越多地在网络通信中使用多媒体信息。为此，需要解决网络中大容量信息的存储和传输等问题。目前，多媒体网络技术已经成为最热门的多媒体技术之一。

6．多媒体信息检索技术

随着网络技术及多媒体技术的飞速发展，多媒体信息检索技术已经引起人们的广泛关注。其中，基于内容的图像检索是该领域公认的最活跃的研究课题。它根据图像的可视化特征，如颜色、纹理、形状和位置等，从图像库中查找到内容相似的图像，利用图像的可视化特征索引，大大地提高了图像系统的检索能力。

7．虚拟现实技术

简单地说，虚拟现实（Virtual Reality，VR）技术就是借助计算机技术及相关硬件设备，实现一种人们可以通过视听触嗅等多种手段所感受到的实时的、三维的虚拟环境；虚拟现实技术又称幻境或灵境技术。

虚拟现实技术是当代科技发展的交叉学科，它通过使用传感设备及与之相互作用的新技术，生成逼真的三维虚拟环境，具有临场感、交互性和构想性等特点。虚拟现实技术的实质是：提供了一种高级的人与计算机交互的接口，是多媒体技术发展的更高境界。

虚拟现实技术在模拟汽车、飞机驾驶，游戏和军事等领域有着广阔的发展前景。

8．流媒体技术

流媒体（Streaming Media）技术是一种新兴的网络多媒体技术，以流的方式在网络上传输多媒体信息，人们普遍认为这是未来高速宽带网络的主流应用之一。

在流媒体之前，网络用户要浏览存储在远程服务器上的图像、音频、视频等媒体文件，必须等到文件的全部数据传输到用户端时才能够播放。流式媒体则不同，它在播放前并不需要下载整个文件的全部数据，只要部分数据到达，流媒体播放器就开始播放。之后，流媒体数据陆续“流”向用户端，形成“边传送边播放”的局面，直到传输完毕。这种方式解决了用户在数据下载前的长时间等待问题；而且流媒体文件较小，便于存储和网络传输。

当前，流媒体主要应用于视频点播（Video On Demand，VOD）、视频广播、视频监视、视频会议、远程教学和交互式游戏等方面。

1.1.4　多媒体技术主要特征

1．集成性

一方面指多种媒体信息的有机合成；另一方面指处理各种媒体信息所需要的软件工具和硬件设备的集成。对于前者，《数字化生存》的作者尼古拉·尼葛洛庞帝曾说过“声音、图像和数据的混合被称作‘多媒体’（Multimedia），这个名词听起来很复杂，但实际上，不过是指混合的比特罢了”。

2．实时性

声音与视频是密切相关的，必须同步进行，任何一方滞后都会影响到信息的准确表达。这决定了多媒体技术具有实时性。另外，在多媒体网络技术、流媒体传输技术层面，实时性还包含“可以实时发布信息，以更强的时效性反馈信息”的含义。

3．交互性

用户通过人机界面能够与计算机进行信息交流，以便更有效地控制和使用多媒体信息。

4．多样化

它是指信息媒体的多样化和媒体处理方式的多样化。多媒体技术同时复合图、文、声、像等多种媒体进行信息表达；同时，计算机中相应的各种工具软件和硬件设备处理这些媒体的方式也是多种多样的。

“超链接技术”也是多媒体技术的一个重要特征，通过超链接不但能够即时获取某个领域的最新信息，还可以不断深入，最终得到该领域无限扩展的内容。“超链接技术”同时也改变了人们循序渐进的信息认知方式，形成了联想式的认知方式。

1.2 多媒体计算机系统

早期的微机能够处理的信息仅限于文字和数字，同时人机之间的交互只能通过键盘、鼠标和显示器等少数设备实现，交流的方式非常单一。为了改变这种现状，人们发明了多媒体计算机。

所谓多媒体计算机（Multimedia Personal Computer，MPC），是指能够对文本、声音、图形、图像、动画、视频等多种媒体进行获取、编辑处理、存储、输出和表现的一种计算机系统。MPC 联盟规定多媒体计算机系统至少由 5 个基本组成部分：PC、CD-ROM、音频卡、Windows 操作系统、一组音箱或耳机。

今天，对于计算机开发商和普通用户来说，MPC 已经成为一种必备的技术规范。随着计算机技术的飞速发展，人们对 MPC 的衡量标准也在不断提高。

1.2.1 多媒体计算机系统的硬件系统

多媒体计算机无非是在传统计算机的基础上增加了处理多媒体信息的设备，这些设备包括：多媒体 CPU（在传统的 CPU 芯片中增加了处理多媒体信息的特定指令），音频卡，视频卡，CD-ROM 驱动器或 DVD 驱动器，话筒、音箱和耳机等。

1．多媒体 CPU

芯片设计技术的发展，将多媒体和通信功能集成到了 CPU 芯片中，形成了专用的多媒体 CPU。多媒体 CPU 使得 PC 对音频和视频的处理就如同对数字和文字的处理一样快捷。

近来市场上又兴起了具有“双核”或“多核”CPU 的计算机系统。“核”即核心，又称内核，是 CPU 最重要的组成部分；CPU 所有的计算、接收/存储命令、处理数据都由核心执行。多核 CPU 就是指在一个 CPU 上集成了多个运算核心，大大提高了 CPU 的计算能力，计算机系统的性能也随之得到巨大的提升。

2．音频卡

音频卡又称声卡，如图 1-2 所示。它是最基本的多媒体声音处理设备，其功能是实现声音的 A/D（模/数）和 D/A（数/模）转换。采样频率是影响音频卡性能的一个重要因素，不同的音频卡可支持 11.025 kHz、22.05 kHz 和 44.1 kHz 三种采样频率。影响音频卡性能的另一个重要因素是采样分辨率（又称量化精度、量化位数），有 8 位、16 位、32 位之分。采样频率和采样分辨率共同决定音频卡性能的好坏。一般来说，采样频率越高，采样分辨率越高，音频卡的性能越好。

音频卡支持声音的录制和编辑、合成与播放、压缩和解压缩，并且具有与 MIDI 设备和 CD-ROM 驱动器相连接的功能。在音频卡上连接的音频输入/输出设备包括话筒、音频播放设备、MIDI 合成器、耳机和扬声器等。

3．视频卡

视频技术使得动态影像能够在计算机中输入、编辑和播放。视频技术通过软件、硬件都能够实现，目前使用较多的是视频卡，如图 1-3 所示。视频卡可分为视频叠加卡、视频捕捉卡、电视编码卡、MPEG 卡和 TV 卡等多种，其功能是连接摄像机、VCR 影碟机、TV 等设备，以便获取、处理和播放各种数字化视频媒体。

图 1-2　音频卡

图 1-3　视频卡

在各种视频卡中，视频叠加卡用于将标准视频信号经 A/D 转换与 VGA 信号进行叠加；视频捕捉卡（又称视频采集卡）用于将模拟的视频信号转换成数字化的视频信号，以 AVI 文件格式存储在计算机中；电视编码卡用于将 VGA 信号转换成标准的视频信号；MPEG 卡（又称解压卡/回放卡）用于将音频和视频进行 MPEG 解压缩与回放，该功能现在基本由软件实现；TV 卡用于使计算机能够接收 PAL 制式或 NTSC 制式的电视信号，同时 TV 卡还具有电视频道的选择功能。

4．CD-ROM 驱动器与 DVD 驱动器

CD-ROM 驱动器简称光驱，是用于光盘读写操作的设备。根据与主机连接方式的不同，CD-ROM 驱动器可分为内置式和外置式两种。还有一种可重复读写型光驱（CD-RW，又称光盘刻录机）。对广大用户来说，光驱早已成为多媒体计算机系统的必备配置。

光盘是利用光存储技术实现数据读写的大容量存储器。按读写功能分类，光盘可分为只读光盘（CD-ROM 等）、一次写多次读光盘（CD-R 等）和可擦写光盘（CD-RW 等）三种。

DVD 驱动器是对 DVD 光盘进行读写操作的设备，按读写方式的不同进行分类，DVD 驱动器可分为只读型 DVD 驱动器（即 DVD-ROM 驱动器）、一次性写入型 DVD 驱动器（即 DVD-R 驱动器）和可重复擦写型 DVD 驱动器（即 DVD-RW 驱动器，如图 1-4 所示）等。

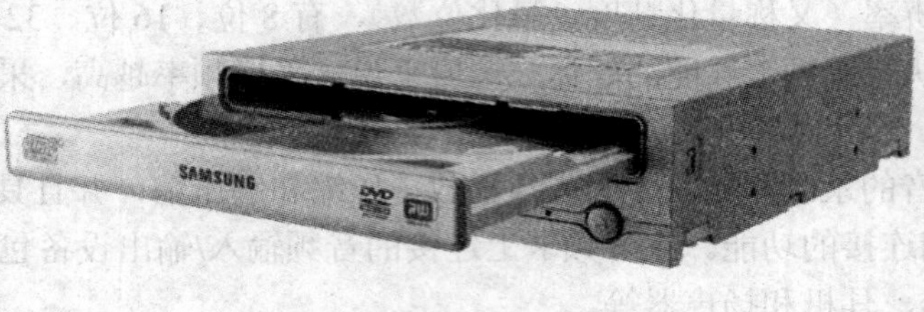

图 1-4 DVD-RW 驱动器

CD-ROM 的容量通常为 650 MB 左右。DVD-ROM 的容量要大得多，单面单层 DVD-ROM 的容量是 4.7 GB，相当于 7 张 CD-ROM 的容量；双面双层 DVD-ROM 的容量是 17.7 GB，更是 CD-ROM 容量的几十倍，成为多媒体计算机系统升级换代的理想产品。

为了增强多媒体计算机的功能，其他可扩展的配置包括图形加速卡、网卡、打印机、扫描仪（如图 1-5 所示）、数字相机、数字摄像机和触摸屏等。目前，PC 的多媒体功能大多是通过附加上述插件和设备来实现的。

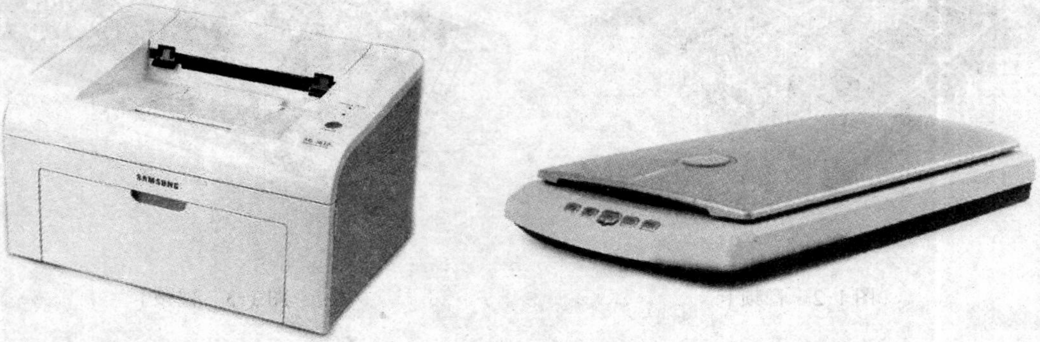

（a）打印机 （b）扫描仪

图 1-5 多媒体计算机的可扩展配置

1.2.2 多媒体计算机系统的软件系统

多媒体计算机系统的软件系统包括多媒体操作系统、多媒体信息处理工具和多媒体应用软件三个层次。

1. 多媒体操作系统

多媒体计算机的使用需要多媒体操作系统的支持。多媒体操作系统是在传统操作系统的基础上增加了处理声音、图形、图像、动画、视频等多种媒体信息的功能，如 Windows 98、Windows 2000、Windows XP、Windows Vista、Windows 7 等。多媒体操作系统具有多任务的特点；能够支持大容量的存储器；在内存容量不足以支持同时运行多个大型程序时，能够通过虚拟内存技术，借助硬盘空间的交换来扩展内存空间；支持“即插即用”功能；支持高速的数据传输端口，如 IEEE 1394 接口等。

在 Windows XP 中，打开【控制面板】窗口，双击【声音和音频设备】图标，打开【声音和音频设备 属性】对话框，如图 1-6 所示，从中可以对 Windows XP 的声音性能参数和相关硬件设备进行设置。

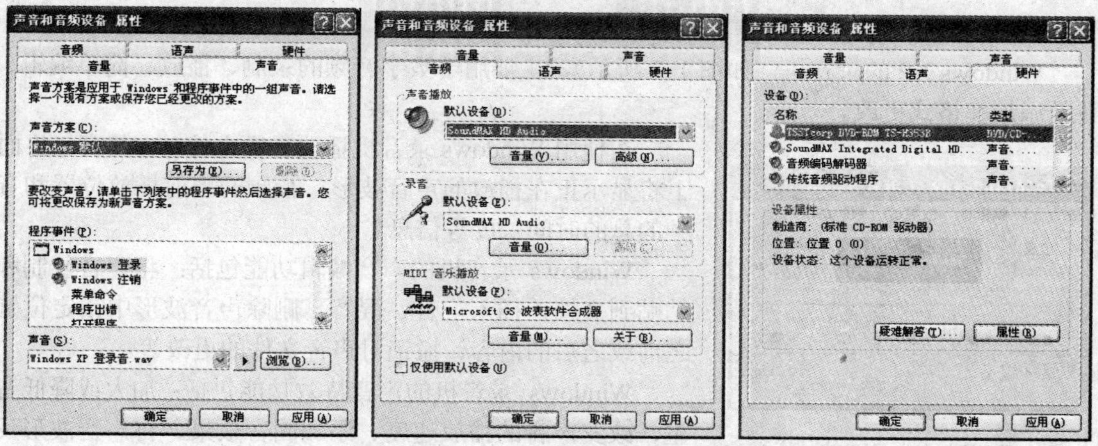

图 1-6 【声音和音频设备 属性】对话框

2. 多媒体信息处理工具

多媒体信息处理工具按照用途进行划分，一般可分为多媒体信息加工工具和多媒体信息集成（创作）工具两类。

① 常用的多媒体信息加工工具如下。

↘ 图形图像处理：Photoshop、CorelDraw、Illustrator 等。

↘ 声音处理：Ulead Audio Editor、Adobe Audition、CakeWalk 等。

↘ 动画制作：Gif Animation、Flash、3ds max、MAYA 等。

↘ 视频处理：Ulead Video Editor、Ulead Video Studio（会声会影）、Adobe Premiere 等。

② 常用的多媒体信息集成工具如下。

↘ 基于幻灯片的多媒体创作工具 PowerPoint。

↘ 基于时间顺序的多媒体创作工具 Director、Flash。

↘ 基于图符的多媒体创作工具 Authorware 等。

↘ 网页形式的多媒体创作工具 FrontPage、Dreamweaver 等。

一般来说，多媒体信息加工工具和多媒体信息集成工具的关系是：首先通过前者加工处理得到所需的各类多媒体素材（图形、图像、声音、动画、视频等）；再由后者将上述各类素材进行集成，创作出丰富多彩的多媒体作品和多媒体应用软件。

3. 多媒体应用软件

多媒体应用软件是利用多媒体信息处理工具开发，运行于多媒体计算机上，能够为用户提供某种用途的软件，如辅助教学软件、游戏软件、电子工具书、电子百科全书等。多媒体应用软件一般具有以下特点：由多种媒体集成，具有超媒体结构，比较注重交互性。

1.2.3　Windows XP 的多媒体工具

Windows XP 中的多媒体工具主要包括录音机、媒体播放机和音量控制程序。选择【开始】|【所有程序】|【附件】|【娱乐】下的相应命令，可分别打开上述多媒体工具的程序窗口。

1．录音机

Windows XP 的录音机（如图 1-7 所示），主要用于数字音频的录制、播放、简单编辑、特效添加和格式更改。

图 1-7 Windows XP 的录音机

在使用 Windows 录音机播放音频文件时，其窗口界面上将显示正在播放的声音波形、音频的当前播放位置和音频的总的时间长度等信息。

Windows 录音机的声音编辑功能包括：将声音复制和粘贴到文档，插入声音、混音，删除声音波形中指定位置之前或之后的内容、撤销对声音文件的更改等。

Windows 录音机的声音特效功能包括：加大或降低音量，改变声音的播放速度、添加回音效果、将声音波形反转等。

Windows 录音机主要支持*.wav 格式的文件；但也可将打开的*.wav 文件另存为*.wma 或*.mp3 等格式的文件，因此可用于声音文件的格式转换。

2．媒体播放机

Windows XP 的媒体播放机（Windows Media Player）主要用于播放数字音频和视频媒体（包括 CD 音乐、VCD 和 DVD 影视）。还可以将 CD 上的曲目复制到计算机中，形成*.wma 格式的文件；以及将某些格式的声音文件（*.wma、*.mp3、和*.wav）转换为 *.cda 文件复制到空白 CD 上（计算机必须配备 CD 刻录机）。

Windows XP 的媒体播放机支持多种类型的音频和视频文件。在播放音乐时，不仅能够听到优美的旋律，还可以看到可视化效果带来的漂亮画面，如图 1-8 所示。

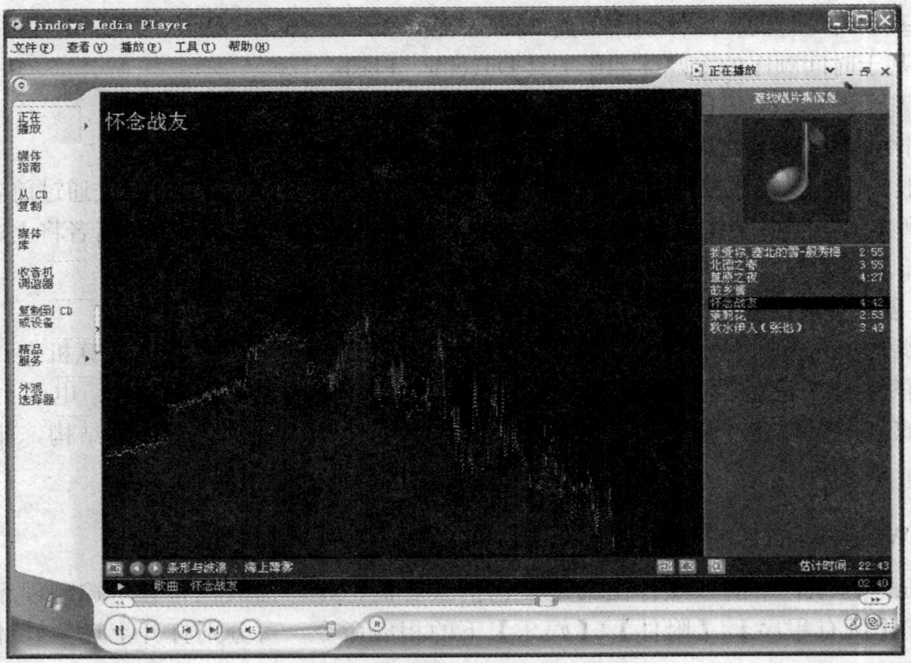

图 1-8 Windows XP 的媒体播放机

3. 音量控制

Windows XP 音量控制程序主要用于选择和设置录音与放音设备，并在声音的录制和播放中，控制音量的大小，调节声道的左右平衡等。

1.2.4　案例——Windows XP 媒体播放机的使用

1. 使用 Windows XP 媒体播放机播放音乐和视频

步骤 1　选择【开始】|【程序】|【附件】|【娱乐】|【Windows Media Player】命令，启动 Windows XP 的媒体播放机。

步骤 2　将 CD 唱片或 VCD、DVD 光盘插入相应的驱动器中。选择菜单命令【播放】|【DVD、VCD 或 CD 音频】，可播放 CD 上的音乐或 VCD、DVD 上的视频（所播放的内容列表在媒体播放机的右窗格中，如图 1-9 所示）。

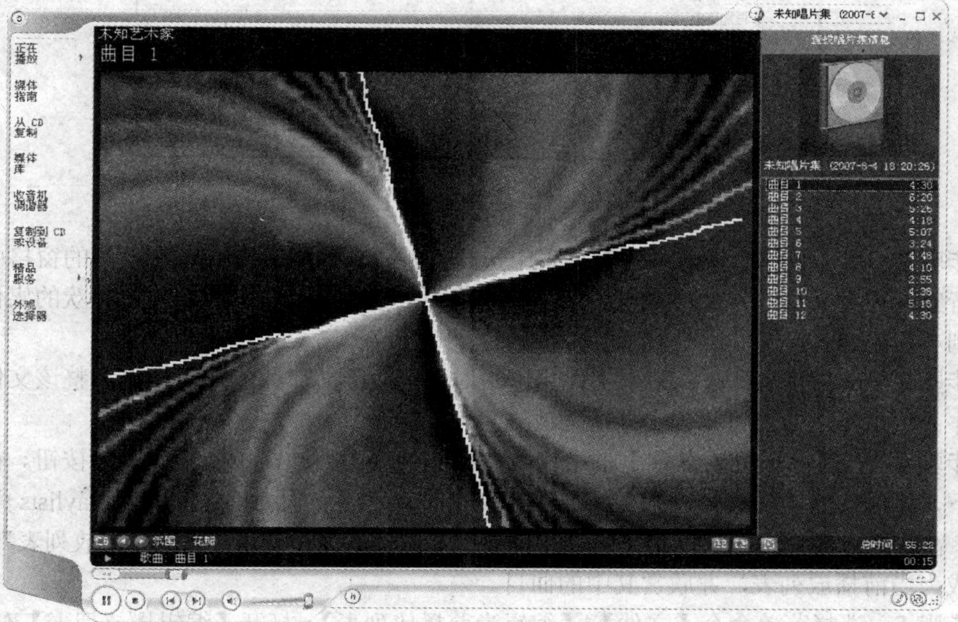

图 1-9　使用 Windows XP 媒体播放机播放 CD 唱片

步骤 3　在右窗格中右击某一曲目，从快捷菜单中选择【上移】或【下移】命令，可改变曲目的播放顺序。当然，也可在某一曲目上上下拖移鼠标来改变曲目的播放顺序。若媒体播放机的窗口中未显示正在播放的曲目列表，可在选择菜单命令【查看】|【“正在播放”选项】|【显示播放列表】）后，单击媒体播放机左窗格的【正在播放】按钮。

步骤 4　若在【播放】菜单中选择【重复】命令，可循环播放列表中的曲目；若在【播放】菜单中选择【无序播放】命令，可随机播放列表中的曲目。

步骤 5　使用菜单【查看】|【可视化效果】下的有关命令，可以对正在播放的音频设置各种漂亮的可视化效果（根据音频信号的变化而发生改变的图形显示）。

步骤 6　使用菜单命令【文件】|【打开】可以打开计算机存储器上的某一音频或视频文件并进行播放。

2．创建自己的播放列表

步骤1 选择菜单命令【文件】|【新建播放列表】，打开【新建播放列表】对话框，如图1-10所示。

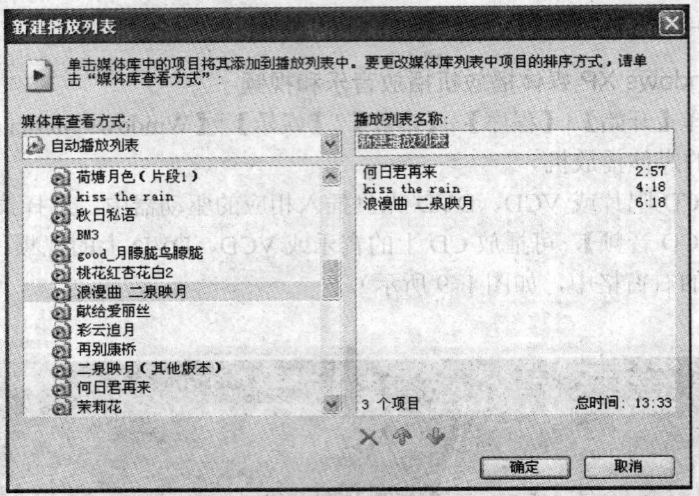

图1-10 【新建播放列表】对话框

步骤2 从【媒体库查看方式】列表中选择一种媒体库查看方式，在下面的窗格中单击某个音频或视频文件，该文件即可添加到右窗格中。使用该操作方式将自己喜欢的媒体文件添加到右窗格中。

步骤3 在右窗格中选择某个文件，单击对话框底部的![up]或![down]按钮，可调整该文件的播放顺序；单击✕按钮，可将该文件从播放列表中清除。

步骤4 在【播放列表名称】框中输入该播放列表的名称，单击【确定】按钮。在默认设置下，所创建的"播放列表"文件存储在"我的音乐/我的播放列表（My Playlists）"文件夹中。在任何时候都可以使用菜单命令【文件】|【打开】打开自己创建的"播放列表"文件，使之成为当前播放列表，并欣赏其中的曲目。

步骤5 选择菜单命令【文件】|【编辑当前播放列表】，打开【编辑播放列表】对话框，根据需要对当前播放列表进行修改。

步骤6 选择菜单命令【文件】|【保存播放列表】，将改动保存到原"播放列表"文件。

3．将媒体播放机的颜色设置为自己喜欢的颜色

步骤1 选择菜单命令【查看】|【增强功能】|【颜色选择器】，打开【颜色选择器】窗格，如图1-11所示。

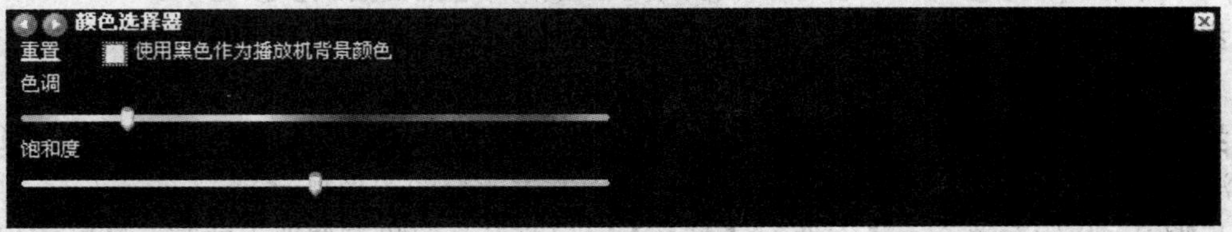

图1-11 【颜色选择器】窗格

步骤 2　移动【色调】和【饱和度】滑块到适当位置，将媒体播放机的颜色改为自己喜欢的颜色。

步骤 3　单击【颜色选择器】窗格中的【重置】按钮，可将媒体播放机恢复为默认颜色。

4. 从 CD 唱片中复制曲目

步骤 1　将 CD 唱片插入到光盘驱动器。

步骤 2　在 Windows XP 媒体播放机的左窗格中单击【从 CD 复制】按钮，如图 1-12 所示。

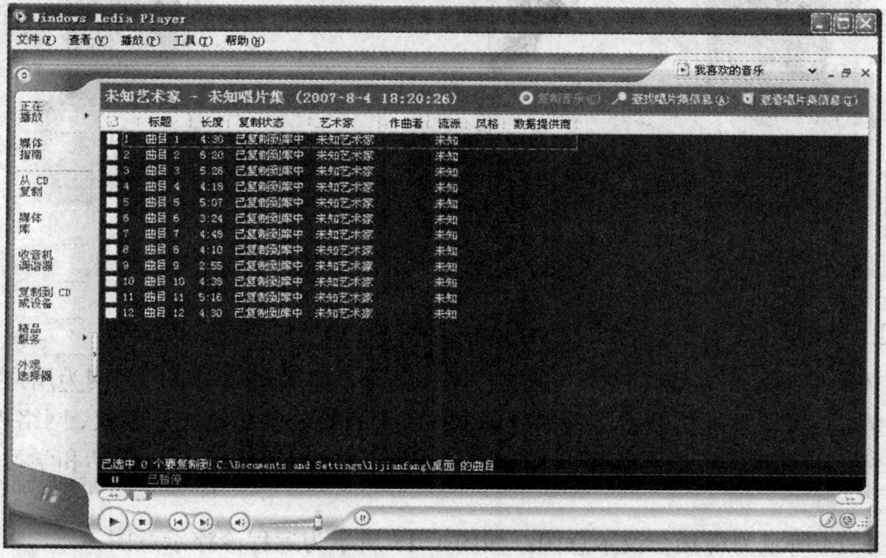

图 1-12　从 CD 唱片中复制曲目

步骤 3　选择要复制的曲目。 单击程序窗口顶部的复制音乐按钮，开始复制。

步骤 4　在默认设置下，选中的曲目将复制到“我的音乐”文件夹下。选择菜单命令【工具】|【选项】，打开【选项】对话框。在【复制音乐】选项卡中单击【更改】按钮，可自行确定存储音频文件的文件夹。

1.3　多媒体技术的应用领域

在多媒体技术应用的诸多领域，往往集文字、图形、图像、声音、视频及网络、通信等多项技术于一体，通过计算机和通信设备的数字记录与传送，对上述各种媒体进行处理。随着多媒体技术的飞速发展，其应用领域日趋广泛，已经渗透到社会生活的方方面面，对人们的工作和日常生活产生了巨大的影响。多媒体技术的应用领域如下。

1.3.1　教育领域

多种形式的多媒体教学手段已经在大中小学推广，如利用多媒体电子教案进行教学、网络多媒体远程教育、在课程中利用多媒体技术模拟交互过程、仿真工艺过程等。合理地进行多媒体教学，可改善教学效果，给教师和学生的教与学带来极大的方便。

如图 1-13 所示为《中国最美古词》多媒体教学课件中的交互式画面。

图 1-13 学习古词《青玉案》

1.3.2 通信领域

多媒体通信技术将多媒体技术与网络技术相结合，借助局域网与广域网为用户提供多媒体信息服务。与多媒体通信技术相关的应用领域主要有多媒体电话视频会议、网络视频点播、多媒体信件、远程医疗诊断和远程图书馆等。这些应用使人们的工作、生活和学习发生了深刻的变革。

如图 1-14 所示为视频会议示意图；如图 1-15 所示为远程诊疗示意图。

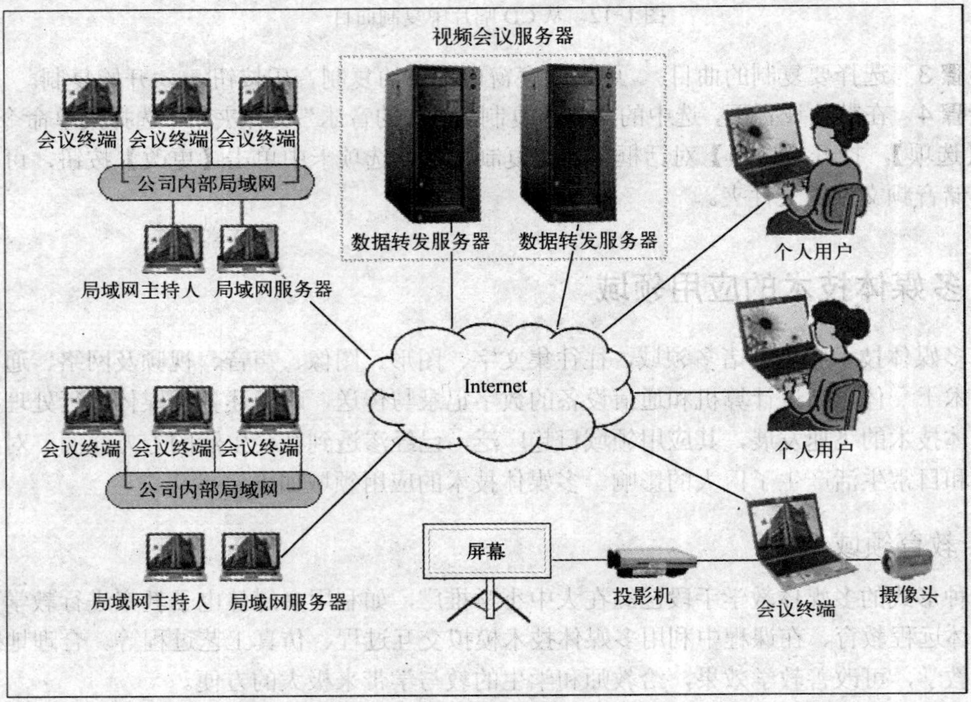

图 1-14 视频会议示意图

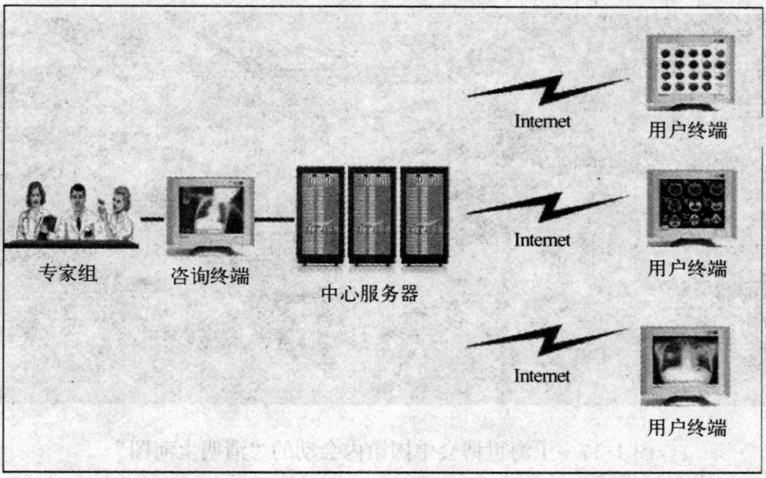

图 1-15　远程诊疗示意图

1.3.3　数字媒体艺术领域

数字媒体艺术，或称多媒体艺术，是以多媒体技术为基础发展起来的一个新兴领域，是多媒体技术与传统艺术的结合，包括计算机平面设计、数字图形图像（如数字绘画、数字摄影艺术等）、计算机动画、网络艺术、数字音乐、数字视频等诸多领域。目前，数字媒体艺术在我国尚处于起步阶段，但已经受到人们越来越广泛的关注，“其发展前景不可限量”。

2008 年北京奥运会开幕式上美轮美奂的光影效果、巨型卷轴画卷（如图 1-16 所示）等，2010 年的上海世博会中国馆内会动的“清明上河图”（如图 1-17 所示），画面上的人在走动，旗帜在飘扬，河水在流动，一切都栩栩如生。这些都是多媒体技术在数字媒体艺术领域的经典应用。

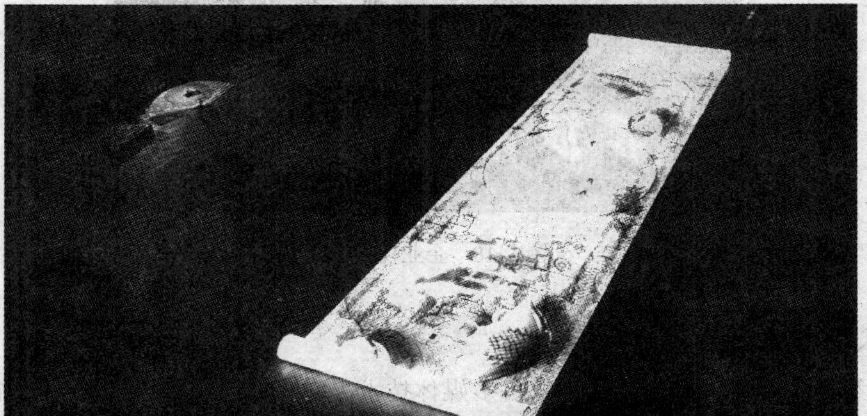

图 1-16　北京奥运会开幕式上的巨型卷轴画卷

图 1-17 上海世博会中国馆内会动的“清明上河图”

1.3.4 商业广告领域

如今商业广告已经渗透到社会生活的各个领域，通过传播新的观念，引领人们追求时尚，感受生活，增加消费，促进社会经济快速发展，成为企业在市场竞争中立于不败之地的重要战略手段。

为了有效地传播信息，各企业往往借助多种媒体，在广告中集文字、图形图像甚至声音、交互动画和视频于一体，制作多媒体广告；不惜成本，通过户外广告、广播电视和网络等各种介质进行宣传，向广大消费者展示企业理念、产品信息及操作方法等。多媒体广告一般可以获得更好的广告效应。

如图 1-18 所示为五粮液集团视频广告中的画面。

图 1-18 企业视频广告

1.3.5 人工智能模拟领域

人工智能主要研究如何使用计算机多媒体技术去完成以前需要人的智力才能够完成的工作；或者说是研究如何借助多媒体计算机的软硬件系统模拟人类智能行为的基本理论、方法、技术和应用系统的一门新的技术科学。如进行军事领域的作战指挥与作战模拟、飞行模拟，利用机器人协助人类工作（生产、建筑，或危险的工作）等，如图 1-19 所示。

除了上述领域之外，多媒体技术还应用于办公自动化、旅游等领域。

图 1-19　利用机器人协助人类工作

1.4　习题与思考

一、选择题

1. Windows XP 中的多媒体工具不包括________。

A．录音机　B．CD 播放器　C．媒体播放机　D．音量控制

2. 多媒体计算机系统的软件系统不包括________。

A．多媒体操作系统　B．多媒体信息处理工具

C．多媒体设备驱动程序　D．多媒体应用软件

3. 以下不属于多媒体信息加工工具的是________。

A．Authorware　B．Photoshop　C．Word　D．Audio Editor

4. Windows XP 的媒体播放机主要用于________。

A．播放声音和视频　B．编辑声音和视频

C．为声音和视频添加特效　D．录制声音

5. 一种比较确切的说法是，多媒体计算机是能够__________的计算机。

A．接受多种媒体信息　B．输出多种媒体信息

C．播放 CD 音乐　D．将多种媒体信息融为一体进行处理

6. 多媒体计算机在对声音信息进行处理时，必须配置的设备是__________。

A．扫描仪　B．光盘驱动器　C．音频卡（声卡）　D．话筒

7. 目前使用的数据 CD 光盘的容量大约是__________ MB 左右。

A．650　B．2.88　C．280　D．1440

8. 下列多媒体信息处理软件中，__________是专门用来制作网页的。

A．Photoshop 与 Gif Animation　B．Flash 与 Dreamweaver

C．Authorware 与 Flash　D．FrontPage 与 Dreamweaver

9. 在 Windows XP 中，要将声音分配给事件，应在【控制面板】窗口中双击“________”图标。

A．语音　B．添加/删除程序

C．系统　　　　　　　　　　　　D．声音和音频设备

10．在 Windows XP 中，要想添加或删除 Windows 组件，可在【控制面板】窗口中双击【__________】图标。

A．声音和音频设备　　　　　　　B．添加/删除程序

C．用户账户　　　　　　　　　　D．添加/删除硬件

11．要对 Windows XP 的多媒体功能进行设置，应在【控制面板】窗口中双击【____________】图标。

A．语音　　　　　　　　　　　　B．添加/删除程序

C．系统　　　　　　　　　　　　D．声音和音频设备

二、填空题

1．选择【开始】|【所有程序】|【附件】|【__________】下的一组命令，可打开 Windows XP 中各多媒体工具的程序窗口。

2．Windows 录音机主要支持扩展名为__________的声音文件。

3．多媒体计算机系统包括多媒体计算机__________系统和多媒体计算机__________系统。

4．__________是利用多媒体信息处理工具开发，运行于多媒体计算机上，能够为用户提供某种用途的软件。

5．音频卡又称声卡，主要功能是实现音频信号的 A/D 和_______转换。

6．视频技术通过软件、硬件都能够实现，但目前使用较多的是_______。

7．控制音量的最简单方法是利用任务栏上的“________”按钮。

三、思考题

1．简述 Windows XP 的录音机和媒体播放机的功能？

2．在录音和放音时如何进行音量控制？

3．怎样将声音方案分配给系统事件？

4．联系实际，举例说明多媒体技术在多个领域的应用情况。

第 2 章　图形图像处理

2.1　基本概念

为了更好地学习和掌握图形图像处理的实用技术，了解相关的一些基本概念是必要的。

2.1.1　位图与矢量图

数字图像分为两种类型：位图与矢量图。在实际应用中，二者为互补关系，各有优势。只有相互配合，取长补短，才能达到最佳表现效果。

1．位图

位图也称为点阵图、光栅图或栅格图，由一系列像素点阵列组成。像素是构成位图图像的基本单位，每个像素都被分配一个特定的位置和颜色值。位图图像中所包含的像素越多，其分辨率越高，画面内容表现得越细腻；但文件所占用的存储量也就越大。位图缩放时将造成画面的模糊与变形，如图 2-1 所示。

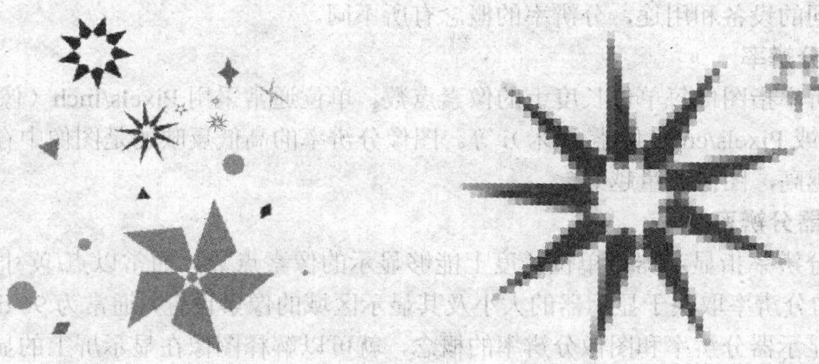

原图　　放大后的局部

图 2-1　位图

数码相机、数码摄相机、扫描仪等设备和一些图形图像处理软件（如 Photoshop、Corel PHOTO-PAINT、Windows 的绘图程序等）都可以产生位图。

2．矢量图

矢量图就是利用矢量描述的图。图中各元素（这些元素称为对象）的形状、大小都是借助数学公式表示的，同时调用调色板表现色彩。矢量图形与分辨率无关，缩放多少倍都不会影响画质，如图 2-2 所示。

能够生成矢量图的常用软件有 CorelDRAW、Illustrator、Flash、AutoCAD、3ds max、

MAYA 等。

图 2-2 矢量图

一般情况下，矢量图所占用的存储空间较小，而位图则较大。位图图像擅长表现细腻柔和、过渡自然的色彩（渐变、阴影等），内容更趋真实，如风景照、人物照等。矢量图形则更适合绘制平滑、流畅的线条，可以无限放大而不变形，常用于图形设计、标志设计、图案设计、字体设计和服装设计等。

2.1.2 分辨率

根据不同的设备和用途，分辨率的概念有所不同。

1. 图像分辨率

图像分辨率指图像每单位长度上的像素点数。单位通常采用 Pixels/Inch（像素/英寸，常缩写为 ppi）或 Pixels/cm（像素/厘米）等。图像分辨率的高低反映的是图像中存储信息的多少，分辨率越高，图像质量越好。

2. 显示器分辨率

显示器分辨率指显示器每单位长度上能够显示的像素点数，通常以点/英寸（dpi）为单位。显示器的分辨率取决于显示器的大小及其显示区域的像素设置，通常为 96 dpi 或 72 dpi。

理解了显示器分辨率和图像分辨率的概念，就可以解释图像在显示屏上的显示尺寸为什么常常不等于其打印尺寸的原因。图像在屏幕上显示时，图像中的像素将转化为显示器像素。此时，当图像分辨率高于显示器分辨率时，图像的屏幕显示尺寸将大于其打印尺寸。

在 Photoshop 中，若两幅图像的分辨率不同，将其中一幅图像的图层复制到另一图像时，该图层图像的显示大小也会发生相应的变化。

3. 打印分辨率

打印分辨率指打印机每单位长度上能够产生的墨点数，通常以 Dots/Inch（点/英寸）为单位。Dots/Inch 常常缩写为 dpi。一般激光打印机的分辨率为 600～1200 dpi；多数喷墨打印机的分辨率为 300～720 dpi。

4. 扫描分辨率

扫描仪在扫描图像时，将源图像划分为大量的网格，然后在每一网格里取一个样本点，以其颜色值表示该网格内所有点的颜色值。按上述方法在源图像每单位长度上能够取到的样本点数，称为扫描分辨率，通常以 Dots/Inch（点/英寸）为单位。可见，扫描分辨率越高，扫描得到的数字图像的质量越好。扫描仪的分辨率有光学分辨率和输出分辨率两种，购买时主要考虑的是光学分辨率。

5. 位分辨率

位分辨率指计算机采用多少个二进制位表示像素点的颜色值，也称位深。位分辨率越高，能够表示的颜色种类越多，图像色彩越丰富。

对于 RGB 图像来说，24 位（红、绿、蓝三种原色各 8 位，能够表示 2^{24} 种颜色）以上称为真彩色，自然界里肉眼能够分辨出的各种色光的颜色都可以表示出来。

2.1.3　常用的图形图像文件格式

一般来说，不同的图像压缩编码方式决定数字图像的不同文件格式。了解不同的图像文件格式，对于选择有效的方式保存图像，提高图像质量，具有重要意义。

（1）BMP 格式

BMP 是 Bitmap（位图）的缩写，是 Windows 系统的标准图像文件格式，应用广泛。Windows 环境中几乎所有图文处理软件都支持 BMP 格式。BMP 格式采用无损压缩或不压缩的方式，包含的图像信息丰富，但文件容量较大。BMP 格式支持黑白、16 色、256 色和真彩色。

（2）PSD 格式

PSD 是 Photoshop 的基本文件格式，能够存储图层、通道、蒙版、路径和颜色模式等各种图像信息，是一种非压缩的原始文件格式。PSD 文件容量较大，但由于可以保留几乎所有的原始信息，对于尚未编辑完成的图像，最好选用 PSD 格式进行保存。

（3）JPEG（JPG）格式

JPEG（JPG）格式是目前广泛使用的位图图像格式之一，属有损压缩，压缩率较高，文件容量小，但图像质量较高。该格式支持 24 位真彩色，适合保存色彩丰富、内容细腻的图像，如人物照、风景照等。JPEG（JPG）是目前网上主流图像格式之一。

（4）GIF 格式

GIF 是无损压缩格式，分静态和动态两种，是当前广泛使用的位图图像格式之一，最多支持 8 位即 256 种彩色，适合保存色彩和线条比较简单的图像如卡通画、漫画等（该类图像保存成 GIF 格式将使数据量得到有效压缩）。GIF 图像支持透明色，支持颜色交错技术，是目前网上主流图像格式之一。

（5）PNG 格式

PNG 是可移植网络图形图像（Portable Network Graphic）的缩写，是专门针对网络使用而开发的一种无损压缩格式。PNG 格式支持透明色，但与 GIF 格式不同的是，PNG 格式支持矢量元素，支持的颜色多达 32 位，支持消除锯齿边缘的功能，因此可以在不失真的情况下压缩保存图形图像；PNG 格式还支持 1～16 位的图像 Alpha 通道。PNG 格式的发展前景非常广阔，被认为是未来 Web 图形图像的主流格式。

（6）TIFF 格式

TIFF 格式应用非常广泛，主要用于在应用程序之间和不同计算机平台之间交换文件。几乎所有的绘图软件、图像编辑软件和页面排版软件都支持 TIFF 格式；几乎所有的桌面扫描仪都能产生 TIFF 格式的图像。TIFF 格式支持 RGB、CMYK、LAB、索引和灰度、位图等多种颜色模式。

（7）PDF 格式

PDF 是可移植文档格式（Portable Document Format）的缩写。PDF 格式适用于各种计算机平台；是可以被 Photoshop 等多种应用程序所支持的通用文件格式。PDF 文件可以存储多页信息，其中可包含文字、页面布局、位图、矢量图、文件查找和导航功能（如超链接）。PDF 格式是 Adobe Illustrator 和 Adobe Acrobat 软件的基本文件格式。

（8）WMF 格式

WMF（Windows Metafile Format，WMF）是 Windows 中常见的一种图元文件格式，属于矢量文件格式。整个图形往往由多个独立的图形元素拼接而成，文件短小，多用于图案造型，但所呈现的图形一般比较粗糙。

（9）CDR 格式

CDR 格式是矢量绘图大师 CorelDRAW 的源文件格式，一般文件容量较小，可无级缩放而不模糊变形（这也是所有矢量图的优点）。CDR 格式在兼容性上较差，只能被 CorelDRAW 之外的极少数图形图像处理软件（如 Illustrator）打开或导入。即使在 CorelDRAW 的不同版本之间，CDR 格式的兼容性也不太好。

（10）AI 格式

AI 格式是著名的矢量绘图软件 Adobe Illustrator 的源文件格式，其兼容性优于 CDR 格式，可以直接在 Photoshop 和 CorelDRAW 等软件中打开，也可以导入 Flash。与 PSD 文件类似，AI 文件也是一种分层文件，用户可将不同的对象置于不同的层上分别进行管理。区别在于 AI 文件基于矢量输出，而 PSD 文件基于位图输出。

其他比较常见的图形图像文件格式还有 TGA、PCX 和 EPS 等。

2.1.4 常用的图形图像处理软件

常用的图形图像处理软件有 Photoshop、CorelDRAW、Illustrator、AutoCAD、3ds max 等。

1. Photoshop

Photoshop 是美国 Adobe 公司推出的一款专业的图形图像处理软件，广泛应用于影像后期处理、平面设计、数字相片修饰、Web 图形制作、多媒体产品设计开发等领域，是同类软件中当之无愧的图像处理大师。Photoshop 处理的主要是位图图像，但其路径造型功能也非常强大，几乎可以与 CorelDRAW 等矢量绘图大师相媲美。与其他同类软件相比，Photoshop 在图像处理方面具有明显的优势，是多媒体作品开发人员和平面设计爱好者的首选工具之一。

2. CorelDRAW

CorelDraw 是由加拿大 Corel 公司推出的一流的平面矢量绘图软件，功能强大，使用方便。集图形设计、文本编辑、位图编辑、图形高品质输出于一体。CorelDRAW 主要用于平面设计、工业设计、CIS 形象设计、绘图、印刷排版等领域，深受广大图形爱好者和专业设计人员的喜爱。

3. Illustrator

Illustrator 是由美国 Adobe 公司开发的一款重量级平面矢量绘图软件，是出版、多媒体和网络图像工业的标准插图软件，功能强大。Illustrator 在桌面出版领域具有明显的优势，是出版业使用的标准矢量工具。Illustrator 能够方便地与 Photoshop、CorelDraw、Flash 等软件进行数据交换。

4. AutoCAD

AutoCAD 是美国 Autodesk 公司生产的计算机辅助设计软件，用于二维绘图和基本三维设计，是众多 CAD 软件中最具影响力、使用人数最多的一个，主要应用于工程设计与制图。AutoCAD 的通用性较强，能够在各种计算机平台上运行，并可以进行多种图形格式的转换，具有很强的数据交换能力，目前已经成为国际上广为流行的绘图工具。

5. 3ds max

3ds max 是由美国 Autodesk 公司开发的三维矢量造型和动画制作软件，主要应用于模拟自然界、设计工业品、建筑设计、影视动画制作、游戏开发和虚拟现实技术等领域。在众多的三维软件中，由于 3ds max 开放程度高，学习难度相对较小，功能比较强大，完全能够胜任复杂图形与动画的设计要求，因此，3ds max 成为目前用户群最庞大的一款三维创作软件。

上述软件各有优势，若能够配合使用，就可以创作出质量更高的图形图像作品。比如在制作室内外效果图时，最好先使用 AutoCAD 建模，然后在 3ds max 中进行材质贴图和灯光处理，最后在 Photoshop 中进行后期处理，如添加人物和花草树木等。

2.2 图像处理大师 Photoshop

2.2.1 基本工具

1. 选择工具

在 Photoshop 中，选择工具的作用是创建选区，选择要编辑的图像区域，并保护选区外的图像免受破坏。数字图像的处理往往是局部的处理，首先需要在局部创建选区；选区创建得准确与否，直接关系到图像处理的质量。因此，选择工具在 Photoshop 中有着特别重要的地位。Photoshop 的选择工具包括选框工具组、套索工具组和魔棒工具组。

1）矩形选框工具

矩形选框工具与椭圆选框工具用于创建规则几何形状的选区。在工具箱上选择“矩形选框工具”，按下左键并拖移鼠标，通过确定对角线的长度和方向创建矩形选区。“矩形选框工具”的选项栏参数如图 2-3 所示。

图 2-3 “矩形选框工具”的选项栏参数

（1）选区运算按钮

- “新选区”按钮：默认选项，作用是创建新的选区。若图像中已经存在选区，新创建的选区将取代原有选区。
- “添加到选区”按钮：将新创建的选区与原有选区进行求和（并集）运算。

- “从选区减去”按钮：将新创建的选区与原有选区进行减法（差集）运算。结果是从原有选区中减去与新选区重叠的选区。
- “与选区交叉”按钮：将新创建的选区与原有选区进行交集运算。结果保留新选区与原有选区重叠的选区。

（2）羽化

羽化的实质是以创建时的选区边界为中心，以所设置的羽化值为半径，在选区边界内外形成一个渐变的选择区域。这是一个有趣而实用的参数，可用来创建渐隐的边缘过渡效果（试一试，对羽化的选区进行填色）。

羽化参数必须在选区创建之前设置才有效。与之对应的是，使用菜单命令【选择】|【修改】|【羽化】可以对已经创建好的选区进行羽化。

（3）消除锯齿

作用是消除选区边缘的锯齿，以获得边缘更加平滑的选区。

（4）样式

- 【正常】：默认选项。通过拖移鼠标随意指定选区的大小。
- 【固定比例】：按指定的长宽比，通过拖移鼠标创建选区。
- 【固定大小】：按指定的长度和宽度的实际数值（单位是像素），通过单击鼠标创建选区。若想改变单位，可通过右击【长度】或【宽度】数值框，从快捷菜单中选择其他单位。

（5）调整边缘

“调整边缘”按钮用于动态地对现有选区的边缘进行更加细微的调整，如边缘的范围、对比度、平滑度和羽化度等，还可以对选区的大小进行扩展或收缩。

2）椭圆选框工具

按下左键并拖移鼠标，创建椭圆形选区。椭圆选框工具选项栏参数与矩形选框工具的类似。

值得一提的是，利用矩形选框工具或椭圆选框工具创建选区时，若按住 Shift 键，可创建正方形或圆形选区；若按住 Alt 键，则以首次单击点为中心创建选区；若同时按住 Shift 键与 Alt 键，则以首次单击点为中心创建正方形或圆形选区。特别要注意的是，在实际操作中，应先按下鼠标左键，再按键盘功能键（Shift、Alt 键或 Shift+Alt 键）；然后拖移鼠标创建选区；最后先松开鼠标左键，再松开键盘功能键，选区创建完毕。

3）套索工具

套索工具用于创建手绘的选区，其使用方法如铅笔一样随意，操作步骤如下。

步骤 1 选择“套索工具”，设置选项栏参数。

步骤 2 在待选对象的边缘按下左键，拖移鼠标圈选待选对象。当光标回到起始点时（此时光标旁边将出现一个小圆圈）松开左键可闭合选区；若光标未回到起始点便松开左键，起点与终点将以直线段相连，形成闭合选区。

套索工具用于选择与背景颜色对比不强烈且边缘复杂的对象。

4）多边形套索工具

多边形套索工具用于创建多边形选区，用法如下。

步骤 1 选择“多边形套索工具”，设置选项栏参数。

步骤 2 在待选对象的边缘某拐点上单击，确定选区的第一个紧固点；将光标移动到相临拐点上再次单击，确定选区的第二个紧固点；依次操作下去。当光标回到起始点时（此时光标旁边将出现一个小圆圈）单击可闭合选区；当光标未回到起始点时，双击可闭合选区。

多边形套索工具适合选择边界由直线段围成的对象。

在使用多边形套索工具创建选区时，按住 Shift 键，可以确定水平、竖直或方向为 45°角的倍数的直线段选区边界。

5）磁性套索工具

磁性套索工具特别适用于快速选择与背景颜色对比强烈且边缘复杂的对象。其特有的选项栏参数如下。

【宽度】：指定检测宽度，单位为像素。磁性套索工具只检测从指针开始指定距离内的边缘。

【对比度】：指定磁性套索工具跟踪对象边缘的灵敏度，取值范围 1%～100%。较高的数值只检测指定距离内对比强烈的边缘；较低的数值可检测到低对比度的边缘。

【频率】：指定磁性套索工具产生紧固点的频度，取值范围 0～100。较高的“频率”将在所选对象的边界上产生更多的紧固点。

【绘图板压力】：该参数针对使用光笔绘图板的用户。选择该按钮，增大光笔压力将导致边缘宽度减小。

磁性套索工具的一般用法如下。

步骤 1　选择“磁性套索工具”，根据需要设置选项栏参数。

步骤 2　在待选对象的边缘单击，确定第一个紧固点。

步骤 3　沿着待选对象的边缘移动光标，创建选区。在此过程中，磁性套索工具定期将紧固点添加到选区边界上。

步骤 4　若选区边界不易与待选对象的边缘对齐，可在待选对象的边缘的适当位置单击，手动添加紧固点；然后继续移动鼠标选择对象。

步骤 5　当光标回到起始点时（此时光标旁边将出现一个小圆圈）单击可闭合选区。当光标未回到起始点时，双击可闭合选区；但起点与终点将以直线段连接。

使用磁性套索工具选择对象时，若待选对象的边缘比较清晰，可设置较大的“宽度”和更高的“边对比度”值，然后大致地跟踪待选对象的边缘即可快速创建选区。若待选对象的边缘比较模糊，则最好使用较小的“宽度”和较低的“边对比度”值，并更准确地跟踪待选对象的边缘以创建选区。

6）魔棒工具

魔棒工具适用于快速选择颜色相近的区域。其用法如下。

步骤 1　选择“魔棒工具”，根据需要设置选项栏参数。

步骤 2　在待选的图像区域内单击某一点。

魔棒工具的选项栏上除了【选区运算】按钮、【消除锯齿】复选框外，还有以下参数。

- 【容差】：用于设置颜色值的差别程度，取值范围 0～255，系统默认值 32。使用魔棒工具选择图像时，其他像素点与单击点的颜色值进行比较，只有差别在“容差”范围内的像素才被选中。一般来说，容差越大，所选中的像素越多。容差为 255 时，将选中整个图像。
- 【连续】：选择该项，只有容差范围内的所有相邻像素被选中。否则，将选中容差范围内的所有像素。

对所有图层取样：选择该项，魔棒工具将从所有可见图层中创建选区；否则，仅考虑当前图层中的像素，依据当前图层的像素创建选区。

7）快速选择工具

快速选择工具以涂抹的方式“画”出不规则的选区，能够快速选择多个颜色相近的区域；该工具比魔棒工具的功能更强大，使用也更方便快捷。其选项栏如图 2-4 所示。

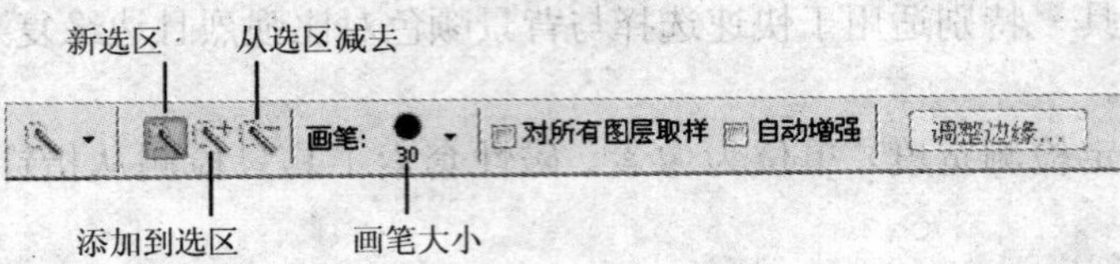

图 2-4 快速选择工具的选项栏参数

- 【画笔】：用于设置快速选择工具的笔触大小、硬度和间距等属性。
- 【自动增强】：选择该项，可自动加强选区的边缘。

其余选项与其他选择工具对应的选项作用相同。

当待选区域和其他区域分界处的颜色差别较大时，使用快速选择工具创建的选区比较准确。另外，当要选择的区域较大时，应设置较大的笔触涂抹；当要选择的区域较小时，应改用小的笔触涂抹。

2. 绘画与填充工具

绘画与填充工具包括笔类工具组、橡皮擦工具组、填充工具组、形状工具组、文字工具组和吸管工具组。使用这些工具能够最直接、最方便地修改或创建图像，如绘制线条、擦除颜色、填充颜色、绘制各种形状、创建文字和吸取颜色等。

1）画笔工具

画笔工具的用法相对比较简单。选择画笔工具后，在图像上通过拖移绘制线条。其选项栏参数如图 2-5 所示。

图 2-5 画笔工具的选项栏

- 【画笔】：单击打开“画笔预设选取器”，如图 2-6 所示。从中选择预设的画笔笔尖形状，并可更改预设画笔笔尖的大小和硬度。
- 【模式】：设置画笔模式，使当前画笔颜色以指定的颜色混合模式应用到图像上。默认选项为“正常”。
- 【不透明度】：设置画笔的不透明度，取值范围 0%～100%。
- 【流量】：设置画笔的颜色涂抹速度，取值范围 0%～100%。
- “喷枪”：选择该按钮，可将画笔转换为喷枪，通过缓慢地拖移鼠标或按下左键不放以积聚、扩散喷洒颜色。
- “切换画笔调板”：单击该按钮打开【画笔】面板（如图 2-7 所示），从中选择预设画笔或创建自定义画笔。

【画笔】面板的参数设置如下。

- 【画笔预设】：用于显示预设画笔列表框。通过列表框可选择预设画笔的笔尖形状，更改画笔笔尖的大小。【画笔】面板底部为预览区，显示选择的预设画笔或自定义画笔的应用效果。
- 【画笔笔尖形状】：用于设置画笔笔尖形状的详细参数，包括形状、大小、翻转、角度、圆度、硬度和间距等（如图 2-7 所示）。

在【画笔】面板中，通过设置“形状动态”、“散布”等参数还可以创建特殊效果的线条。

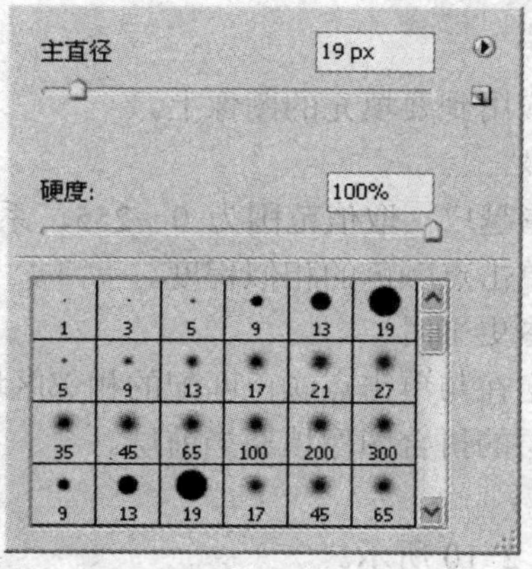

图 2-6　画笔预设选取器

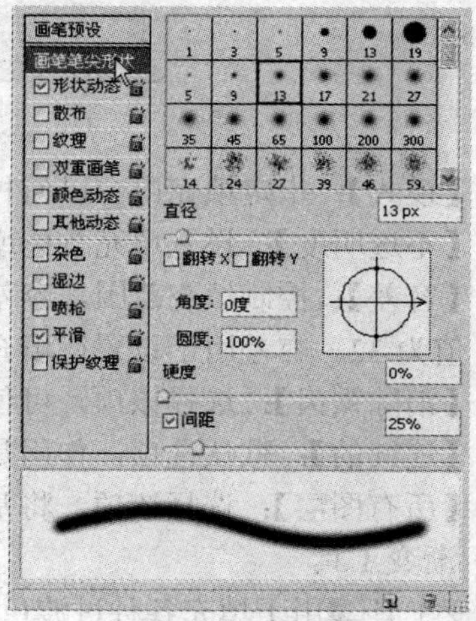

图 2-7 【画笔】面板

2）铅笔工具

铅笔工具的用法与画笔工具类似。与画笔工具不同的是，使用铅笔工具只能绘制硬边线条，且笔画边缘不平滑，锯齿比较明显。

3）历史记录画笔工具

利用历史记录画笔工具可将选定的历史记录状态或某一快照状态绘制到当前图层。其选项栏参数设置与画笔工具相同。

4）橡皮擦工具

橡皮擦工具的主要功能是擦除图像上的原有像素。它在不同类型的图层上擦除时，结果是不一样的。在背景图层上擦除时，被擦除区域的颜色以当前背景色取代；在普通图层上可将图像擦成透明色；包含矢量元素的图层（如文字层、形状层等）是禁止擦除的。

另外，通过选择选项栏上的“抹到历史记录”参数，还可以将图像擦除到指定的历史记录状态或某个快照状态。

5）油漆桶工具

油漆桶工具用于填充单色（当前前景色）或图案。其选项栏如图 2-8 所示。

图 2-8　油漆桶工具的选项栏

- 【填充类型】：包括前景和图案两种。选择【前景】（默认选项），使用当前前景色填充图像。选择【图案】，可从右侧的“图案选取器”（如图 2-9 所示）中选择某种预设图案或自定义图案进行填充。

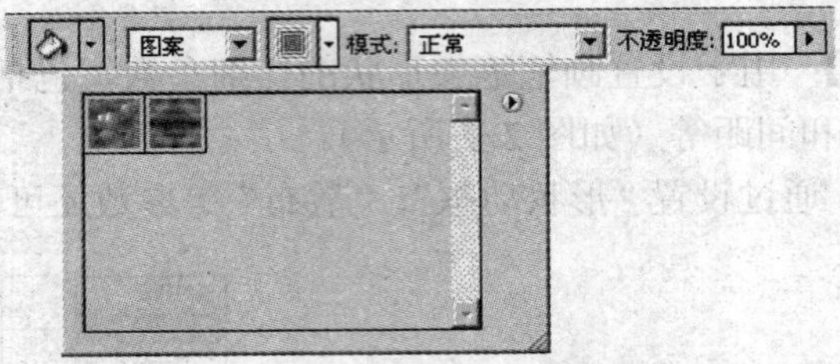

图 2-9 图案选取器

- 【模式】：指定填充内容以何种颜色混合模式应用到要填充的图像上。
- 【不透明度】：设置填充颜色或图案的不透明度。
- 【容差】：控制填充范围。容差越大，填充范围越广。取值范围为 0～255，系统默认值为 32。容差用于设置待填充像素的颜色与单击点颜色的相似程度。
- 【消除锯齿】：选择该项，可使填充区域的边缘更平滑。
- 【连续的】：默认选项，作用是将填充区域限定在与单击点颜色匹配的相邻区域内。
- 【所有图层】：选择该项，将基于所有可见图层的拼合图像填充当前层。

6）渐变工具

渐变工具 用于填充各种过渡色。其选项栏如图 2-10 所示。

图 2-10 渐变工具的选项栏

- ：单击图标右侧的 ，可打开【预设渐变色】面板（如图 2-11 所示），从中选择所需渐变色。单击图标左侧的 图标，则打开【渐变编辑器】窗口，如图 2-12 所示，可对当前选择的渐变色进行编辑修改或定义新的渐变色。

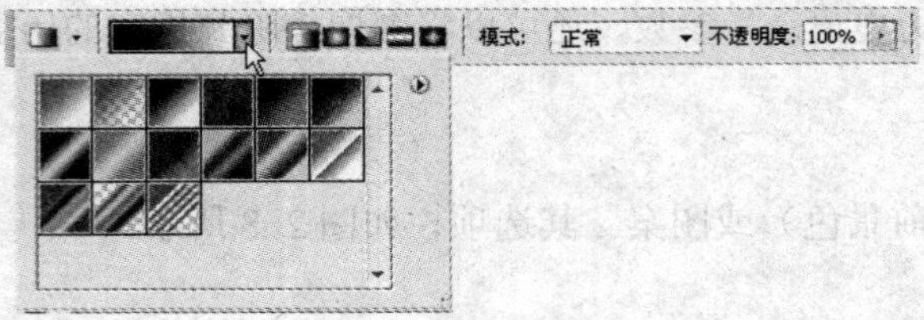

图 2-11 【预设渐变色】面板

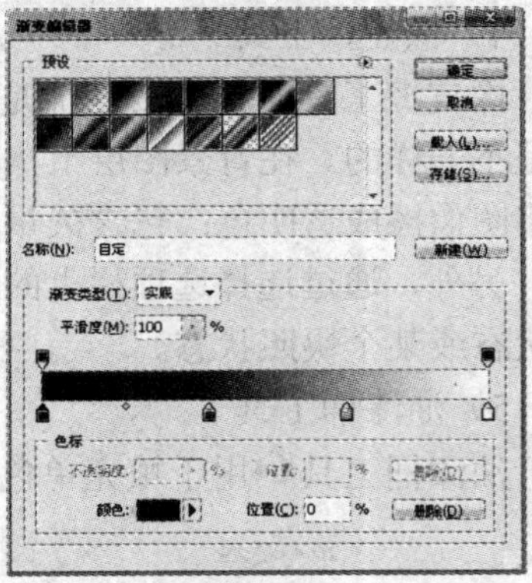

图 2-12 【渐变编辑器】窗口

- ：用于设置渐变种类。从左向右依次是线性渐变、径向渐变、角度渐变、对称渐变和菱形渐变。

- 【模式】：指定当前渐变色以何种颜色混合模式应用到图像上。
- 【不透明度】：用于设置渐变填充的不透明度。
- 【反向】：选择该项，可反转渐变填充中的颜色顺序。
- 【仿色】：选择该项，可用递色法增加中间色调，形成更加平缓的过渡效果。
- 【透明区域】：选择该项，可使渐变中的不透明度设置生效。

以下举例说明渐变工具的基本用法。

步骤 1　打开“第 2 章素材/鸡蛋.jpg”，如图 2-13 所示。

步骤 2　将前景色设置为白色。

步骤 3　在工具箱上选择“渐变工具”。在选项栏上选择菱形渐变（其他选项保持默认：模式正常，不透明度 100%，不选【反向】，选择【仿色】和【透明区域】）。

步骤 4　打开【预设渐变色】面板，选择“前景色到透明”渐变（第 2 种渐变色）。

步骤 5　在图像上拖移鼠标，形成菱形渐变效果。

步骤 6　改变光标拖移的方向和距离，在图像的不同位置创建多个渐变效果，如图 2-14 所示。

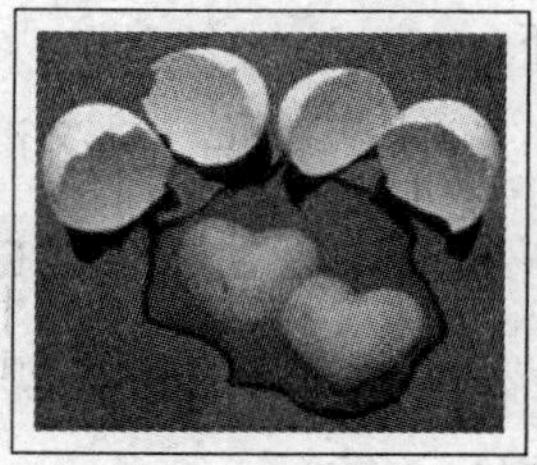

图 2-13　素材图像

图 2-14　菱形渐变效果

7）形状工具

形状工具包括矩形工具、圆角矩形工具、椭圆工具、多边形工具、直线工具和自定形状工具，用于创建形状图层、路径和填充图形。Photoshop CS4 的自定形状工具还为用户提供了丰富多彩的图形资源。自定形状工具的用法如下。

步骤 1　选择【自定形状工具】，在选项栏左端选择“填充像素”按钮。

步骤 2　在选项栏上单击【形状】右侧的三角按钮，打开【自定形状】面板。从中可选择多种形状。

步骤 3　单击【自定形状】面板右上角的三角按钮，打开面板菜单。通过面板菜单可选择更多的形状添加到【自定形状】面板中，如图 2-15 所示。

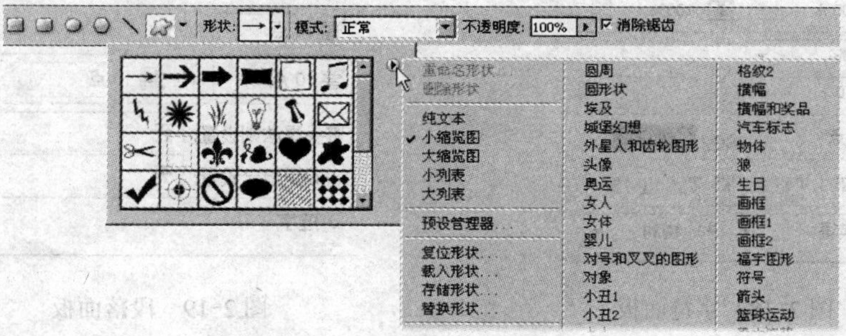

图 2-15　【自定形状】面板

步骤 4 设置前景色。在图像中拖移鼠标绘制自定形状。按住 Shift 键，可按比例绘制自定形状。

如图 2-16 所示的是使用形状工具绘制的部分图形。

图 2-16 绘制自定形状

8）文字工具

文字工具包括横排文字工具、直排文字工具、横排文字蒙版工具和直排文字蒙版工具。文字工具的选项栏如图 2-17 所示。文字工具的用法如下。

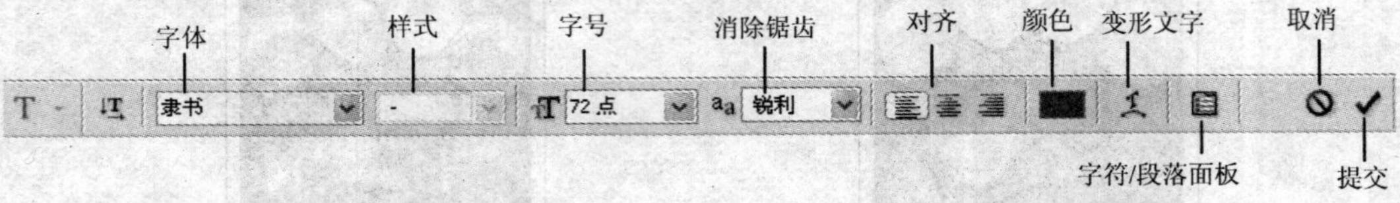

图 2-17 文字工具的选项栏

步骤 1 在工具箱上选择所需类型的文字工具。

步骤 2 利用选项栏设置文字的字体、字号、对齐方式和颜色等参数（蒙版文字无须设置颜色）。

步骤 3 必要时可单击选项栏上的“字符/段落面板”按钮，打开【字符/段落】面板（如图 2-18 与图 2-19 所示），从中更详细地设置文字的字符格式或段落格式（包括行间距、字间距、基线位置等）。

图 2-18 字符面板

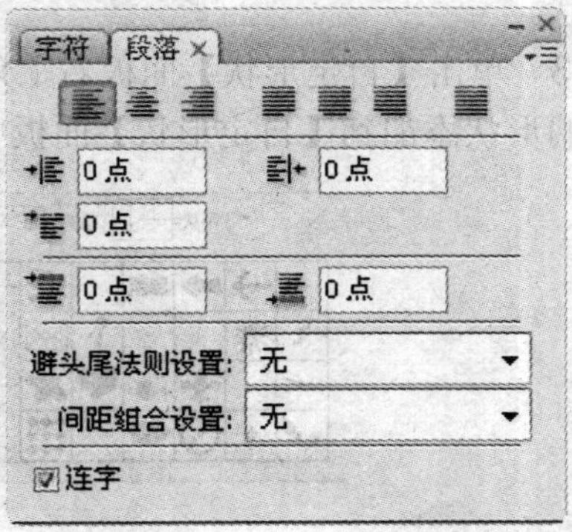

图 2-19 段落面板

步骤 4 在图像中单击，确定文字插入点（若步骤 1 选择的是蒙版文字，此时将进入蒙版状态，图像被 50%不透明度的红色保护起来）。

步骤 5 输入文字内容。按 Enter 键可上下或左右换行。

步骤 6 在选项栏上单击“提交”按钮，完成文字的输入，同时退出文字编辑状态（若单击“取消”按钮，则撤销文字的输入）。

文字输入完成后，横排文字和直排文字将产生文字图层；而蒙版文字则形成文字选区，并不会生成文字层。

在【图层】面板上双击文字图层的缩览图（此时该层的所有文字被选中），利用选项栏、【字符/段落】面板可修改文字的属性。最后单击“提交”按钮确认。

若要修改文字图层中的部分内容，可在选择文字图层和文字工具后，将指针移到对应字符上，按下左键拖移选择，然后进行修改并提交。

选择文字层，在选项栏上单击“变形文字”按钮，可打开【变形文字】对话框，设置文字的变形方式。

蒙版文字的修改必须在提交之前进行。可拖移鼠标，选择要修改的内容，然后重新设置文字参数；或对全部文字进行变形。

9）吸管工具

吸管工具用于从当前层图像中取色。使用该工具在图像上单击，可将单击点的颜色或单击区域颜色的平均值吸取为前景色；若按住 Alt 键单击，则将所取颜色设为背景色。

3. 修图工具

Photoshop CS4 的修图工具包括图章工具组、修复画笔工具组、模糊工具组和减淡工具组，常用于数字相片的修饰，以获得更加完美的效果。这里重点介绍仿制图章工具和修补工具的用法，从中可体验修图工具的强大功能。

1）仿制图章工具

仿制图章工具常用于数字图像的修复，其选项栏如图 2-20 所示。

图 2-20 仿制图章工具的选项栏

- 【对齐】：选择该项，复制图像时无论一次起笔还是多次起笔都是使用同一个取样点和原始样本数据。否则，每次停止并再次开始拖移鼠标时都是重新从原取样点开始复制，并且使用最新的样本数据。
- 【样本】：确定从哪些可见图层进行取样。
- 按钮：选择该按钮，可忽略调整层对被取样图层的影响。

以下举例说明仿制图章工具的基本用法。

步骤 1 打开“第 2 章素材\小鸟.jpg”，如图 2-21 所示。

步骤 2 选择【仿制图章工具】，设置画笔大小 17 px，选择【对齐】复选框。其他选项默认。

步骤 3 将光标移动到取样点（比如右侧小鸟的眼睛部位），按住 Alt 键单击取样。

步骤 4 松开 Alt 键。将光标移动到图像的其他区域（若存在多个图层，也可切换到其他图层；当然也可以选择其他图像的图层），按下鼠标左键拖移，开始复制图像（注意源图像数据的十字取样点，适当控制光标拖移的范围），如图 2-22 所示。

图 2-21 打开素材图像

图 2-22 复制样本

步骤 5 如果想更好地定位，可选择菜单命令【窗口】|【仿制源】，打开【仿制源】面板（如图 2-23 所示），选择【显示叠加】复选框，不选择【已剪切】复选框，并适当设置【不透明度】参数；然后在图像中移动光标，确定一个开始按键复制的合适位置，如图 2-24 所示。

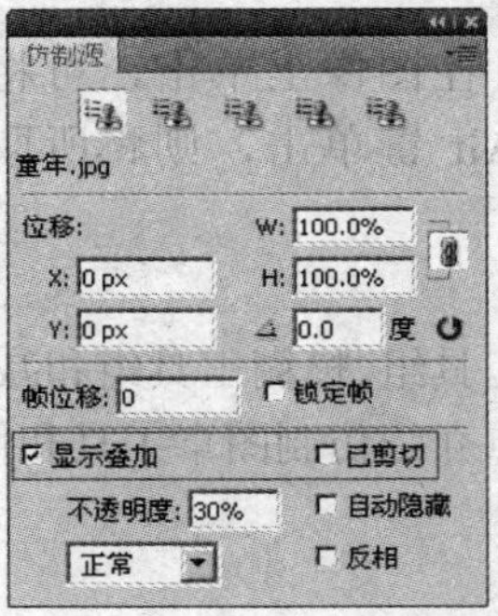

图 2-23 仿制源面板

图 2-24 定位后拖移鼠标复制

步骤 6 由于在选项栏上选择了【对齐】选项，中途可松开鼠标按键暂时停止复制。然后再次按下左键，继续拖移复制，直到将整个小鸟复制出来，如图 2-25 所示。

步骤 7 取消选择【对齐】选项，按下鼠标左键拖移，再次复制样本数据。中间不要停止，直到复制出整个小鸟，如图 2-26 所示。

图 2-25 复制出第一只小鸟

图 2-26 复制出第二只小鸟

提示：此处仿制源面板与仿制图章工具配合使用，可以对采样图像进行重叠预览、缩放、旋转等操作。比如，在上述步骤 4 中，很难确定从什么位置开始按键复制才能使小鸟的腿刚好站立在横杆上。使用仿制源面板的“显示叠加”选项就能很好地解决这个问题。

2）修补工具

修补工具可使用其他区域的像素或图案中的像素修复选中的区域，并且可以将样本像素的纹理、光照和阴影等信息与源像素进行匹配。其选项栏如图 2-27 所示。

图 2-27　修补工具的选项栏

- 选区运算按钮：与选择工具的对应选项用法相同。
- 【修补】：包括【源】和【目标】两种使用补丁的方式。
  - ✓ 【源】：用目标区域的像素修补选区内像素。
  - ✓ 【目标】：用选区内像素修补目标区域的像素。
- 【透明】：将取样区域或选定图案以透明方式应用到要修复的区域上。
- 【使用图案】：单击右侧的三角按钮，打开“图案选取器”，从中选择预设图案或自定义图案作为取样像素，修补到当前选区内。

（1）修补工具的基本用法（一）

步骤 1　打开“第 2 章素材\茶花.jpg”。

步骤 2　选择“修补工具”，在图像上拖移鼠标以选择想要修复的区域（当然，也可以使用其他工具创建选区），如图 2-28 所示。在选项栏中选择【源】单选按钮。

步骤 3　如果需要的话，使用“修补工具”及选项栏上的“选区运算按钮”调整选区（当然，也可以使用其他工具——比如套索工具调整选区）。

步骤 4　光标定位于选区内，将选区边框拖移到要取样的区域（该区域的颜色、纹理等应与原选择区域的相似，如图 2-29 所示）。松开鼠标按键，原选区内像素被修补。取消选区，修复效果如图 2-30 所示。

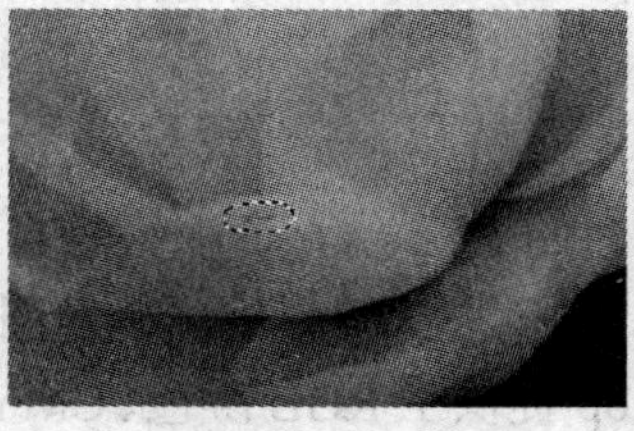

图 2-28　选择要修复的区域

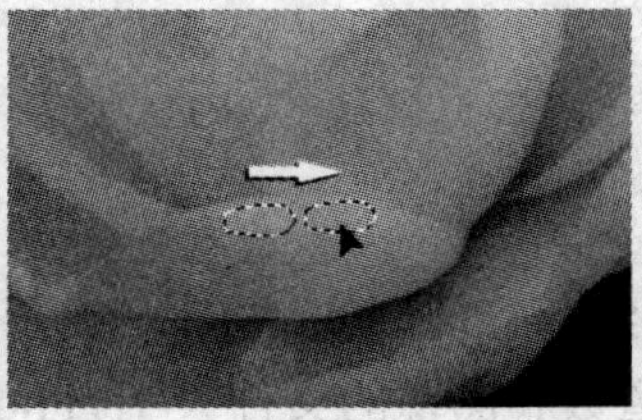

图 2-29　寻找取样区域

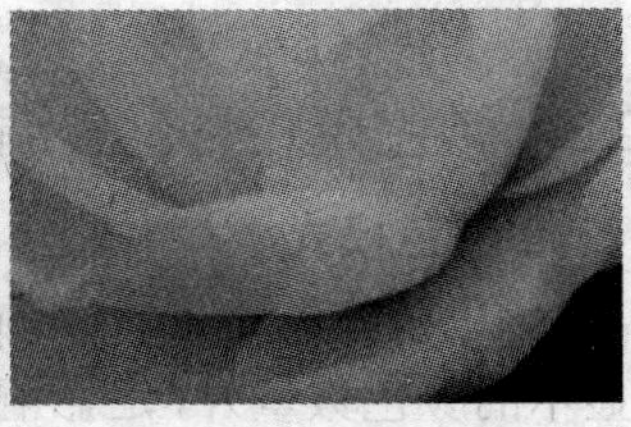

图 2-30　修复效果

（2）修补工具的基本用法（二）

步骤 1　打开“第 2 章素材\茶花.jpg”。

步骤 2　选择“修补工具”，在图像上拖移鼠标以选择要取样的区域（该区域的颜色、纹理等应满足修复的需要）。在选项栏中选择【目标】单选按钮，如图 2-31 所示。

步骤 3 如果需要的话，使用“修补工具”及选项栏上的“选区运算按钮”调整选区。

步骤 4 光标定位于选区内，拖移选区，覆盖住想要修复的区域（如图 2-32 所示）。松开鼠标按键，完成图像的修补。取消选区，修复效果如图 2-33 所示。

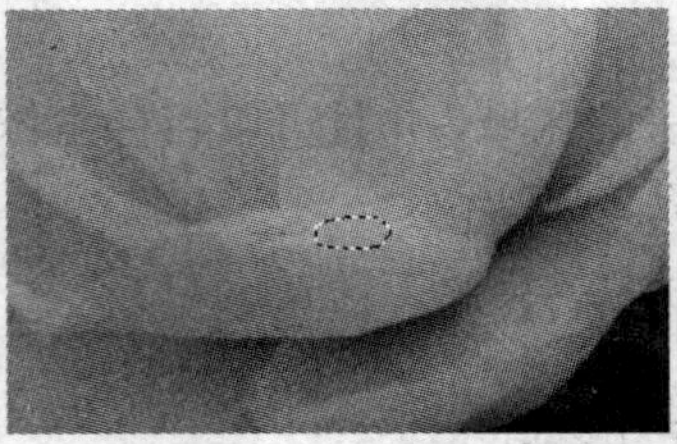

图 2-31 选择取样区域

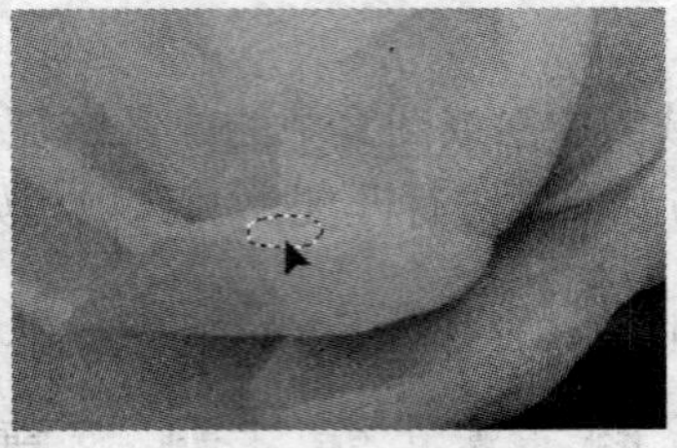

图 2-32 拖移到待修复区域

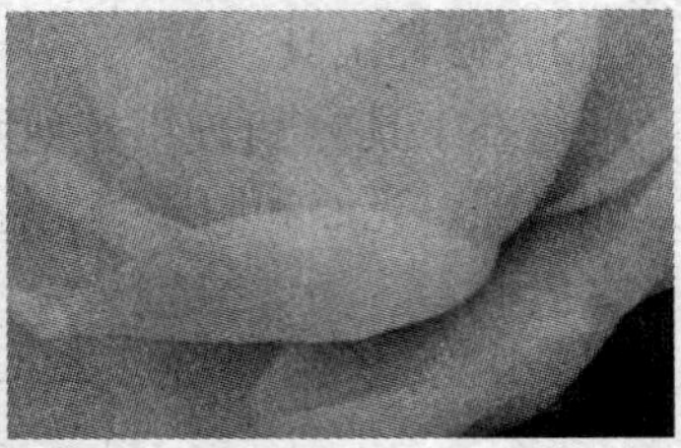

图 2-33 修复效果

（3）修补工具的基本用法（三）

步骤 1 打开“第 2 章素材\女孩.jpg”。

步骤 2 选择“修补工具”，在图像上拖移鼠标以选择想要修复的区域，如图 2-34 所示。

步骤 3 如果需要的话，使用修补工具及选项栏上的“选区运算按钮”调整选区。

步骤 4 在选项栏上选择【透明】复选框。从“图案选取器”选择一种预设图案或自定义图案。单击“使用图案”按钮，修复效果如图 2-35 所示。

图 2-34 选择要修复的区域

图 2-35 修复效果

2.2.2 颜色模式与色彩调整

1. 颜色模式

“颜色模式”是 Photoshop 组织和管理图像颜色信息的方式。颜色模式除了用于确定图像中显示的颜色数量外，还影响通道数和图像的文件大小。Photoshop 提供了 RGB 颜色、CMYK 颜色、LAB 颜色、HSB 颜色、索引颜色、灰度、位图、双色调和多通道等多种颜色模式。其中 RGB 颜色模式与 CMYK 颜色模式应用最为广泛。RGB 颜色模式的图像一般比较鲜艳，适用于显示器、电视屏等可以自身发射并混合红、绿、蓝三种光线的设备。它是 Web 图形制作中最常使用的一种颜色模式。CMYK 模式是一种印刷模式。其中 C、M、Y、K 分别表示青、洋红、黄、黑四种油墨。

通过选择【图像】|【模式】菜单中的相应命令可以转换图像的颜色模式。在将彩色图像（如 RGB 模式、CMYK 模式、LAB 模式的图像等）转换为位图图像或双色调图像时，必须先转换为灰度图像，才能作进一步的转换。

2. 色彩调整

Photoshop 的调色命令集中在【图像】|【调整】菜单下，包括【亮度/对比度】、【色相/饱和度】、【色彩平衡】、【色阶】、【曲线】、【可选颜色】、【阴影/高光】、【黑白】、【反相】、【阈值】等诸多命令。其中【色阶】命令功能比较强大，使用方便，是 Photoshop 最重要的调色命令之一。使用它可以调整图像的暗调、中间调和高光等色调区域的强度级别，校正图像的色调范围和色彩平衡，以获得令人满意的视觉效果。

打开“第 2 章素材\公园-雪.jpg”，如图 2-36 所示。选择菜单命令【图像】|【调整】|【色阶】，打开【色阶】对话框，如图 2-37 所示。

图 2-36　原图

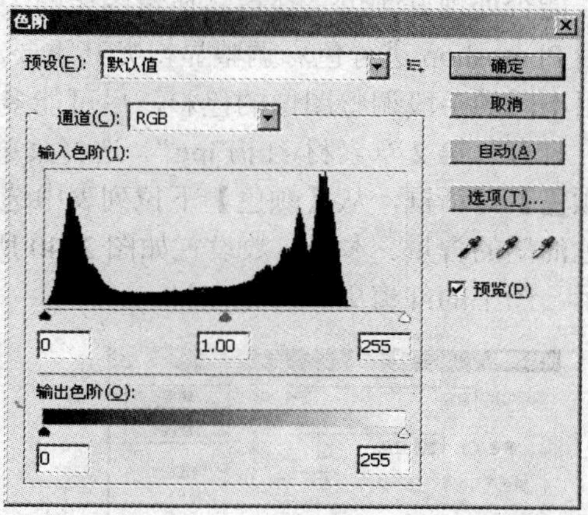

图 2-37　【色阶】对话框

对话框的中间显示的是当前图像的直方图（如果有选区存在，则对话框中显示的是选区内图像的直方图）。直方图即色阶分布图，反映图像中暗调、中间调和高光等色调区域的像素分布状况。其中横轴表示像素的色调值，从左向右取值范围为 0（黑色）～255（白色）。纵轴表示像素的数目。

首先通过【通道】下拉列表框确定要调整的是混合通道还是单色通道（本例图像为 RGB 图像，列表中包括 RGB 混合通道和红、绿、蓝三个单色通道）。

沿【输入色阶】栏的滑动条，向左拖动右侧的白色三角滑块，图像变亮。其中，高光区域的变化比较明显，这使得比较亮的像素变得更亮。向右拖动左侧的黑色三角滑块，图像变暗。其中，暗调区域的变化比较明显，使得比较暗的像素变得更暗。拖动滑动条中间的灰色三角滑块，可以调整图像的中间色调区域。向左拖动滑块，中间调变亮；向右拖动滑块，中间调变暗。

沿【输出色阶】栏的滑动条，向右拖动左端的黑色三角滑块，将提高图像的整体亮度；向左拖动右端的白色三角滑块，将降低图像的整体亮度。

本例参数设置如图 2-38 所示，单击【确定】按钮，图像调整结果如图 2-39 所示。

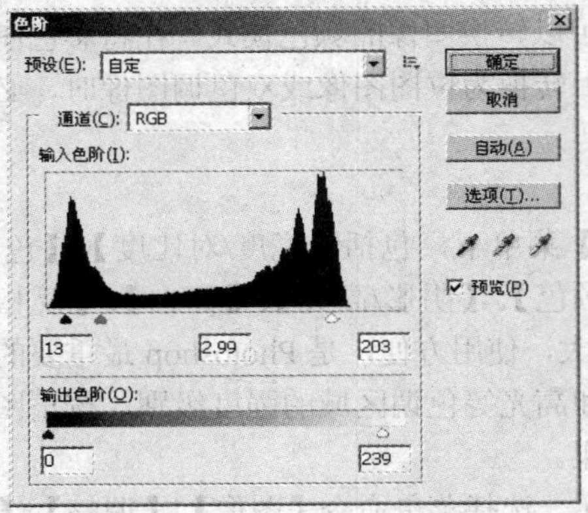

图 2-38 本例参数设置

图 2-39 图像调整结果

能否处理好颜色是获得高质量图像的关键，特别是对于数码拍摄技术不太娴熟的朋友，使用 Photoshop 进行色彩调整显得尤其重要。Photoshop 的上述调色命令分别从不同的角度，采用不同的手段调整图像的色彩，尽可能多地掌握这些命令是必要的。下面再举一例。

打开“第 2 章素材\红梅.jpg”。选择菜单命令【图像】|【调整】|【可选颜色】，打开【可选颜色】对话框，从【颜色】下拉列表中选择红色，沿各滑动条拖动滑块，改变所选颜色中四色油墨的含量。本例参数设置如图 2-40 所示。单击【确定】按钮，图像调整结果如图 2-41 所示，图中的红梅更加鲜艳夺目。

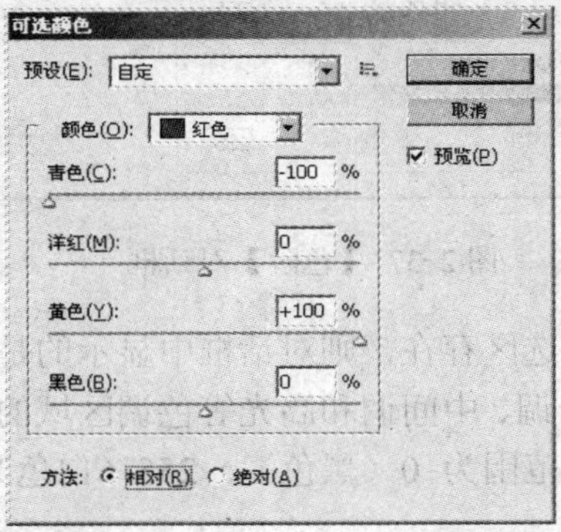

图 2-40 本例参数设置

图 2-41 图像调整结果

【可选颜色】命令用于调整图像中红色、黄色、绿色、青色、蓝色、白色、中灰色和黑色各主要颜色中四色油墨的含量，使图像的颜色达到平衡。在改变某种主要颜色中四色油墨的含量时，不会影响到其他主要颜色的表现。例如，本例改变了红色像素中四色油墨的含量，而同时保持白色、黑色、绿色等像素中四色油墨的含量不变。

2.2.3 图层

1. 图层概念

在 Photoshop 中，一幅图像往往由多个图层上下叠盖而成。所谓图层，可以理解为透明的电子画布。通常情况下，如果某一图层上有颜色存在，将遮盖住其下面图层上对应位置的图像。在图像窗口中看到的画面，实际上是各层叠加之后的总体效果。

默认设置下，Photoshop 用灰白相间的方格图案表示图层透明区域。背景层是一个特殊的图层，只要不转化为普通图层，它将永远是不透明的；而且始终位于所有图层的底部。

新建图像文件只有一个图层；JPG 图像打开时也只有一个图层，即背景层。

在包含多个图层的图像中，要想编辑图像的某一部分内容，首先必须选择该部分内容所在的图层。

若图像中存在选区，可以认为选区浮动在所有图层之间，而不是专属于某一图层。此时，所能做的就是对当前图层选区内的图像进行编辑修改。

2. 图层基本操作

1）选择图层

在【图层】面板上通过单击图层的名称选择图层。在 Photoshop CS2 以上版本中，按 Shift 键或 Ctrl 键配合鼠标单击可以选择多个连续或不连续的图层。一旦选择了多个图层，就可以同时对这些图层进行移动、变换等操作。

2）新建图层

单击【图层】面板上的“创建新图层”按钮 或选择【图层】|【新建】菜单中的命令可创建新图层。

3）删除图层

在【图层】面板上选择要删除的图层，单击“删除图层”按钮或直接将图层缩览图拖移到“删除图层”按钮上也可删除图层。

4）显示与隐藏图层

在【图层】面板上通过单击图层缩览图左边的图层显示图标 ，可使对应图层在显示和隐藏之间切换。

5）复制图层

图层的复制包括图像内部的复制与图像之间的复制。在同一图像中复制图层的常用方法如下。

- 在【图层】面板上，将图层的缩览图拖移到“创建新图层”按钮上。
- 在【图层】面板上，选择要复制的图层，选择菜单命令【图层】|【复制图层】。

在不同图像间复制图层的常用方法如下。

- 在【图层】面板上，将当前图像的某一图层直接拖移到目标图像的窗口内。
- 选择要复制的图层，选择菜单命令【图层】|【复制图层】，打开【复制图层】对话框，如图 2-42 所示。在【为】文本框中输入图层副本的名称。在【文档】文本框中选择目标图像的文件名（目标图像必须打开），单击【确定】按钮。

图 2-42 【复制图层】对话框

6）重命名图层

在【图层】面板上，双击要改名的图层的名称，进入名称编辑状态。在【名称】文本框中输入新的名称，按 Enter 键即可。

7）更改图层不透明度

在【图层】面板右上角的【不透明度】框内直接输入百分比值，按 Enter 键；或单击【不透明度】框右侧的三角按钮，弹出“不透明度”滑动条，左右拖动滑块，可改变当前图层的不透明度。

8）图层的重新排序

在【图层】面板上，将图层向上或向下拖移，当突出显示的线条出现在要放置图层的位置时，松开鼠标按键即可改变图层的排列顺序。另外，通过【图层】|【排列】菜单下的一组命令也可以改变图层的排列顺序。

9）合并图层

合并图层能够有效地减少图像占用的存储空间。图层合并命令包括“向下合并”、“合并图层”、“合并可见图层”和“拼合图像”等，在【图层】菜单和【图层】面板菜单中都可以找到。

- 【向下合并】：将当前图层与其下面的一个图层合并（快捷键为 Ctrl+E）。
- 【合并图层】：将选中的多个图层合并为一个图层（快捷键为 Ctrl+E）。
- 【合并可见图层】：将所有可见图层合并为一个图层（快捷键为 Ctrl+Shift+E）。
- 【拼合图像】：将所有可见图层合并到背景层，并用白色填充图像中的透明区域。

10）快速选择图层的不透明区域

按住 Ctrl 键，在【图层】面板上单击某个图层的缩览图（注意不是图层名称），可基于该图层上的所有像素创建选区。若操作前图像中存在选区，操作后新选区将取代原有选区。

该操作同样适用于图层蒙版、矢量蒙版与通道。

11）背景层转化为普通层

背景层是一个比较特殊的图层，其排列顺序、不透明度、填充、混合模式等许多属性都是锁定的，无法更改。另外，图层样式、图层蒙版、图层变换等也不能应用于背景层。解除这些“锁定”的唯一方法就是将其转换为普通图层，操作如下。

在【图层】面板上，双击背景层缩览图，在弹出的【新建图层】对话框中输入图层名称，单击【确定】按钮。

3. 图层样式

图层样式是创建图层特效的重要手段，包括投影、外发光、斜面与浮雕、内阴影、内发光、光泽、叠加和描边等多种。图层样式影响的是整个图层，不能够作用于图层的部分区域；且对背景层和全部锁定的图层是无效的。

1）添加图层样式

添加图层样式的方法如下。

步骤 1 选择要添加图层样式的图层。

步骤 2 在【图层】面板上单击“添加图层样式”按钮 fx.，从弹出的菜单中选择图层样式命令；或选择菜单【图层】|【图层样式】下的有关命令，打开【图层样式】对话框，如图 2-43 所示。

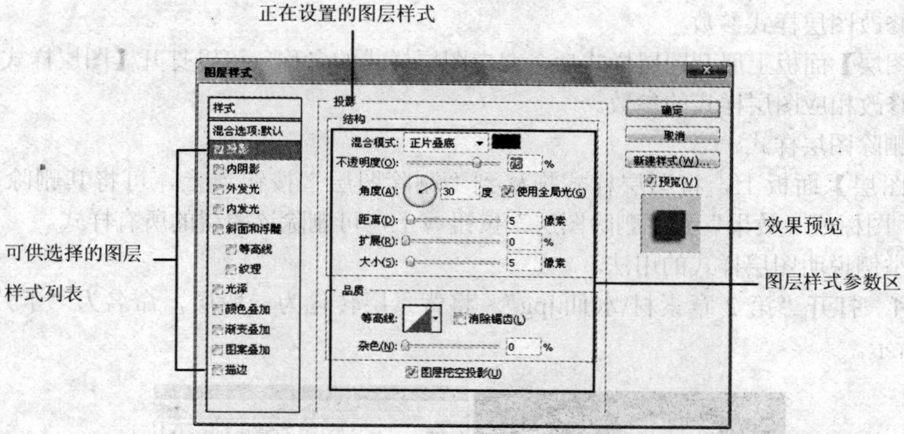

图 2-43 【图层样式】对话框

步骤 3　在对话框左侧单击要添加的图层样式的名称，选择该样式（蓝色突出显示）。在参数控制区设置图层样式的参数。

步骤 4　如果要在同一图层上同时添加多种图层样式，可在对话框左侧继续选择其他样式名称，并设置其参数。

步骤 5　设置好图层样式，单击【确定】按钮，将图层样式应用到当前图层上。

2）编辑图层样式

（1）在【图层】面板上展开和折叠图层样式

添加图层样式后，【图层】面板上对应图层的右端会出现 fx 图标，图层样式处于展开状态。通过单击 fx 图标中的三角形按钮，可折叠或展开图层样式，如图 2-44 所示。

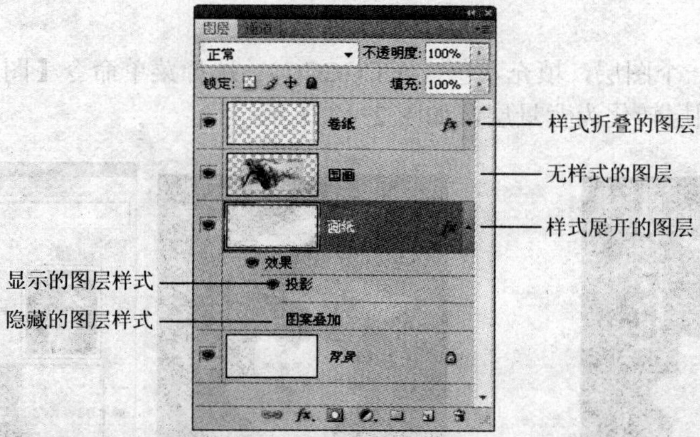

图 2-44　图层样式的显示与隐藏

（2）在图像中显示或隐藏图层样式效果

在【图层】面板上展开图层样式后，通过单击图层样式名称左侧的图标，可在图像中显示或隐藏图层样式效果，如图 2-44 所示。通过单击效果左侧的图标，可显示或隐藏对应图层的所有图层样式效果。

（3）修改图层样式参数

在【图层】面板上展开图层样式后，双击图层样式的名称，可以打开【图层样式】对话框，重新修改相应图层样式的参数。

（4）删除图层样式

在【图层】面板上，将图层样式拖移到“删除图层”按钮上，可将其删除。拖动 / 图标或“效果”到“删除图层”按钮上，可删除该图层的所有样式。

以下举例说明图层样式的用法。

步骤1 打开“第 2 章素材\水仙.jpg”。将背景层转化为一般层，命名为“卡片”，如图 2-45 所示。

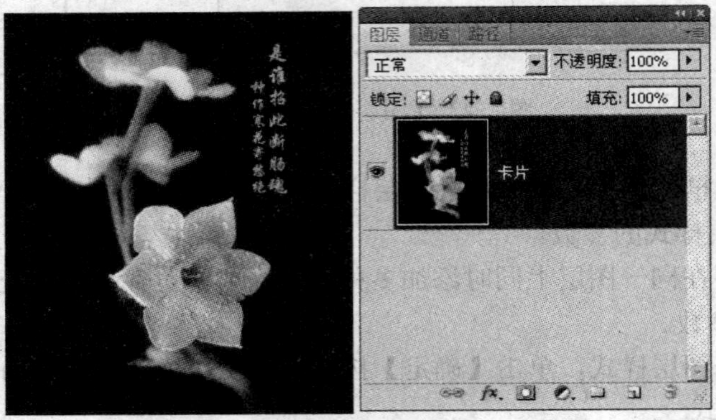

图 2-45 转换图层

步骤2 选择菜单命令【编辑】|【自由变换】，按住 Shift+Alt 键同时拖移变换框的四个角上的控制块，将“卡片”层图像成比例缩小到如图 2-46 所示的位置和大小；按 Enter 键确认。

步骤3 新建一个图层，填充灰色（#CCCCCC）。选择菜单命令【图层】|【新建】|【图层背景】，将灰色图层转化为背景层，如图 2-47 所示。

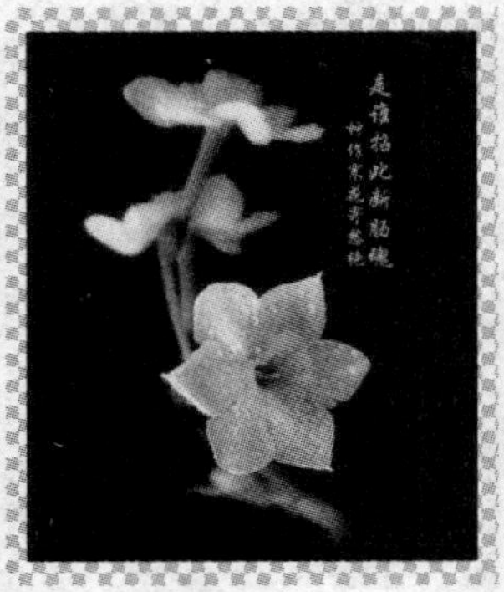

图 2-46 变换图层

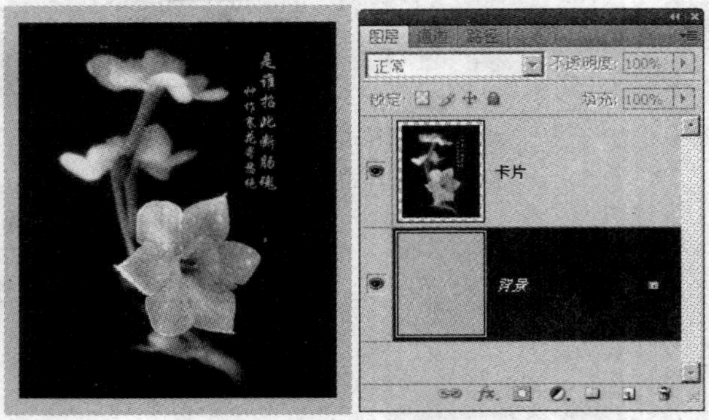

图 2-47 创建背景层

步骤4 在【图层】面板上选择“卡片”层。选择菜单命令【图层】|【图层样式】|【描边】，打开【图层样式】对话框。在参数控制区设置描边样式的参数（如图 2-48 所示），单击【确定】按钮。

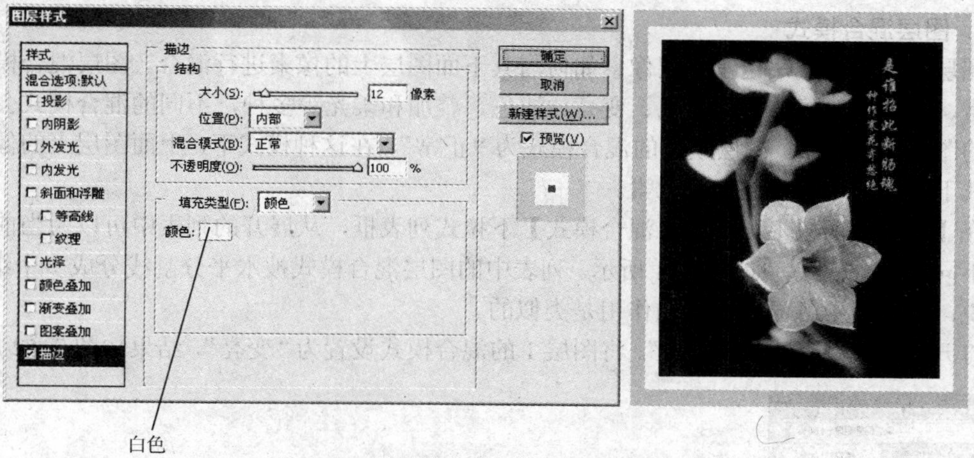

图 2-48　描边样式的参数设置及图像效果

步骤 5　在【图层】面板上选择背景层，填充白色。

步骤 6　在【图层】面板上双击“卡片”层上的图层样式“描边”，再次打开【图层样式】对话框。在对话框左侧选择投影样式，在参数控制区设置投影样式参数，如图 2-49 所示。单击【确定】按钮。图像最终效果及【图层】面板组成如图 2-50 所示。

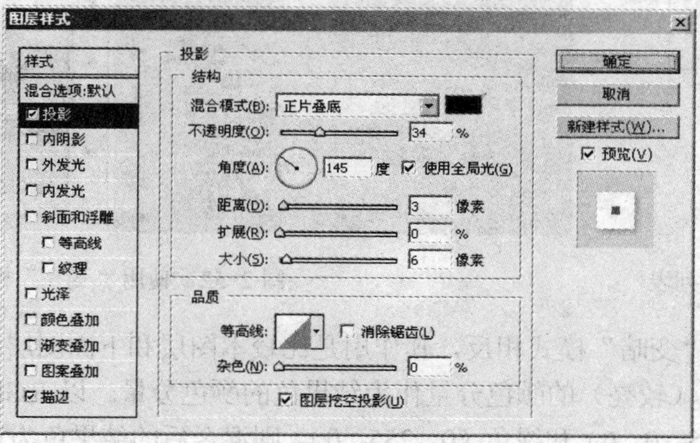

图 2-49　设置投影参数

图 2-50　图像最终效果及【图层】面板组成

4. 图层混合模式

图层的混合模式决定了图层像素如何与其下面图层上的像素进行混合。图层混合模式包括正常、溶解、变暗、正片叠底、变亮、滤色、叠加和柔光等多种，不同的混合模式会产生不同的图层叠盖效果。图层默认的混合模式为“正常”，在这种模式下，上面图层上的像素将遮盖其下面图层上对应位置的像素。

在【图层】面板上，单击【混合模式】下拉式列表框，从展开的列表中可以为当前图层选择不同的混合模式，如图 2-51 所示。列表中的图层混合模式被水平分割线分成多个组，一般来说，每个组中各混合模式的作用是类似的。

打开“第 2 章素材\夕阳.psd”。将图层 1 的混合模式设置为“变亮”，结果如图 2-52 所示。

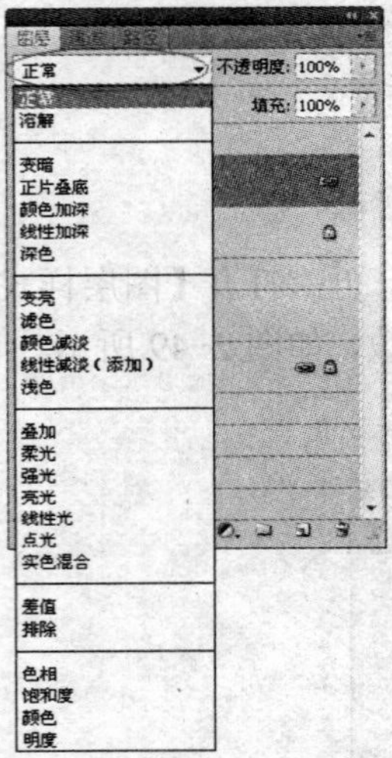

图 2-51 图层混合模式列表

图 2-52 使用“变亮”模式

“变亮”模式与“变暗”模式相反，其作用是比较本图层和下面图层对应像素的各颜色分量，选择其中值较大（较亮）的颜色分量作为结果色的颜色分量。以 RGB 图像为例，若对应像素分别为红色（255，0，0）和绿色（0，255，0），则混合后的结果色为黄色（255，255，0）。

2.2.4 滤镜

滤镜是 Photoshop 的一种特效工具，种类繁多，功能强大。滤镜操作方便，却可以使图像瞬间产生各种令人惊叹的特殊效果。其工作原理是：以特定的方式使像素产生位移，数量发生变化，或改变颜色值等，从而使图像出现各种各样的神奇效果。

Photoshop CS4 提供了 13 个常规滤镜组，分别是“风格化”、“模糊”、“扭曲”、“渲染”、“杂色”、“纹理”、“锐化”、“画笔描边”、“素描”、“艺术效果”、“像素化”、“视频”和“其他”等。每个滤镜组都包含若干滤镜，共一百多个。

除了常规滤镜外，Photoshop CS4 还拥有“抽出”、“液化”、“消失点”等多个功能强大的滤镜插件。抽出滤镜是一种比较高级的对象选取方法，适合选择毛发等边缘细微、复杂或无法确定的对象，无须花费太多的操作就可以将对象从背景中分离出来。液化滤镜可以对图像进行推、拉、旋转、镜像、收缩和膨胀等随意变形，使得该滤镜成为 Photoshop 修饰图像和创建艺术效果的强大工具。消失点滤镜可以帮助用户在编辑包含透视效果的图像时，保持正确的透视方向。

滤镜的一般用法如下。

步骤 1　选择要应用滤镜的图层、蒙版或通道。局部使用滤镜时，需要创建相应的选区。

步骤 2　选择【滤镜】菜单下的有关滤镜命令。

步骤 3　若弹出滤镜对话框，需设置参数。然后单击【确定】按钮，将滤镜应用于目标图像。

步骤 4　使用滤镜后，不要进行其他任何操作，使用菜单命令【编辑】|【渐隐××】（其中××代表刚刚使用的滤镜名称）可弱化或改变滤镜效果。

步骤 5　按 Ctrl+F 键，可重复使用上次滤镜（抽出、液化、消失点、图案生成器等除外）。

以下举例说明。

步骤 1　打开“第 2 章素材\水仙 2.psd”，选择背景层，如图 2-53 所示。

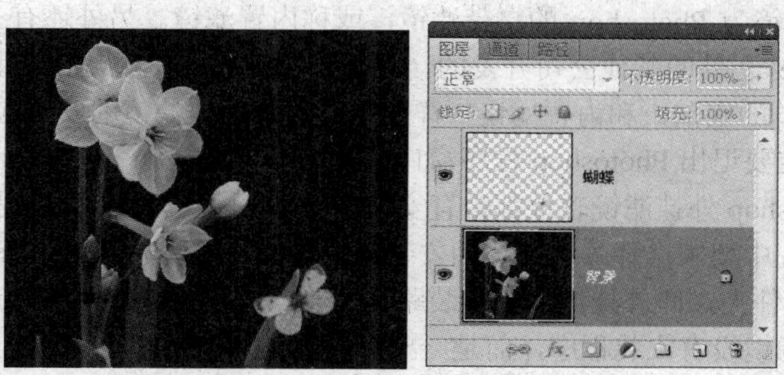

图 2-53　选择目标图像

步骤 2　选择菜单命令【滤镜】|【渲染】|【镜头光晕】，打开【镜头光晕】对话框，参数设置如图 2-54 所示（在对话框的图像预览区的任意位置单击，可确定镜头光晕的位置）。

步骤 3　单击【确定】按钮，关闭滤镜对话框，滤镜效果如图 2-55 所示。

图 2-54　设置滤镜参数

图 2-55　滤镜效果

步骤 4 按 Ctrl+F 键，或选择【滤镜】菜单顶部的命令，重复使用上一次的滤镜。滤镜效果得到加强，如图 2-56 所示。

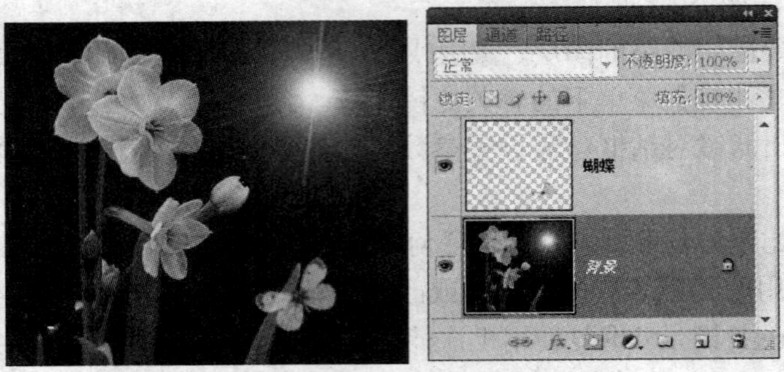

图 2-56 重复使用上一次的滤镜

上面介绍的滤镜为 Photoshop 的自带滤镜，或称内置滤镜。另外还有一类滤镜，种类非常多，是由 Adobe 之外的其他公司开发的，称为外挂滤镜。这类滤镜安装好之后，出现在 Photoshop 滤镜菜单的底部，和内置滤镜一样使用。关于外挂滤镜的安装应注意以下几点。

- 安装前一定要退出 Photoshop 程序窗口。
- 大多 Photoshop 外挂滤镜软件都带有安装程序，运行安装程序，按提示进行安装即可。在安装过程中要求选择外挂滤镜的安装路径时，一定要选择 Photoshop 安装路径下的 Plug-Ins 文件夹，即外挂滤镜的安装路径为“…Photoshop CS4 \ Plug-Ins”。
- 有些外挂滤镜没有安装程序，而是一些扩展名为 8BF 的滤镜文件。对于这类外挂滤镜，直接将滤镜文件复制到“…Photoshop CS4 \ Plug-Ins”文件夹下即可使用。

2.2.5 蒙版

在 Photoshop 中，蒙版主要用于控制图像在不同区域的显示范围与显示程度。根据用途和存在形式的不同，可将蒙版分为快速蒙版、剪贴蒙版、图层蒙版和矢量蒙版等多种。以下介绍使用较广泛的图层蒙版与剪贴蒙版。

1. 图层蒙版

图层蒙版附着在图层上，能够在不破坏图层的情况下，控制图层上不同区域像素的显隐程度。

1）添加图层蒙版

选择要添加蒙版的图层，采用下述方法之一添加图层蒙版。

① 单击【图层】面板上的“添加图层蒙版”按钮，或选择菜单命令【图层】|【图层蒙版】|【显示全部】，可以创建一个白色的蒙版（图层缩览图右边的附加缩览图表示图层蒙版）。白色蒙版对图层的内容显示无任何影响。

② 按 Alt 键单击【图层】面板上的“添加图层蒙版”按钮，或选择菜单命令【图层】|【图层蒙版】|【隐藏全部】，可以创建一个黑色的蒙版。黑色蒙版隐藏了对应图层的所有内容。

③ 在存在选区的情况下，单击【图层】面板上的“添加图层蒙版”按钮，或选择菜单命令【图层】|【图层蒙版】|【显示选区】，将基于选区创建蒙版；此时，选区内的蒙版填

充白色，选区外的蒙版填充黑色。按 Alt 键单击【图层】面板上的“添加图层蒙版”按钮，或选择菜单命令【图层】|【图层蒙版】|【隐藏选区】，所产生的蒙版恰恰相反。

背景层不能添加图层蒙版，只有将背景层转化为普通层后，才能添加图层蒙版。

2）删除图层蒙版

在【图层】面板上选择图层蒙版的缩览图，单击面板上的“删除”按钮，或选择菜单命令【图层】|【图层蒙版】|【删除】。在弹出的提示框中单击【应用】按钮，将删除图层蒙版，同时蒙版效果被永久地应用在图层上（图层遭到破坏）；单击【删除】按钮，则在删除图层蒙版后，蒙版效果不会应用到图层上。

3）在蒙版编辑状态与图层编辑状态之间切换

在【图层】面板上选择添加了图层蒙版的图层后，若图层蒙版缩览图的周围显示有白色亮边框，表示当前层处于蒙版编辑状态，所有的编辑操作都是作用在图层蒙版上。此时，若单击图层缩览图则可切换到图层编辑状态。

若图层缩览图的周围显示有白色亮边框，表示当前层处于图层编辑状态，所有的编辑操作都是作用在图层上，对蒙版没有任何影响。此时，若单击图层蒙版缩览图则可切换到蒙版编辑状态。

另外，还有一种辨别的方法是，在默认设置下，当图层处于蒙版编辑状态时，工具箱上的“前景色/背景色”按钮仅显示所选颜色的灰度值。

4）蒙版与图层的链接

默认设置下，图层蒙版与对应的图层是链接的（图层缩览图和图层蒙版缩览图之间存在链接图标）。移动或变换（缩放、旋转、扭曲等）其中的一方，另一方会产生相应的变动。单击图层缩览图和图层蒙版缩览图之间的链接图标，取消链接关系（图标消失），此时移动或变换其中的任何一方，另一方不会受到影响。再次在图层缩览图和图层蒙版缩览图之间单击，可恢复链接关系。

图层蒙版是以 8 位灰度图像的形式存储的，其中黑色表示所附着图层的对应区域完全透明，白色表示完全不透明，介于黑白之间的灰色表示半透明，透明的程度由灰色的深浅决定。Photoshop 允许使用所有的绘画与填充工具、图像修整工具及相关的菜单命令对图层蒙版进行编辑和修改。

打开“第 2 章素材\荷花.psd”。在【图层】面板上选择“荷花”层，单击“添加图层蒙版”按钮，为该层添加显示全部的图层蒙版，如图 2-57 所示。此时图像处于蒙版编辑状态。

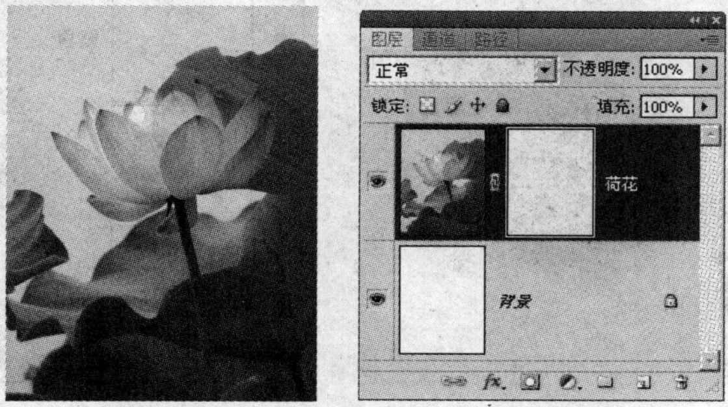

图 2-57　添加显示全部的图层蒙版

在工具箱上将前景色和背景色分别设置为黑色与白色。选择菜单命令【滤镜】|【渲染】|【云彩】，该滤镜在图层蒙版上将前景色和背景色随机混合。图像中出现白色烟雾效果，如图 2-58 所示。

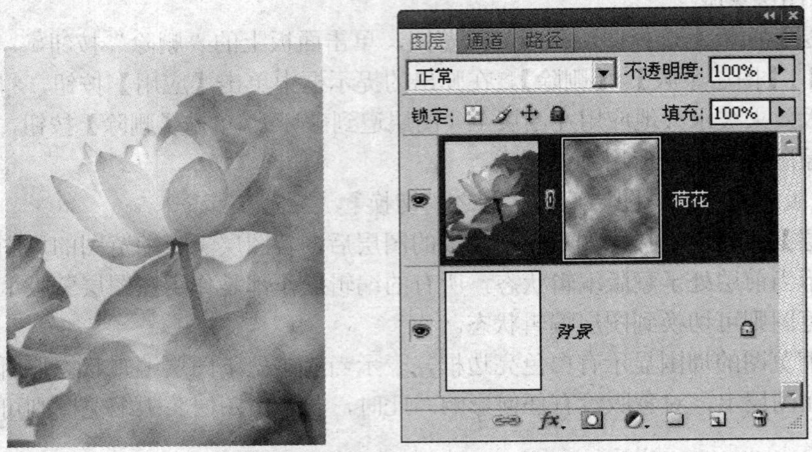

图 2-58 在图层蒙版上应用云彩滤镜

在图层蒙版编辑状态下，使用菜单命令【图像】|【调整】|【亮度/对比度】降低蒙版灰度图像的亮度，结果图像中的白色雾气变得更浓；增加亮度，结果相反。

2. 剪贴蒙版

剪贴蒙版可以通过一个称为基底图层的图层控制其上面一个或多个内容图层的显示区域和显隐程度。以下举例说明剪贴蒙版的基本用法。

步骤 1 打开“第 2 章素材\村落.jpg”，按 Ctrl+A 键全选图像，按 Ctrl+C 键复制图像。

步骤 2 打开“第 2 章素材\水墨鲤鱼.psd”，如图 2-59 所示。选择“水墨”层，按 Ctrl+V 键，结果将“村落”图像粘贴在“水墨”层上面的图层 1 中，如图 2-60 所示。

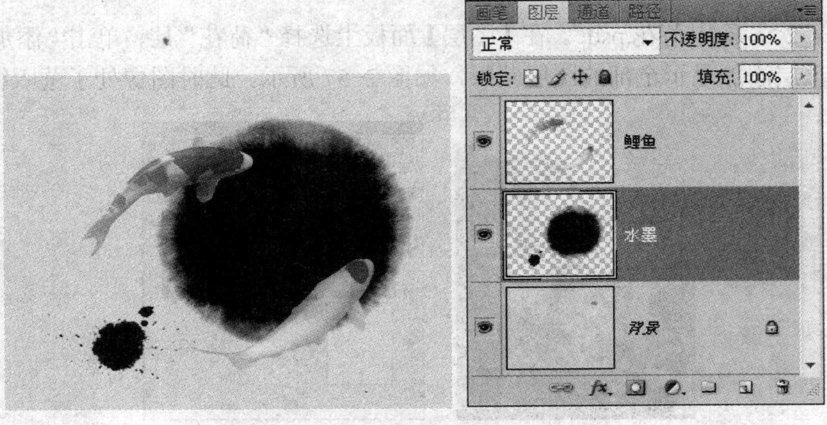

图 2-59 素材图像“水墨鲤鱼”

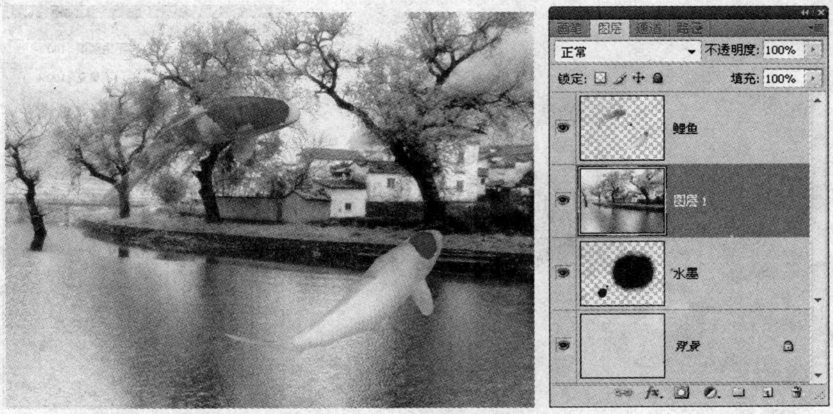

图 2-60　粘贴图层

步骤 3　采用下述方法之一为图层 1 创建剪贴蒙版。

① 按住 Alt 键，在【图层】面板上将光标移到图层 1 与“水墨”层的分隔线上（此时光标显示为形状）单击。

② 选择图层 1，选择菜单命令【图层】|【创建剪贴蒙版】（或按 Ctrl+Alt+G 键）。

步骤 4　采用类似的方法为“鲤鱼”层创建剪贴蒙版，结果如图 2-61 所示。

图 2-61　创建剪贴蒙版

剪贴蒙版创建完成后，带有图标并向右缩进的图层（图层 1 与“鲤鱼”层）称为内容图层，内容图层可以有多个（创建方法类似，但必须是连续的）。与所有内容图层下面相临的一个图层（本例中的“水墨”层），被称为基底图层（图层名称上带有下画线）。基底图层充当了内容图层的剪贴蒙版，其中像素的颜色对剪贴蒙版的效果无任何影响，而像素的不透明度却控制着内容图层的显示程度。不透明度越高，显示程度越高。本例中水墨的边缘是半透明的，而从这儿看到的内容图层的图像也是半透明的。

步骤 5　采用下述方法之一将“鲤鱼”层从剪贴蒙版中释放出来，转化为普通图层，如图 2-62 所示。

① 按住 Alt 键，在【图层】面板上将光标移到“鲤鱼”层与图层 1 的分隔线上（此时光标显示为形状）单击。

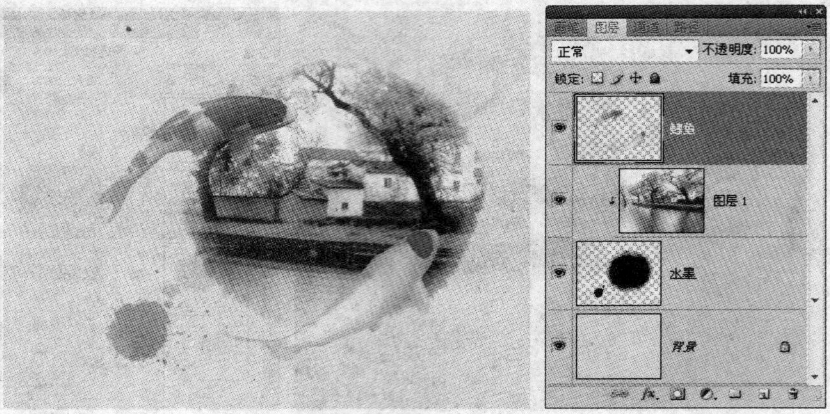

图 2-62　释放剪贴蒙版

② 选择“鲤鱼”层，选择菜单命令【图层】|【释放剪贴蒙版】（或按 Ctrl+Alt+G 键）。如果被释放的内容图层的上面还有其他内容图层，这些图层也同时被释放。若选择剪贴蒙版中的基底图层，选择菜单命令【图层】|【释放剪贴蒙版】（或按 Ctrl+Alt+G 键），可释放该基底图层的所有内容图层。

蒙版有时也被称做遮罩，它不是 Photoshop 特有的工具，诸如 Flash、Premiere、CorelDRAW 等相关软件中都有蒙版的使用，只不过操作形式不同而已。

2.2.6 通道

简而言之，通道就是存储图像颜色信息或选区信息的一种载体。用户可以将选区存放在通道的灰度图像中；并可以对这种灰度图像做进一步处理，创建更加复杂的选区。

Photoshop 的通道包括颜色通道、Alpha 通道、专色通道和蒙版通道等多种类型。其中使用频率最高的是颜色通道和 Alpha 通道。

打开图像时，Photoshop 根据图像的颜色模式和颜色分布等信息，自动创建颜色通道。在 RGB、CMYK 和 LAB 颜色模式的图像中，不同的颜色分量分别存放于不同的颜色通道。在通道面板顶部列出的是复合通道，由各颜色分量通道混合而成，其中彩色图像就是在图像窗口中显示的图像。如图 2-63 所示是某个 RGB 图像的颜色通道。

图 2-63　RGB 图像的颜色通道

图像的颜色模式决定了颜色通道的数量。比如，RGB 颜色模式的图像包含红（R）、绿（G）、蓝（B）三个单色通道和一个用于编辑图像的复合通道；CMYK 图像包含青（C）、洋红（M）、黄（Y）、黑（K）4 个单色通道和一个复合通道；LAB 图像包含明度通道、a 颜色通道、b 颜色通道和一个复合通道；而灰度、位图、双色调和索引颜色模式的图像都只有一个颜色通道。

除了 Photoshop 自动生成的颜色通道外，用户还可以根据需要，在图像中自主创建 Alpha 通道和专色通道。其中 Alpha 通道用于存放和编辑选区，专色通道则用于存放印刷中的专色。例如，在 RGB 图像中，最多可添加 53 个 Alpha 通道或专色通道。只有位图模式的图像是个例外，不能额外添加通道。

1. 颜色通道

颜色通道用于存储图像中的颜色信息——颜色的含量与分布。以下以 RGB 图像为例进行说明。

步骤 1　打开“第 2 章素材\百合.jpg”，如图 2-64 所示。显示【通道】面板，单击选择蓝色通道，如图 2-65 所示。

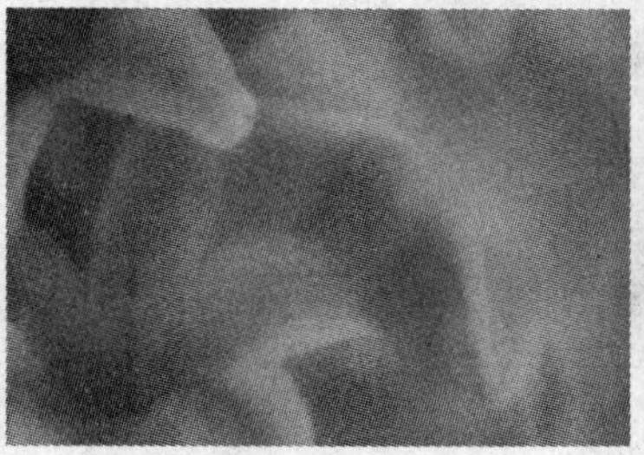

图 2-64　素材图像

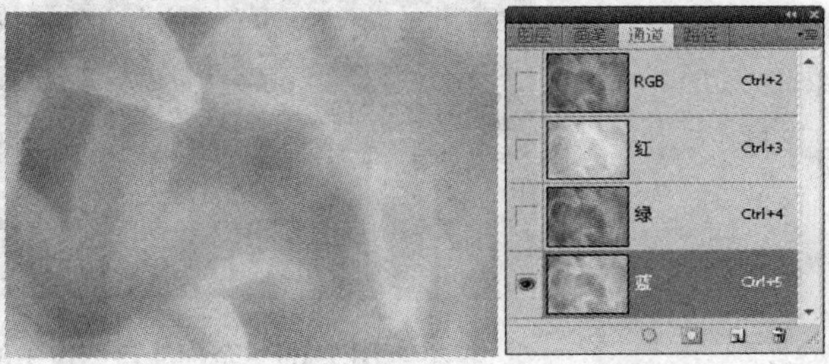

图 2-65　蓝色通道的灰度图像

从图像窗口中查看蓝色通道的灰度图像。亮度越高，表示彩色图像对应区域的蓝色含量越高；亮度越低的区域表示蓝色含量越低；黑色区域表示不含蓝色，白色区域表示蓝色含量最高，达到饱和。由此可知，修改颜色通道的亮度将势必改变图像的颜色。

步骤 2　在【通道】面板上单击选择红色通道，同时单击复合通道（RGB 通道）左侧的灰色方框，显示眼睛图标，如图 2-66 所示。这样可以在编辑红色通道的同时，从图像窗口查看彩色图像的变化情况。

步骤 3　选择菜单命令【图像】|【调整】|【亮度/对比度】，参数设置如图 2-67 所示，单击【确定】按钮。

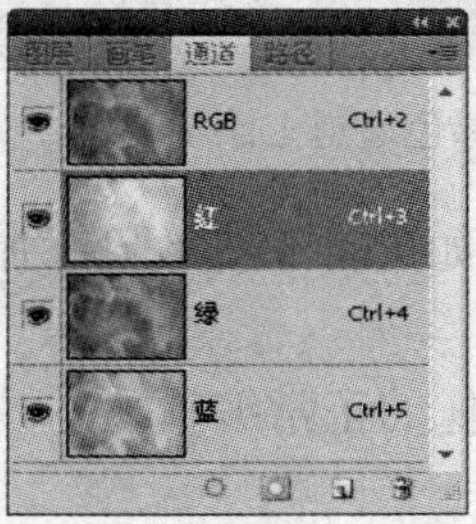

图 2-66　选择绿色通道

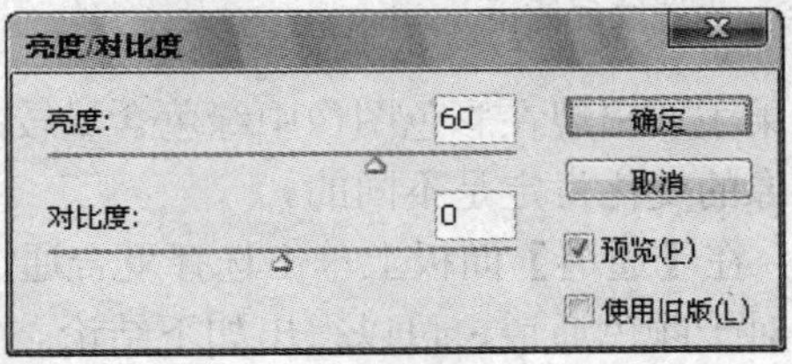

图 2-67　提高亮度

提高红色通道的亮度，等于在彩色图像中增加红色的混入量，图像变化如图 2-68 所示。

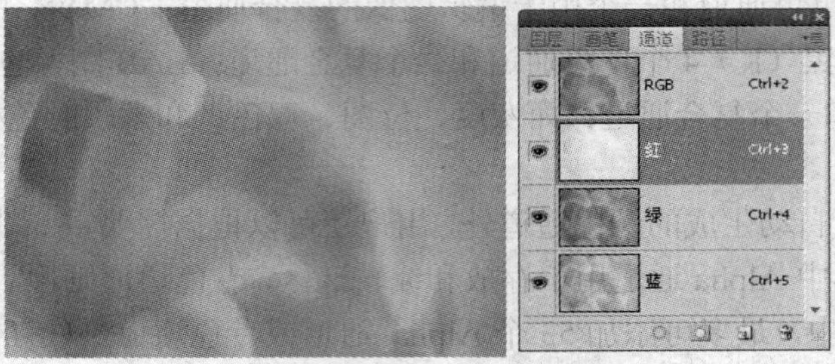

图 2-68 提高图像中的红色含量

步骤 4 将前景色设为黑色。在【通道】面板上单击选择蓝色通道，按 Alt+Backspace 键，在蓝色通道上填充黑色。这相当于将彩色图像中的蓝色成分全部清除，整个图像仅由红色和绿色混合而成，如图 2-69 所示。

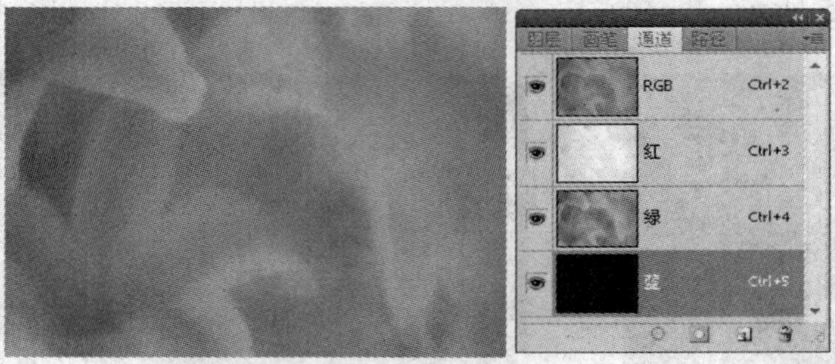

图 2-69 全部清除图像中的蓝色成分

由此可见，通过调整颜色通道的亮度，可校正色偏，或制作具有特殊色调效果的图像。

步骤 5 选择绿色通道，选择菜单命令【滤镜】|【纹理】|【纹理化】，参数设置如图 2-70 所示，单击【确定】按钮。图像变化如图 2-71 所示。

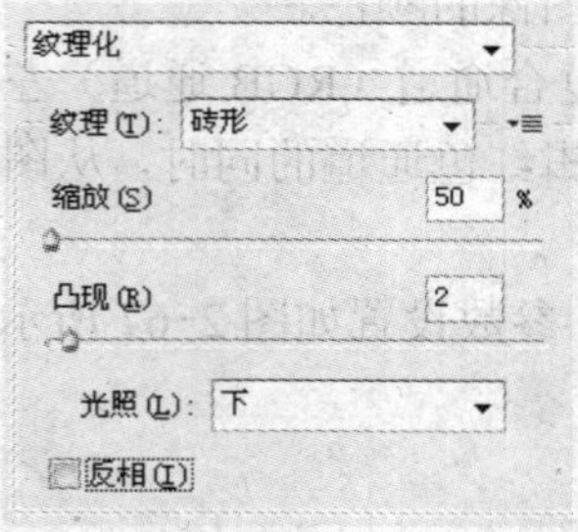

图 2-70 设置纹理滤镜

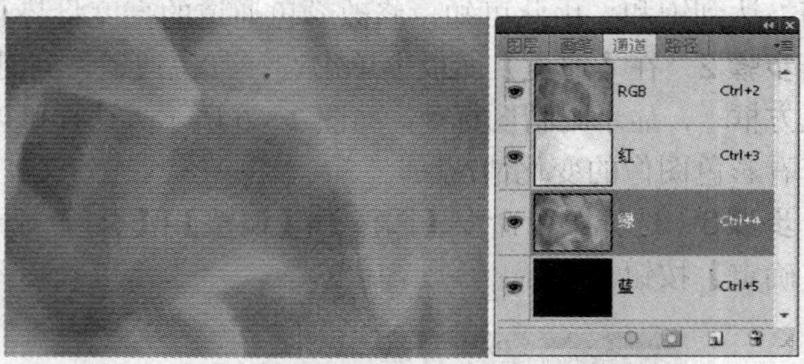

图 2-71 在绿色通道上添加滤镜

滤镜效果主要出现在彩色图像中绿色含量较高的区域。如果将滤镜效果添加在其他颜色通道上，图像的变化肯定是不同的。

步骤 6 在【通道】面板上单击选择复合通道，返回图像的正常编辑状态。

总之，对于颜色通道，可以得出如下结论。

- 颜色通道是存储图像颜色信息的载体，默认设置下以 8 位灰度图像的形式存储在通道面板上。

- 调整颜色通道的亮度，可以改变图像中各原色成分的含量，使图像色彩产生变化。
- 在单色通道上添加滤镜，与在整个彩色图像上添加滤镜，图像变化一般是不同的。

2. Alpha 通道

Alpha 通道用于将选区存储在灰度图像中。在默认设置下，Alpha 通道中的白色代表选区，黑色表示未被选择的区域；灰色表示部分被选择的区域，即透明的选区。

用白色涂抹 Alpha 通道，或增加 Alpha 通道的亮度，可扩展选区的范围；用黑色涂抹或降低亮度，则缩小选区的范围或增加选区的透明度。Alpha 通道也是编辑选区的重要场所。

Alpha 通道的基本操作如下。

1）创建 Alpha 通道

在图像处理的不同场合，可采用下列方法之一创建 Alpha 通道。

① 在【通道】面板上单击“新建通道”按钮，可使用默认设置创建一个全部黑色的 Alpha 通道，即不包含任何选区的 Alpha 通道。

② 在【通道】面板上，将单色通道拖移到“新建通道”按钮上，可以得到颜色通道的副本。此类通道虽然是颜色通道的副本，但二者之间除了灰度图像相同外，没有任何其他的联系，也属于 Alpha 通道，其中一般包含着比较复杂的选区。此类 Alpha 通道多用于通道抠图，一般做法是：首先寻找一个合适的颜色通道→复制颜色通道得到副本通道→对副本通道中的灰度图像作进一步修改，以获得精确的选区。由于直接修改颜色通道将影响整个图像的颜色，因此不宜直接对颜色通道进行编辑修改。

③ 在图层编辑状态下，使用菜单命令【选择】|【存储选区】可以将图像中的现有选区存储在新生成的 Alpha 通道中，以备后用。

2）删除 Alpha 通道

在【通道】面板上，将要删除的 Alpha 通道拖移到“删除通道”按钮上即可删除 Alpha 通道。

3）从 Alpha 通道载入选区

可采用下述方法之一，载入存储于 Alpha 通道中的选区。

① 在【通道】面板上，选择要载入选区的 Alpha 通道，单击“载入选区”按钮。若操作前图像中存在选区，则载入的选区将取代原有选区。

② 在【通道】面板上，按住 Ctrl 键，单击要载入选区的 Alpha 通道的缩览图。若操作前图像中存在选区，则载入的选区将取代原有选区。

③ 在图像中存在选区时，按住 Ctrl+Shift 键，单击要载入选区的 Alpha 通道的缩览图，载入的选区将添加到原有选区中；按住 Ctrl + Alt 键，单击要载入选区的 Alpha 通道的缩览图，可从原有选区中减去载入的选区；按住 Ctrl + Shift + Alt 键，单击要载入选区的 Alpha 通道的缩览图，可将载入的选区与原有选区进行交集运算。

④ 使用菜单命令【选择】|【载入选区】也可以载入 Alpha 通道中的选区。如果当前图像中已存在选区，则载入的选区还可以与现有选区进行并、差、交集运算。

2.2.7　路径

路径工具是 Photoshop 最精确的选取工具之一，适合选择边界弯曲而平滑的对象，如人物的脸部曲线、花瓣、心形等。同时，路径工具也常常用于创建边缘平滑的图形。

Photoshop 的路径工具包括钢笔工具组、路径选择工具和直接选择工具。其中，钢笔工具、自由钢笔工具可用于创建路径；其他工具（如路径选择工具、直接选择工具和转换点工具等）用于路径的编辑与调整。另外，使用形状工具也能够创建路径。

路径是矢量对象，不仅具有矢量图形的优点，在造型方面还具有良好的可控制性。Photoshop 是公认的位图编辑大师，但它在矢量造型方面的能力几乎可以和 CorelDRAW、3ds max 等顶级矢量软件相媲美。

1. 路径基本概念

路径是由钢笔工具等创建的直线或曲线。连接路径上各线段的点叫作锚点；锚点分两类：平滑锚点，角点（或称拐点、尖突点）；角点又分含方向线的角点和不含方向线的角点两种。通过调整方向线的长度与方向可以改变路径曲线的形状，如图 2-72 所示。

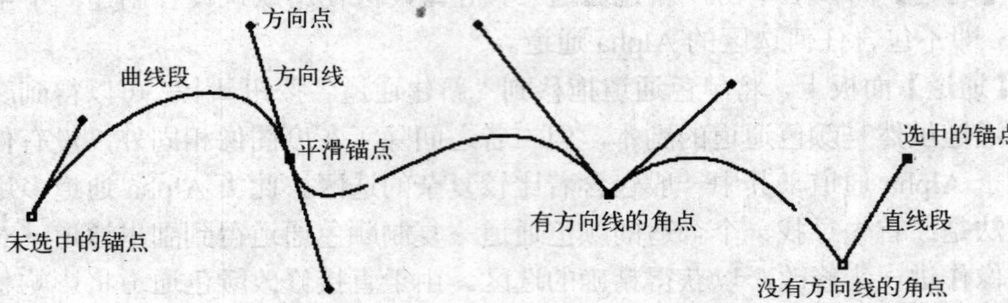

图 2-72 路径组成

- 平滑锚点：在改变锚点单侧方向线的长度与方向时，锚点另一侧的方向线相应调整，使锚点两侧的方向线始终保持在同一方向上。通过这类锚点的路径是光滑的。平滑锚点两侧的方向线的长度不一定相等。
- 不含方向线的角点：由于不含方向线，所以不能通过调整方向线改变通过该类锚点的局部路径的形状。如果与这类锚点相邻的锚点也是没有方向线的角点，则二者之间的连线为直线路径；否则为曲线路径。
- 含方向线的角点：此类角点两侧的方向线一般不在同一方向上，有时仅含单侧方向线。两侧方向线可分别调整，互不影响。路径在该类锚点处形成尖突或拐角。

2. 路径基本操作

1）创建路径

在工具箱上选择“钢笔工具”，在选项栏上选择“路径”按钮，如图 2-73 所示。

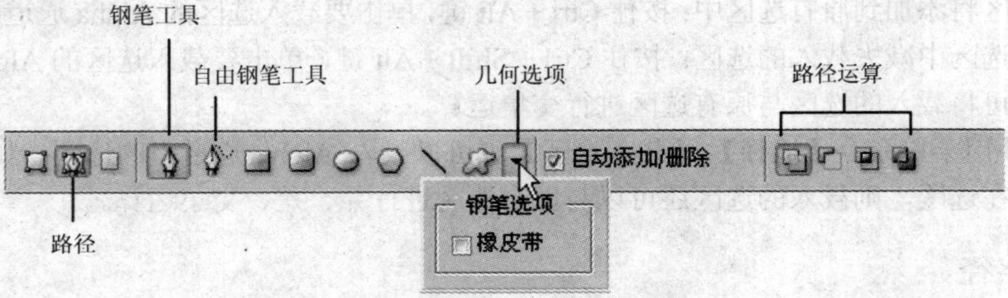

图 2-73 钢笔工具选项栏参数

（1）创建直线路径

在图像中单击，生成第 1 个锚点；移动光标再次单击，生成第 2 个锚点，同时前后两个锚点之间由直线路径连接起来。依次下去，形成折线路径。

若要结束路径，可按住 Ctrl 键在路径外单击，形成开放路径，如图 2-74 所示。若要封闭路径，只要将光标定位在最先创建的第 1 个锚点上（此时指针旁出现一个小圆圈）单击，如图 2-75 所示。

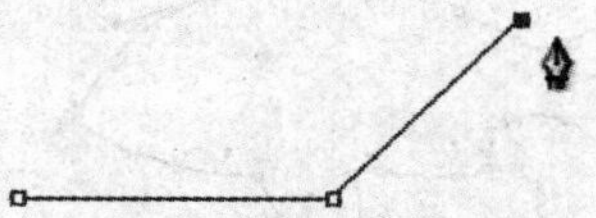

图 2-74　折线开放路径

图 2-75　折线闭合路径

在创建直线路径时，按住 Shift 键，可沿水平、竖直或 45° 角倍数的方向创建路径。

构成直线路径的锚点不含方向线，又称直线角点。

（2）创建曲线路径

在确定路径的锚点时，若按下左键拖动鼠标，则前后两个锚点由曲线路径连接起来。若前后两个锚点的拖移方向相同，则形成 S 形路径，如图 2-76 所示；若拖移方向相反，则形成 U 形路径，如图 2-77 所示。

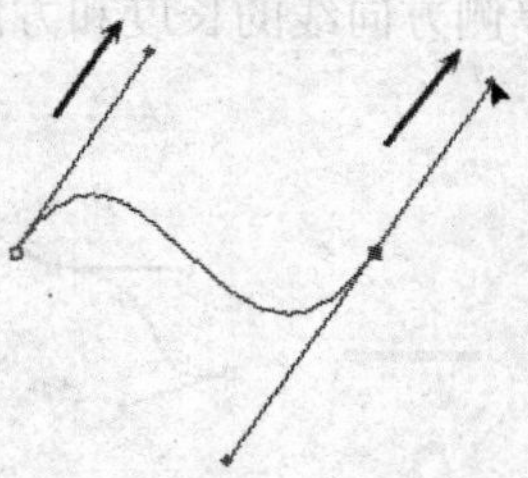

图 2-76　S 形路径

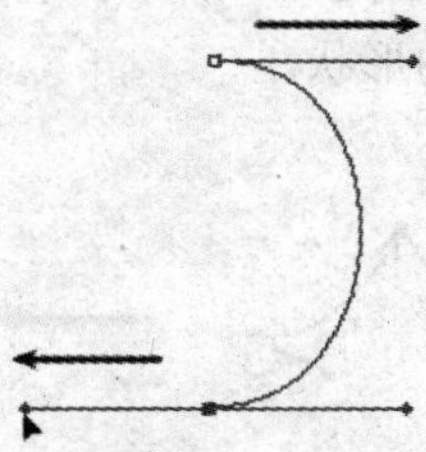

图 2-77　U 形路径

结束创建曲线路径的方法与直线路径相同。

钢笔工具的选项栏参数如下。

- 按钮：创建形状图层。
- 按钮：创建路径。
- 按钮：使用自由钢笔工具创建路径或形状图层。
- 【橡皮带】复选框：单击选项栏上的几何选项按钮，打开“几何选项”工具，如图 2-73 所示；选择【橡皮带】复选框，则使用钢笔工具创建路径时，在最后生成的锚点和光标所在位置之间出现一条临时连线，以协助确定下一个锚点。
- 【自动添加/删除】复选框：选择该项，将钢笔工具移到路径上（此时钢笔工具临时转换为增加锚点工具），单击可在路径上增加一个锚点；将钢笔工具移到路径的锚点上（此时钢笔工具临时转换为删除锚点工具）单击可删除该锚点。
- 按钮组：用于路径区域的并集、差集、交集和补集运算。

另外，在使用形状工具时，若在选项栏上选择“路径”按钮，也可以创建路径。

2）显示与隐藏锚点

当路径上的锚点被隐藏时，使用直接选择工具在路径上单击，可显示路径上所有锚点，如图 2-78（b）所示。反之，使用直接选择工具在显示锚点的路径外单击，可隐藏路径上所有锚点，如图 2-78（a）所示。

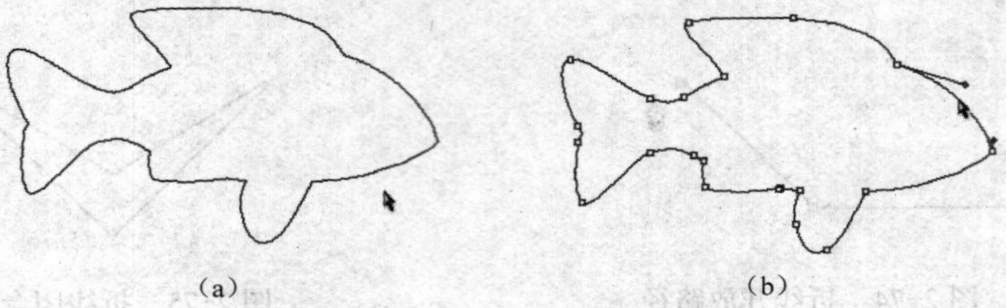

图 2-78 隐藏锚点（a）和显示锚点（b）

3）转换锚点

使用转换点工具可以转换锚点的类型，具体操作如下。

（1）将直线角点转化为平滑锚点和含方向线的角点

选择“转换点工具”，将光标定位于要转换的直线角点上，按下左键拖动，可将锚点转化为平滑锚点。将光标定位于平滑锚点的方向点上，按下左键拖动，平滑锚点可转化为有方向线的角点，如图 2-79 所示。继续拖动方向点，改变单侧方向线的长度和方向，进一步调整锚点单侧路径的形状。

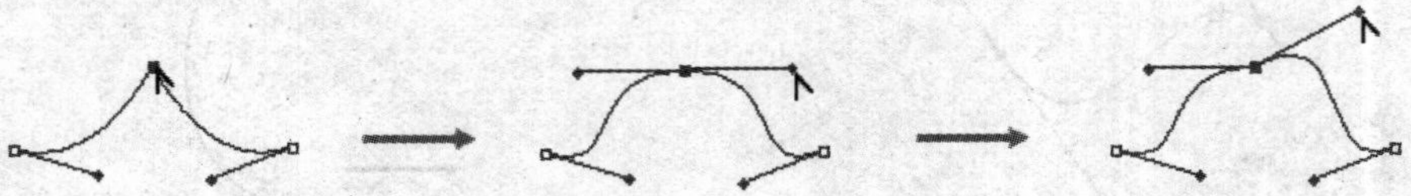

图 2-79 将直线角点转化为平滑锚点和含方向线的角点

（2）将平滑锚点或含方向线的角点转化为直线角点

若锚点为平滑锚点或含方向线的角点，使用转换点工具在锚点上单击，可将锚点转化为直线角点。

在调整路径时，使用直接选择工具拖动锚点或方向点，不会改变锚点的类型。

4）选择与移动锚点

使用直接选择工具即可以选择锚点，也可以改变锚点的位置，方法如下（假设路径上的锚点已显示）。

步骤 1 选择“直接选择工具”。

步骤 2 在锚点上单击，可选中单个锚点（空心方块变成实心方块）。选中的锚点若含有方向线，方向线将显示出来。

步骤 3 通过在锚点上拖移鼠标可以改变单个锚点的位置。

5）添加与删除锚点

添加与删除锚点的常用方法如下。

步骤 1　选择“钢笔工具”，在选项栏上选择【自动添加/删除】复选框。

步骤 2　将光标移到路径上要添加锚点的位置（光标变成形状），单击可添加锚点。当然，也可以直接使用“添加锚点工具”在路径上添加锚点。添加锚点并不会改变路径的形状。

步骤 3　将光标移到要删除的锚点上（光标变成形状），单击可删除锚点。当然，也可以直接使用“删除锚点工具”删除锚点。删除锚点后，路径的形状将重新调整，以适合其余的锚点。

6）选择与移动路径

选择与移动路径的常用方法如下。

步骤 1　选择“路径选择工具”。

步骤 2　在路径上单击即可选择整个路径。在路径上拖动鼠标可改变路径的位置。

步骤 3　若路径由多个子路径（又称路径组件）组成，单击可选择一个子路径。按住 Shift 键在其他子路径上单击，可继续加选子路径；也可以通过框选的方式选择多个子路径。

步骤 4　选中多个子路径后，拖动其中一个子路径，可同时移动所选中的所有子路径。

7）存储工作路径

使用钢笔工具等创建的路径，以临时工作路径的形式存放于【路径】面板。在工作路径未被选择的情况下，再次创建路径，新的工作路径将取代原有工作路径。有时为了防止重要信息的丢失，必须将工作路径存储起来，常用方法有以下两种。

① 将工作路径拖动到【路径】面板上的“创建新路径”按钮上，松开鼠标按键。

② 在工作路径上双击，弹出【存储路径】对话框，如图 2-80 所示。输入路径名称（或采用默认设置），单击【确定】按钮。

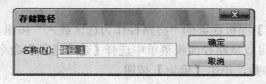

图 2-80 【存储路径】对话框

8）删除路径

若要删除子路径，可在选择子路径后，按 Delete 键。

若要删除整个路径，可打开【路径】面板，在要删除的路径上右击，从快捷菜单中选择【删除路径】命令。或在【路径】面板上将要删除的路径直接拖动到“删除当前路径”按钮上。

9）显示与隐藏路径

在【路径】面板底部的灰色空白区域单击，取消路径的选择，可以在图像中隐藏路径。在路径面板上单击以选择要显示的路径，可以在图像中显示该路径。一次只能选择和显示一条路径。

10）描边路径

“描边路径”可以使用 Photoshop 工具箱上基本工具的当前设置，沿任意路径创建绘画描边效果。操作方法如下。

步骤 1 选择路径。在【路径】面板上选择要描边的路径，或使用“路径选择工具”在图像中选择要描边的子路径。

步骤 2 选择并设置描边工具。在工具箱上选择“描边工具”，并对工具的颜色、模式、不透明度、画笔大小、画笔间距等属性进行必要的设置。

步骤 3 描边路径。在【路径】面板上单击“用画笔描边路径”按钮，可使用“当前工具”对路径或子路径进行描边。也可以从【路径】面板菜单中选择【描边路径】或【描边子路径】命令，弹出相应的对话框，在对话框中选择“描边工具”，单击【确定】按钮。

“描边路径”的目标图层是当前图层，操作前应注意选择合适的图层。

11）填充路径

“填充路径”可以将指定的颜色、图案等内容填充到当前的路径区域，操作方法如下。

步骤 1 选择路径。在【路径】面板上选择要填充的路径，或使用“路径选择工具”在图像中选择要填充的子路径。

步骤 2 在【路径】面板上单击“用前景色填充路径”按钮，可使用当前前景色填充所选路径或子路径。也可以从路径面板菜单中选择【填充路径】或【填充子路径】命令，弹出相应的对话框，根据需要设置好参数，单击【确定】按钮。

“填充路径”是在当前图层上进行的，操作前应注意选择合适的图层。

12）路径和选区的相互转化

（1）路径转化为选区

在 Photoshop 中，创建路径的目的通常是要获得同样形状的选区，以便精确地选择对象。路径转化为选区的常用方法如下。

步骤 1 在【路径】面板上选择要转化为选区的路径，或使用“路径选择工具”在图像中选择特定的子路径。

步骤 2 单击【路径】面板底部的“将路径作为选区载入”按钮（载入的选区将取代图像中的原有选区）。也可以从路径面板菜单中选择【建立选区】命令，弹出【建立选区】对话框，根据需要设置好参数，单击【确定】按钮。

上述操作完成后，有时图像中会出现选区和路径同时显示的状态，这往往会影响选区的正常编辑。此时，应注意将路径隐藏起来。

（2）选区转化为路径

通过任何方式获得的选区都可以转化为路径。但是，边界平滑的选区往往不能按原来的形状转化为路径。

在【路径】面板上单击“从选区生成工作路径”按钮，即可将当前图像中的选区转化为路径。

以下做一个路径的小练习。

步骤 1 新建一个 400×400 像素，分辨率 72 像素/英寸，RGB 颜色模式，底色为白色的图像文件。

步骤 2 使用钢笔工具创建一个封闭的三角形路径，如图 2-81 所示。

步骤 3 使用转换点工具把①号锚点和②号锚点转化为平滑点，如图 2-82 所示。

步骤 4 使用删除锚点工具删除③号锚点，如图 2-83 所示。

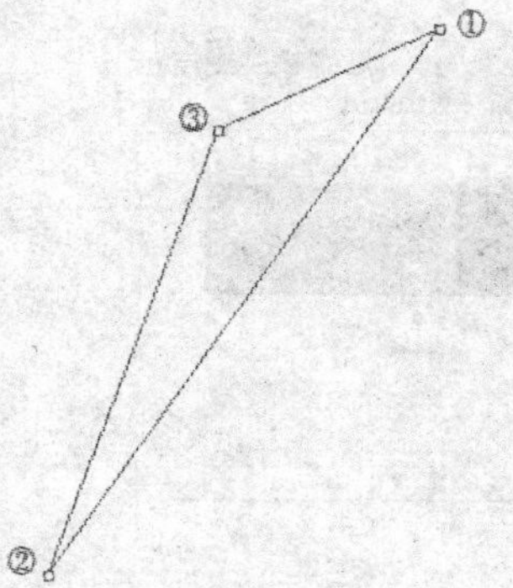

图 2-81　创建多边形路径

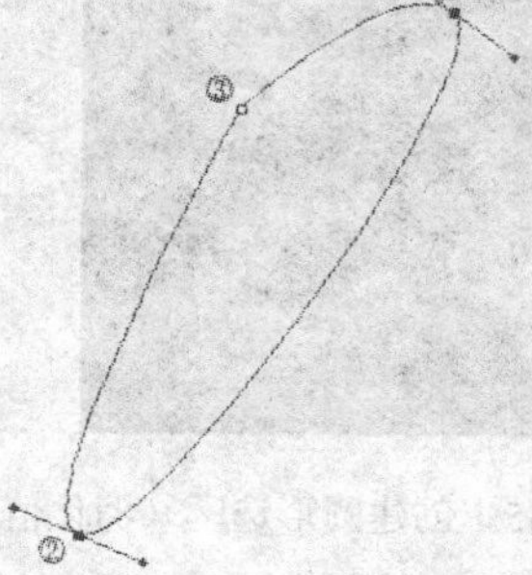

图 2-82　转换锚点类型

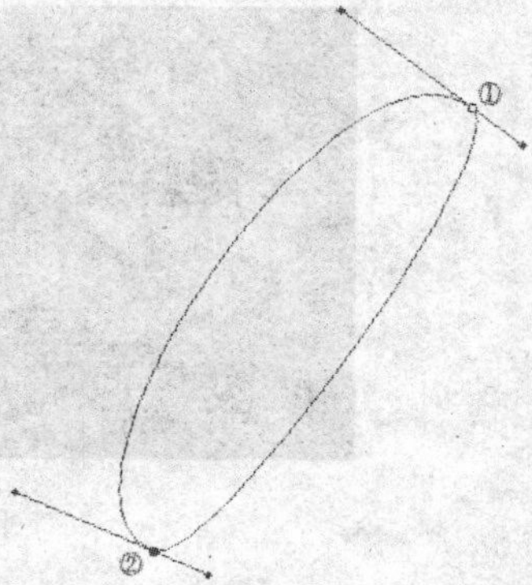

图 2-83　删除锚点

步骤 5　再使用转换点工具把①号锚点和②号锚点转化为含方向线的角点；并通过改变每条方向线的长度与方向把路径调整成竹叶形，如图 2-84（a）所示。

步骤 6　使用直接选择工具移动底部锚点的位置，把竹叶调整成侧面型，如图 2-84（b）所示。这样，通过移动锚点的位置，然后再适当调整方向线的长度与方向，可以形成多种类型的竹叶形状。

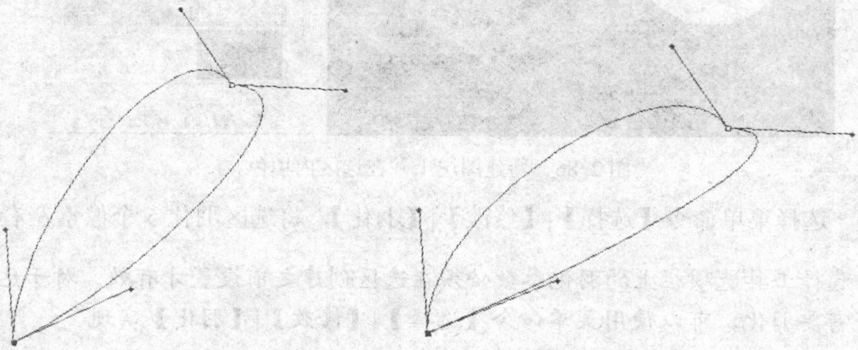

（a）　（b）

图 2-84　把路径调成竹叶形状

2.3　Photoshop 图像处理综合案例

2.3.1　月如勾

1. 主要技术看点

椭圆选框工具、油漆桶工具、羽化选区、移动选区、扩展选区、选色、删除选区内像素和取消选区等。

2. 操作步骤

步骤 1　打开“第 2 章素材\夜幕降临.jpg”，选择“椭圆选框工具”（选项栏采用默认设置，特别是羽化值为 0），按住 Shift 键拖移鼠标创建如图 2-85 所示的圆形选区。

图 2-85 创建圆形选区（羽化值为 0）

步骤 2 在【图层】面板上单击“创建新图层”按钮，新建图层 1。

步骤 3 将前景色设置为浅黄色（颜色值# FFFFCC）。使用油漆桶工具在选区内单击填充颜色（颜色填在图层 1 上），如图 2-86 所示。

图 2-86 新建图层 1 并在选区内填色

步骤 4 选择菜单命令【选择】|【修改】|【羽化】，将选区羽化 5 个像素左右。

提示： 选择工具选项栏上的羽化参数必须在选区创建之前设置才有效。对于已经创建好的选区，若需要羽化，可以使用菜单命令【选择】|【修改】|【羽化】实现。

步骤 5 选择菜单命令【选择】|【修改】|【扩展】，将羽化后的选区扩展 7 个像素左右，如图 2-87 所示。

步骤 6 使用方向键将选区向右向上移动到如图 2-88 所示的位置（移动选区时，切记千万不要选择“移动工具”）。

图 2-87 羽化和扩展选区

图 2-88 移动选区

步骤 7　按 Delete 键删除图层 1 选区内的像素，如图 2-89 所示。

图 2-89　删除当前层选区内的像素

步骤 8　选择菜单命令【选择】|【取消选择】（或按 Ctrl+D 键），月牙儿效果制作完成，如图 2-90 所示。

步骤 9　将图像最终效果以“月如勾.jpg”为文件名存储起来。

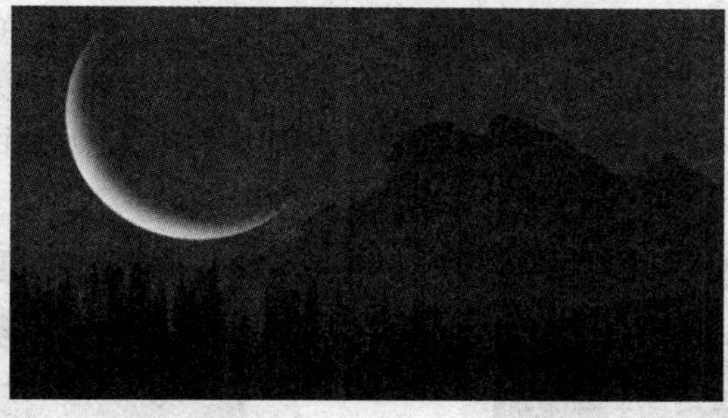

图 2-90　“月如勾”效果图

2.3.2　更换人物背景

1．主要技术看点

磁性套索工具，套索工具，魔棒工具，移动工具，自由变换命令，选区内图像的复制与粘贴等。

2．操作步骤

步骤 1　打开“第 2 章素材\英姿飒爽.jpg”。使用缩放工具在人物头部单击，将图像放大到 200%。

步骤 2　选择“磁性套索工具”，其选项栏设置如图 2-91 所示。

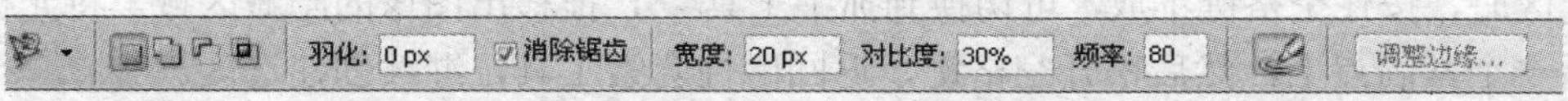

图 2-91　设置磁性套索工具的选项栏参数

步骤 3　在图中待选人物的边缘某处单击，并沿着边缘移动鼠标，开始圈选人物，如图 2-92 所示。

步骤 4　在人物边缘较陡的拐角处，磁性套索工具不容易自动产生紧固点。此时可单击鼠标手动添加紧固点，如图 2-93 所示。

图 2-92　开始创建选区

图 2-93　手动添加紧固点

步骤 5　在陡峭的拐角处或所选图像边缘与周围背景对比度较低的地方，自动生成的选区边界很容易偏离所选对象的边缘（如图 2-94 所示，从 A 点开始出现明显偏离）。此时可移动光标返回 A 点，按 Delete 键，直到撤销 A 点后的所有紧固点为止，然后采用单击加点的方法重新创建偏离处的选区边界，如图 2-95 所示。

图 2-94　选区偏离对象边缘

图 2-95　撤销并重建局部选区

步骤 6　由于图像放大而使部分图像被隐藏。当光标移动到图像窗口的左下角不能继续创建选区时，按住空格键不放，可切换到抓手工具，拖移出图像的隐藏区域。将光标定位在最后一个紧固点上，然后松开空格键，返回磁性套索工具，继续创建选区。

步骤 7　当选区创建到图像下边界的 B 点时，如图 2-96 所示，按住 Alt 键不放，按下左键拖移鼠标，磁性套索工具转换成套索工具。拖移鼠标从图像下边界的外部绕到右边 C 点；此时松开 Alt 键，松开鼠标左键，套索工具转换回磁性套索工具，再沿图像边缘向上移动鼠标，继续创建选区，如图 2-97 所示（人物右侧手臂与图像右边界交界处的图像可用类似方法选择）。

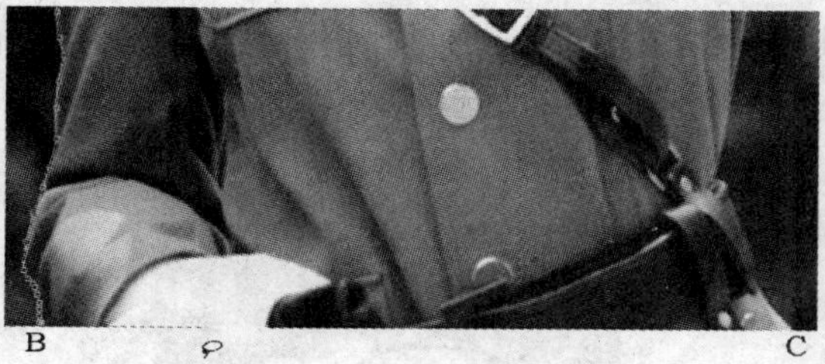

图 2-96　选择窗口边界附近的图像

图 2-97　利用工具的转换选择图像下边界

步骤 8　依照上述方法选择进行，最后移动光标回到初始紧固点，此时光标变成形状，如图 2-98 所示。单击鼠标即可封闭人物外围选区。

图 2-98　封闭选区

步骤 9　在磁性套索工具的选项栏上选择“从选区减去”按钮，其他参数保持不变。利用与前面类似的方法，沿右侧手臂内侧的空白区域的边缘创建封闭选区，将这部分区域从原选区中减去，如图 2-99 所示。

图 2-99　减去原选区中的空白区域

步骤 10 人物初步选定后，使用缩放工具进一步放大图像；通过抓手工具拖移，检查所选图像的边界，如图 2-100 所示。使用套索工具将多选的部分从选区减掉，将漏选的部分加选到选区，修补后的选区如图 2-101 所示。

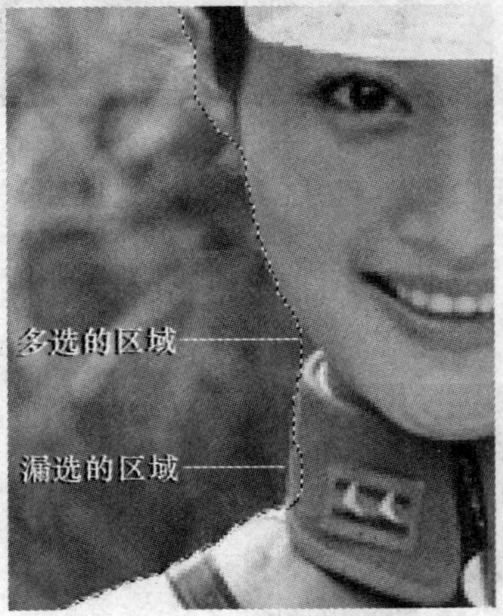

图 2-100 检查选区

图 2-101 修补后的选区

步骤 11 选择菜单命令【编辑】|【拷贝】（或按 Ctrl+C 键）。打开“第 2 章素材\长城.jpg”，选择菜单命令【编辑】|【粘贴】（或按 Ctrl+V 键），将“人物”复制到“长城.jpg”中。

步骤 12 选择“移动工具”，将“人物”移动到合适的位置，如图 2-102 所示。

图 2-102 将人物复制到“长城”图像中

步骤 13 打开“第 2 章素材\艺术签名.gif”。选择“魔棒工具”（选项栏上不选【连续选项】），单击“艺术签名.gif”的白色背景；选择菜单命令【选择】|【反向】，将“文字”选中。

步骤 14 按步骤 11 的方法，将“签名文字”复制到“长城.jpg”中。使用菜单命令【编辑】|【自由变换】适当放大“签名文字”，并移动到适当位置，如图 2-103 所示。

步骤 15 将合成后的图像存储起来。

图 2-103　复制“艺术签名”

2.3.3　邮票制作

1. 主要技术看点

背景层转普通层，缩放变换，图层基本操作（新建、重新排序等），矩形选框工具，橡皮擦工具（调整画笔间距），文字工具等。

2. 操作步骤

步骤 1　打开“第 2 章素材\小熊猫.jpg”。

步骤 2　在【图层】面板上双击背景层缩览图，弹出【新建图层】对话框，单击【确定】按钮。此操作将背景层转化为普通层，从而解除锁定，如图 2-104 所示。

步骤 3　使用菜单命令【编辑】|【变换】|【缩放】，配合 Shift+Alt 键将图层 0 缩小到如图 2-105 所示的大小和位置。

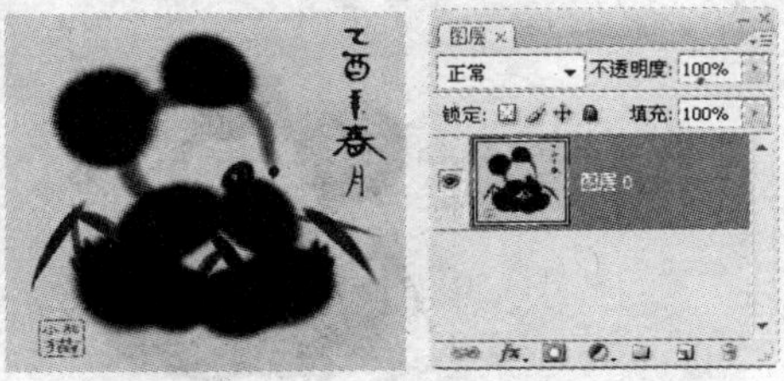

图 2-104　将背景层转化为普通层

图 2-105　图层缩放

步骤 4　新建图层 1，将该层拖移到图层 0 的下面，填充黄色（#FFFF00），如图 2-106 所示。

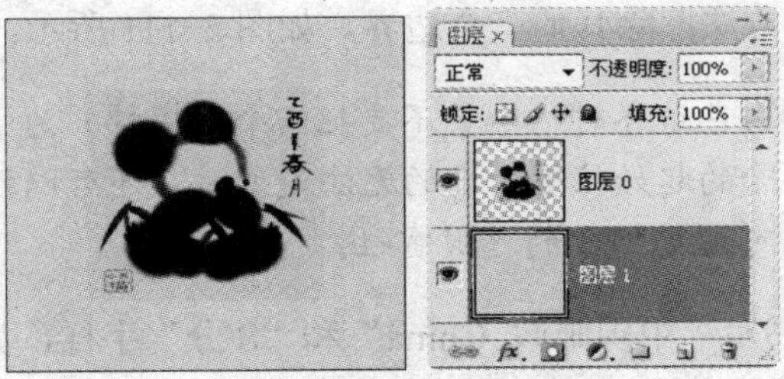

图 2-106　创建新图层

步骤 5 使用“矩形选框工具”创建如图 2-107 所示的选区。调整选区位置，使其上下左右边框线与画面间距大致相等。

步骤 6 新建图层 2（该层位于图层 0 与图层 1 之间）。并在该层选区内填充白色，取消选择，如图 2-108 所示。

图 2-107 创建选区

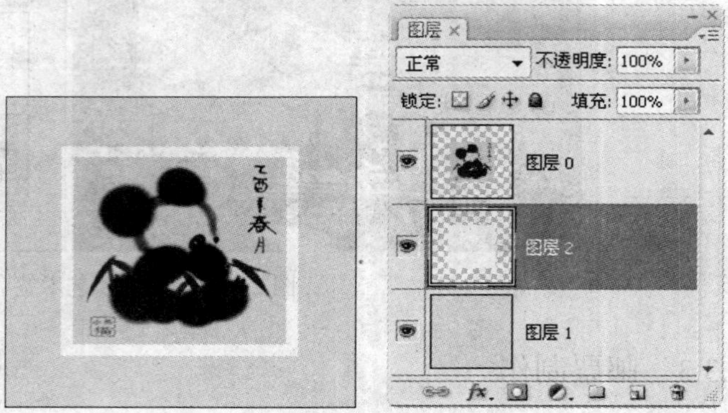

图 2-108 创建并编辑图层 2

步骤 7 选择“橡皮擦工具”。单击选项栏右侧的“切换画笔调板”按钮，打开【画笔】面板。在左窗格选择【画笔笔尖形状】选项，在右窗格设置画笔大小 6 px、硬度 100%，间距 132%（其他参数保持默认）。

步骤 8 确保选中图层 2。将光标放置在如图 2-109 所示的位置（圆形橡皮擦一半放在白色边框内）。按下鼠标左键，按住 Shift 键，水平向右拖移光标（结果将邮票一边擦成锯齿状），如图 2-110 所示。

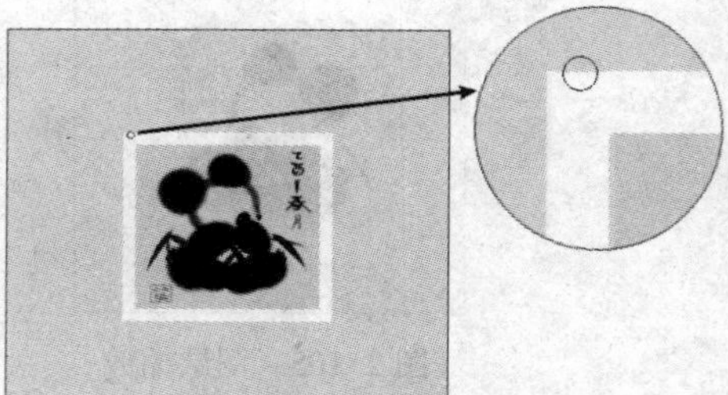

图 2-109 确定橡皮擦工具的位置

图 2-110 擦除白色边界

步骤 9 使用同样的方法擦除其他三个边界，如图 2-111 所示。

提示： 在擦除邮票的白色边界时，尽量不要把四个角擦掉。为了避免这个问题，擦除每个边界时，应注意调整擦除的起始位置；真的无法避免时，还可以适当调整画笔的间距。保持邮票四个边角的存在，可增加邮票的可观赏性。

步骤 10 在邮票上书写“中国邮政 China”和“8 分”字样，如图 2-112 所示。

步骤 11 保存储图像。

图 2-111　擦除其他三个边界

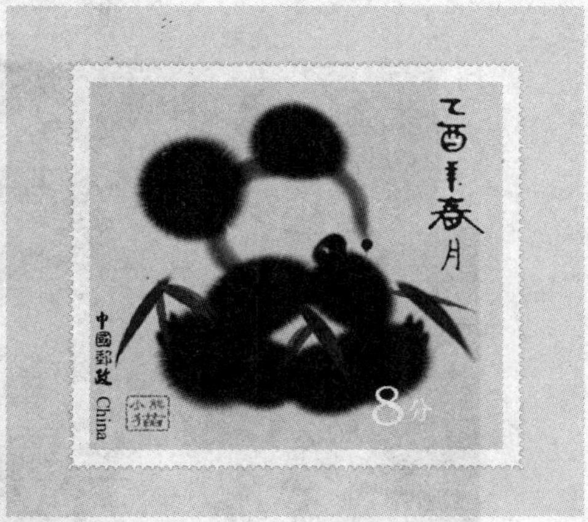

图 2-112　书写文字

2.3.4　图像的无缝对接

主要技术看点：图层蒙版，修改画布大小，线性渐变，图层复制，载入图层选区，变换选区等。

步骤 1　打开 "第 2 章素材\瀑布.jpg"。使用菜单命令【图像】|【画布大小】将画布由原来的 400×300 像素扩大到 400×454 像素，扩充区域出现在新图像的顶部（扩充区域的颜色任选），如图 2-113 所示。

图 2-113　调整 "瀑布" 的画布大小

步骤 2　打开 "第 2 章素材\云雾.jpg"。按 Ctrl+A 键全选图像，按 Ctrl+C 键复制图像。

步骤 3　切换到 "瀑布" 图像窗口，按 Ctrl+V 键粘贴图像，如图 2-114 所示。

图 2-114　在不同图像间复制图层

步骤 4　选择“移动工具”，使用键盘方向键移动图层 1 的图像，使其与图像窗口的左边与顶边对齐（不要超出窗口上边界），如图 2-115 所示。

步骤 5　确保选择图层 1。在【图层】面板上单击“添加图层蒙版”按钮，为图层 1 添加一个显示全部的图层蒙版，如图 2-116 所示。

图 2-115　对齐图层

图 2-116　添加图层蒙版

步骤 6　按住 Ctrl 键，在【图层】面板上单击图层 1 的缩览图，载入该层中像素的选区。

步骤 7　隐藏图层 1，使用菜单命令【选择】|【变换选区】，将选区的上边界调整到如图 2-117 所示的位置（原瀑布图像的上边界）。

步骤 8　重新显示图层 1，并确保图层 1 为当前层并处于蒙版编辑状态。

步骤 9　将前景色设置为白色，背景色设为黑色。按住 Shift 键，使用线性渐变工具（采用默认设置），沿垂直方向从选区的上边界到选区的下边界做一个由白色到黑色的直线渐变（切记渐变的起点与终点不要超出选区的上下边界）。

图 2-117　创建选区

步骤 10　取消选区，图像最终效果及【图层】面板如图 2-118 所示。

步骤 11　保存图像。

图 2-118　在蒙版的选区内创建直线渐变

2.3.5　移花接木

1. 主要技术看点

创建与编辑路径，路径转化为选区，复制与粘贴图像，自由变换图像等。

2. 操作步骤

步骤 1　打开“第 2 章素材\白兰花.jpg”，如图 2-119 所示。

步骤 2　使用钢笔工具沿花朵的边界创建一个封闭的多边形路径，并使用直接选择工具单击路径，以显示所有锚点，如图 2-120 所示。

提示：上述封闭路径中每两个锚点之间的对象边缘线条应是一条直线段、抛物线或者 S 形曲线（即双弧曲线）。若两个锚点间的边缘线条是比 S 形曲线更复杂的多弧曲线，或者是由直线段与曲线段连接而成的复合线条，就不能通过调整两端的锚点使路径与该段对象边缘准确地吻合。锚点的确立是否适当，是能否准确选择对象的关键所在。另外，并不是说锚点越多越好；锚点过多的话，不但增加了路径调整的难度，而且也很难准确选择对象。

图 2-119 素材图像-白兰花

图 2-120 确定关键锚点

步骤 3 通过放大图像局部，观察每一个锚点是否在花朵边缘上，位置是否合适；若不合适，通过直接选择工具拖移调整其位置，如图 2-121 所示。

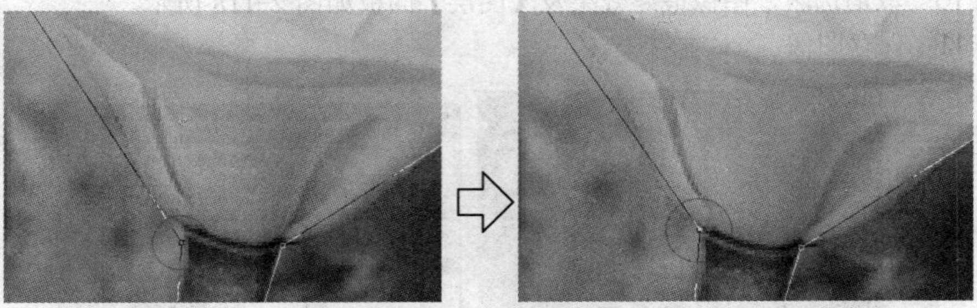

图 2-121 调整锚点位置

步骤 4 放大图像观察时，如果发现两个锚点之间的对象边缘线条实际上比预想的要复杂（复杂程度超过 S 形曲线）；此时可使用添加锚点工具在路径的适当位置添加新的锚点，如图 2-122 所示。当然，对于路径上多余的锚点要进行删除。

图 2-122 增加锚点

步骤 5 使用转换点工具依次将所有直线锚点转化为平滑锚点（即首先把各个锚点的方向线拖出来）。接着使用该工具或直接选择工具，通过改变各锚点方向线的长度与方向使各段路径与对象边缘吻合，如图 2-123 所示。

提示： 若通过锚点的对象边缘是平滑的，则调整该锚点的方向线时最好使用直接选择工具，这样不会改变锚点的性质。若使用转换点工具进行调整，应尽量使该锚点两侧的方向线保持在同一方向上，而不宜偏离太远。

步骤 6　单击【路径】面板底部的“将路径作为选区载入”按钮 ◌，将路径转化为选区。按 Ctrl + C 键，复制选区内的图像。

步骤 7　打开“第 2 章素材\树枝.jpg”（如图 2-124 所示），按 Ctrl + V 键，将刚才复制的图像粘贴到“树枝”图像中。使用菜单命令【编辑】|【自由变换】适当缩小、旋转“花朵”，并调整它的位置，结果如图 2-125 所示。

图 2-123　调整路径

图 2-124　素材图像-树枝

提示：在使用【编辑】|【自由变换】命令时，鼠标拖移变换框上的控制块时可缩放图像；将光标置于变换控制框的外侧，沿逆时针方向或顺时针方向拖移鼠标，可旋转图像。

步骤 8　再粘贴一个“花朵”，缩小、旋转并移动它的位置。使用橡皮擦工具（或其他方式）对“花朵”底部与背景上树叶图像的接口处做适当处理，最终效果如图 2-126 所示。

图 2-125　将“花朵”粘贴到目标图像

图 2-126　图像最终效果

提示：对“花朵”底部与背景图像的接口处进行处理时，最好的办法就是使用图层蒙版。

2.3.6　通道抠图

主要技术看点：复制通道，编辑通道，载入通道选区，图层蒙版修补选区，色阶调整，图层复制等。

步骤 1　打开“第 2 章素材\舞蹈.psd”（如图 2-127 所示），选择“人物”层，按 Ctrl+A 键全选图像，按 Ctrl+C 键复制图像。

图 2-127　素材图片“舞蹈”

步骤 2　打开“第 2 章素材\仙境.jpg”。按 Ctrl+V 键粘贴图像，生成图层 1，改名为“仙女”，如图 2-128 所示。

图 2-128　粘贴图层，更名图层

步骤 3　使用【编辑】|【自由变换】命令适当成比例缩小“仙女”层中的人物；使用移动工具调整人物的位置，如图 2-129 所示。

图 2-129　调整“仙女”的大小与位置

步骤 4　打开“第 2 章素材\白云.jpg”。显示【通道】面板，查看各个单色通道，发现红色通道中的白云与周围蓝天背景的明暗对比度最高。

步骤 5　复制红色通道，得到“红 副本”通道（如图 2-130 所示）。选择菜单命令【图像】|【调整】|【色阶】，打开【色阶】对话框，对“红 副本”通道中的灰度图像进行调整，

参数设置如图 2-131 所示，单击【确定】按钮。

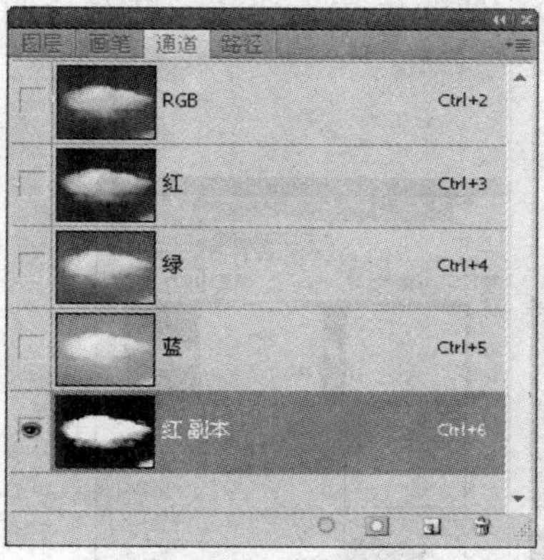

图 2-130　复制通道

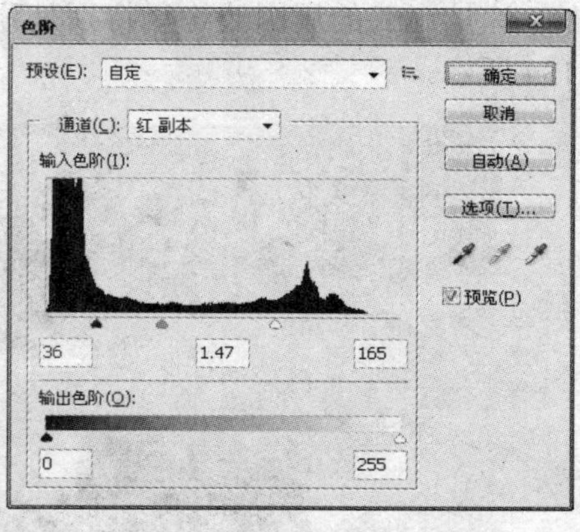

图 2-131　调整通道图像的对比度

步骤 6　使用黑色软边画笔将“红 副本”通道右下角的白色涂抹掉（对通道的编辑修改也是在图像窗口中进行的），“红 副本”通道的最终编辑效果如图 2-132 所示。

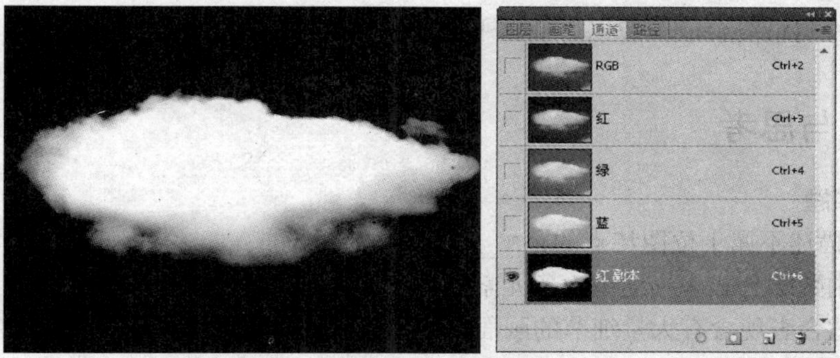

图 2-132　“红 副本”通道的最终效果

步骤 7　按 Ctrl 键在【通道】面板上单击“红 副本”通道的缩览图，载入通道选区。

步骤 8　单击选择复合通道。按 Ctrl+C 键复制背景层选区内的白云。切换到“仙境”图像，按 Ctrl+V 键粘贴图像，生成图层 1，改名为“白云”。并将白云移动到如图 2-133 所示的位置。

图 2-133　粘贴和移动图层

步骤 9 为“白云”层添加图层蒙版。使用黑色软边画笔（大小 70 像素左右，不透明度 10%左右）涂抹白云的周围边缘（特别是顶部边缘），使深色适当变浅，并有透明效果，如图 2-134 所示。

图 2-134 使用图层蒙版处理白云边界

步骤 10 将最终合成图像以“仙女下凡.jpg”为文件名进行保存。

2.4 习题与思考

一、选择题

1．下列描述不属于位图特点的是__________。

A．由数学公式来描述图中各元素的形状和大小

B．适合表现含有大量细节的画面，如风景照、人物照等

C．图像内容会因为放大而出现马赛克现象

D．与分辨率有关

2．位图与矢量图比较，其优越之处在于__________。

A．对图像放大或缩小，图像内容不会出现模糊现象

B．容易对画面上的对象进行移动、缩放、旋转和扭曲等变换

C．适合表现含有大量细节的画面

D．一般来说，位图文件比矢量图文件要小

3．“目前广泛使用的位图图像格式之一；属有损压缩，压缩率较高，文件容量小，但图像质量较高；支持真彩色，适合保存色彩丰富、内容细腻的图像；是目前网上主流图像格式之一。”是下属__________格式图像文件的特点。

A．JPEG（JPG） B．GIF C．BMP D．PSD

二、填空题

1．图像每单位长度上的像素点数称为__________。单位通常采用“像素/英寸”。

2．__________指计算机采用多少个二进制位表示像素点的颜色值，也称位深。

3．__________格式是 Photoshop 的基本文件格式，能够存储图层、通道、蒙版、路径和颜色模式等各种图像属性，是一种非压缩的原始文件格式。

三、操作题

1．利用素材图像“练习\图像\静以致远.jpg”和“院墙.jpg”制作，如图 2-135 所示的效果。

提示：可使用多边形套索工具、文字工具和【描边】命令进行操作。

图 2-135　效果图

2．利用素材图像“练习\图像\墙壁.gif”和“花朵.psd”制作“吊饰.jpg”，如图 2-136 所示。

以下是操作提示。

（1）将“墙壁.gif”的颜色模式转换为“RGB 颜色”。

（2）将“花朵.psd”中的花朵复制到“墙壁.gif”中，适当缩小，调整好位置。

（3）使用画笔工具（增大画笔间距）在“花朵”层绘制白色点画线，添加阴影效果，完成一个吊饰的制作。

（4）使用上述类似的方法制作其他吊饰。

素材图片　效果图“吊饰”

图 2-136　制作“吊饰”效果

3．使用“练习\图像\童年.jpg”（如图 2-137 所示），制作如图 2-138 所示的艺术镜框效果。

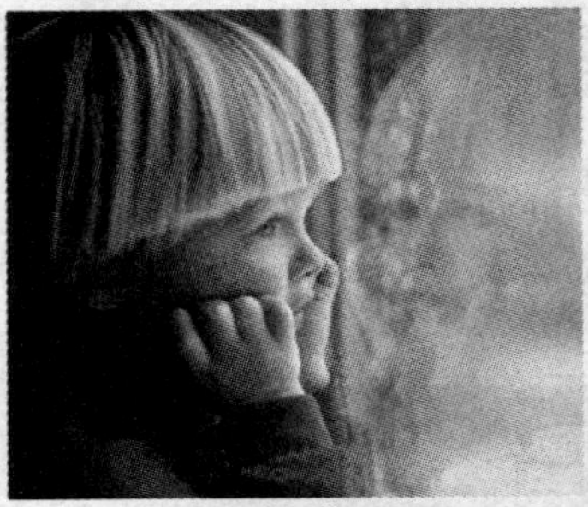

图 2-137 原图

图 2-138 艺术镜框效果

以下是操作提示。

（1）打开素材图像，新建图层 1。

（2）创建矩形选区，在图层 1 的选区内填充黑色。

（3）反转选区，填充白色。

（4）取消选区。将图层 1 的混合模式改为“滤色”，如图 2-139 所示。

（5）在图层 1 上添加玻璃滤镜（纹理：小镜头）。

图 2-139 更改图层混合模式

提示： 滤色模式的工作原理——根据图像每个通道的颜色信息，将本图层像素的互补色与下一图层对应像素的颜色进行复合，结果总是两层中较亮的颜色保留下来。本图层颜色为黑色时对下层没有任何影响，本图层颜色为白色时将产生白色。

第3章　动 画 制 作

3.1　动画概述

3.1.1　动画原理

动画是由一系列静态画面按照一定的顺序组成，这些静态的画面被称为动画的帧。通常情况下，相邻的帧的差别不大，其内容的变化存在着一定的规律。当这些帧按顺序以一定的速度播放时，由于眼睛的视觉暂留作用的存在，形成了连贯的动画效果。

在传统动画的制作中，首先将每一个帧画面手工绘制在透明胶片上，然后利用摄像机将每一个画面按顺序连续拍摄下来，形成视频信号，再进行播放就可以看到动画效果。一个小时的动画片往往需要绘制几万张的图片，因此传统动画片的创作要付出非常艰巨的劳动。如图 3-1 所示的是美术片《哪吒传奇》中的部分画面。

所谓计算机动画就是以计算机为主要工具创作的动画。在计算机动画中，比较关键的画面仍要人工绘制，关键画面之间的大量过渡画面由计算机自动计算完成。这样就能够节省大量的人力和时间，使动画的创作变得方便多了。目前，计算机动画所要解决的主要问题就是如何通过计算更好地实现关键画面的过渡问题。

图 3-1　美术片《哪吒传奇》中的部分画面

提示：人们眼前的物体被移走之后，该物体反映在视网膜上的物像不会立即消失，而是继续短暂滞留一段时间，滞留时间的长短一般为 0.1～0.4 秒。这就是视觉滞留的原理。它是比利时著名物理学家约瑟夫·普拉托于 1829 年发现的。

动画与视频有着明显的不同。一般来说，数字视频信号来源于摄、录像机，由一系列静态图像组成，其内容是对现实世界的直接反映，因而仅仅从外观上看，它具有写实主义的风格。而动画画面比较简洁，往往通过制作者徒手绘制或借助于计算机完成，“体现出一种浪漫主义色彩”。

另外，动画与视频并不是孤立存在的。一方面，影视作品中常常夹杂着大量的动画片段，以更加生动鲜明地表现主题，或实现通过实际拍摄无法完成的影视特技。另一方面，动画制作者也常常将拍摄的一系列图像输入到计算机，经动画软件处理形成动画，以获得更加真实的效果。

3.1.2 动画分类

传统的动画就是一幅幅预先绘制好的静态画面的连续播放，而计算机动画则可以通过插值方法在两个静态画面之间生成一系列过渡画面，Flash 动画甚至允许与用户互动。

计算机动画按帧的产生方式分为逐帧动画与补间动画两种。

① 逐帧动画：动画的每个帧画面都由制作者手动完成，这些帧称为关键帧。计算机逐帧动画与传统动画的原理几乎是相同的。

② 补间动画：制作者只完成动画过程中首尾两个关键帧画面的制作，中间的过渡画面由计算机通过各种插值方法计算生成。

如图 3-2 所示的是由 Morpher 软件制作的图像变形动画，用户只需提供首尾两张图像，中间的变形过程可由 Morpher 轻松完成（在 Flash 中，这种图像变形效果是很难做成的）。

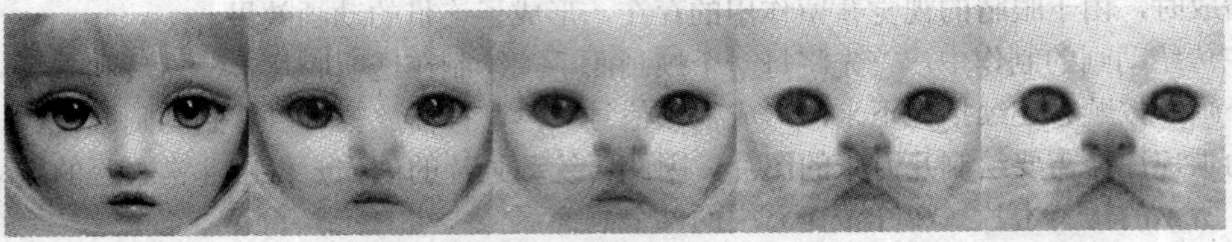

图 3-2 由 Morpher 软件制作的图像变形动画

常用的动画制作软件有 Adobe ImageReady、Gif Animator、Director、Flash、3ds max、Maya 等。

另外，利用 DreamWeaver 等软件同样可以合成令人炫目的动画效果。如图 3-3 和图 3-4 所示的就是使用网页合成的动画特效《水中倒影》（效果可参考本书配套素材“第 3 章素材\\睡莲\睡莲.html”）和《飘雪》（效果可参考本书配套素材“第 3 章素材\飘雪\飘雪.html”）。

图 3-3 由 Java 脚本和图像合成的网页动画（水中倒影）

图 3-4　由 Java 脚本和图像合成的网页动画（飘雪）

3.1.3　常用的动画制作软件

1. Gif Animator

Gif Animator 是台湾友立公司出品的一款 GIF 动画制作软件。使用 Gif Animator 创建动画时，可以套用许多现成的特效。该软件可将 AVI 影视文件转换成 GIF 动画文件，还可以使 GIF 动画中的每帧图片最优化，有效地减小文件的大小，以便浏览网页时能够更迅速地显示动画效果。

2. Adobe ImageReady

Adobe ImageReady 是 Photoshop CS（8.0）之前的版本中集成在 Photoshop 软件包中的一个 GIF 动画制作软件，使用它可以制作逐帧动画、补间动画和蒙版动画等。ImageReady 的界面及用法与 Photoshop 很相似，熟悉 Photoshop 的用户可以比较容易地掌握 ImageReady 动画的制作方法，因此该软件受到一些 Photoshop 用户的特别青睐。从 Photoshop CS2（9.0）开始，ImageReady 被 Adobe 公司抛弃，而这种动画功能植入到 Photoshop 窗口中，至 Photoshop CS3（10.0）扩展版已比较完善。也就是说，从 Photoshop CS3 扩展版开始，Photoshop 本身也可以制作动画。

3. Flash

Flash 是由前 Macromedia 公司生产的一款功能强大的二维矢量动画制作软件，是当今最受用户欢迎的动画工具之一；由于其简单易学、功能强大、动画文件较小及流式传输的特点，Flash 成为“闪客”们创作网页动画的首选工具。

4. Director

Director 是由前 Macromedia 公司开发的一款专业的多媒体制作软件，用于制作交互动画、交互多媒体课件、多媒体交互光盘，最突出的功能是制作多媒体交互光盘；也用来开发小型游戏。Director 主要用于多媒体项目的集成开发。它功能强大、操作简单、便于掌握，目前已经成为国内多媒体开发的主流工具之一。从编程的角度来讲，Director 的 Lingo 语言比 Flash 的 ActionScript 要强；但 Director 的动画功能比 Flash 要弱。尽管如此，目前 Director 的用户群还是很大的。

5. 3ds max

3ds max 是由美国 Autodesk 公司开发的一款三维动画制作软件。在众多的三维动画软件中，由于 3ds max 开放程度高，学习难度相对较小，功能比较强大，完全能够胜任复杂动画的设计要求；因此，3ds max 成为目前用户群最庞大的一款三维动画创作软件。

6．Maya

Maya 是由 Alias|Wavefront（2003 年更名为 Alias）公司开发的世界顶级的三维动画软件，应用于专业的影视广告，角色动画，电影特技等领域。作为三维动画软件的后起之秀，深受业界的欢迎与钟爱，已成为三维动画软件中的佼佼者。Maya 集成了 Alias|Wavefront 最先进的动画及数字效果技术，它不仅包括一般三维和视觉效果制作的功能，而且还结合了最先进的建模、数字化布料模拟、毛发渲染和运动匹配技术。在其建模技术上，有些方面已完全达到了任意揉捏造型的境界。Maya 掌握起来有些难度，对计算机系统的要求相对较高。尽管如此，目前 Maya 的使用人数仍然很多。

3.2 平面矢量动画大师 Flash

Macromedia Flash 动画主要有以下特点。

1．简单易用

Flash 软件的界面非常友好，其功能虽然强大，基本动画的制作却非常方便，绝大多数用户通过学习都有能力掌握。利用 Flash 提供的 ActionScript 脚本语言能够设计非常复杂的动画和交互操作；这对于普通用户来说虽然有些困难，但对于具有一定编程基础的用户而言，却比较容易上手。

2．基于矢量图形

Flash 动画主要基于矢量图形，并且可以重复使用库中的资源。一方面使得 Flash 动画文件所占用的存储空间较小；另一方面矢量图形也使得画面可以无级缩放而不会产生变形，从而保证了动画放大演示时的画面质量。

3．流式传输

Flash 动画采用了流媒体传输技术，在互联网上可以边下载边播放，而不必全部下载到本地机器上之后再观看。由于不存在下载延时的问题，避免了用户在网络上浏览 Flash 动画时的等待问题。

4．多媒体制作环境和强大的交互功能

Flash 动画能够实现对多种媒体的支持，如 GIF 动画、图像、声音、视频等。声音的加入，有效地渲染了动画的气氛；外部图像的导入，增加了场景的真实感受。加上 Flash 强大的动画功能，这意味着利用 Flash 软件能够创作出有声有色、动感十足的多媒体作品。更可贵的是，利用 Flash 提供的动作脚本语言进行编程，完全可以满足高级交互功能的设计要求。

鉴于上述特点和优点，Flash 软件深受广大动画制作者的偏爱。目前，Flash 动画已在 Internet 上日益盛行。

3.2.1 Flash 动画相关概念

Macromedia Flash 8 的动画文档编辑窗口如图 3-5 所示。正确理解窗口中标示的以下基本概念对学好 Flash 动画制作至关重要。

1．图层

图层是 Flash 动画中一个非常重要的概念。在其他很多相关设计软件（如 Photoshop、

DreamWeaver、AutoCAD 等）甚至文本处理软件 Word 中都有层的概念，其含义和作用大同小异。在图层的操作方式上，Flash 与 Photoshop 比较接近。

可以将 Flash 动画中的图层理解为透明的电子画布。在 Flash 动画文档中往往由多个图层自上而下按一定顺序相互叠盖在一起。在每一张电子画布上都可以利用绘图工具绘制图形，或者将外部导入的图形图像置于其中。在动画每帧画面的显示上，上面的图层具有较高的优先级。在 Flash 舞台和工作区中所看到的画面实际上是各图层叠加之后的总体效果。

使用图层一方面可以控制动画对象在舞台上同一位置的相互遮盖关系；另一方面，将一场景中的不同对象（如静止对象、运动对象、声音、动作等）和同一画面中不同运动对象（比如太阳的升起、小鸟的飞行、树条在微风中的摆动等）置于不同的图层中，彼此互不干扰，有利于动画的管理和维护。

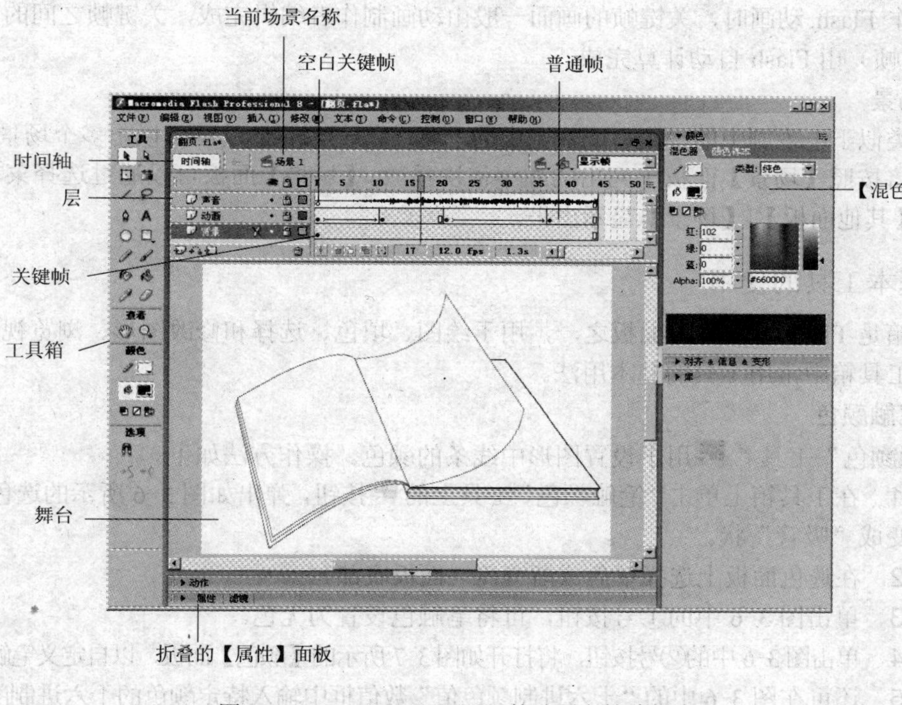

图 3-5　Macromedia Flash 8 的动画文档编辑窗口

2. 时间轴

时间轴的作用是组织和控制各动画角色的出场顺序。其中每一个小方格代表一帧。动画在播放时，一般是从左向右，依次播放每个帧中的画面。

3. 舞台

舞台是制作和观看 Flash 动画的矩形区域（新建一个动画文件时，屏幕中间的空白区域）。动画中关键帧画面的编辑正是在舞台上完成的。另外，每一帧画面中的对象只有放置在舞台上，才能够保证这些内容在动画播放时的正常显示。

4. 工作区

工作区包括舞台与周围的灰色区域。在灰色区域中同样可以定义和编辑关键帧画面中的对象，只是在播放发布后的 Flash 电影时看不到该区域内的所有内容。比如，在创建物体由屏幕外以某种方式运动到屏幕内的动画时，就需要在这块灰色区域中定义和编辑对象。

5．帧

帧是Flash动画的基本组成单位，一帧就是一个静态画面。Flash动画一般都由若干帧组成，按顺序以一定的帧速率进行播放，形成动画。使用帧可以控制对象在时间上出现的先后顺序。

6．关键帧

关键帧是一种特殊的、表示对象特定状态（颜色、大小、位置、形状等）的帧。一般表示一个变化的起点或终点，或变化过程中的一个特定的转折点。在外观上，关键帧上有一个圆点或空心圆圈。关键帧是Flash动画的骨架和关键所在，在Flash动画中起着非常重要的作用。在制作 Flash 动画时，关键帧的画面一般由动画制作者编辑完成，关键帧之间的其他帧（称为普通帧）由Flash自动计算完成。

7．场景

场景类似于电视剧中的“集”或戏剧中的“幕”。一个Flash动画可以由多个场景组成。这些场景将按照【场景】面板中列出的顺序依次播放。【场景】面板可以通过选择菜单命令【窗口】|【其他面板】|【场景】显示出来。

3.2.2　基本工具的使用

工具箱是 Flash 最重要的面板之一，用于绘图、填色、选择和修改图形、浏览视图等。以下介绍工具箱中常用工具的基本用法。

1．笔触颜色

“笔触颜色”工具用于设置图形中线条的颜色。操作方法如下。

步骤1　在工具箱上单击“笔触颜色”工具上的按钮，弹出如图3-6所示的选色面板，同时光标变成“吸管”状。

步骤2　在选色面板上选择单色或渐变色（面板底部）。

步骤3　单击图3-6中的①号按钮，可将笔触色设置为无色。

步骤4　单击图3-6中的②号按钮，将打开如图3-7所示的【颜色】面板，以自定义笔触颜色。

步骤5　还可在图3-6中的“十六进制颜色值”数值框中输入特定颜色的十六进制颜色值。

步骤6　在图3-6中的“透明度”数值框中输入百分比值，以控制笔触色的不透明度。

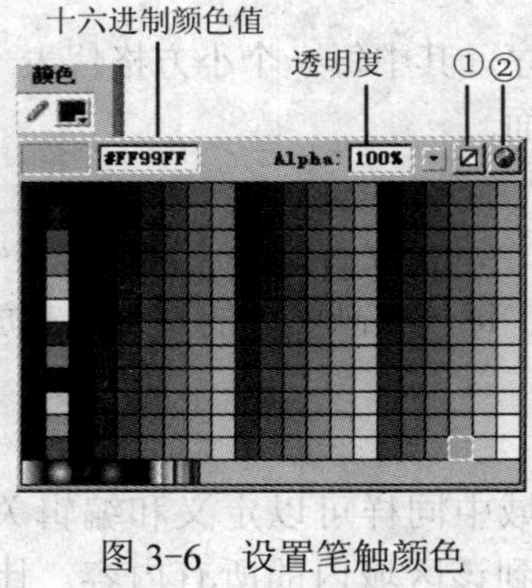

图3-6　设置笔触颜色

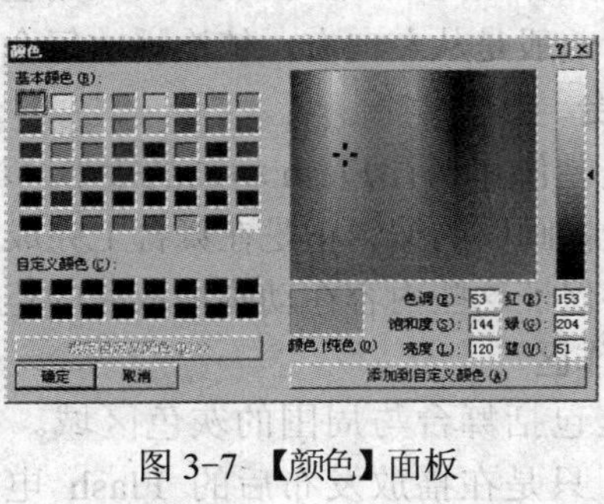

图3-7　【颜色】面板

另外，在工作区选中线条的情况下，还可以从【属性】面板设置线型和线宽；也常常从【混色器】面板设置线条的颜色和透明度。

2. 填充色

“填充色”工具用以设置图形内部填充的颜色。在 Flash 8 中，可以在图形中填充单色、渐变色或位图，操作方法如下。

步骤1　在工具箱上单击填充色工具上的按钮，弹出与图 3-6 相同的选色面板。

步骤2　在选色面板上选择无色、单色或渐变色，必要时设置颜色的不透明度。

步骤3　若步骤 2 中选择的是渐变填充色，可使用【混色器】面板编辑渐变填充色，如图 3-8 所示。渐变填充色包括线性和放射状两种。在【混色器】面板上单击选择渐变色控制条上的某个色标（选中的色标尖部显示为黑色，未选中的色标尖部显示为灰色），可利用选色器、Alpha 选项等修改该处色标的颜色和不透明度。在渐变色控制条的下面单击可增加色标；左右拖移可改变色标的位置，向下拖移色标可将该色标删除。

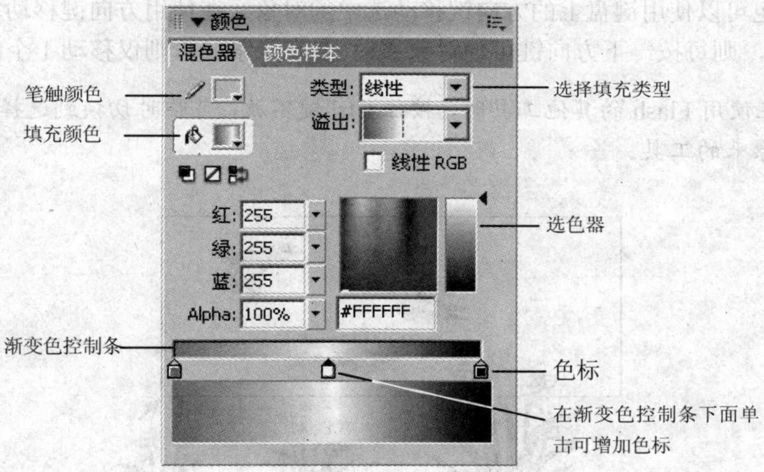

图 3-8　【混色器】面板

3. 选择工具

选择工具的基本功能是选择和移动对象，同时还可以调整线条的形状。

1）选择和移动对象

使用选择工具选择对象的要点如下。

① 单击：使用选择工具在对象上单击可选择对象，在对象外的空白处单击或按 Esc 键可取消对象的选择。特别要注意的是，对于使用矩形、椭圆和多角星形等工具直接绘制的完全分离的矢量图形（假设填充色和笔触色都不是无色），在图形内部单击，将选中图形的填充区域，如图 3-9 所示；在图形的边界上单击，将选中图形的边界线条，如图 3-10 所示。

② 双击：使用选择工具在矢量图形的内部双击，可选择整个图形（包括填充区域和边界线条），如图 3-11 所示。

提示： 绘制矩形（笔触色不要设置为无色）。使用选择工具分别在矩形的边框上单击和双击，看结果有何不同。

图 3-9 选择填充区域

图 3-10 选择边界线条

图 3-11 选择整个图形

③ 加选：按住 Shift 键，使用选择工具依次单击要选择的对象，可选中多个对象。

④ 框选：使用选择工具，按下左键拖移鼠标，将所有要选择的对象框在内部后松开鼠标按键，如图 3-12 所示，所有框在内部的对象都将被选中。

若要使用选择工具移动对象，只要在选中的对象上拖移鼠标，即可改变对象的位置。按住 Shift 键，使用选择工具可在水平或竖直方向上拖移对象。

当然，也可以使用键盘上的方向键移动选中的对象。在使用方向键移动对象时，若同时按住 Shift 键，则每按一下方向键可使对象移动 10 个像素（否则仅移动 1 个像素）的距离。

提示：在使用 Flash 的其他工具时，按住 Ctrl 键不放，可临时切换到选择工具；松开 Ctrl 键，将返回原来的工具。

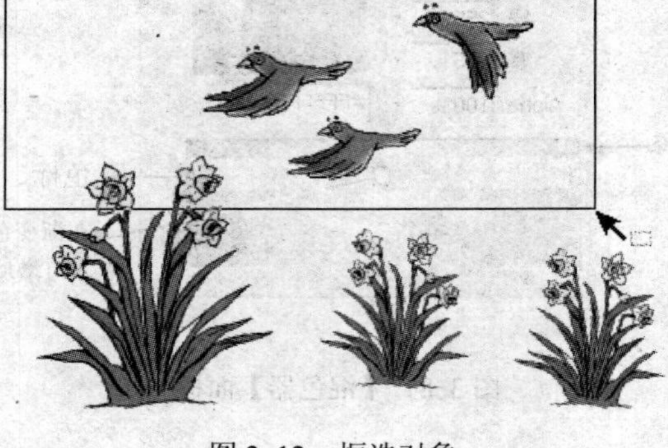
图 3-12 框选对象

2）调整线条的形状

选择"选择工具"，将光标移到矢量图形（如圆形）的边框线上（此时光标旁出现一条弧线），拖移鼠标，可改变图形的形状，如图 3-13 所示。

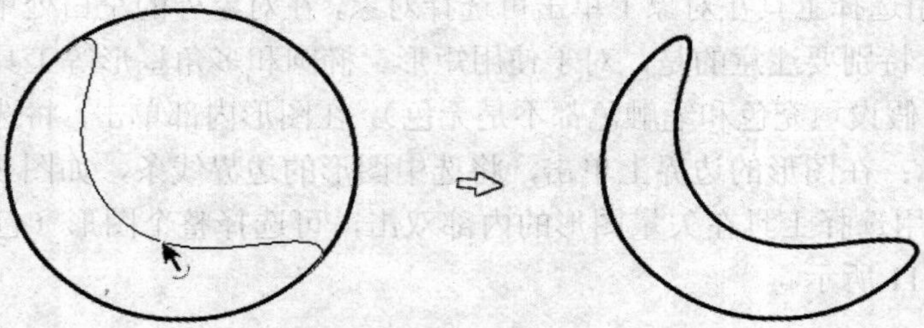
图 3-13 修改图形的形状

若在拖移图形的边框线前按下 Ctrl 键，则可改变图形局部的形状，如图 3-14 所示。

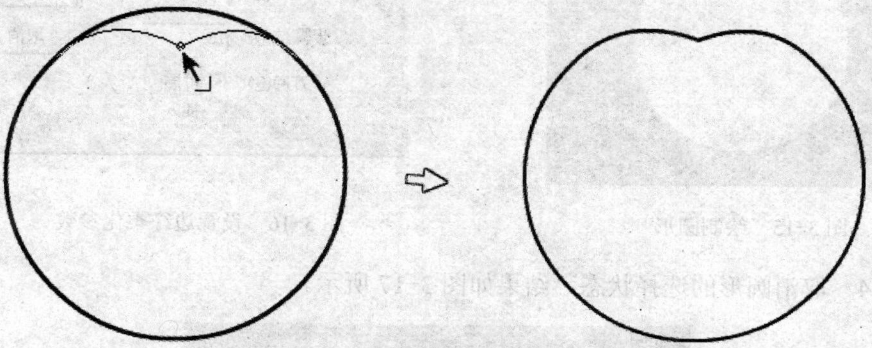

图 3-14　改变图形局部的形状

提示：在上述使用选择工具改变图形形状时，必须满足以下两个条件。第一，图形是未经组合的矢量图形（如使用矩形、椭圆和多角星形等工具直接绘制出来的完全分离的图形）；第二，图形对象未被选择。

4．线条工具

选择“线条工具”，在【属性】面板上设置线条的颜色（即笔触颜色）、粗细和线形；在舞台上按下左键拖移鼠标，可绘制任意长短和方向的直线段。若在绘制线条时按住 Shift 键不放，可创建水平、竖直和 45° 角倍数的直线段。

5．椭圆工具

椭圆工具用来绘制椭圆形和圆形，操作方法如下。

步骤 1　选择“椭圆工具”，在工具箱或【属性】面板上设置要绘制图形的填充色和笔触色。

步骤 2　在【属性】面板上设置笔触的粗细和线形。

步骤 3　在工作区按下左键拖移鼠标，可绘制椭圆形。

步骤 4　在绘制椭圆时，若同时按住 Alt 键，可绘制以单击点为中心的椭圆。

步骤 5　在绘制椭圆时，若按住 Shift 键，可绘制圆形。

步骤 6　在绘制椭圆时，若同时按住 Shift 键与 Alt 键，可绘制以单击点为中心的圆形。

步骤 7　通过将填充色或笔触色设置为无色，可绘制只有内部填充或只有边框的椭圆形或圆形。

【实例】使用前面学习过的工具及相关操作绘制“皓月当空”的效果。

步骤 1　新建 Flash 空白文档。通过菜单命令【修改】|【文档】设置舞台大小 400×300 像素，背景色#0099FF。其他属性默认。

步骤 2　使用“椭圆工具”配合 Shift 键与 Alt 键在舞台中央绘制一个没有边框的白色圆形，如图 3-15 所示。

步骤 3　使用“选择工具”选择白色圆形。选择菜单命令【修改】|【形状】|【柔化填充边缘】，弹出【柔化填充边缘】对话框，参数设置如图 3-16 所示。单击【确定】按钮。

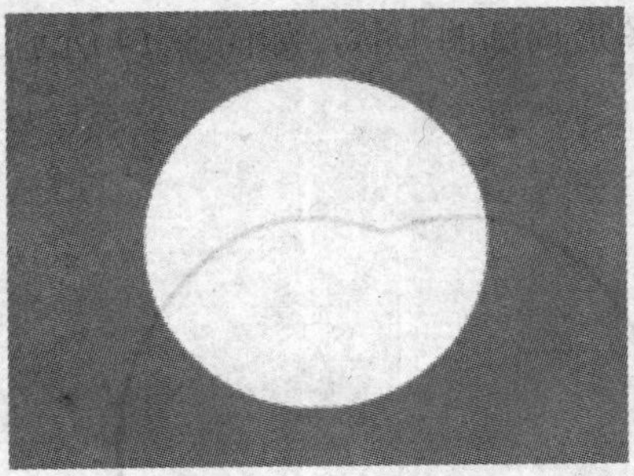

图 3-15 绘制圆形

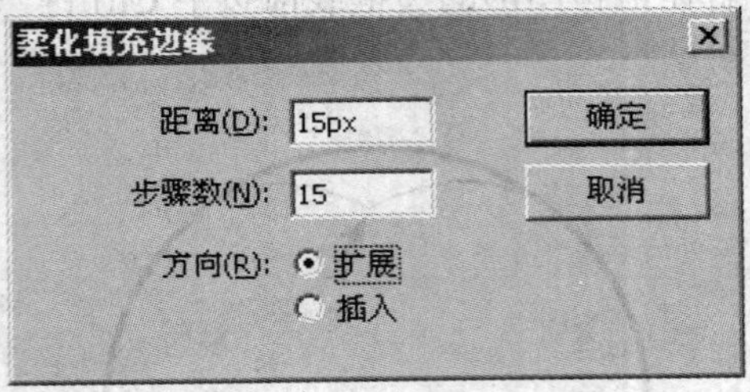

图 3-16 设置边缘柔化参数

步骤 4 取消圆形的选择状态，结果如图 3-17 所示。

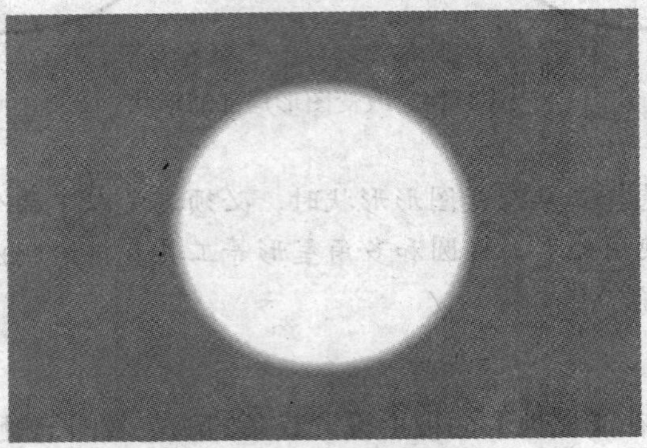

图 3-17 边缘柔化后的圆形

6. 矩形工具

矩形工具用来绘制矩形、正方形和圆角矩形，操作方法如下。

步骤 1 选择“矩形工具”，在工具箱或【属性】面板上选择要绘制图形的填充色和笔触色。

步骤 2 在【属性】面板上设置笔触的粗细和线形。

步骤 3 在舞台上按下左键拖移鼠标，绘制矩形。

步骤 4 在绘制矩形时，若同时按住 Alt 键，可绘制以单击点为中心的矩形。

步骤 5 在绘制矩形时，若按住 Shift 键，可绘制正方形。

步骤 6 在绘制矩形时，若同时按住 Shift 键与 Alt 键，可绘制以单击点为中心的正方形。

步骤 7 通过将填充色或笔触色设置为无色，还可以绘制只有内部或只有边框的矩形。

步骤 8 在绘制矩形前，单击工具箱底部的“圆角矩形半径”按钮，将弹出【矩形设置】对话框，输入【边角半径】的数值，如图 3-18 所示，单击【确定】按钮关闭对话框。此时可在舞台上绘制指定圆角值的矩形，如图 3-19 所示。

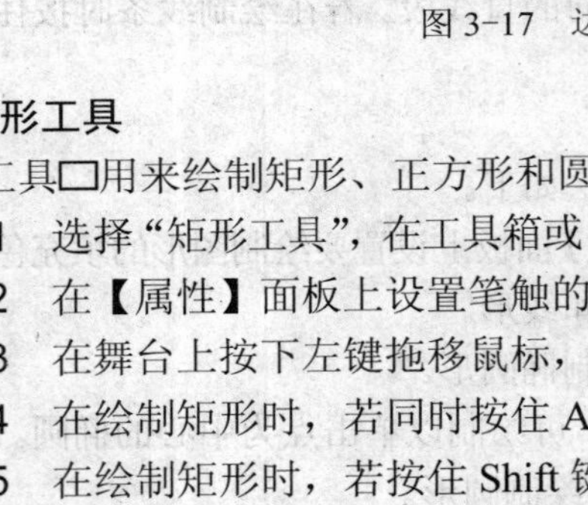

图 3-18 设置圆角参数

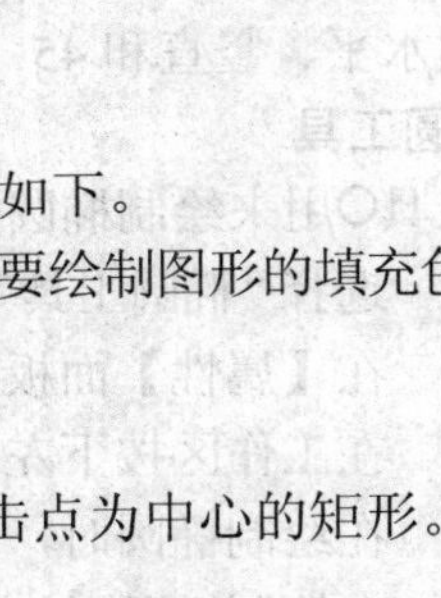

图 3-19 绘制圆角矩形

7. 多角星形工具

多角星形工具用来绘制正多边形和正多角星形，其使用方法如下。

步骤 1　在工具箱的“矩形工具”按钮上按下鼠标左键停顿片刻，展开工具组列表，选择其中的“多角星形工具”。

步骤 2　在工具箱或【属性】面板上设置要绘制图形的填充色和笔触色。

步骤 3　在【属性】面板上设置笔触的粗细和线形。

步骤 4　单击【属性】面板上的【选项】按钮，弹出如图 3-20 所示的【工具设置】对话框。在【样式】列表中选择图形类型（多边形、星形），输入“边数”和“星形顶点大小”（即锐度，仅对星形有效）的值，单击【确定】按钮。

步骤 5　在工作区按下左键拖移鼠标，可绘制以单击点为中心的正多边形或星形，如图 3-21 示。

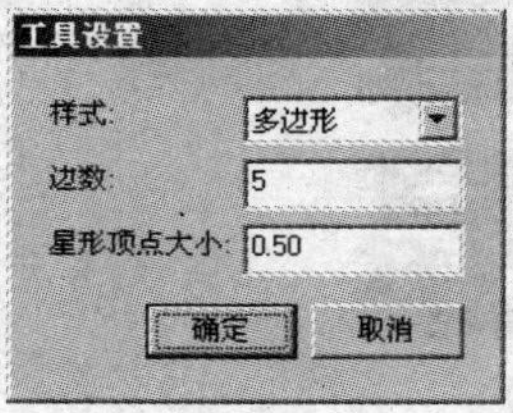

图 3-20　【工具设置】对话框

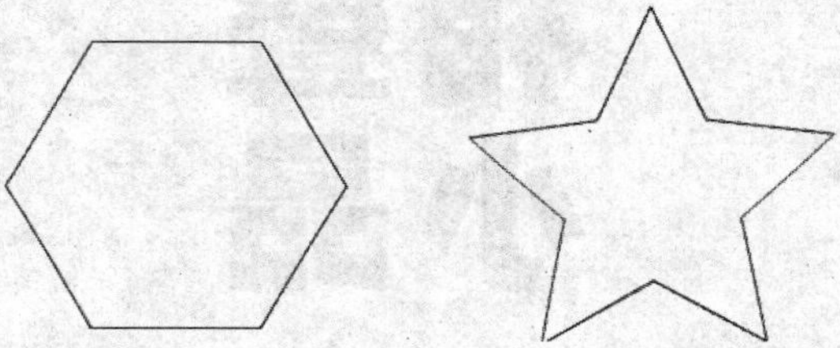

图 3-21　绘制正多边形和星形

8. 铅笔工具

铅笔工具可使用笔触色绘制手绘线条，其用法如下。

步骤 1　选择“铅笔工具”，在【属性】面板上设置笔触颜色、粗细和线形。

步骤 2　在工具箱的选项栏选择绘图模式，如图 3-22 所示。

图 3-22　选择绘图模式

- 【伸直】：进行平整处理，转化为最接近的三角形、圆、椭圆、矩形等几何形状。
- 【平滑】：进行平滑处理，可绘制非常平滑的曲线。
- 【墨水】：绘制接近于铅笔工具实际运动轨迹的自由线条。

步骤 3　在舞台上按下左键拖移鼠标，可随意绘制线条；Flash 将根据绘图模式对线条进行调整。按住 Shift 键使用铅笔工具可绘制水平直线段和竖直直线段。

9. 橡皮擦工具

橡皮擦工具除了可以擦除绘图工具（线条工具、钢笔工具、椭圆工具、矩形工具、多角星形工具、铅笔工具、刷子工具等）绘制的图形外，还可以擦除完全分离的组合、完全分离的位图、完全分离的文本对象和完全分离的元件实例。另外，在工具箱上双击“橡皮擦工具”图标，将快速擦除舞台上所有未锁定的对象（包括组合、未分离的位图、文本对象和元件的实例等）。

10. 墨水瓶工具

使用墨水瓶工具可以修改线条的颜色、透明度、线宽和线形。操作方法如下。

步骤 1　选择“墨水瓶工具”。

步骤 2　在工具箱、【属性】面板或【混色器】面板上设置笔触的颜色。

步骤 3 在【属性】面板上设置笔触的粗细和线形。

步骤 4 在【混色器】面板上设置笔触颜色的透明度（即 Alpha 值）或编辑渐变笔触色。

步骤 5 在完全分离的图形上单击，如图 3-23、图 3-24 和图 3-25 所示。

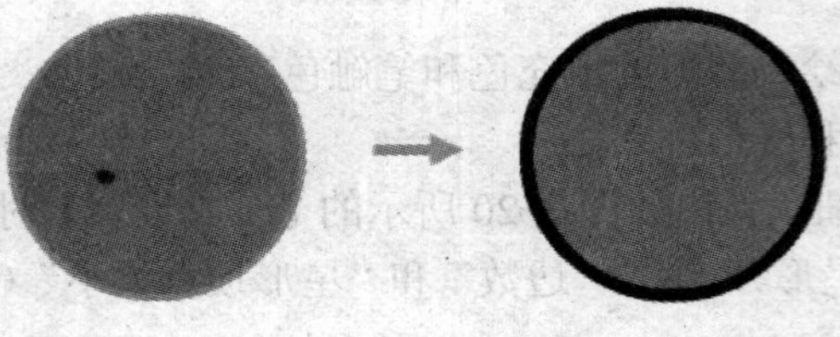

图 3-23 修改图形的边缘线条

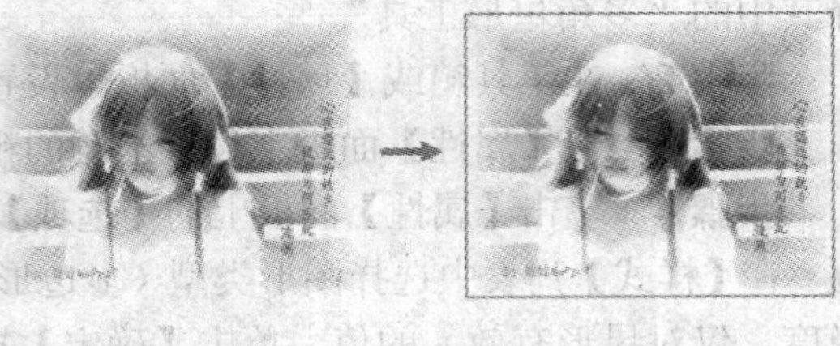

图 3-24 为完全分离的位图添加边框

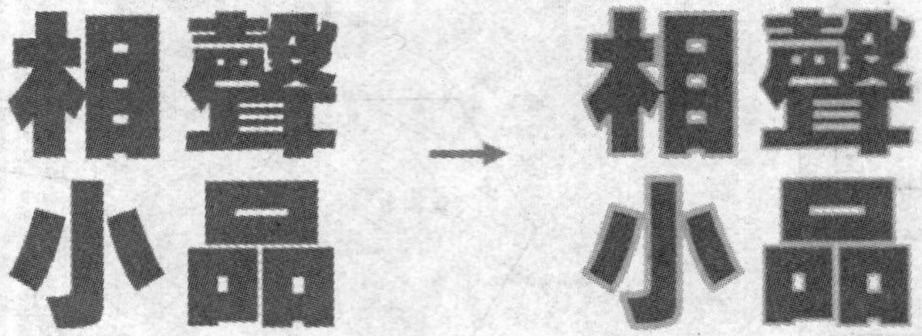

图 3-25 为完全分离的文本添加边框

11．颜料桶工具

颜料桶工具可以在图形的填充区域填充单色、渐变色和位图，其用法如下。

1）填充单色

步骤 1 使用线条工具、铅笔工具绘制封闭的区域，如图 3-26 所示。

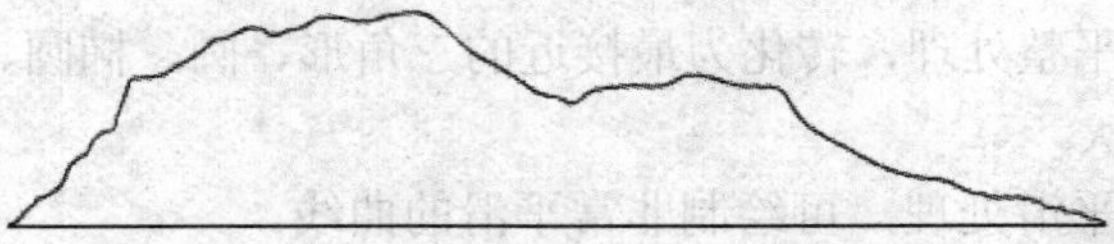

图 3-26 绘制封闭的线条

步骤 2 选择“颜料桶工具”，在工具箱、【属性】面板或【混色器】面板上将填充色设置为纯色，必要时可设置透明度参数。

步骤 3 如果要填充的区域没有完全封闭（存在小的缺口），此时可在工具箱底部的选项栏选择一种合适的填充模式，如图 3-27 所示。

【不封闭空隙】：只有完全封闭的区域才能进行填充。

【封闭小空隙】：当区域的边界上存在小缺口时也能够进行填充。

【封闭中等空隙】：当区域的边界上存在中等大小的缺口时也能够进行填充。

【封闭大空隙】：当区域的边界上存在较大缺口时仍然能够进行填充。

所谓空隙的小、中、大只是相对而言。当区域的边界缺口很大时，任何一种填充模式都无法填充。所以，在缩小视图显示的情况下，间隙即使看上去很小，也可能填不上颜色。

步骤 4　在封闭区域的内部单击填色，如图 3-28 所示。

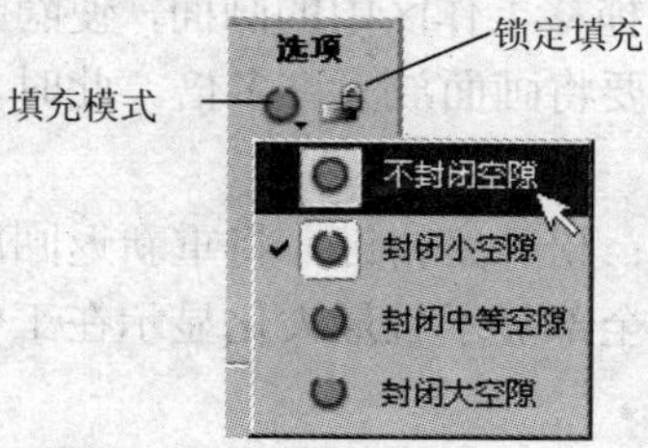

图 3-27　选择填充模式

图 3-28　在封闭区域内部填色

2）填充渐变色

步骤 1　使用椭圆工具和铅笔工具绘制如图 3-29 所示的图形。

步骤 2　将填充色设置为放射状渐变色。在【混色器】面板上对渐变色进行修改（左侧色标设置为白色，右侧色标设置为紫色）。

步骤 3　选择"颜料桶工具"。不选择"锁定填充"按钮，如图 3-27 所示。依次在两个圆形区域的内部单击，填充渐变色（单击点即放射状渐变的中心），如图 3-30 所示。

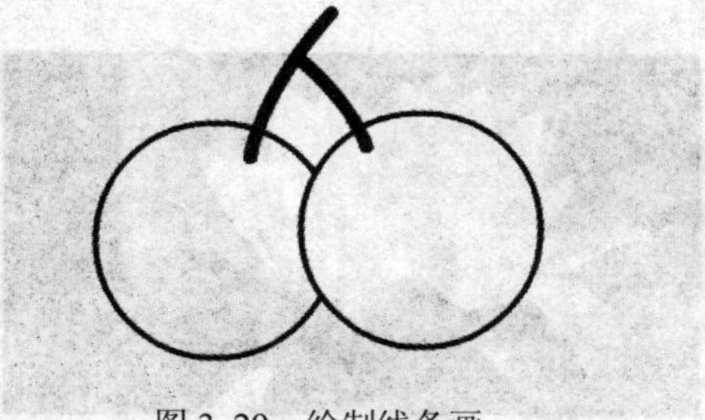

图 3-29　绘制线条画

图 3-30　填充渐变色

3）填充位图

步骤 1　新建空白文档。在舞台上绘制矩形，如图 3-31 所示。

步骤 2　使用菜单命令【文件】|【导入】|【导入舞台】，将素材图像"第 3 章素材\小狗.jpg"导入，如图 3-32 所示。

步骤 3　确认选中导入的位图。选择菜单命令【修改】|【分离】，将位图分离。

步骤 4　选择"滴管工具"，在分离的位图上单击。此时，位图图样被吸取到【混色器】面板的填充颜色中；同时，滴管工具自动切换到颜料筒工具。

步骤 5　在前面绘制的矩形内部单击填充位图图样，如图 3-33 所示。

图 3-31　绘制矩形

图 3-32　导入位图

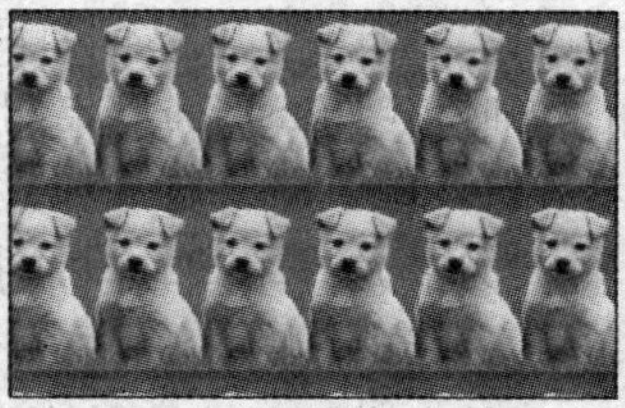

图 3-33　填充矩形

12．手形工具

当工作区中出现滚动条的时候，使用手形工具可以随意拖移工作区中的画面，使隐藏的内容显示出来。在编辑修改动画对象的局部细节时，往往需要将画面放大许多倍。此时，手形工具是非常有用的。

在使用其他工具时，按住空格键不放，可切换到手形工具；松开空格键，将重新返回原来的工具。另外，双击工具箱上的“手形工具”图标，舞台将全部显示且最大化显示在工作区窗口的中央位置。

13．缩放工具

缩放工具的作用是将舞台放大或缩小显示，其用法如下。

步骤 1　在工具箱上选择“缩放工具”。

步骤 2　根据需要在工具箱的【选项】栏选择“放大”按钮或“缩小”按钮。

步骤 3　在需要缩放的对象上单击，舞台以一定的比例放大或缩小，且 Flash 将以该点为中心显示放大或缩小后的画面。

步骤 4　使用缩放工具拖移鼠标，将所要显示的内容框在内部后松开鼠标按键，此时无论选择“放大”按钮还是“缩小”按钮，框选的内容都将放大显示到整个工作区窗口，如图 3-34 所示。

图 3-34　框选放大

当舞台放大或缩小显示时，双击工具箱上的“缩放工具”图标，舞台将恢复到 100%的显示比例。

14．文本工具

文本是向观众传达动画信息的重要手段。Flash 中的文本包括静态文本、动态文本和输入文本三种类型。

静态文本在动画播放过程中外观与内容保持不变。

动态文本的内容及文字属性在动画播放过程中可以动态改变。用户可以为动态文本对象指定一个变量名，并可以在时间轴的指定位置或某一特定事件发生时，赋予该变量不同的值。在运行动画时，Flash 播放器可以根据变量值的变化而动态更新文本对象的显示。

在 Flash 8 中，通过【属性】面板可以为静态文本和动态文本建立 URL 链接。

输入文本允许用户在动画播放时重新输入内容。比如，在 Flash 动画的开始创建一个登录界面，运行动画时，用户只有输入正确的信息才能继续观看动画电影的其余内容。

下面重点介绍静态文本的用法。

选择“文本工具”，根据需要在【属性】面板上设置文本的属性，如图 3-35 所示。其中部分不易理解的重要参数的作用如下。

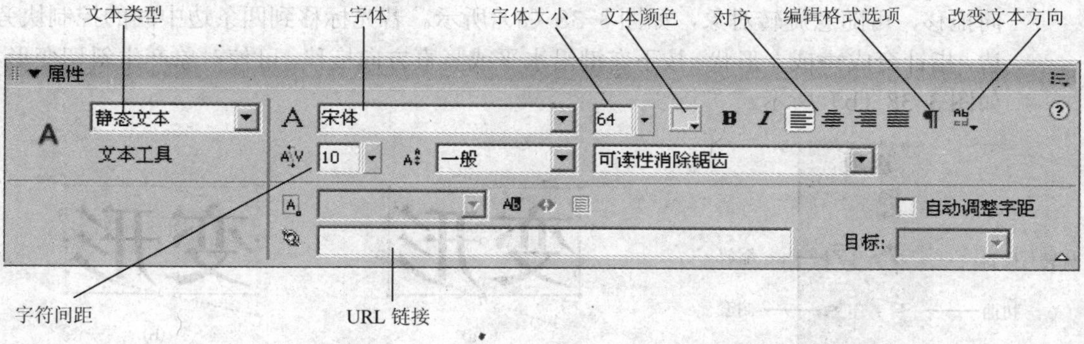

图 3-35　文本工具的属性设置

- 【文本类型】：选择文本的类型。此处选择“静态文本”。
- 【改变文本方向】：选择文本的方向，包括“水平”、“垂直，从左向右”（表示文本竖排，从左向右换行）和“垂直，从右向左”三种。
- 【编辑格式选项】：单击该按钮，可打开【格式选项】对话框，以设置文本的缩进、行距和边距参数。
- 【字符间距】：设置文本的字符间距。
- 【URL 链接】：为静态文本指定超级链接目标页面的 URL 地址。

此外，在 Flash 中也可以在使用【文本】菜单设置文本的部分属性。

文本属性设置好之后，在舞台上单击确定插入点，然后输入文字内容。这样创建的是单行文本，输入框将随着文本内容的增加而延长，需要换行时按 Enter 键即可。

使用文本工具在舞台上按下左键拖移鼠标，则可创建文本输入框，然后在其中输入文本内容。这样产生的是固定宽度的文本，当输入文本的宽度接近输入框的宽度时，文本将自动换行。

在 Flash 8 及其之前的版本中，文本只能设置单色填充色，且不能使用颜料桶工具进行填充，也不能使用墨水瓶工具设置边框。当文本对象被彻底分离后，就可以使用颜料桶工具填充渐变色和位图，也可以使用墨水瓶工具设置边框的颜色，如图 3-36 所示。

图 3-36　制作渐变效果“文字”

15. 任意变形工具

使用任意变形工具可以对舞台上的对象实施缩放、旋转和斜切变形；对于使用 Flash 的绘图工具绘制的矢量图形和完全分离的文本、完全分离的位图等还可以进行扭曲和封套变形。

选择变形对象，在工具箱上选择“任意变形工具”，其选项栏如图 3-37 所示。

- 【旋转与倾斜】：选择该按钮后，所选对象的周围出现变形控制框。光标移到四个角控制块的旁边（控制框外部），指针变成弯曲的箭头，按下左键沿顺时针或逆时针方向拖移，可随意旋转对象，如图 3-38（a）所示。若光标移到四条边中间的控制块旁边，指针变成⇌或⇅形状。按下左键沿水平或竖直方向拖移，可使对象产生斜切变形，如图 3-38（b）所示。

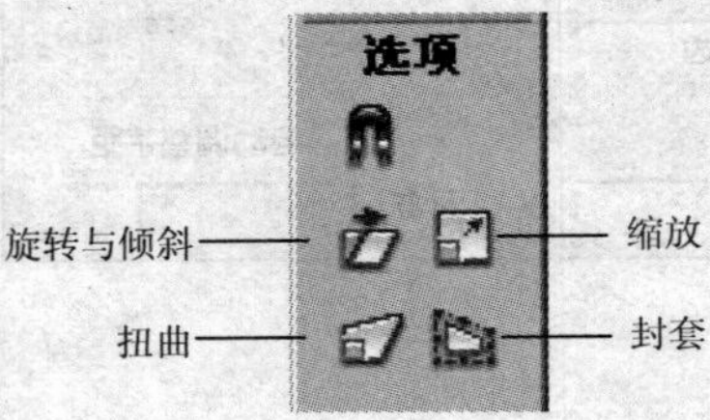

图 3-37 【任意变形工具】的选项栏

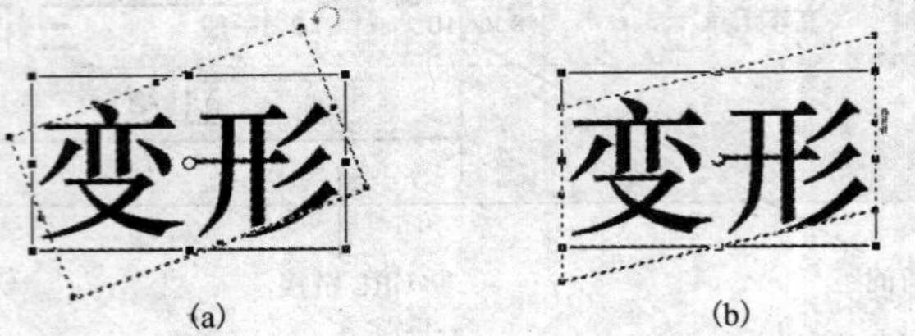

(a) (b)

图 3-38 旋转和斜切变形

- 【缩放】：选择该按钮后，光标移到变形控制框四条边中间的控制块上，指针变成↔或↕形状，按下左键沿水平或竖直方向拖移，可在水平或垂直方向上随意缩放对象，如图 3-39（a）所示。若光标移到四个角的控制块上，指针变成↘形状，按下左键拖移鼠标，可成比例缩放对象，如图 3-39（b）所示。在上述变形过程中，按住 Alt 键可在保持变形中心（变形控制框几何中心的小圆圈）位置不变的情况下缩放对象。

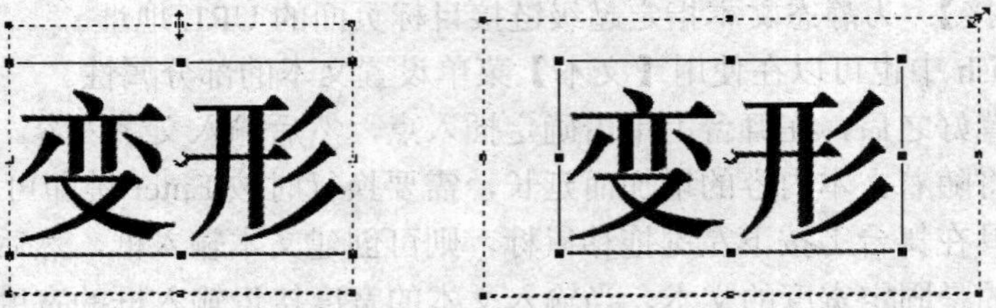

(a) (b)

图 3-39 缩放变形

- 【扭曲】：选择该按钮后，光标移到四周的控制块上变成▷形状。按下左键可沿任意方向拖动控制块，使对象产生随意的扭曲变形，如图 3-40（a）所示。若拖移的是四条边中间的控制块，可产生斜切变形，如图 3-40（b）所示。若按住 Shift 键不放，沿水平或竖直方向拖移四个角的控制块，可产生透视变形，如图 3-40（c）所示。扭曲变形仅对使用绘图工具绘制的矢量图形和其他完全分离的对象有效。

(a) (b) (c)

图 3-40 扭曲变形

↘【封套】：选择该按钮后，光标移到四周的控制块上变成▷形状。按下左键可沿任意方向拖动控制块，使对象产生更加自由的变形，如图 3-41（a）所示。还可以拖移控制点，通过改变控制线的长度和方向改变封套的形状，从而使对象产生形变，如图 3-41（b）所示。实际上，封套是一个变形边框，其中可以包含一个或多个对象。更改封套的形状将从整体上影响封套内对象的形状。封套变形仅对使用绘图工具绘制的矢量图形和其他完全分离的对象有效。

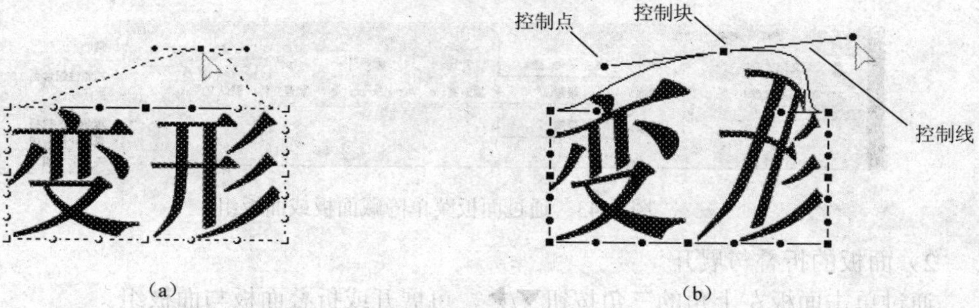

（a）　　（b）

图 3-41　封套变形

3.2.3 Flash 基本操作

1．设置文档属性

选择菜单命令【修改】|【文档】，通过打开的【文档属性】对话框可以设置动画文档的舞台大小、动画场景的背景色、帧频率和标尺单位等属性。

在动画制作过程中，随时可以更改文档的属性。但是，一旦动画的许多关键帧创建完毕，再来修改文档的某些属性，将会给动画制作带来不必要的麻烦。比如，舞台大小一旦改变，往往需要重新调整舞台上众多对象的位置，其工作量不可小觑。所以最好在动画制作前，根据需要首先设置动画文档的属性。

2．调整舞台的显示比例

为了方便动画的编辑处理，常常需要调整舞台的显示比例。常用的方法有两种。

① 通过编辑栏右侧的【缩放比率】列表，如图 3-42 所示，调整舞台的显示比例。

↘【符合窗口大小】：将舞台以适合工作区窗口大小的方式显示出来。

↘【显示帧】：将舞台在工作区窗口中全部显示并尽可能最大化居中显示。

↘【显示全部】：将工作区中的动画元素全部显示并尽可能最大化显示。

其余各选项均是以特定的百分比规定舞台的显示比例。另外，用户还可以将任意显示比例输入到“缩放比率”列表框中，然后按 Enter 键确认，舞台即以该比例显示。

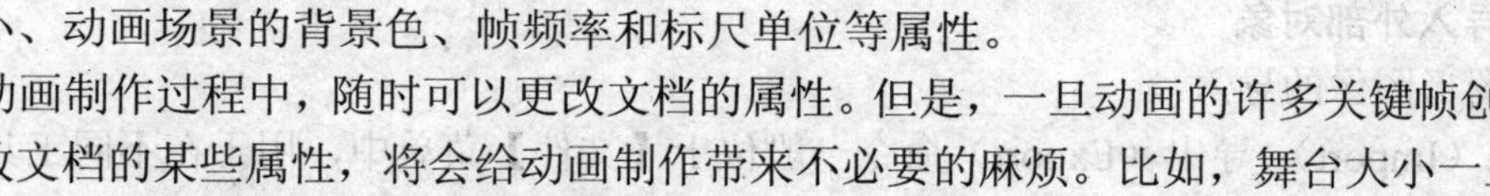

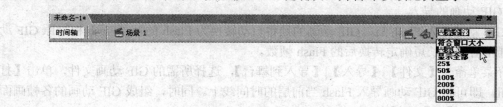

图 3-42　编辑栏上的缩放比率选项

② 通过【视图】|【缩放比率】菜单调整舞台的显示比例。

3. 面板管理

Flash 的绝大多数面板命令都分布在【窗口】菜单的二级或三级子菜单中。

1）面板的显示与隐藏

通过选择和取消【窗口】菜单中的面板命令，可在 Flash 程序窗口中显示和隐藏相应的面板。也可以通过面板菜单中的“关闭”命令隐藏面板或面板组，如图 3-43 所示。

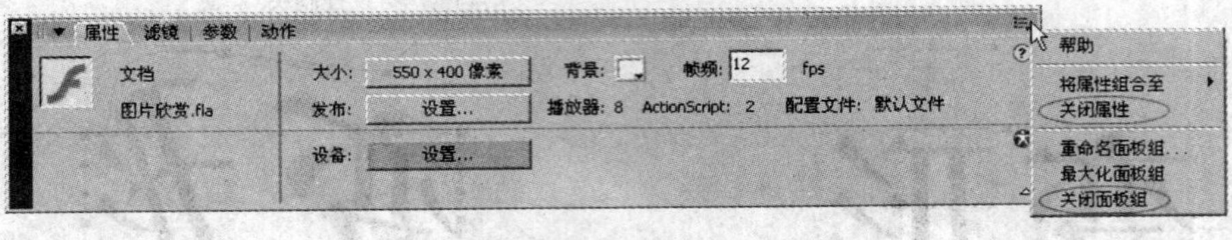

图 3-43 通过面板菜单隐藏面板或面板组

2）面板的折叠与展开

通过单击面板左上角的三角按钮▼/▶，可展开或折叠面板与面板组。

3）隐藏与显示所有面板

选择菜单命令【窗口】|【隐藏面板】/【显示面板】或按快捷键 F4，可隐藏或显示 Flash 程序窗口中的当前所有面板，包括工具箱。

4）恢复面板默认布局

选择菜单命令【窗口】|【工作区布局】|【默认】，将恢复面板的默认布局。

4. 导入外部对象

1）图形图像的导入

导入（Import）/导出（Export）命令一般位于【文件】菜单中，用于在不同工具软件之间交换数据。能够导入 Flash 8 中的外部图形图像资源的类型包括*.jpg、*.bmp、*.gif、*.psd、*.png、*.ai、*.wmf、*.tif 等。这些资源一旦导入库，就可以在动画场景中无限重复使用。

（1）导入舞台

选择菜单命令【文件】|【导入】|【导入到舞台】，打开【导入】对话框。从中选择所需的图形图像文件，单击【打开】按钮，将图形图像导入舞台。此时，导入的图形图像资源也会同时出现在 Flash 的【库】面板中。

（2）导入库

选择菜单命令【文件】|【导入】|【导入到库】，打开【导入到库】对话框。从中选择所需的图形图像文件，单击【打开】按钮，将图形图像导入到 Flash 的【库】面板。此时，舞台上并不会出现导入的图形图像。

2）GIF 动画的导入

将 GIF 动画导入 Flash 后，GIF 动画的帧将自动转换为 Flash 的帧。Flash 根据原 GIF 动画每帧滞留时间的长短确定转换后的 Flash 帧数。

选择菜单命令【文件】|【导入】|【导入到舞台】，选择所需的 GIF 动画文件，单击【打开】按钮，即可将 GIF 动画导入 Flash 当前层的时间线上。同时，组成 GIF 动画的各帧画面出现在 Flash 的【库】面板中。

3）视频的导入

通过菜单命令【文件】|【导入】|【导入视频】，可以将*.mov、*.wmv、*.mpeg、*.avi、*.flv 等多种类型的视频资源导入 Flash 中。

4）声音的导入与使用

在 Flash 动画中，声音的导入与使用有着不同寻常的意义。无论是为动画配音，还是作为背景音乐，声音的使用无疑为动画电影的整体效果增色许多。合理地使用声音可以更好地渲染动画气氛，增强动画节奏。

（1）导入声音

与图形图像的导入类似，通过菜单命令【文件】|【导入】|【导入到库】，可以将*.wav、*.mp3、*.au 和*.aif 等多种类型的声音文件导入 Flash 的库中。综合考虑音质和文件大小等因素，在 Flash 中一般采用 22 kHz、16 bit 和单声道的音频。

（2）向动画中添加声音

将音频素材导入 Flash 后，在时间轴上单击选择要添加音效的关键帧，从【属性】面板的【声音】下拉菜单中选择所需的声音即可，如图 3-44 所示。

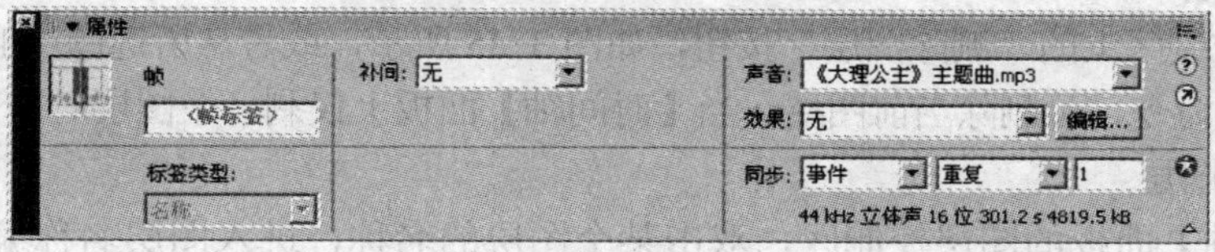

图 3-44　在【属性】面板中选择声音

【属性】面板中有关声音的主要参数如下。

【声音】：选择导入 Flash 库中的声音资源的名称。

【效果】：设置声音的播放效果。包括“左声道”、“右声道”、“从左到右淡出”、“从右到左淡出”、“淡入”、“淡出”和“自定义”等。

【同步】：设置声音播放的同步方式。可供选择的同步方式如下。

- 【事件】：使声音与某一动画事件同步发生。在该同步方式中，声音从事件起始帧以独立于动画时间轴的方式进行播放，直至播放完毕（不管动画有没有结束）。
- 【开始】：作用与事件方式类似。区别是，如果同一声音已经开始播放，则不会创建新的声音实例进行播放。
- 【停止】：将所选的声音指定为静音。
- 【数据流】：在 Web 站点上播放动画时，该方式使声音和动画同步。Flash 将调整动画的播放速度使之与数据流方式的声音同步。若声音过短而动画过长，Flash 将无法调整足够快的动画帧，有些动画帧将被忽略，以保持动画与声音同步。与事件方式不同，若动画停止，数据流方式的声音也将停止。

无论选择哪一种同步方式，都可以选择声音的循环方式，包括“循环”和“重复”一定次数两种。

5．图层管理

Flash 中的图层分为普通层、引导层和遮罩层 3 种，这里先介绍普通层的操作方法。这些操作与 Photoshop 中图层的对应操作类似。

1）新建图层

新建的 Flash 文档只有一个图层，默认名称为“图层 1”。在【时间轴】面板左侧的图层控制区，单击“插入图层”按钮，如图 3-45 所示，或者从所选图层的快捷菜单中选择【插入图层】命令，可在当前图层的上方添加一个新图层。

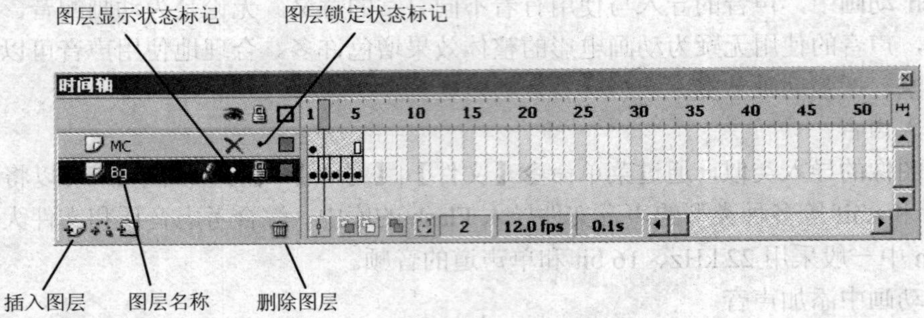

图 3-45 【时间轴】面板

2）删除图层

单击图层控制区上的“删除图层”按钮，如图 3-45 所示，或者从所选图层的快捷菜单中选择【删除图层】命令，可删除当前图层。当【时间轴】面板上仅剩一个图层时，是无法删除的。

3）重命名图层

在【时间轴】面板的图层控制区，双击某个图层的名称，进入图层名称编辑状态，输入新的名称，按 Enter 键或者在图层名称编辑框外单击即可。

4）隐藏和显示图层

通过单击图层名称右侧的“图层显示状态”标记，可以在图层的显示与隐藏之间切换。隐藏某个图层后，该图层上的每帧画面在工作区中是看不到的。单击图层控制区上的图标，可以隐藏或显示所有图层。

5）锁定与取消锁定图层

通过单击图层名称右侧的“图层锁定状态”标记，可以在图层的锁定与解锁之间切换。锁定某个图层后，Flash 禁止对该图层上每一帧所对应的舞台内容作任何改动。但是，对锁定图层上有关帧的操作（如复制帧、删除帧、插入关键帧等）仍然可以进行。

单击图层控制区上的图标，可以锁定或解锁所有图层。

6）调整图层的叠盖顺序

在【时间轴】面板的图层控制区，图层的上下排列顺序影响舞台上对象之间的相互遮盖关系。将图层向上或向下拖移，当突出显示的线条出现在要放置图层的位置时，松开鼠标按键即可改变图层的排列顺序。

【实例】 使用 Flash 为 GIF 动画“第 3 章素材\下雨了\下雨了.gif”配上下雨的音效。所使用的声音文件为同一素材文件夹下的“雨.WAV”。

步骤 1 启动 Flash 8，新建空白文档。

步骤 2 修改文档属性。设置舞台大小为 500×334 像素，背景色为黑色，其他属性默认。

步骤 3 调整舞台的显示比例为“符合窗口大小”。

步骤 4 使用菜单命令【文件】|【导入】|【导入到舞台】导入 GIF 动画“第 3 章素材\

下雨了\下雨了.gif”，如图 3-46 所示。

步骤 5　将图层 1 的名称更改为“动画”。

步骤 6　新建图层 2。将图层 2 的名称更改为“声音”。

步骤 7　使用菜单命令【文件】|【导入】|【导入到库】导入“第 3 章素材\下雨了\雨.wav”。

步骤 8　在“声音”层的第 1 帧上单击，选中该空白关键帧。

图 3-46　将 GIF 动画导入图层 1

步骤 9　在【属性】面板的【声音】下拉菜单中选择“雨.wav”；在【同步】下拉菜单中选择【开始】；在【声音循环】下拉菜单中选择【循环】选项。此时的 Flash 窗口如图 3-47 所示。

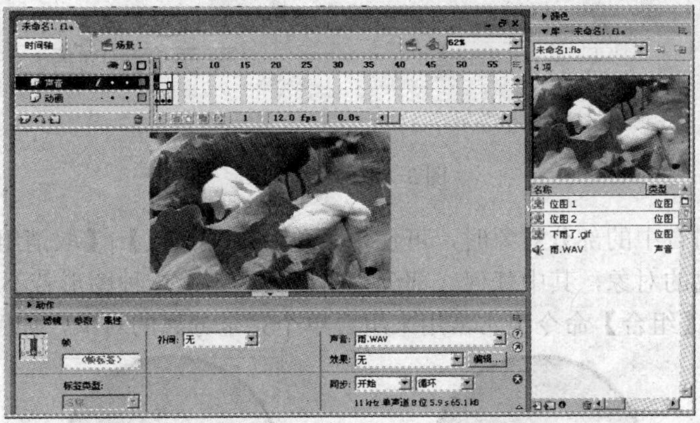

图 3-47　添加声音

步骤 10　使用菜单命令【控制】|【测试影片】测试动画效果。

步骤 11　锁定“动画”层和“声音”层。

步骤 12　选择菜单命令【文件】|【保存】，以“下雨了.fla”为名保存动画源文件。

6．调整对象的排列顺序

Flash 不同图层的对象相互遮盖，上面图层上的对象优先显示。实际上，同一图层上的对象之间也存在着一个叠放顺序；一般来说，最晚创建的对象位于最上面，最早创建的对象则在最底部；完全分离的对象永远处于组合、文本、元件实例、导入的位图等非分离对象的下面。

使用菜单【修改】|【排列】下的【上移一层】、【下移一层】等命令可以调整同一图层上不同对象间的上下叠放次序，从而改变它们的相互遮盖关系。

但是，一个图层上某个对象的叠放顺序无论怎样靠上，也总是被上面图层上的对象所遮盖；同样，一个图层上某个对象的叠放顺序无论怎样靠下，都总是将其下面图层上的对象遮盖住。

7. 锁定对象

正如前面所述，图层的锁定是图层的每一帧上所有对象的锁定。要想锁定图层上的部分对象，可使用菜单命令【修改】|【排列】|【锁定】。操作方法如下。

步骤 1 选择要锁定的对象。

步骤 2 选择菜单命令【修改】|【排列】|【锁定】。

对象一旦锁定，就无法选择和编辑修改，除非使用菜单命令【修改】|【排列】|【解除全部锁定】首先解锁。另外需要注意的是，【锁定】命令对完全分离的对象是无效的；当同时选择多个图层上的对象时，也不能使用【锁定】命令。

8. 组合对象

在 Flash 中，为了同时对多个对象进行编辑，需要将它们组合。这样在很大程度上就可以像控制单个对象一样控制组合的多个对象。组合对象的操作方法如下。

步骤 1 选择要组合的多个对象或单个完全分离的对象。

步骤 2 选择菜单命令【修改】|【组合】，如图 3-48 所示。

组合前　　　　组合后

图 3-48　组合对象

当需要修改组合中的部分对象时，可使用菜单命令【修改】|【取消组合】将组合解开。

对于完全分离的对象，其中任何一部分均可以被选定；这种图形若不组合，很容易被改动或删除。因此，【组合】命令也常常用来组合单个完全分离的对象，如图 3-49 所示。

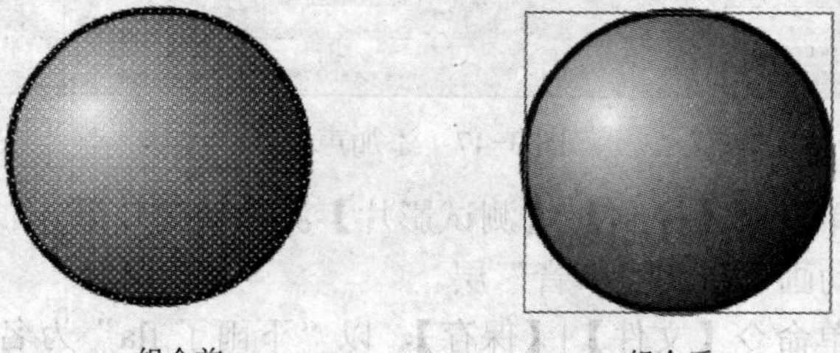

组合前　　　　组合后

图 3-49　组合分离的单个对象

将 Flash 的绘图工具（线条工具、钢笔工具、椭圆工具、矩形工具、多角星形工具、铅笔工具、刷子工具等）绘制的图形组合后，其边框色与填充色将无法修改，除非双击该对象进入“组”编辑状态或重新取消组合，回到完全分离、一盘散沙的状态。

9．分离对象

分离对象的操作如下。

步骤 1　选择要分离的对象。

步骤 2　选择菜单命令【修改】|【分离】或按 Ctrl+B 键。

文本对象、组合、导入的位图和元件的实例等不能用于形状补间动画的创建。只有将这些对象进行分离，分离到不能继续分离（【分离】命令变灰色不可用）为止，才能用作形状补间动画中的变形对象。图 3-50 和图 3-51 所示的是文本与多重嵌套的组合体分离时的状况。

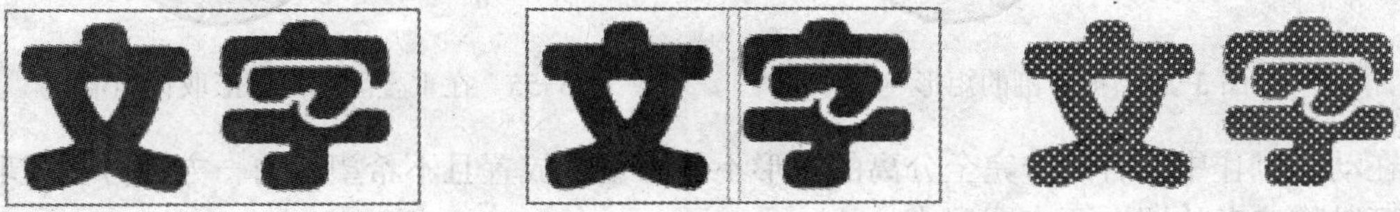

分离前　　第 1 次分离后　　第 2 次彻底分离后

图 3-50　分离文本对象

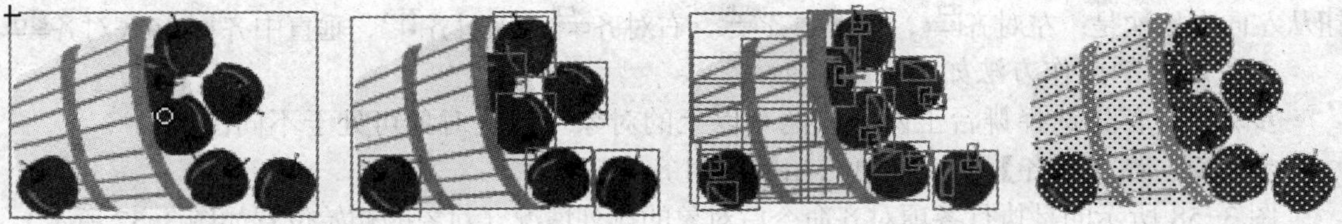

分离前　　第 1 次分离后　　第 2 次分离后　　第 3 次彻底分离后

图 3-51　分离多重组合体

【分离】与【取消组合】虽然是两个不同的命令，但二者之间存在着如下关系。

- 对于导入的位图、文本对象和元件的实例，只能将其分离，而不能取消组合。所谓“分离位图”实际上就是将位图矢量化。
- 对于组合体，执行一次【分离】或【取消组合】命令，其操作结果是等效的。

当两个或多个完全分离的图形（包括使用 Flash 的绘图工具直接绘制的图形）重叠在一起时，在两个图形相交的边界，下面的图形将被分割；而在相互重叠的区域，上面的图形将取代下面的图形。下面举例说明。

步骤 1　在舞台上绘制一个黑色矩形。再绘制一个其他颜色的圆形，如图 3-52 所示。

步骤 2　选择整个圆形（边框和填充），移动其位置使之与矩形部分重叠，如图 3-53 所示。

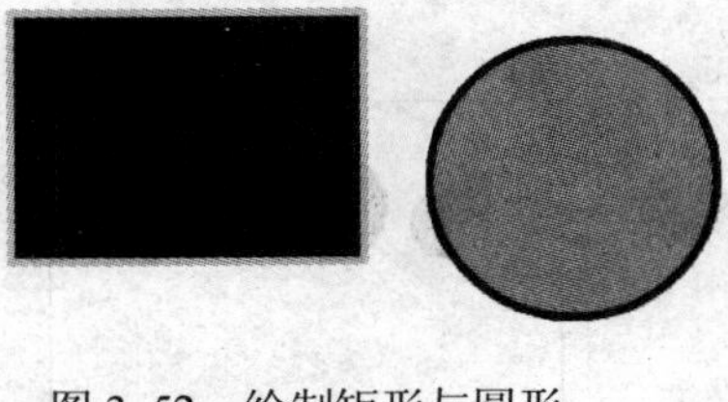

图 3-52　绘制矩形与圆形

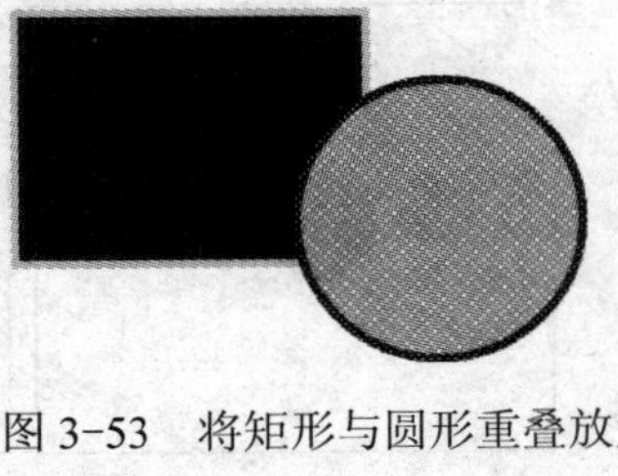

图 3-53　将矩形与圆形重叠放置

步骤 3　取消圆形的选择状态。

步骤 4　使用选择工具双击矩形上没有被覆盖的填充区域，并将其移开，结果如图 3-54

所示。

步骤 5　（接步骤 3）使用选择工具双击圆形的填充区域，重新选择圆形，并将其移开，结果如图 3-55 所示。

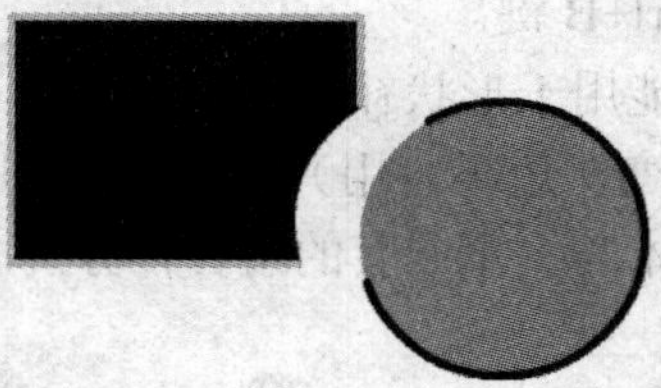

图 3-54　被分割的矩形

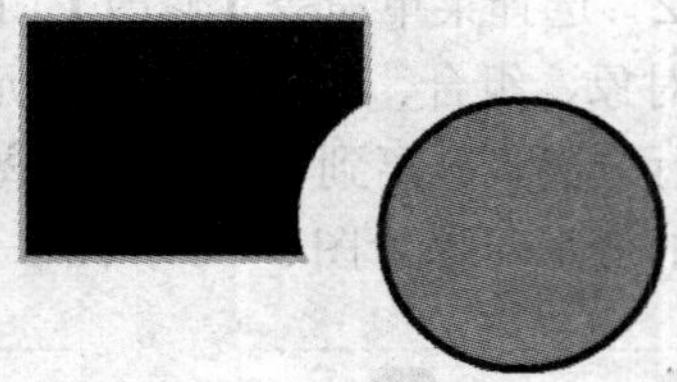

图 3-55　在重叠区域，圆形取代矩形

在动画制作中，若两个完全分离的图形不得不重叠放置且不希望任何一方被分割或取代时，可以将二者放置在两个图层中。

10．对齐对象

选择菜单命令【窗口】|【对齐】，显示【对齐】面板，如图 3-56 所示。其中【对齐】栏的按钮从左向右依次是：左对齐、水平中齐、右对齐、上对齐、垂直中齐和底对齐。

对象对齐的操作方法如下。

步骤 1　首先选择舞台上两个或两个以上的对象（这些对象可处于不同图层）。

步骤 2　在【对齐】面板上单击相应的对齐按钮。

图 3-58 所示的是执行各项对齐命令后对象的排列情况（对象的初始位置如图 3-57 所示）。

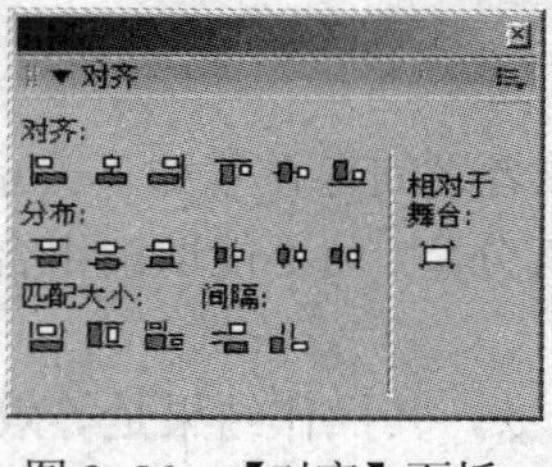

图 3-56　【对齐】面板

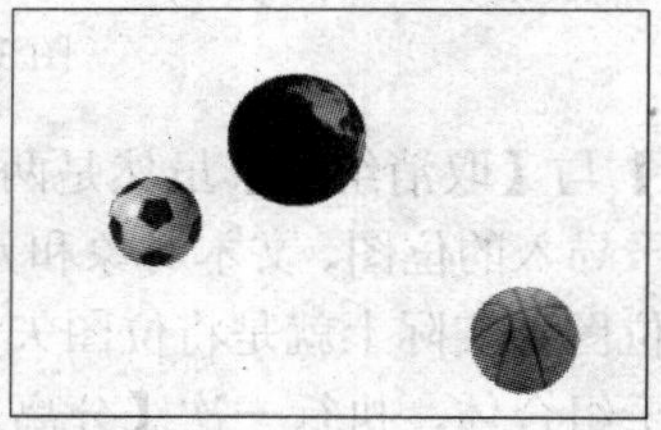

图 3-57　对象原排列图

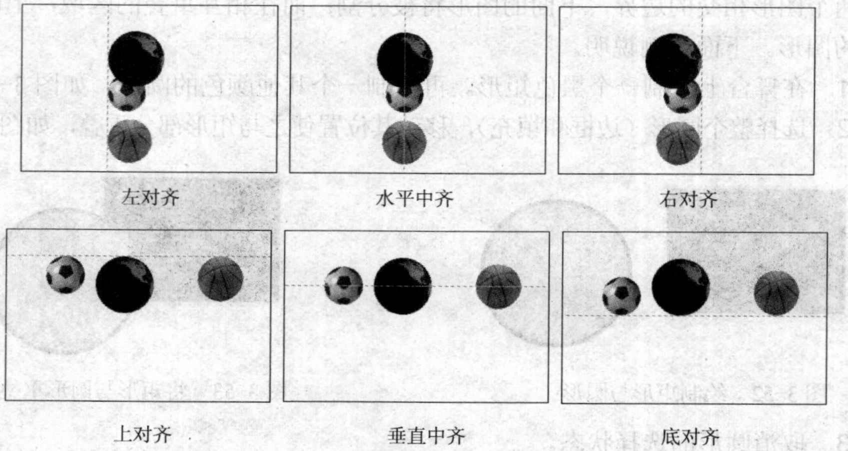

图 3-58　对象对齐示意图

在对齐对象前，若事先选择【对齐】面板上的“相对于舞台”按钮（按钮反白显示），再单击上述各对齐按钮，则结果是所选各对象（可以是一个）分别与舞台的对齐，如图 3-59 所示（对象的初始排列如图 3-57 所示，图中的方框表示舞台）。

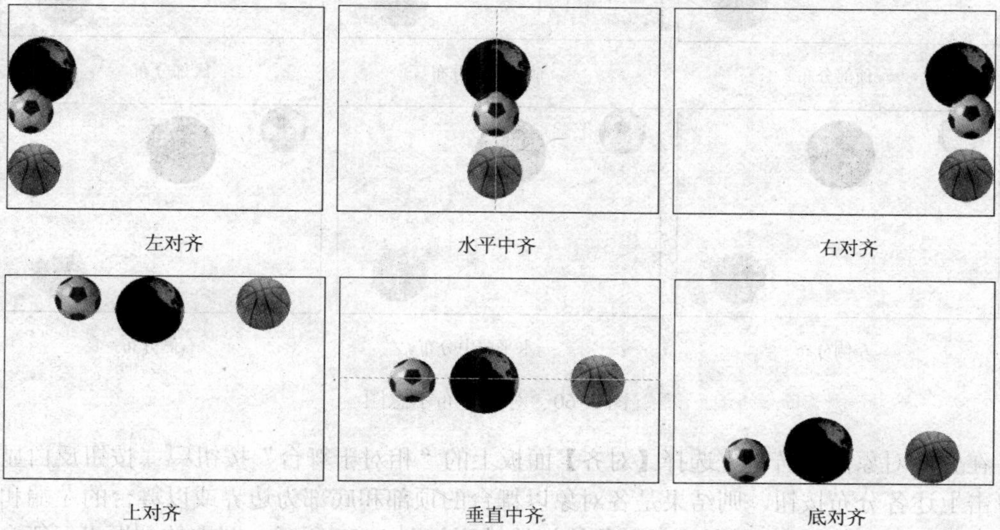

图 3-59　对象与舞台的对齐示意图

另外，也可以使用菜单【修改】|【对齐】下的相应命令对齐对象。在选择【修改】|【对齐】|【相对舞台分布】的情况下选择各对齐命令，其结果是所选对象与舞台的对齐；否则，是所选对象之间的对齐。

11．分布对象

在【对齐】面板上，分布栏的按钮从左向右依次是：顶部分布、垂直居中分布、底部分布、左侧分布、水平居中分布和右侧分布。

- “顶部分布”：使经过各对象顶端的水平线之间的距离相等。
- “垂直居中分布”：使经过各对象中心的水平线之间的距离相等。
- “底部分布”：使经过各对象底端的水平线之间的距离相等。
- “左侧分布”：使经过各对象左侧的竖直线之间的距离相等。
- “水平居中分布”：使经过各对象中心的竖直线之间的距离相等。
- “右侧分布”：使经过各对象右侧的竖直线之间的距离相等。

仍以图 3-57 所示的对象为例，首先选择三个小球（这些对象可处于不同图层），在对齐面板上不选择“相对于舞台”按钮，单击相应的分布按钮。结果如图 3-60 所示。

在不选择“相对于舞台”按钮的情况下，执行顶部分布、垂直居中分布和底部分布命令时，各对象仅在竖直方向移动，而且上下两端的对象的位置保持不变。同样，执行左侧分布、水平居中分布和右侧分布命令时，各对象只在水平方向移动，而且左右两端的对象的位置保持不变。

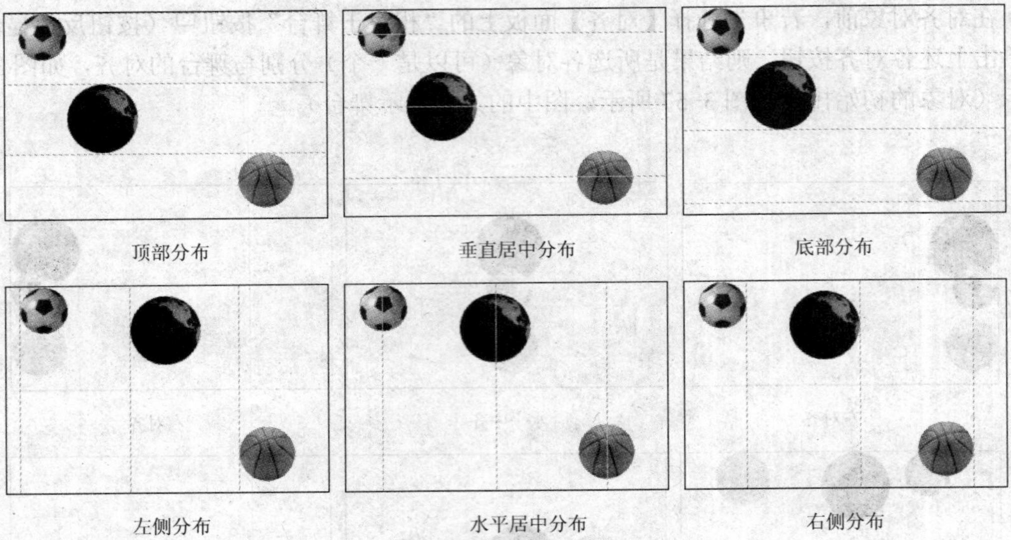

图 3-60　对象分布示意图

在分布对象前，若事先选择【对齐】面板上的“相对于舞台”按钮（按钮反白显示），再单击上述各分布按钮，则结果是各对象以舞台的顶部和底部为边界或以舞台的左端和右端为边界的分布，如图 3-61 所示（对象的初始排列如图 3-57 所示，图中的方框表示舞台）。

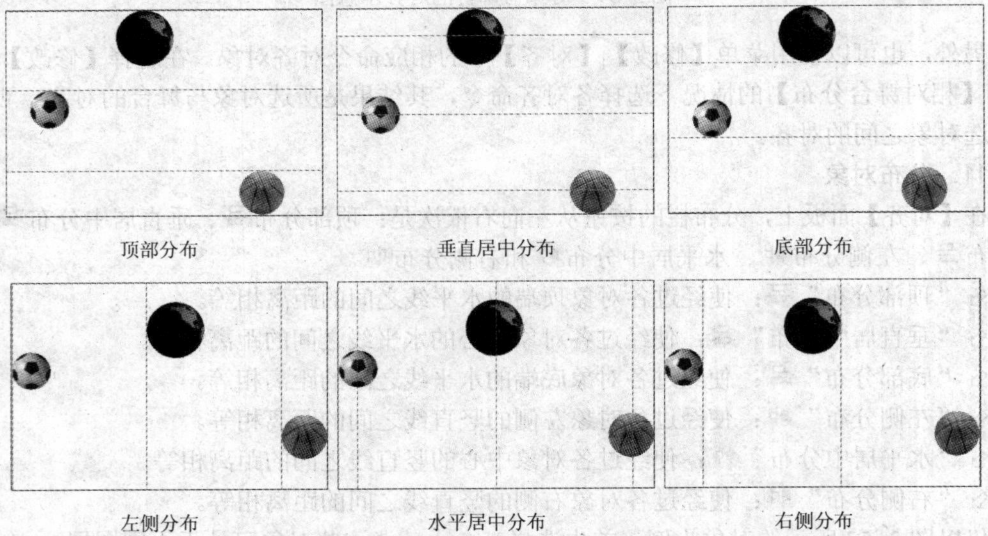

图 3-61　对象相对舞台的分布示意图

除了对齐与分布之外，对齐面板上的“匹配大小”按钮也有着重要的应用，它可以使所选对象的宽度和高度变换到一致；或者变换到与舞台的宽度和高度一致。

12．精确变形对象

使用【变形】面板可以对动画对象进行精确地缩放、旋转和斜切变形；还可以根据特定的变形参数一边复制对象，一边将变形应用到复制出的对象副本上。

选择菜单命令【窗口】|【变形】，显示【变形】面板，如图 3-62 所示。

- 【缩放】：根据输入的百分比值，对选定对象进行水平和垂直方向的缩放。若选择【约束】选项，则可以成比例缩放对象。
- 【旋转】：选择【旋转】单选项，在右侧的数值框内输入一定的角度值，按 Enter 键，可以对当前对象进行旋转变换。正的角度表示顺时针旋转，负的角度表示逆时针旋转。
- 【倾斜】：选择【倾斜】单选项，在右侧的数值框内输入一定的角度值，按 Enter 键，可以对当前对象进行斜切变形。

利用【变形】面板可以同时对动画对象进行缩放与旋转变换，或缩放与斜切变换。

【实例】利用【变形】面板制作美丽图案。

步骤 1　新建空白文档。设置舞台背景色为黑色，其他属性保持默认。

步骤 2　使用椭圆工具在舞台中央绘制一个宽度 60 像素、高度 240 像素的椭圆。

步骤 3　将椭圆的边框和内部填充都设置为蓝色（#019BF8）。其中内部填色的透明度为 50%，如图 3-63 所示。

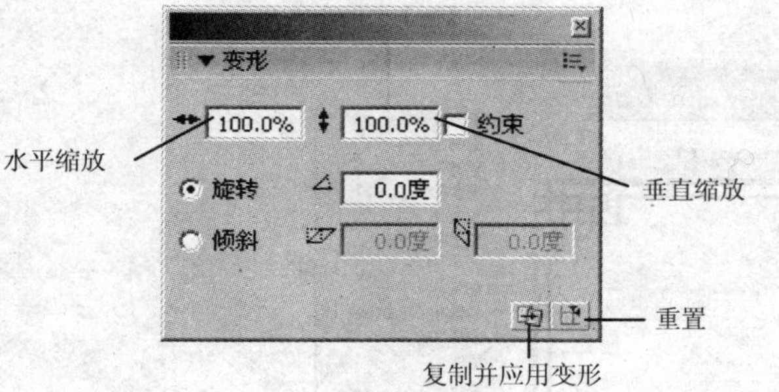

图 3-62　【变形】面板

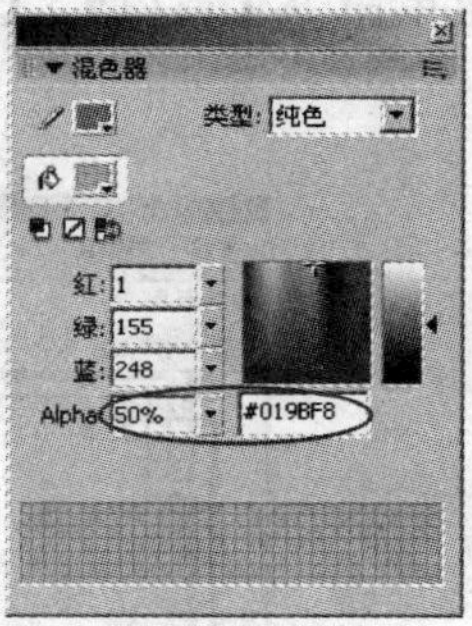

图 3-63　设置填充色与透明度

步骤 4　使用选择工具双击椭圆内部将椭圆全部选中；选择菜单命令【修改】|【组合】将椭圆组合，如图 3-64 所示。

步骤 5　显示【变形】面板。选择【旋转】单选按钮，在右侧角度数值框内输入 12，如图 3-65 所示。

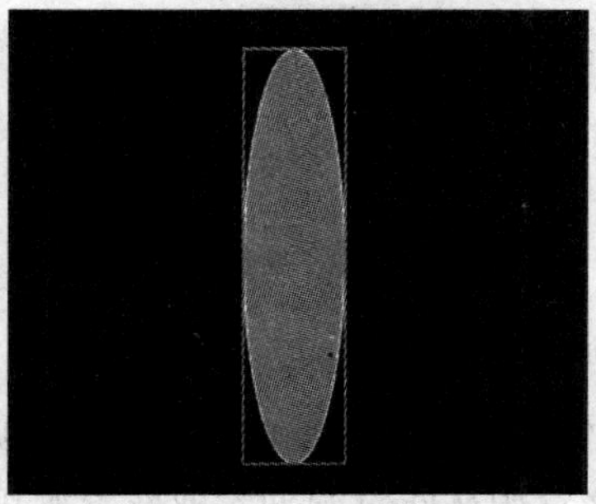

图 3-64　组合椭圆

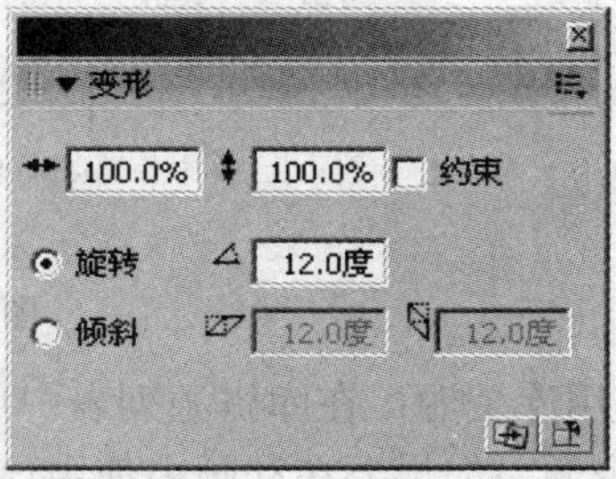

图 3-65　设置【变形】面板参数

步骤 6　单击【变形】面板上的“复制并应用变形”按钮，复制并旋转椭圆。这样一直单击下去（如图 3-66 所示），总共进行 14 次，最终效果如图 3-67 所示。

图 3-66　连续旋转和复制椭圆

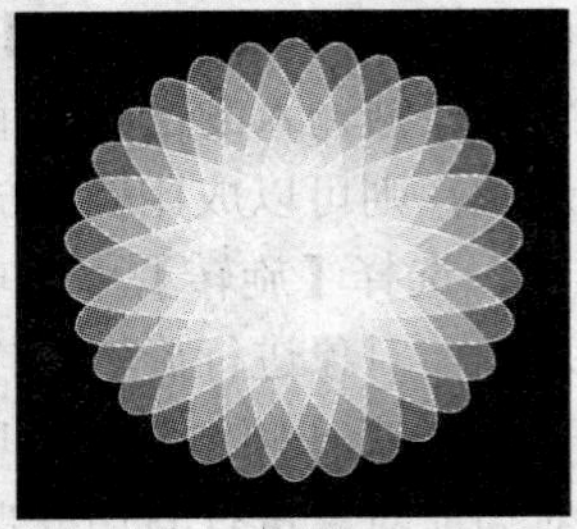

图 3-67　最终效果

13．库资源的利用

1）库资源的使用

每个 Flash 源文件都有自己的库，其中存放着元件及从外部导入的图形图像、声音、视频等各类可重复使用的资源。将动画中需要多次使用的对象定义成元件存放于库中，可以有效地减小文件的大小。

选择菜单命令【窗口】|【库】，打开【库】面板，如图 3-68 所示。

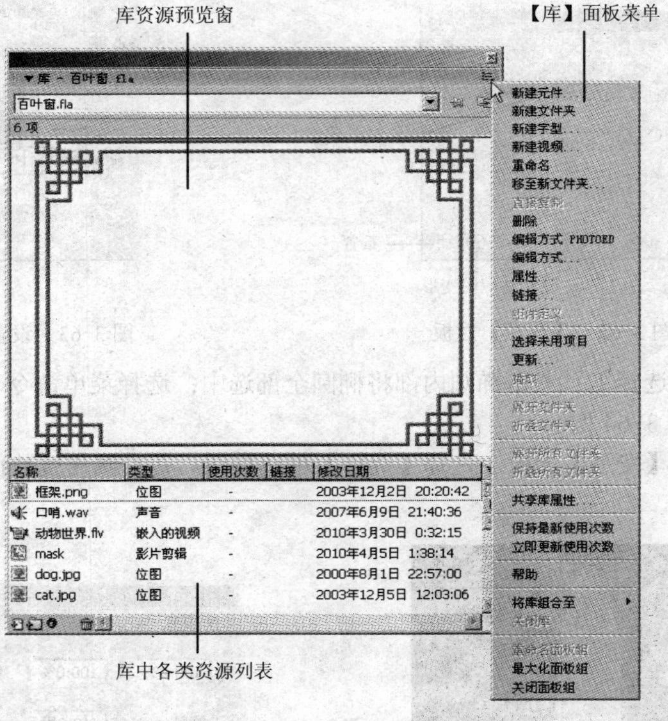

图 3-68　【库】面板

① 使用库资源：在库资源列表中单击选择某个资源（蓝色显示），从库资源预览窗中可以预览该资源。如果要在动画中使用该资源，可将该资源从库资源列表或库资源预览窗中直接拖移到舞台上。

② 重命名库资源：在库资源列表区选择需要重命名的库资源，利用其快捷菜单或【库】面板菜单中的【重命名】命令，可以更改当前库资源的名称。

③ 删除库资源：在库资源列表区选择要删除的库资源，利用其快捷菜单或【库】面板菜单中的【删除】命令，可以将资源删除。

2）公用库资源的使用

公用库是 Flash 自带的、在任何 Flash 源文件中都能够使用的库。Flash 8 的公用库有 3 个，分别是“学习交互”库、“按钮”库和“类”库。

选择菜单【窗口】|【公用库】下的【学习交互】、【按钮】和【类】命令，可分别打开上述三类公用库。

3）外部库资源的使用

在 Flash 8 的当前源文件窗口可以打开其他源文件的库（外部库），并将其中的资源用于当前文件中。操作方法如下。

选择菜单命令【文件】|【导入】|【打开外部库】，弹出【作为库打开】对话框，如图 3-69 所示。选择某个*.fla 文件，单击【打开】按钮，该*.fla 文件的【库】面板即可显示在当前文档窗口中。

外部库中的资源可以使用，但不允许编辑。外部库资源列表窗中的背景色为灰色。

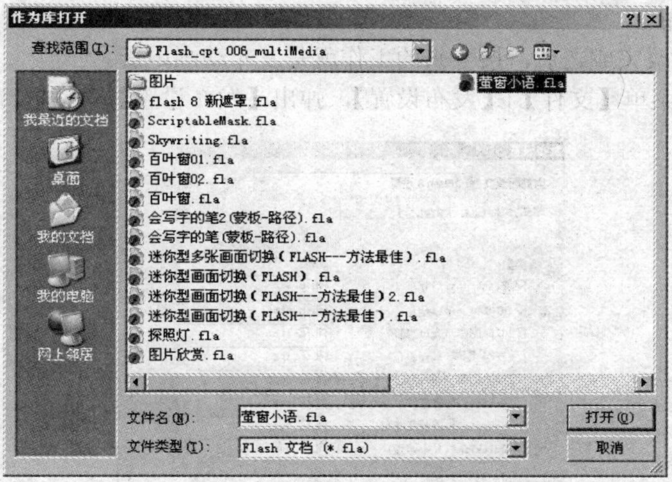

图 3-69 【作为库打开】对话框

14. 动画的测试与发布

1）动画的测试

Flash 动画的创作过程一般是这样的：边测试，边修改，再测试，再修改……，直至满意为止；最后发布动画作品。整个过程虽然艰辛，但也是一个逐渐满足个人艺术享受的过程。

在 Flash 动画文档编辑窗口，直接按 Enter 键，可以从当前帧开始播放动画，直至运行到动画的最后一帧结束。按这种方式进行测试，舞台上元件实例的动画效果是无法演示的。

比较常用的测试方法是，选择菜单命令【控制】|【测试影片】，或者按 Ctrl+Enter 键，打开如图 3-70 所示的播放窗口，演示动画效果。同时将当前动画导出为 SWF 文件，保存在动画源文件（*.fla 文件）存储的位置（该 SWF 文件与动画源文件的主名相同）。

此时，如果发现动画中存在问题，可关闭测试窗口，回到源文件编辑窗口对动画进行修改。如此循环往复，直到满意为止。

图 3-70 测试动画

2）动画的发布

动画测试并修改完成之后，接下来的工作就是发布动画电影。

步骤 1 选择菜单【文件】|【发布设置】，弹出【发布设置】对话框，如图 3-71 所示。

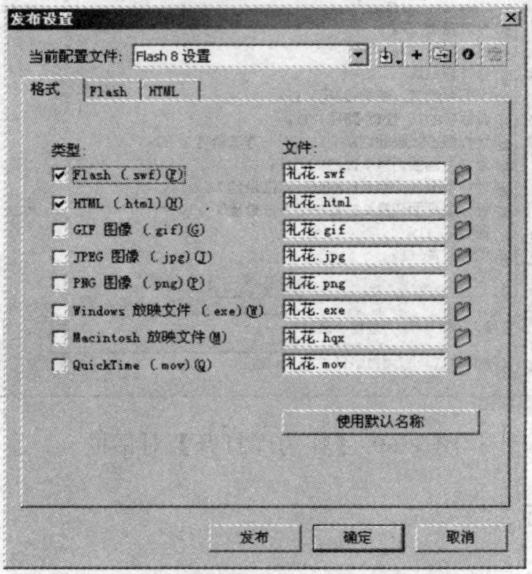

图 3-71 【发布设置】对话框

步骤 2 在对话框的【格式】选项卡选择动画的发布类型，并输入相应的文件名。必要时可单击对应类型右侧的按钮，选择所发布文件的存储位置。在默认设置下，所发布的任何类型文件的主名就是已存储的 Flash 源文件的主名，且发布位置也与 Flash 源文件的存储位置相同。

步骤 3 单击【发布】按钮，以上述指定的类型、文件名和发布位置发布动画。单击【确定】按钮，关闭对话框。

以下简单介绍 Flash 动画中几种常用的发布类型。

- 【Flash（.swf）】：该格式是 Flash 动画电影的主要发布格式，唯一支持所有 Flash 交互功能。选择该类型后，可以继续在【发布设置】对话框的【Flash】选项卡为 SWF 电影设置“发布版本”、“防止导入”和“ActionScrip 版本”等属性。所谓“防止导入”，就是禁止他人在 Flash 中使用【文件】|【导入】命令将该 SWF 文件导入或附加导入条件。一旦选择了【防止导入】选项，可在下面的【密码】文本框中输入密码。这样，当在 Flash 中导入该影片时，要求输入正确的密码才能将该影片导入。
- 【HTML（.html）】：可发布包含 SWF 影片的 HTML 网页文件。选择该类型后，可以继续在【发布设置】对话框的【HTML】选项卡中进一步设置 SWF 电影在网页中的尺寸大小、画面品质、窗口模式（如有无窗口、背景是否透明）等属性。
- 【Windows 放映文件（.exe）】：该格式可以直接在 Windows 系统中播放，无须安装 Macromedia Flash Player。

3.3 Flash 动画制作

使用 Flash 可以制作如下类型的动画：逐帧动画、补间动画、遮罩动画和交互式动画；补间（Tween）动画又分为运动（Motion）补间动画与形状（Shape）补间动画。

以下通过一些典型的实例来学习上述动画的制作方法。

3.3.1 逐帧动画的制作

所谓逐帧动画，是指动画的每个帧都要由制作者手动完成，这些帧称为关键帧。

在逐帧动画中，关键帧中的对象可以使用 Flash 的绘图工具绘制完成，也可以是外部导入的图形图像资源。

1. 制作眨眼睛动画

使用 Flash 与“第 3 章素材\小猴子眨眼睛\”下的“小猴子 01.jpg”、“小猴子 02.jpg”和“start.wav”制作眨眼睛动画，效果参照“第 3 章素材\眨眼睛.swf”。

步骤 1 启动 Flash 8，新建空白文档。

步骤 2 使用菜单命令【文件】|【导入】|【导入到库】，将素材“小猴子 01.jpg”、“小猴子 02.jpg” 和“start.wav”导入库。

步骤 3 显示【库】面板。将素材图片“小猴子 01.jpg”从【库】面板拖曳到舞台，并从【属性】面板查看图片的像素大小为 140×97，如图 3-72 所示。

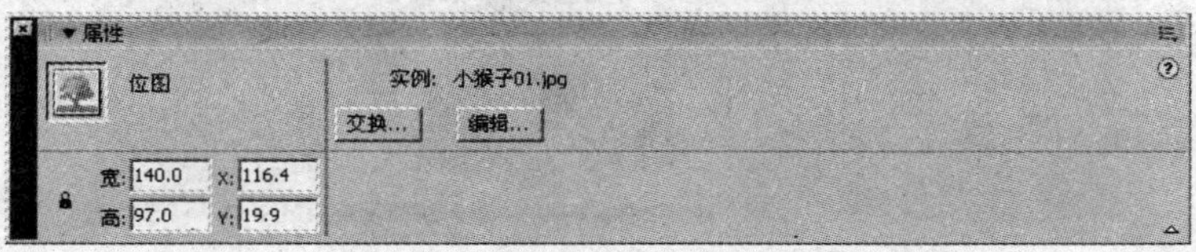

图 3-72 查看图片像素大小

步骤 4 使用菜单命令【修改】|【文档】将舞台大小设置为 140×97 像素。

步骤 5 选择菜单命令【视图】|【缩放比率】|【显示全部】，将素材图片显示在用户工作区，并确认图片处于选择状态。

步骤 6 选择菜单命令【窗口】|【对齐】，显示【对齐】面板。选择其中的【相对于舞

台】按钮。在【对齐】栏依次单击“水平中齐”按钮和“垂直中齐”按钮，将图片对齐到舞台中央。

步骤 7 选择菜单命令【视图】|【缩放比率】|【100%】，将舞台以实际大小显示。

步骤 8 在图层 1 的第 2 帧右击，从快捷菜单中选择【插入空白关键帧】命令。

步骤 9 将素材图片“小猴子 02.jpg”从【库】面板拖曳到舞台，并对齐到舞台中央。

步骤 10 单击选择图层 1 的第 1 个关键帧；按 Shift 键单击第 2 个关键帧（此时两个关键帧同时被选中）。在选中的帧上右击，从快捷菜单中选择【复制帧】命令。

步骤 11 在第 3 帧上右击，从快捷菜单中选择【粘贴帧】命令。将上述复制的帧粘贴到第 3 帧和第 4 帧。此时【时间轴】面板如图 3-73 所示。

步骤 12 在第 5 帧插入空白关键帧。将图片“小猴子 01.jpg”从【库】面板拖曳到舞台，并对齐到舞台中央。

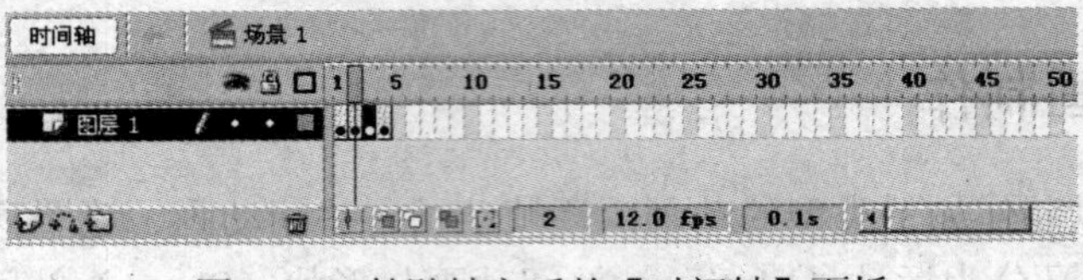

图 3-73 粘贴帧之后的【时间轴】面板

步骤 13 在第 20 帧上右击，从快捷菜单中选择【插入帧】命令，锁定图层 1。

步骤 14 在【时间轴】面板左侧的图层控制区，单击“插入图层”按钮，在图层 1 的上方新建图层 2。

步骤 15 选择图层 2 的第 1 帧（此时为空白关键帧）。在【属性】面板的【声音】下拉菜单中选择“start.wav”；在【同步】下拉菜单中选择【开始】（重复 1 次）选项。

步骤 16 在图层 2 的第 3 帧右击，从快捷菜单中选择【插入空白关键帧】命令。在【属性】面板的【声音】下拉菜单中选择“start.wav”；在【同步】下拉菜单中选择【开始】（重复 1 次）选项，锁定图层 2。

步骤 17 动画完成后的【时间轴】面板如图 3-74 所示。

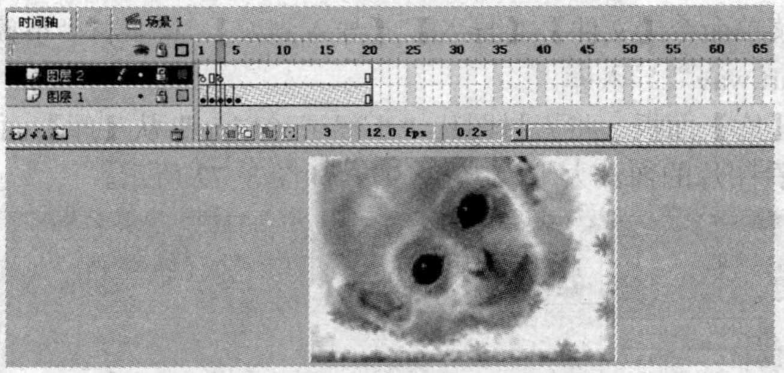

图 3-74 动画完成后的【时间轴】面板

步骤 18 将动画源文件以“眨眼睛.fla”为名保存起来。

步骤 19 选择菜单命令【控制】|【测试影片】，观看动画效果。同时，Flash 将在保存“眨眼睛.fla”文件的位置输出电影“眨眼睛.swf”。

步骤 20 关闭动画源文件“眨眼睛.fla”。

2. 制作载入动画

制作内容载入动画，效果参照“第 3 章素材\下载.swf”。

步骤 1　启动 Flash 8，新建空白文档。

步骤 2　使用菜单命令【修改】|【文档】将舞台设置为 300×150 像素，其他属性采用默认值。

步骤 3　使用菜单命令【视图】|【缩放比率】|【显示帧】调整舞台显示大小，以方便后面动画的制作。

步骤 4　在工具箱中选择“文字工具”，在【属性】面板上设置文字属性：静态文本、字体 Academy Engraved LET、字号 44、黑色、字符间距 9。在舞台上创建文本“Loading…”。

步骤 5　利用【对齐】面板将文本对齐到舞台的中央位置。如图 3-75 所示。

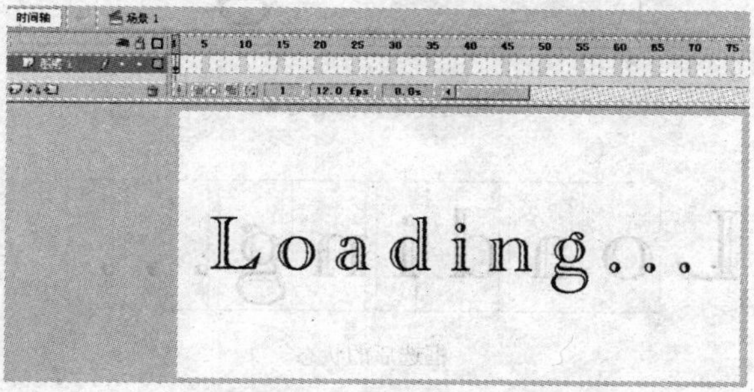

图 3-75　编辑完成第 1 个关键帧

步骤 6　确保文本对象“Loading…”处于选择状态。选择菜单命令【修改】|【分离】（或按 Ctrl+B 键），把文本对象分离成各自独立的单个字符，如图 3-76 所示。

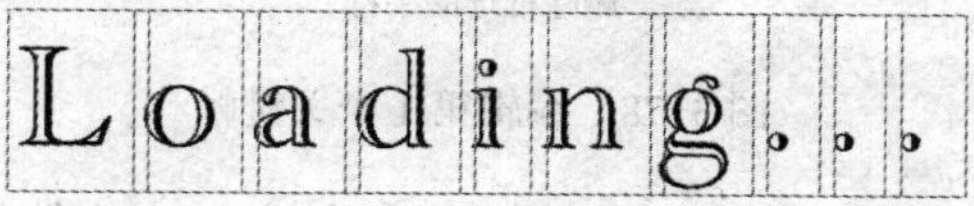

图 3-76　分离文本一次

步骤 7　在【时间轴】面板上单击选择图层 1 的第 2 帧，再按 Shift 键单击第 10 帧，选择第 2 帧～第 10 帧间的所有帧，如图 3-77（a）所示。在选中的帧上右击，在快捷菜单中选择【转换为关键帧】命令，则所有选中的帧全部转变成关键帧，如图 3-77（b）所示。每个关键帧中的内容都和第 1 帧相同。

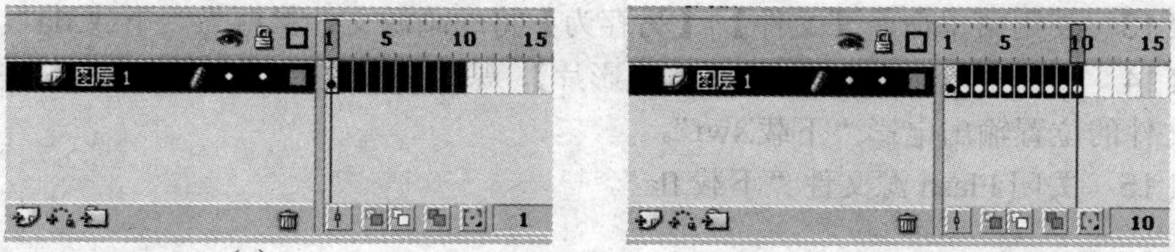

（a）　（b）

图 3-77　将第 2～10 帧全部转变成关键帧

提示：在时间轴上插入一个关键帧或将时间轴上的某帧转换成关键帧后，该关键帧的内容与前面相临关键帧的内容完全相同。在步骤 7 中，也可以首先在第 2 帧上右击，在快捷菜单中选择【插入关键帧】命令，将第 2 帧转换成关键帧；接着在第 3 帧、第 4 帧、……、第 10 帧上进行同样的操作。

步骤 8 单击选择图层 1 的第 1 个关键帧。在舞台上的空白处单击或按一下 Esc 键，取消所有字符的选择状态。使用选择工具框选后面的 9 个字符，按 Delete 键将其删除。此时第 1 帧的舞台上只剩下字符 L，如图 3-78 所示。

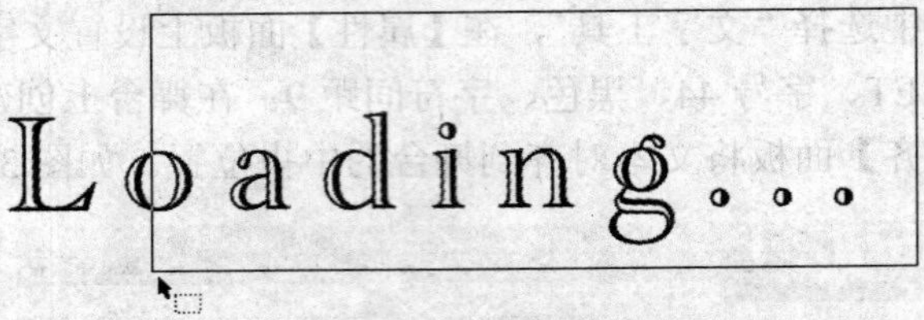

用选择工具框选对象

框选后的状态

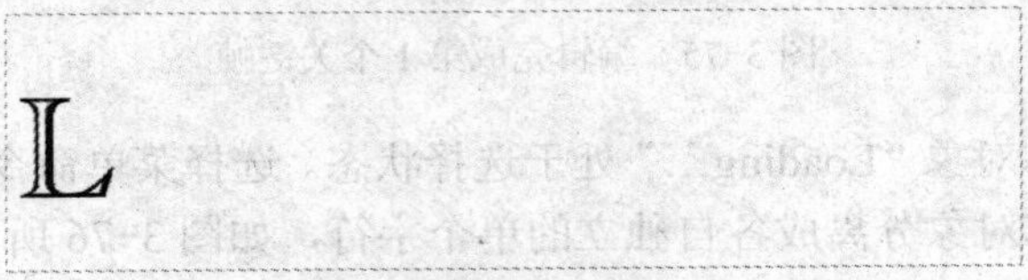

删除框选的字符

图 3-78 编辑第 1 个关键帧

提示：单击选择某一帧时，该帧的舞台上所有未锁定的对象都将被选中。

步骤 9 单击选中第 2 个关键帧，按类似的方法在舞台上删除后面的 8 个字符，只保留前两个字符 Lo。

步骤 10 单击选中第 3 个关键帧，在舞台上只保留前三个字符 Loa，其余删除。

步骤 11 依次类推，最后选中第 9 个关键帧，只删除舞台上的最后一个字符。

步骤 12 第 10 个关键帧舞台上的文本内容保持不变。

步骤 13 使用菜单命令【文件】|【另存为】将动画源文件保存为“下载.fla”。

步骤 14 选择菜单命令【控制】|【测试影片】，观看动画效果。同时，Flash 将在保存“下载.fla”文件的位置输出电影“下载.swf”。

步骤 15 关闭 Flash 源文件“下载.fla”。

3.3.2 补间动画的制作

所谓补间动画，指制作者只进行过渡动画中首尾两个关键帧的制作，关键帧之间的过渡帧由计算机自动计算完成。补间动画分为形状补间动画和运动补间动画两种。

1．制作形状补间动画

在 Flash 中，能够用于形状补间动画的对象有：使用 Flash 的绘图工具直接绘制的矢量图形，完全分离的组合、完全分离的元件实例、完全分离的文本和完全分离的位图等。在形状补间动画中，能够产生过渡的对象属性有：形状、位置、大小、颜色、透明度等。

【实例】 制作水果变形动画，效果参照“第 3 章素材\水果变形.swf”。

步骤 1 在 Flash 8 中新建空白文档。文档属性采用默认值。

步骤 2 在工具箱上选择“椭圆工具”，将笔触色设置为无色，填充色设置为由白色到黑色的放射状渐变，如图 3-79 所示。

步骤 3 在【混色器】面板上修改填充色，将黑色换成绿色（#54A014），如图 3-80 所示。

图 3-79　选色

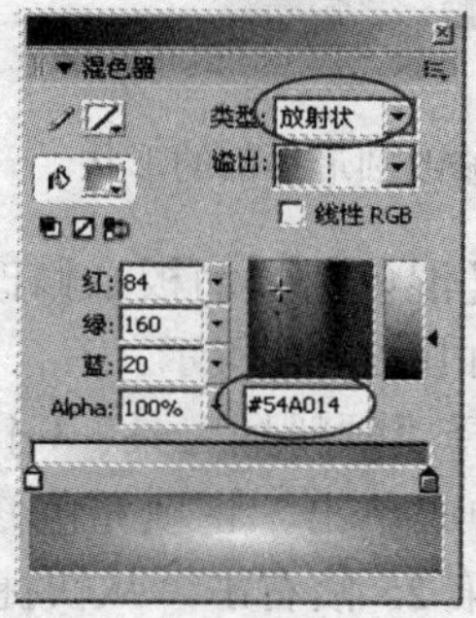

图 3-80　修改填充色

步骤 4 按住 Shift 键，使用椭圆工具在舞台上绘制一个圆形，如图 3-81 所示。在工具箱上选择“颜料桶工具”（工具箱底部的【选项】栏不选“锁定填充”按钮），在圆形的左上角单击重新填色，以改变渐变的中心，如图 3-82 所示。至此图层 1 的第 1 个关键帧编辑完成。

图 3-81　绘制圆形

图 3-82　修改渐变中心

步骤 5 分别在图层 1 的第 5 帧和第 20 帧右击，从快捷菜单中选择【插入关键帧】命令，如图 3-83 所示。

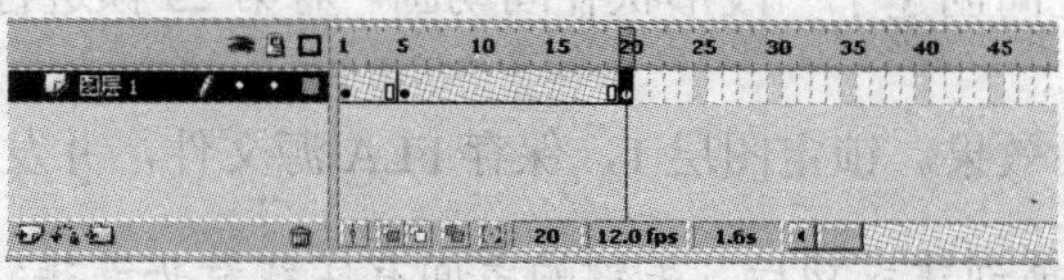

图 3-83　在第 5 帧和第 20 帧分别插入关键帧

步骤 6 选择第 20 帧，按 Esc 键取消对象的选择。

步骤 7 在工具箱上选择“选择工具”，光标移到圆形的边框线的顶部（此时，光标旁出现一条弧线），按住 Ctrl 键不放向下拖移鼠标，改变圆形顶部的形状，如图 3-84 所示。

步骤 8 使用类似的方法，按住 Ctrl 键在圆形底部的边框线上向下拖移鼠标，改变圆形底部的形状，如图 3-85 所示。

图 3-84 修改圆形顶部的形状

图 3-85 修改圆形底部的形状

步骤 9 在【混色器】面板上修改渐变填充的颜色，将原来的绿色（#54A014）换成红色（#FA3810），如图 3-86 所示。

步骤 10 选择“颜料桶工具”（不选择工具箱底部的“锁定填充”按钮），在“桃子”形左上角的渐变中心单击，将填充色修改成由白色到红色的渐变（渐变的中心大致不变）。

步骤 11 在第 25 帧右击，从快捷菜单中选择【插入关键帧】命令。

步骤 12 在第 40 帧右击，从快捷菜单中选择【插入空白关键帧】命令，如图 3-87 所示。

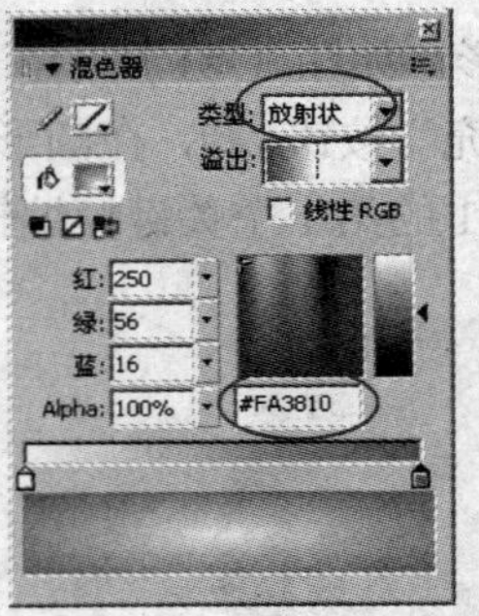

图 3-86 修改渐变填充色

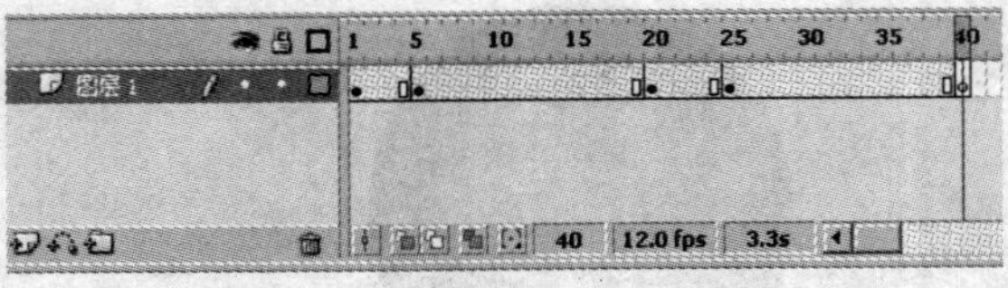

图 3-87 在第 40 帧插入空白关键帧

步骤 13 选中第 1 帧，按 Ctrl+C 键复制该帧舞台上的图形。再选中第 40 帧，选择菜单命令【编辑】|【粘贴到当前位置】，将第 1 帧的圆形粘贴到第 40 帧的同一位置，如图 3-88 所示。

步骤 14 选中第 5 帧，从【属性】面板的【补间】下拉列表中选择【形状】选项。这样就在第 5 帧和第 20 帧之间创建了一段形状补间动画。对第 25 帧进行同样的操作，如图 3-89 所示。

步骤 15 测试动画效果。锁定图层 1，保存 FLA 源文件，并发布 SWF 电影。

提示：形状补间动画创建成功后，关键帧之间有实线箭头连接；关键帧之间的所有过渡帧显示为浅绿色。

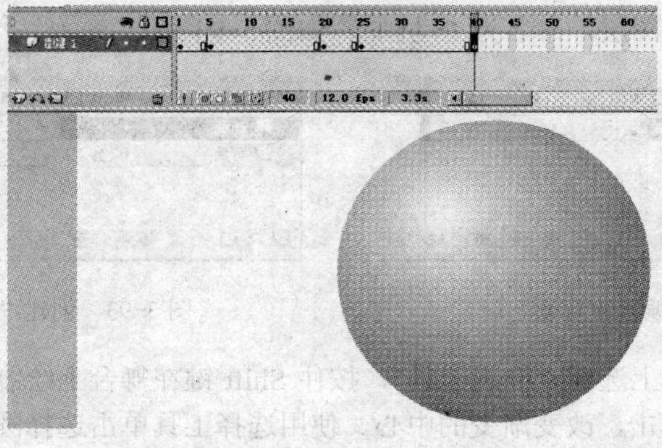

图 3-88 将圆形从第 1 帧复制到第 40 帧的同一位置

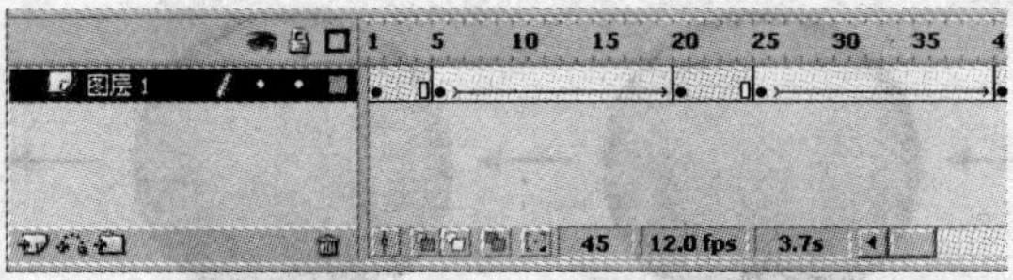

图 3-89 在第 5 帧和第 25 帧分别插入形状补间动画

2. 制作运动补间动画

在 Flash 中，能够用于运动补间动画的对象有：组合、文本、导入的位图、元件实例等。在运动补间动画中，能够产生过渡的对象属性有：位置、大小、旋转角度、颜色（只对元件实例）、透明度（只对元件实例）等。

【实例 1】 制作一段球体从空中下落到地面又弹起的动画，效果参照“第 3 章素材\跳动的小球.swf”（假设小球每次弹起的高度相同）。

步骤 1 新建空白文档。使用菜单命令【修改】|【文档】将舞台大小设置为 400×350 像素，文档的其他属性保持默认。

步骤 2 在工具箱的【颜色】栏将笔触色设置为黑色，填充色设置为黑白放射状渐变，如图 3-90 所示。

步骤 3 按 Shift 键使用线条工具（实线、粗细 0.25 个像素）在舞台底部绘制一条水平线，如图 3-91 所示。

图 3-90 选色

图 3-91 绘制底部水平线

步骤 4 将图层 1 改名为“背景”。锁定“背景”层，并在该层第 20 帧插入帧，如图 3-92 所示。

步骤 5 新建一个图层，命名为“动画”，如图 3-93 所示。

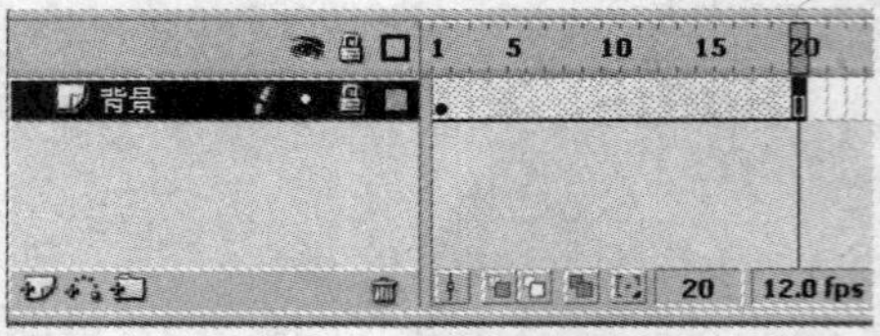

图 3-92 编辑“背景”层

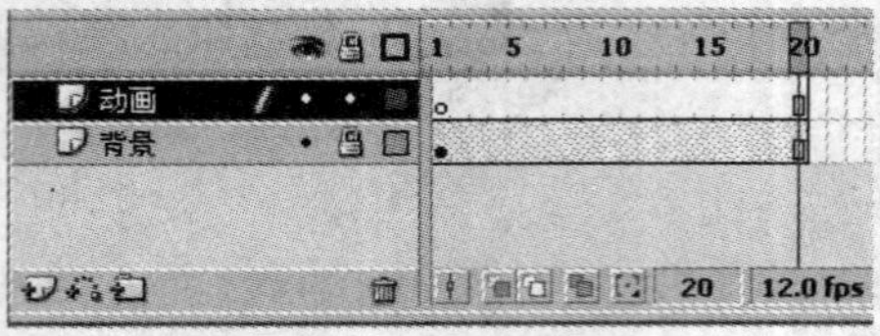

图 3-93 创建“动画”层

步骤 6 在工具箱上选择“椭圆工具”，按住 Shift 键在舞台上绘制一个圆形。使用颜料桶工具在圆形的顶部单击，改变渐变的中心。使用选择工具单击选择圆形的边框，按 Delete 键将其删除，如图 3-94 所示。

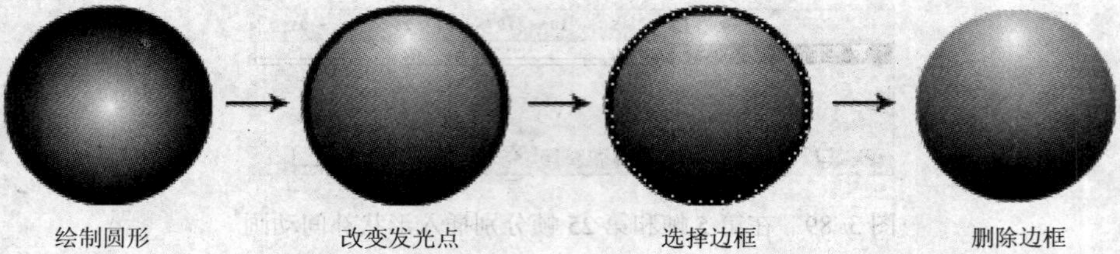

图 3-94 绘制发光球体

步骤 7 选择发光球体。选择菜单命令【修改】|【组合】，将发光球体转换成组合体。

提示：步骤 7 的操作非常关键。使用 Flash 的绘图工具直接绘制的图形不能用于运动补间动画。只有将该类图形组合起来或者转换成元件的实例，才可用作运动补间动画的运动对象。

步骤 8 利用【对齐】面板将小球对齐到舞台的水平中央位置。再按住 Shift 键，使用选择工具将小球沿竖直方向拖移到舞台的顶部，如图 3-95 所示。

步骤 9 在“动画”层的第 10 帧和第 20 帧分别插入关键帧，如图 3-96 所示。

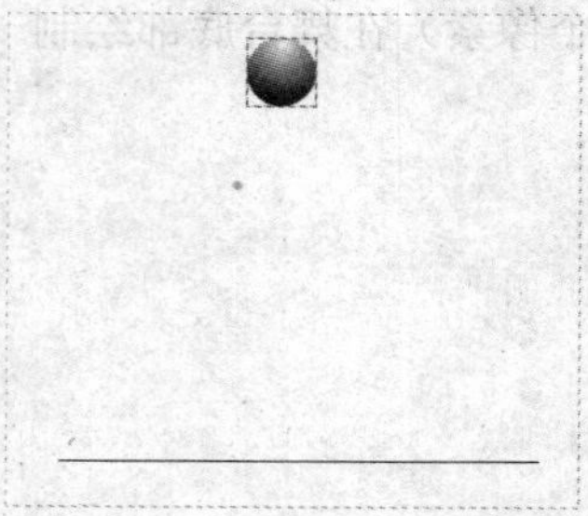

图 3-95 调整好小球的位置

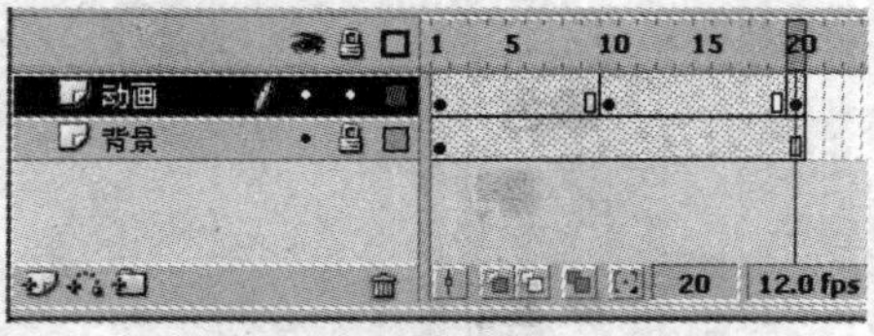

图 3-96 插入关键帧

步骤 10 选择动画层的第 10 帧。按住 Shift 键，使用选择工具将舞台上的小球竖直拖移到水平线的上方与水平线相切的位置，如图 3-97 所示。

步骤 11 在“动画”层的图层名称旁单击，选择整个“动画”层，如图 3-98 所示。

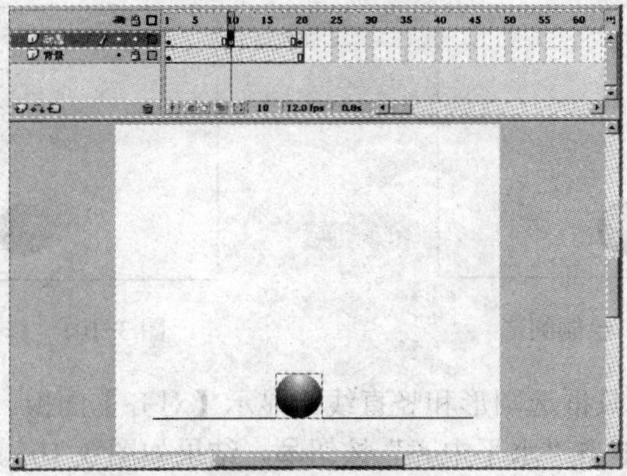

图 3-97　将第 10 帧的小球移到底部

步骤 12　在【属性】面板的【补间】列表中选择【动画】选项；或者在“动画”层的被选中的帧上右击，从快捷菜单中选择【创建补间动画】命令。这样就在动画层的所有关键帧之间插入了运动补间动画，如图 3-99 所示。

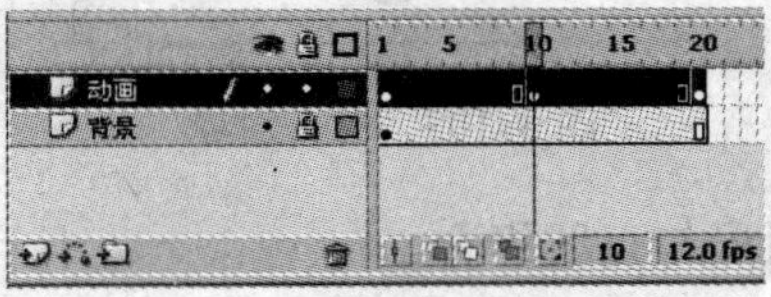

图 3-98　选择“动画”层

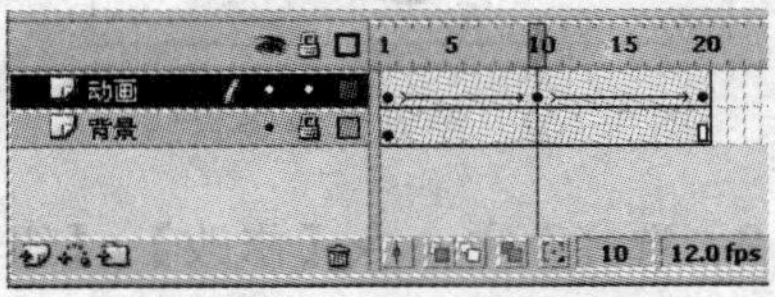

图 3-99　创建运动补间动画

步骤 13　选择“动画”层的第 1 帧，在【属性】面板中设置【缓动】的值为“-100”；用同样的方法设置第 10 帧的【缓动】值为“100”。

提示：通过缓动参数可以设置运动的加速度，其绝对值越大，则速度变化越快。“缓动”值为正时，表示减速运动；值为负时，表示加速运动。

步骤 14　锁定“动画”层。测试动画效果，保存 FLA 源文件，并发布 SWF 电影。

提示：运动补间动画创建成功后，关键帧之间有实线箭头连接；关键帧之间的所有过渡帧显示为浅蓝色。

【实例 2】　制作钟摆动画，效果参照“第 3 章素材\钟摆.swf”。

步骤 1　新建空白文档。

步骤 2　选择菜单命令【视图】|【缩放比率】|【显示帧】，使舞台全部显示在工作区。

步骤 3　选择“椭圆工具”，笔触颜色设为无色，填充色设为黑白射线渐变。

步骤 4　按住 Shift 键拖移鼠标，在舞台上如图 3-100 所示的位置绘制圆形。

步骤 5　使用颜料桶工具在圆形的左上角单击，改变渐变中心的位置，如图 3-101 所示。

步骤 6　选择圆形，选择菜单命令【修改】|【组合】，将圆形组合。

步骤 7　将笔触颜色设为黑色。选择线条工具，按住 Shift 键在竖直方向拖移鼠标，在舞台上如图 3-102 所示的位置绘制一条竖直线。

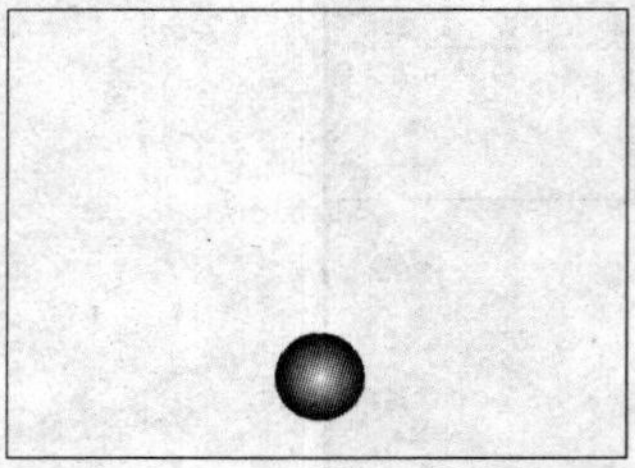

图 3-100 绘制圆形

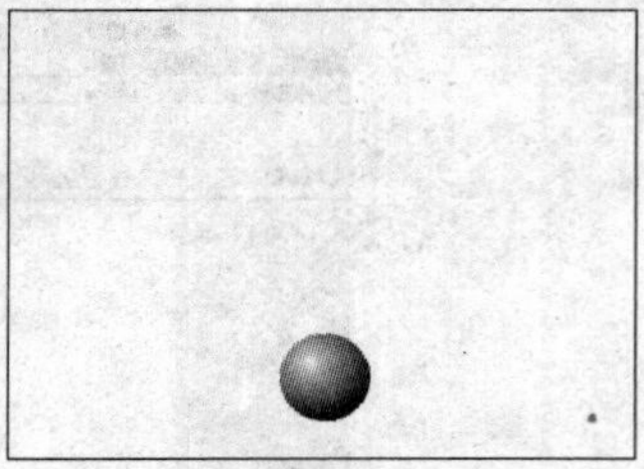

图 3-101 修改渐变中心

步骤 8 使用选择工具框选圆形和竖直线。显示【对齐】面板。在【对齐】面板上选择【相对于舞台】按钮，并单击“水平中齐”按钮，结果如图 3-103 所示。

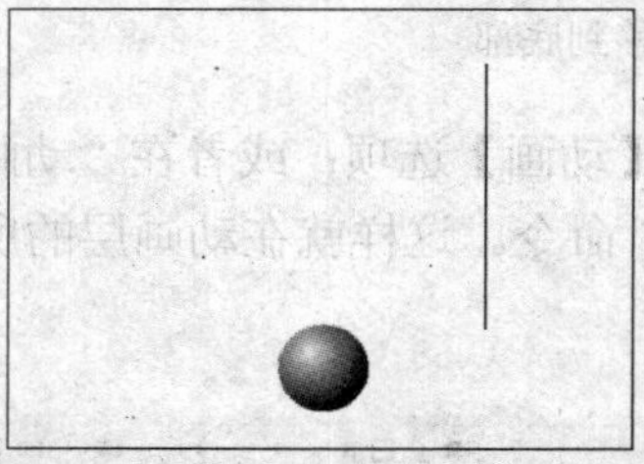

图 3-102 绘制黑色竖直线

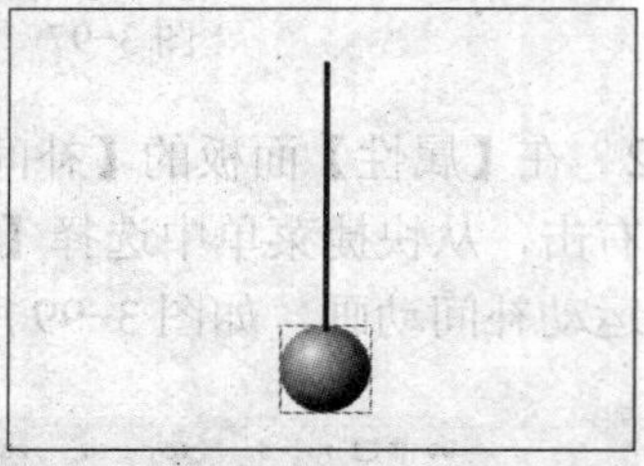

图 3-103 对齐对象

步骤 9 选择菜单命令【修改】|【组合】，将圆形与直线组合。

步骤 10 选择“任意变形工具”，将“圆形与直线”组合的变形中心拖移到直线的顶部，如图 3-104 所示。为了保证变形中心位置准确，可适当放大图形后，再次调整变形中心位置。

步骤 11 分别在图层 1 的第 10、20、30、40 帧插入关键帧。

步骤 12 在图层 1 的名称上单击，选择该层所有帧（如图 3-105 所示）。在【属性】面板的【补间】列表中选择【动画】选项。这样就在图层 1 的所有关键帧上插入了动作补间动画。

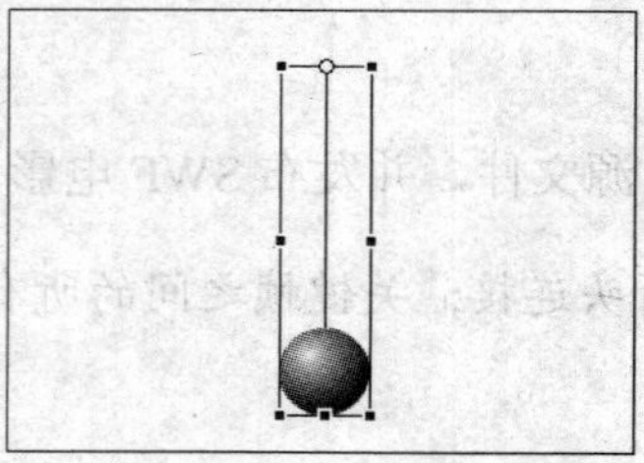

图 3-104 调整变形中心

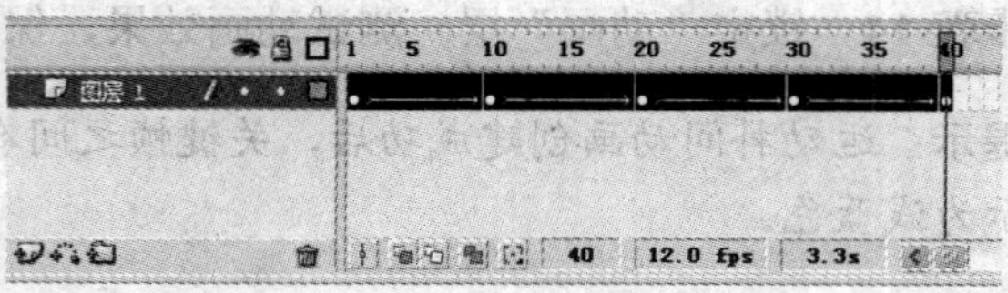

图 3-105 选择图层 1 所有帧

步骤 13 单击选择第 10 帧（即第 2 个关键帧）。在工具箱上选择“任意变形工具”，然后选择菜单命令【窗口】|【变形】，显示【变形】面板。在【变形】面板上选中【旋转】单选按钮，并在右侧的角度框内输入 45，如图 3-106 所示，按 Enter 键确认。

步骤 14 类似地，选择第 30 帧（即第 4 个关键帧），在【变形】面板的角度框内输入“–45”，并按 Enter 键确认。这样可以将“钟摆”旋转到右侧顶部。

步骤 15 单击选择第 1 帧（即第 1 个关键帧），在【属性】面板的【缓动】框内输入“100”。类似地，将第 20 帧（即第 3 个关键帧）的“缓动”值设为“100”；将第 10 帧（即第 2 个关键帧）和第 30 帧（即第 4 个关键帧）的“缓动”值设为“-100”。

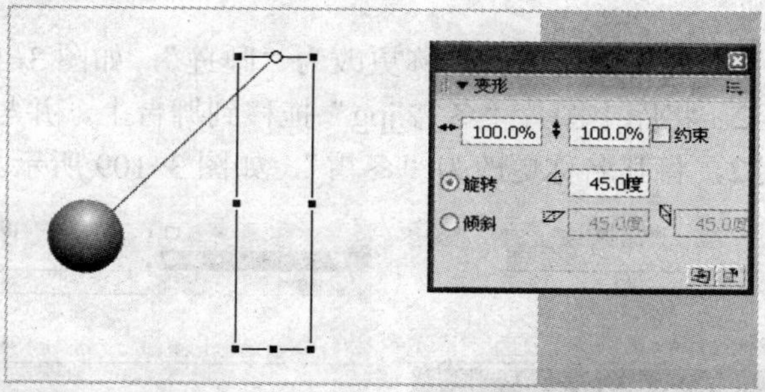

图 3-106　将“钟摆”旋转到左侧顶部

步骤 16　至此，钟摆动画制作完成。动画效果示意图如图 3-107 所示。

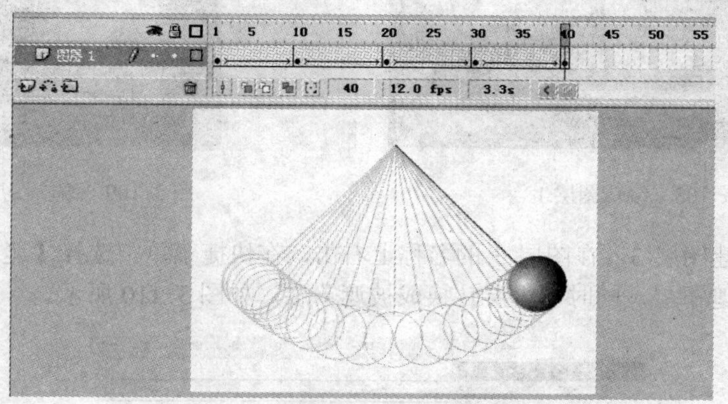

图 3-107　“钟摆”动画效果示意图

步骤 17　保存 FLA 动画源文件，并输出 SWF 电影。

3.3.3　遮罩动画的制作

遮罩层是 Flash 动画中的特殊图层之一。遮罩层用于控制紧挨在其下面的被遮罩层的显示范围。确切地说，遮罩层上的填充区域（无论填充的是单色、渐变色还是位图，也不管填充区域的透明度如何）像一个窗口，透过它可以看到被遮罩层上对应区域的画面。在遮罩层的时间线上同样可创建各类动画；也就是说，遮罩层上图形的位置、大小和形状是可以改变的，这样就可以形成一个随意变化的动态窗口。因此，利用遮罩层可以制作许多有趣的动画效果，如 MTV 中的歌词切换效果、百叶窗等各种转场效果等。

【实例】　使用“第 3 章素材\转场\”下的“睡莲.jpg”和“冬雪.jpg”，通过在遮罩层上创建补间动画制作简单转场效果。动画效果参照“第 3 章素材\转场\转场.swf”。

步骤 1　新建空白文档。将舞台大小设置为 400×300 px，文档的其他属性保持默认。

步骤 2　将素材图片“睡莲.jpg”和“冬雪.jpg”导入库中。

步骤 3　显示【库】面板。将“睡莲.jpg”从库中拖移到舞台上。

步骤 4　显示【对齐】面板，将“睡莲.jpg”和舞台分别在水平和竖直方向居中对齐。

步骤 5　在图层 1 的第 40 帧右击，从快捷菜单中选择【插入帧】命令。这样可将“睡莲”画面一直延续到第 40 帧。

步骤 6　锁定图层 1，并将图层 1 的名称更改为“睡莲”，如图 3-108 所示。

步骤 7　新建图层 2。将库中图片“冬雪.jpg”拖移到舞台上，并与舞台在水平和竖直方向居中对齐；锁定图层 2，将其名称更改为“冬雪”，如图 3-109 所示。

图 3-108　编辑图层 1

图 3-109　编辑图层 2

步骤 8　新建图层 3，在图层 3 的名称上右击，在快捷菜单中选择【遮罩层】命令。此时图层 3 转换成遮罩层，同时冬雪层转换成被遮罩层，如图 3-110 所示。

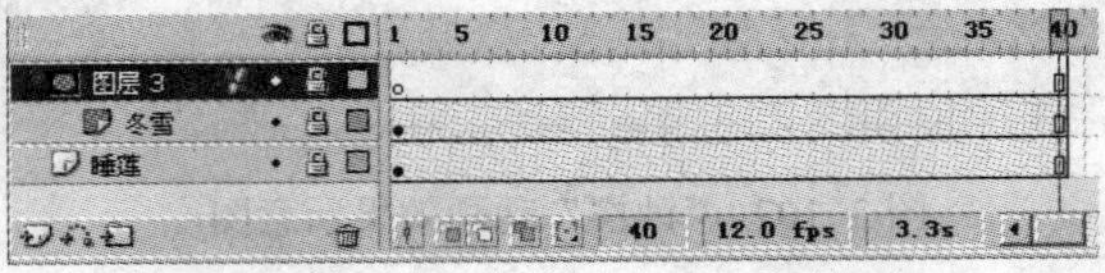

图 3-110　为“冬雪”层添加遮罩层

步骤 9　将图层 3 的名称更改为“转场”。

提示： 在遮罩层或被遮罩层的名称上右击，在快捷菜单中选择【属性】命令，打开【属性】对话框；选择其中的【一般】或【正常】选项，可将遮罩层或被遮罩层转换成普通层。利用类似的方法也可将普通层转换成遮罩层或被遮罩层（选择【属性】对话框中的【遮罩层】或【被遮罩】选项）。遮罩层和被遮罩层的删除与普通层相同。将遮罩层删除或将遮罩层转换成普通层后，被遮罩层将自动转换成普通层。

步骤 10　取消“转场”层的锁定状态，选择该层的第 1 帧。在舞台上绘制一个没有边框只有填充的矩形。选择该矩形，使用菜单命令【修改】|【组合】将该矩形组合起来。

步骤 11　在“转场”层的第 15 帧插入关键帧，如图 3-111 所示。

步骤 12　选择“转场”层的第 1 帧，使用选择工具在矩形上单击，使【属性】面板上显示出矩形组合的参数。将“宽”与“高”都设置为 1 个像素。使用【对齐】面板将缩小后的矩形对齐到舞台中央。

步骤 13　选择“转场”层的第 15 帧，使用同样的方法将该帧的矩形修改为 400×400

像素，并对齐到舞台中央。

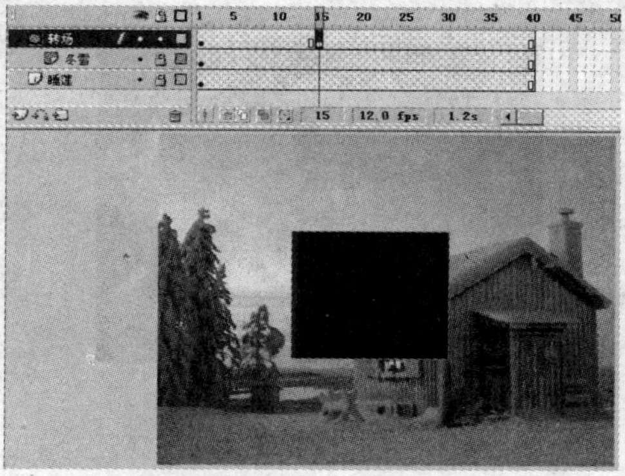

图 3-111　在第 15 帧插入关键帧

步骤 14　利用【属性】面板在“转场”层的第 1 帧插入运动补间动画，参数设置如图 3-112 所示。

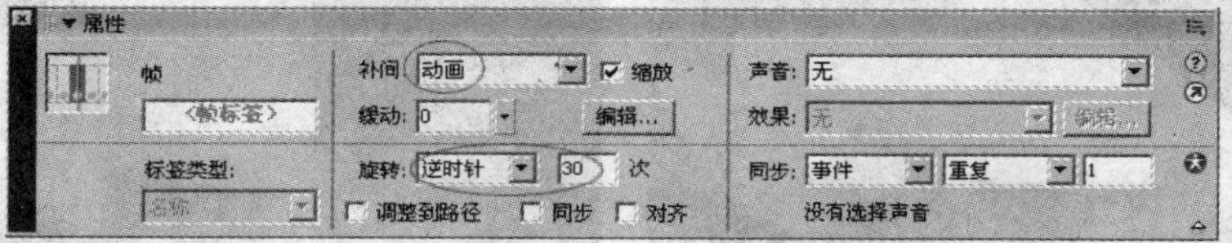

图 3-112　设置运动补间动画参数

步骤 15　在“转场”层的第 20 帧、第 35 帧分别插入关键帧。

步骤 16　在“转场”层的第 20 帧插入运动补间动画，如图 3-113 所示。

步骤 17　选择“转场”层的第 35 帧，将其中的矩形修改为 1×400 像素，并水平对齐到舞台中央，如图 3-114 所示。

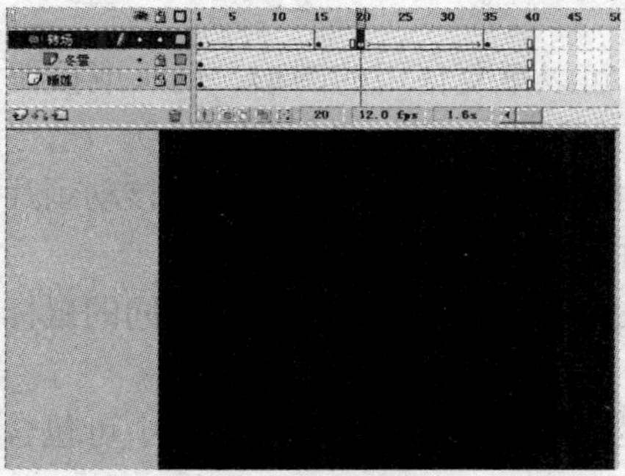

图 3-113　在第 20 帧插入运动补间动画

图 3-114　修改第 35 帧的矩形

步骤 18　在“转场”层的第 40 帧插入关键帧，利用【属性】面板将其中的对象修改为 1×1 像素，并对齐到舞台中央。

步骤 19　在“转场”层的第 35 帧插入运动补间动画。

步骤 20　重新锁定“转场”层，如图 3-115 所示。

图 3-115　本例完成后的编辑窗口

步骤 21　测试动画效果。保存 FLA 源文件，并发布 SWF 电影。图 3-116 所示的是动画运行过程中的两个画面切换效果。

图 3-116　本例中的画面切换效果

3.3.4　元件动画的制作

在 Flash 中，元件（Symbol）是存放于库中的、可以重复使用的图形、动画或按钮。

元件分为三类：图形（Graphic）、按钮（Button）和影片剪辑（Movie Clip）。

图形元件主要用于动画中的静态图形图像；有时也用来创建动画片段，但该动画片段的播放依赖于主时间轴，并且交互性控制和声音不能在图形元件中使用。

按钮元件用于制作动画中响应标准鼠标事件的交互式按钮；它可以根据不同的鼠标事件显示不同的画面，并播放不同的声音。

影片剪辑元件的适用对象是独立于时间轴播放的动画片段。影片剪辑元件中可包含交互式控制和声音。

使用元件的好处主要有以下几点。

- 将多次重复使用的动画元素定义为元件，可显著减小动画文件所占用的存储空间，提高动画的下载和播放速度。
- 修改元件时，元件的所有实例将自动更新。这使得动画的维护非常方便。
- 元件存放于库中，可作为共享资源应用于其他动画源文件中。

1. 创建元件

元件的基本创建方法有两种。

1）使用【新建元件】命令创建元件

步骤 1　选择菜单命令【插入】|【新建元件】，打开【创建新元件】对话框，如图 3-117 所示。

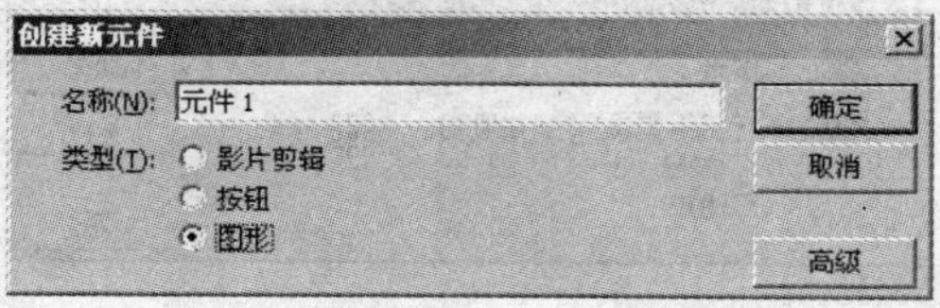

图 3-117　【创建新元件】对话框

步骤 2　在【创建新元件】对话框中选择元件类型，输入元件的名称。单击【确定】按钮，进入相应元件的编辑窗口，如图 3-118 和图 3-119 所示。窗口中的“＋”号表示元件的中心，也是坐标系的原点。

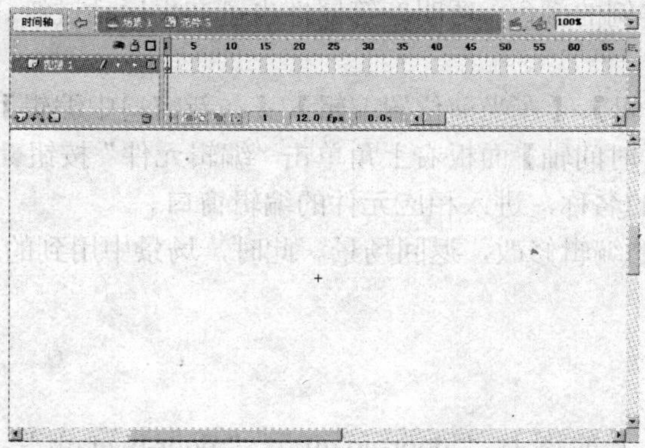

图 3-118　图形元件和影片剪辑元件的编辑环境

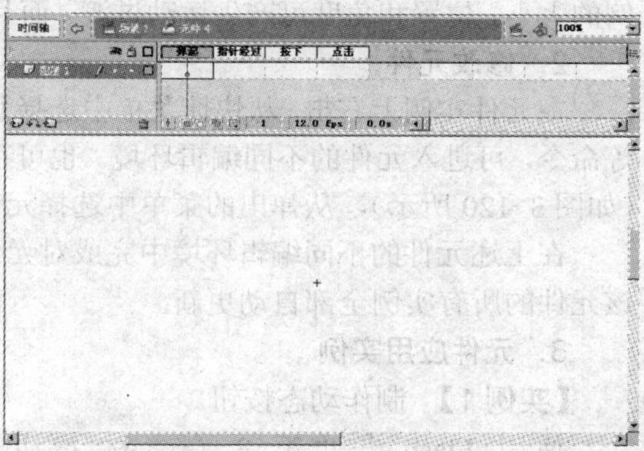

图 3-119　按钮元件的编辑环境

步骤 3　在元件的编辑环境中完成元件的编辑。比如，在影片剪辑元件的编辑环境中，可以像在场景中一样创建和编辑动画。

步骤 4　单击【时间轴】面板右上角的“编辑场景”按钮（如图 3-120 所示），在弹出的菜单中选择场景的名称，返回场景编辑窗口。当然，也可以通过单击【时间轴】面板左上角的场景名称或箭头⇦返回场景编辑窗口。

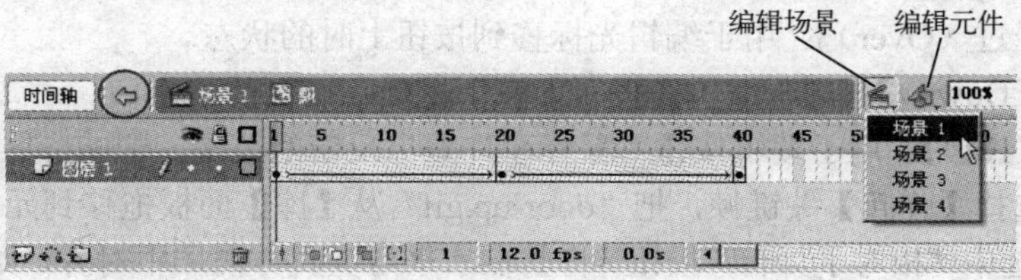

图 3-120　【时间轴】面板

2）使用【转换为元件】命令创建元件

创建元件的另一种方法是；直接选择场景中的图形图像，选择菜单命令【修改】|【转换为元件】，打开【转换为元件】对话框，如图 3-121 所示。选择元件类型，输入元件名称，并利用“注册”按钮▦设置元件的中心。单击【确定】按钮，即可由选中的对象创建一个元件。场景中原来被选中的对象自动转化为元件的一个实例。

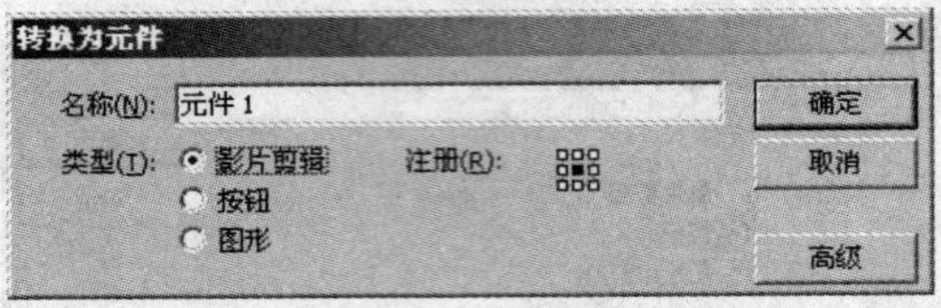

图 3-121 【转换为元件】对话框

元件创建好之后，存放于库中。将元件从【库】面板拖放到工作区中，就得到该元件的一个实例（Instance），即可应用于动画制作中。另外，在复杂动画的制作中，元件还常常嵌套使用。

元件的实例常用于运动补间动画。与组合体、文本对象和导入的位图不同的是，不仅实例的大小、位置和角度可产生运动过渡，而且实例的颜色、透明度等属性也可产生运动过渡。

2．修改元件

在元件实例上右击，从快捷菜单中选择【编辑】、【在当前位置编辑】、【在新窗口中编辑】等命令，可进入元件的不同编辑环境。也可在【时间轴】面板右上角单击“编辑元件”按钮（如图 3-120 所示），从弹出的菜单中选择元件的名称，进入相应元件的编辑窗口。

在上述元件的不同编辑环境中完成对元件的编辑修改，返回场景。此时，场景中用到的该元件的所有实例全部自动更新。

3．元件应用实例

【实例 1】 制作动态按钮。

使用 Flash 与“第 3 章素材\按钮\”下的图片“door-up.gif”、“door-over.gif”、“door-down.gif”和声音“ding.wav”制作动态按钮，效果参照“第 3 章素材\请进.swf”。

步骤 1 启动 Flash 8，新建空白文档。将所用素材“door-up.gif”、“door-over.gif”、“door-down.gif”和“ding.wav”导入库。

步骤 2 选择菜单命令【插入】|【新建元件】，打开【创建新元件】对话框。选择按钮元件类型，输入元件的名称“进入”。单击【确定】按钮，进入按钮元件的编辑环境。其中 4 个状态帧的作用如下。

- 【弹起（Up）】：用于编辑光标不在按钮上时的状态。
- 【指针经过（Over）】：用于编辑光标移到按钮上时的状态。
- 【按下（Down）】：用于编辑在按钮上按下鼠标左键时的状态。
- 【单击（Hit）】：用于编辑按钮对鼠标事件做出反应的范围，即响应区域。

步骤 3 选择【弹起】关键帧，把“door-up.gif”从【库】面板拖移到元件编辑区。利用【对齐】面板（选中“相对于舞台”按钮）将其在水平与竖直方向居中对齐，如图 3-122 所示。

步骤 4 在【指针经过】帧插入空白关键帧，把“door-over.gif”从【库】面板拖移到元件编辑区。利用【对齐】面板将其在水平与竖直方向居中对齐，如图 3-123 所示。

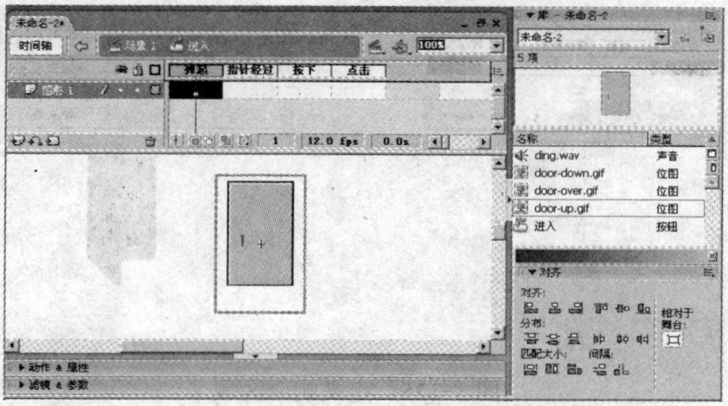

图 3-122　编辑【弹起】帧

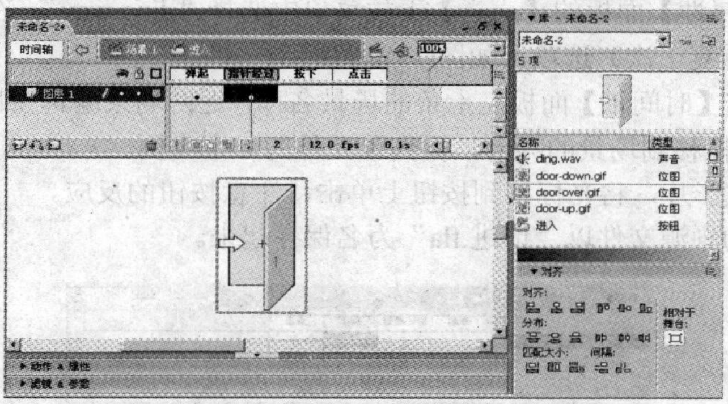

图 3-123　编辑【指针经过】帧

步骤 5　在【按下】帧插入空白关键帧，把“door-down.gif”从【库】面板拖移到元件编辑区。利用【对齐】面板将其在水平与竖直方向居中对齐，如图 3-124 所示。

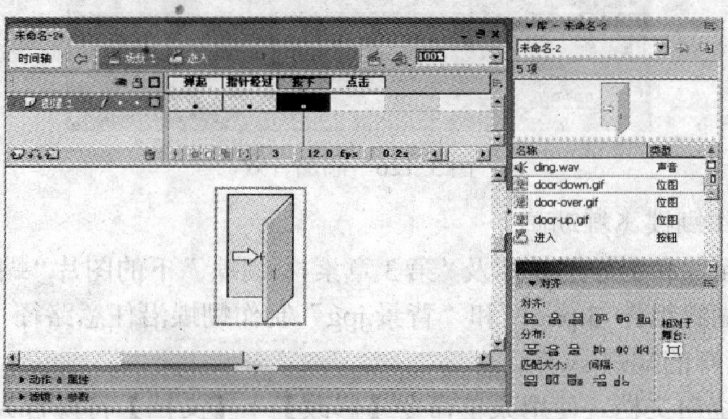

图 3-124　编辑【按下】帧

步骤 6　在【点击】帧上插入空白关键帧，单击选中【时间轴】面板底部的“绘图纸外观”按钮，如图 3-125（a）所示。使得在编辑当前帧时能够浏览临近帧的画面（通过水平拖移{与}标记，可以调整临近帧的浏览范围）。

步骤 7　根据前面关键帧的图形形状，使用线条、颜料桶等工具绘制合适的响应区域，如图 3-125（b）所示。【点击】帧的图形在动画播放时是不显示的。

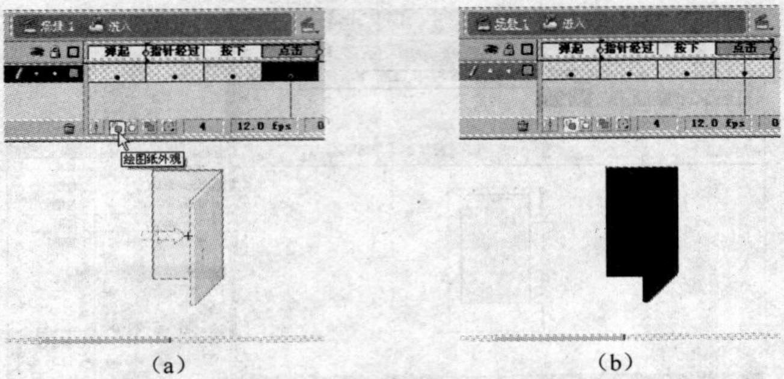

图 3-125 定义响应区域

步骤 8 锁定图层 1。新建图层 2，并在图层 2 的【按下】帧插入关键帧。

步骤 9 在【属性】面板的【声音】下拉菜单中选择“ding.wav”；在【同步】下拉菜单中选择【开始】（重复 1 次）选项，如图 3-126 所示。

步骤 10 单击【时间轴】面板左上角的场景名称，返回场景编辑窗口。将按钮元件【进入】从【库】面板拖移到场景的舞台，得到该元件的一个实例。

步骤 11 测试影片，将光标移到按钮上单击，注意按钮的反应。

步骤 12 将动画源文件以“请进.fla”为名保存起来。

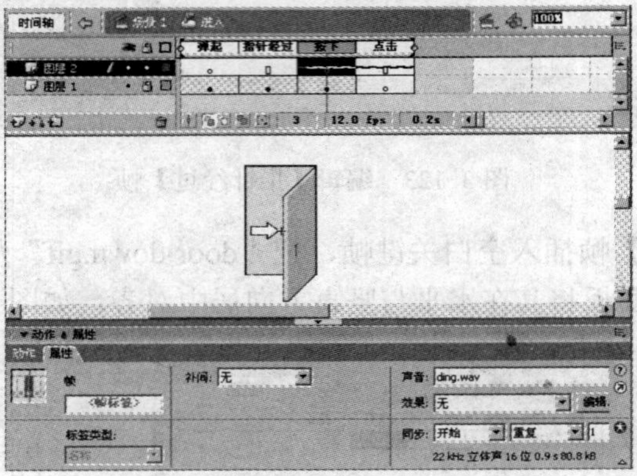

图 3-126 添加音效

【实例 2】 制作蝴蝶飞舞动画。

使用 Flash 的元件和引导层技术及“第 3 章素材\蝴蝶\”下的图片“蝴蝶组件 1.png”、“蝴蝶组件 2.png”、“蝴蝶组件 3.png”和“背景.jpg”制作蝴蝶沿任意路径飞舞的动画，效果参照“第 3 章素材\飞舞的蝴蝶.swf”。

步骤 1 新建空白文档。使用菜单命令【修改】|【文档】将舞台大小设置为 600×600 像素，文档的其他属性保持默认。

步骤 2 将相关素材“蝴蝶组件 1.png”、“蝴蝶组件 2.png”、“蝴蝶组件 3.png”和“背景.jpg”导入库中。

步骤 3 选择菜单命令【插入】|【新建元件】，打开【创建新元件】对话框。选择【影片剪辑】单选项，输入元件名称“蝴蝶”。单击【确定】按钮，进入影片剪辑元件的编辑环境。

步骤 4 将【库】面板中的 “蝴蝶组件 3.png”拖移到元件编辑区。利用【对齐】面板

（选中“相对于舞台”按钮）将其在水平与竖直方向居中对齐，如图 3-127 所示。

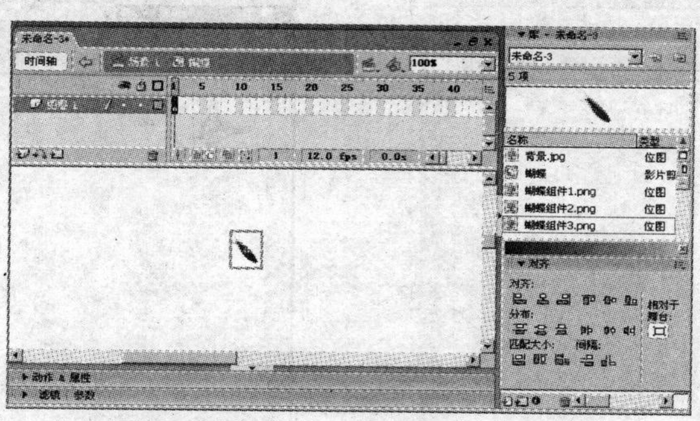

图 3-127 对齐“蝴蝶组件 3.png”

步骤 5 在确保选中“蝴蝶组件 3.png”的情况下，选择菜单命令【修改】|【排列】|【锁定】，将“蝴蝶组件 3.png”锁定。

步骤 6 在图层 1 的第 3 帧插入关键帧，在第 4 帧插入帧（从帧的右键快捷菜单中选择相关命令）。

步骤 7 选择第 1 帧，将库中的 “蝴蝶组件 1.png”拖移到舞台上，调整位置，使其与“蝴蝶组件 3.png”形成一只完整的蝴蝶，如图 3-128 所示。

步骤 8 选择第 3 帧，将库中的 “蝴蝶组件 2.png”拖移到舞台上，调整位置，使其与“蝴蝶组件 3.png” 形成一只完整的蝴蝶，如图 3-129 所示。这样就在“蝴蝶”影片剪辑元件中创建了一段蝴蝶扇动翅膀的逐帧动画。

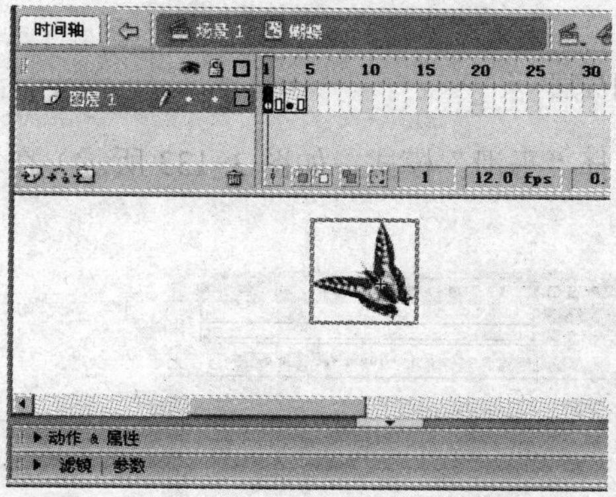

图 3-128 编辑蝴蝶的第 1 个动作

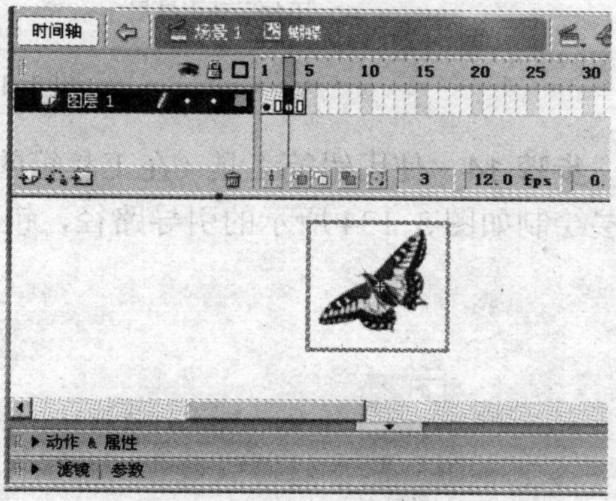

图 3-129 编辑蝴蝶的第 2 个动作

步骤 9 通过快速连续地按 Enter 键，测试动画效果。

步骤 10 返回场景 1。将“蝴蝶”影片剪辑元件从库中拖移到舞台的右下角，得到该元件的一个实例，如图 3-130 所示。

步骤 11 在第 40 帧插入关键帧。将该帧的“蝴蝶”移到舞台的左上角，如图 3-131 所示。

步骤 12 在第 1 帧插入运动补间动画，并锁定该层。选择菜单命令【控制】|【测试影片】，可以看到蝴蝶沿直线飞舞的动画。关闭测试窗口。

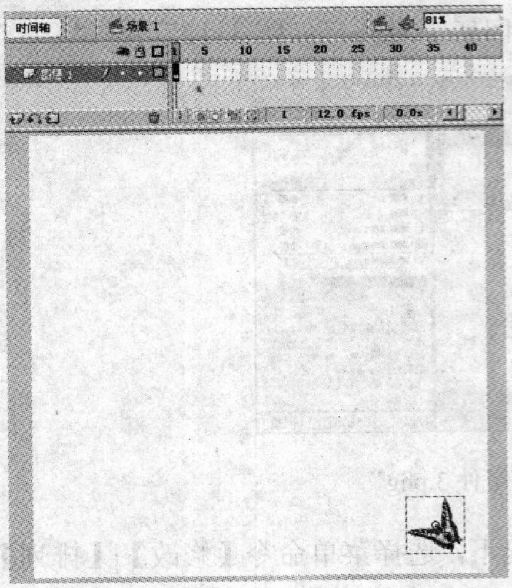

图 3-130　创建“蝴蝶”元件的实例

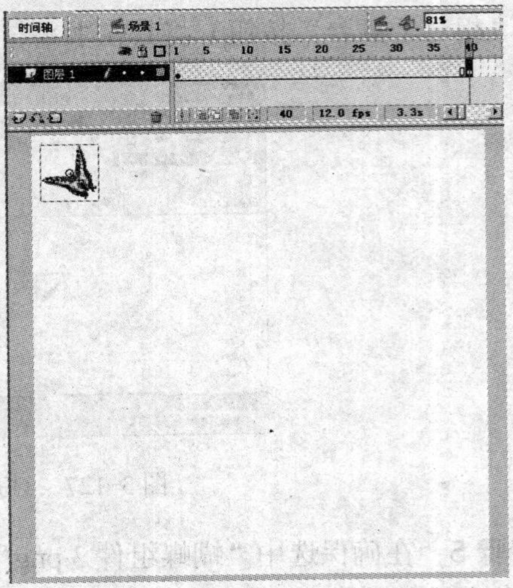

图 3-131　编辑动画的第 2 个关键帧

步骤 13　在图层控制区左下角单击“添加运动引导层”按钮，为图层 1 创建引导层。此时，图层 1 自动转化为被引导层，如图 3-132 所示。

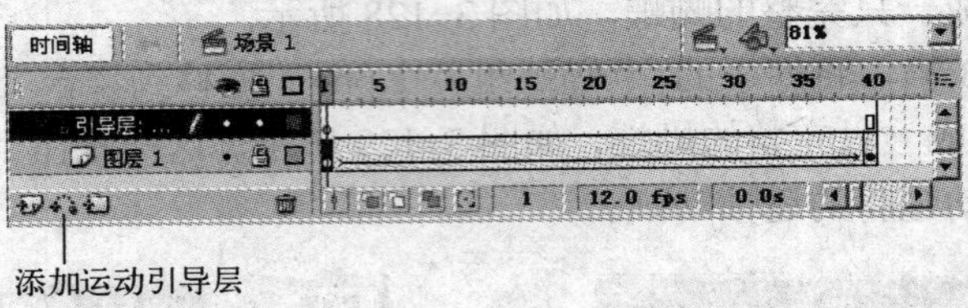

图 3-132　创建引导层

步骤 14　使用铅笔工具（在工具箱的选项栏选择“平滑”模式，如图 3-133 所示）在引导层绘制如图 3-134 所示的引导路径，锁定引导层。

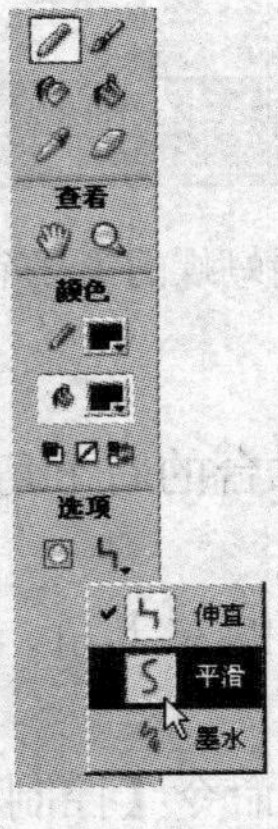

图 3-133　设置铅笔工具的绘图模式

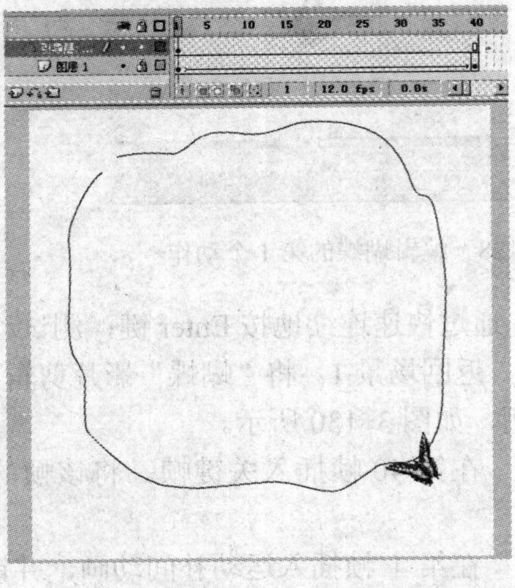

图 3-134　绘制引导路径

步骤 15　选择菜单命令【视图】|【贴紧】|【贴紧至对象】。

步骤 16　解除图层 1 的锁定状态，选择图层 1 的第 1 帧。将光标定位于蝴蝶的中心小圆圈上，拖移鼠标捕捉到曲线的一个端点（如图 3-135 所示），松开鼠标按键。

步骤 17　使用任意变形工具将蝴蝶旋转到如图 3-136 所示的角度(注意不要改变蝴蝶的位置)。

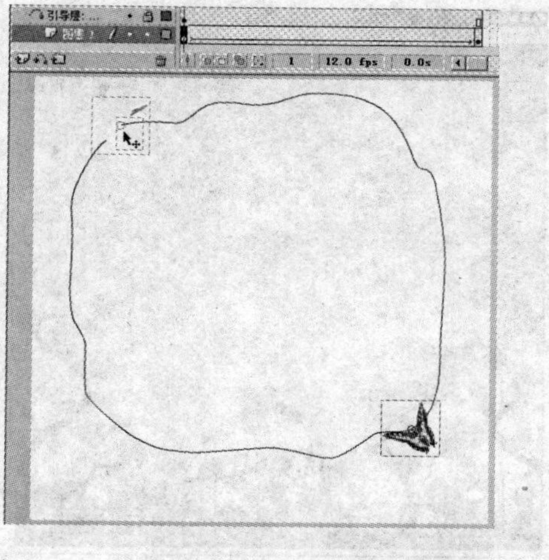

图 3-135　使运动对象捕捉路径的一个端点

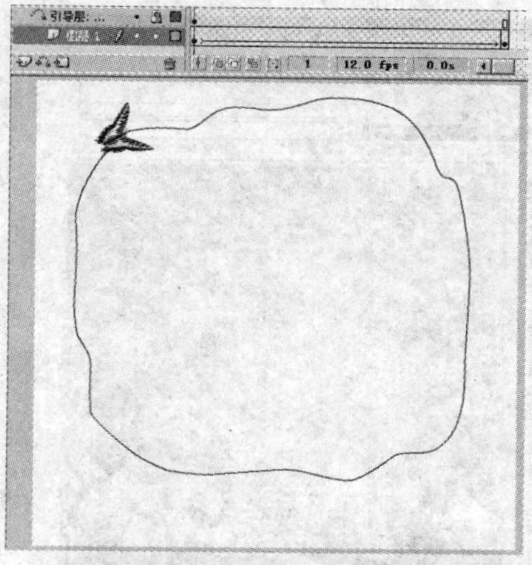

图 3-136　调整运动对象的角度

步骤 18　选择图层 1 的第 40 帧。使用选择工具拖移蝴蝶的中心使其捕捉到曲线的另一个端点，如图 3-137 所示。并使用任意变形工具调整蝴蝶的角度，如图 3-138 所示。

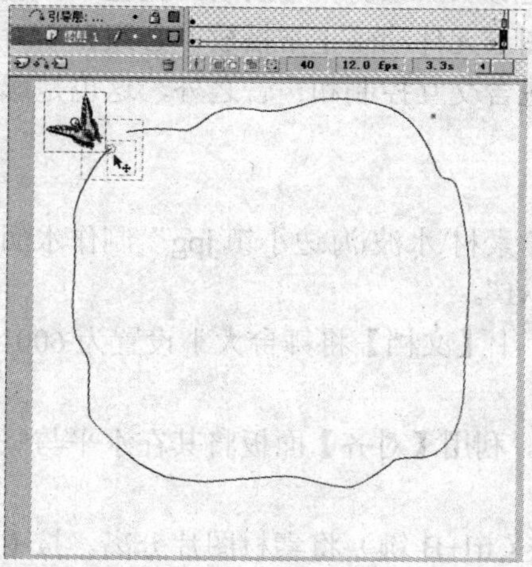

图 3-137　使运动对象捕捉路径的另一个端点

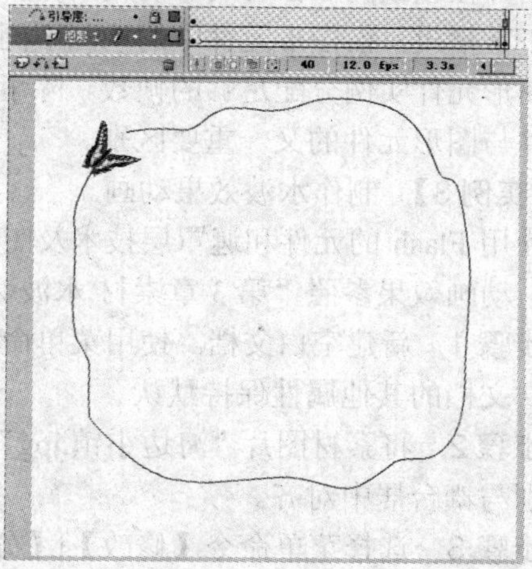

图 3-138　调整运动对象的角度

步骤 19　重新锁定图层 1。选择菜单命令【控制】|【测试影片】，可以看到蝴蝶沿曲线路径飞舞的动画，但飞舞时还不能随曲线的变化调整方向。关闭测试窗口。

步骤 20　选择图层 1 的第 1 帧。在【属性】面板上选择【调整到路径】选项。再次测试影片，蝴蝶飞舞的动作就比较自然了。关闭测试窗口。

步骤 21　新建图层 3，将其拖移到所有层的底部。选择菜单命令【修改】|【时间轴】|

【图层属性】。在打开的【图层属性】对话框中选择【一般】(或【正常】)选项，单击【确定】按钮。此时图层 3 由被引导层转换为普通层。

步骤 22　选择图层 3 的第 1 帧，将库中“背景.jpg”拖移到舞台上，并利用【对齐】面板将图片与舞台在水平和竖直方向居中对齐，锁定图层 3，如图 3-139 所示。

步骤 23　测试动画效果，如图 3-140 所示。保存 FLA 源文件，并发布 SWF 电影。

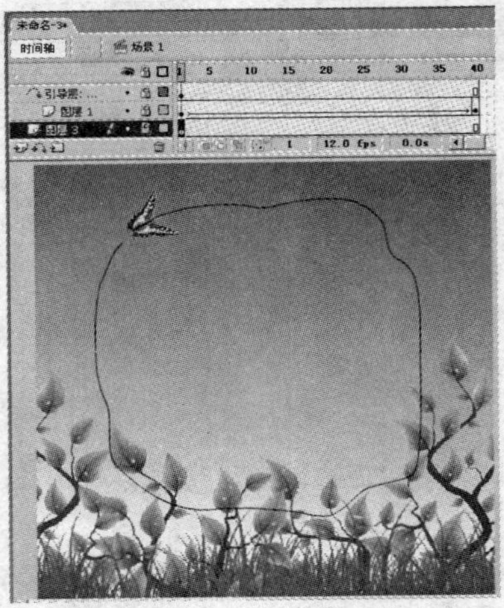

图 3-139　创建动画背景

图 3-140　最终动画测试画面

影片剪辑元件的实例如果只是放在主时间轴的一个关键帧中，那么在动画播放时，只要播放指针在该帧的停留时间（可用动作脚本控制）足够长，该剪辑中的动画就能够在规定时间内正常播放。而图形元件中的动画不同。要想使图形元件动画正常播放，必须在主时间轴上为图形元件实例分配足够的帧数。除了它们能否包含交互控制和声音之外，这也是影片剪辑元件与图形元件的又一重要区别。

【实例 3】　制作水波效果动画。

使用 Flash 的元件和遮罩层技术及图片“第 3 章素材\水波\海边小镇.jpg”制作水面波动效果，动画效果参照“第 3 章素材\水波\水面波动.swf”。

步骤 1　新建空白文档。使用菜单命令【修改】|【文档】将舞台大小设置为 600×400 像素，文档的其他属性保持默认。

步骤 2　将素材图片“海边小镇.jpg”导入舞台。利用【对齐】面板将其在水平与竖直方向分别与舞台居中对齐。

步骤 3　选择菜单命令【修改】|【分离】(或按 Ctrl+B 键) 将素材图片分离。按 Esc 键撤销分离图片的选择。

步骤 4　使用“套索工具”(默认设置下与 Photoshop 的套索工具用法类似) 圈选图片中的水面 (如图 3-141 所示白色线条标出的部分，选择不用太精确)。选择菜单命令【编辑】|【复制】以复制水面。

步骤 5　新建图层 2，选择菜单命令【编辑】|【粘贴到当前位置】将水面粘贴到图层 2 首帧的同一位置，并使用方向键将图层 2 的水面向下移动 3 个像素。

步骤 6　将图层 1 与图层 2 全部锁定，如图 3-142 所示。

图 3-141　分离图片后选择水面

图 3-142　锁定图层

步骤 7　新建图形元件，命名为“水平条纹”。在“水平条纹”元件的编辑窗口，绘制尺寸为 600×2 像素、边框无色、填充任意色的矩形（矩形宽度应大于水面的宽度）。利用【对齐】面板将该矩形在水平与竖直方向分别与舞台居中对齐，如图 3-143 所示。

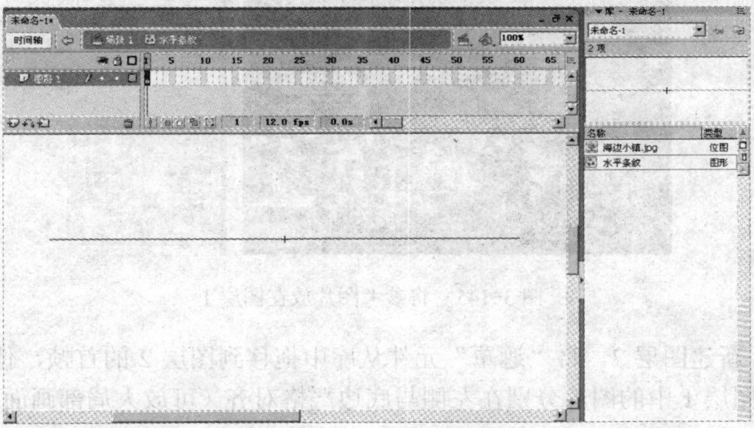

图 3-143　编辑图形元件“水平条纹”

步骤 8　再次创建图形元件，命名为“遮罩”。将水平条纹元件从库中拖移到遮罩元件的编辑窗口。选择菜单命令【编辑】|【复制】以复制水平“线”（“水平条纹”元件的实例）。按 Ctrl+Shift+V 键（或选择菜单命令【编辑】|【粘贴到当前位置】）49 次，这样在相同的位置共重叠有 50 条水平“线”。

步骤 9　按住 Shift 键不放，按向下方向键 20 次，将其中一条水平“线”向下移动 200 个像素的距离（该距离应大于水面的高度）。单击图层 1 的首帧，选择所有 50 条水平“线”。

步骤 10　显示【对齐】面板（选择“相对于舞台”按钮），单击“垂直居中分布”按钮（也可单击“顶部分布”按钮或“底部分布”按钮），结果如图 3-144 所示。

步骤 11　新建影片剪辑元件，命名为“动态遮罩”。将图片“海边小镇.jpg”从库中拖移到图层 1 的首帧。利用【对齐】面板将该图片在水平与竖直方向分别与舞台居中对齐。锁定图层 1，并在图层 1 的第 25 帧插入帧，如图 3-145 所示。

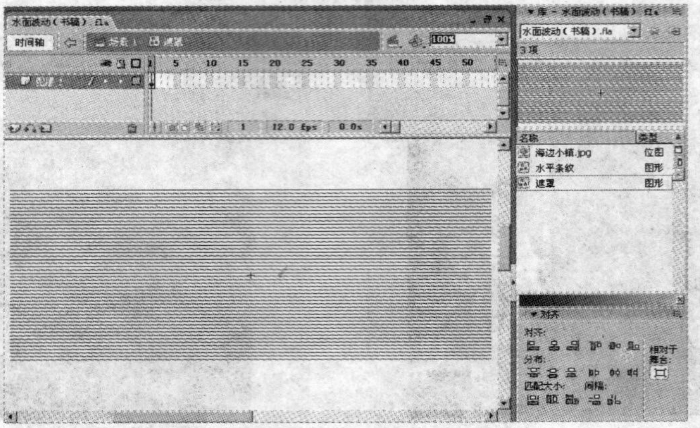

图 3-144 编辑图形元件遮罩

图 3-145 将参考图片放在图层 1

步骤 12 新建图层 2。将“遮罩”元件从库中拖移到图层 2 的首帧，使用方向键调整位置，使其与图层 1 中的图片分别在左侧与底边严格对齐（可放大局部画面进行操作），如图 3-146 所示。

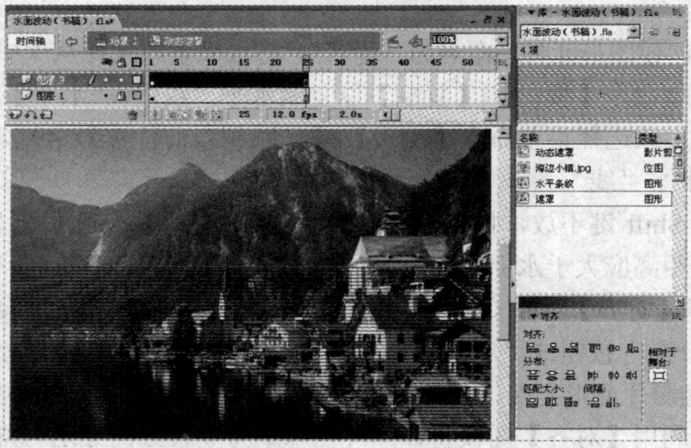

图 3-146 将遮罩实例对齐到参考图片的左侧与底边

步骤 13　在图层 2 的第 25 帧插入关键帧。向下移动“遮罩”元件的实例至如图 3-147 所示的位置（使“遮罩”元件实例的底部第四条水平“线”与参考图片在底边严格对齐。步骤 12 与步骤 13 两次与图片底边对齐的目的是避免最终水面动画的抖动）。

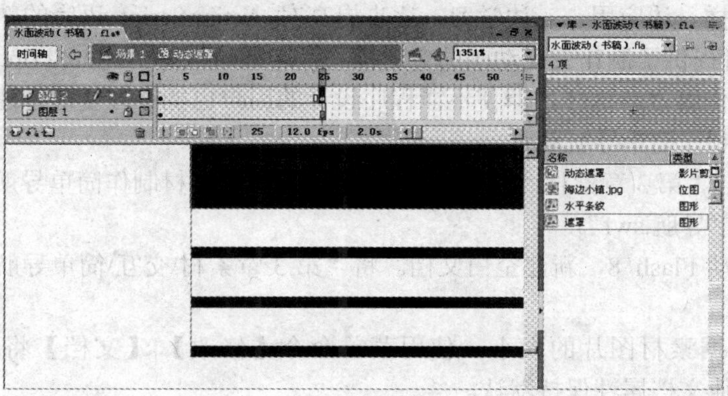

图 3-147　在第 25 帧向下移动遮罩实例

步骤 14　在图层 2 的第 1 帧插入运动补间动画，删除图层 1。

步骤 15　返回场景 1。新建图层 3，并将“动态遮罩”元件从库中拖移到图层 3 的首帧。利用【对齐】面板将该元件实例在左侧与底部分别与舞台对齐。将图层 3 转换为遮罩层（同时图层 2 自动转换为被遮罩层），如图 3-148 所示。

步骤 16　测试动画效果。保存 FLA 源文件，并发布 SWF 电影。

图 3-148　将图层 3 转换为遮罩层

3.3.5　交互式动画的制作

所谓交互式动画就是借助 ActionScript 代码实现的动画。在这类动画中，用户通过鼠标、键盘等输入设备可以实现对动画的控制。交互式动画体现了 Flash 的强大功能。

ActionScript 与 JavaScript 类似，是一种面向对象的脚本编程语言。通过【动作】面板，Flash 可以为帧、按钮实例和影片剪辑实例等元素添加 ActionScript 代码。为帧添加的动作脚本将在播放指针到达该帧时运行；为按钮和影片剪辑实例添加的动作脚本则在相关事件（如鼠标单击、在键盘上按下某键、影片剪辑到达某帧等）发生时运行。

学习制作 Flash 交互动画最有效的方法是，首先学会在动画中添加 Play、Stop、gotoAndPlay、gotoAndStop 等简单脚本，然后根据需要为自己的动画选择正确的动作、属性、函数与方法。这样一边应用，一边学习，逐步提高对 ActionScript 语言的熟练程度。另外，Flash 还为初学者提供了制作交互动画的普通模式，即通过选择 ActionScript 语句并根据提示填写参数编写动作脚本。这样，即使不懂程序设计的用户也能够方便地创建基本交互动画。

【实例 1】 制作简单导航动画。

使用 Flash 与“第 3 章素材\交互\简单导航”下的有关素材制作简单导航动画，效果参照“第 3 章素材\简单导航.swf”。

步骤 1 启动 Flash 8，新建空白文档。将“第 3 章素材\交互\简单导航”下的所有素材导入库。

步骤 2 根据素材图片的大小，使用菜单命令【修改】|【文档】将舞台大小设置为 580×500 px，其他文档属性保持默认。

步骤 3 选择菜单命令【视图】|【缩放比率】|【显示帧】，将舞台全部显示出来。

步骤 4 显示【库】面板。将素材图片“小女孩.jpg”从库拖移到舞台上。

步骤 5 显示【对齐】面板（选择其中的【相对于舞台】按钮）。在【对齐】栏依次单击“水平中齐”按钮和“垂直中齐”按钮，将图片对齐到舞台中央。

步骤 6 选择菜单命令【修改】|【排列】|【锁定】，将图片“小女孩.jpg”锁定在舞台上。

步骤 7 在图层 1 的第 2 帧插入空白关键帧。将素材图片“小鸭子.jpg”从库拖移到舞台，对齐到舞台中央，并锁定（参照步骤 5 与步骤 6）。

步骤 8 类似地，在第 3 帧插入空白关键帧，将图片“小猫猫.jpg”从库拖移到舞台，对齐到舞台中央并锁定；在第 4 帧插入空白关键帧，将图片“小狗狗.jpg”从库拖移到舞台，对齐到舞台中央并锁定。此时的动画编辑环境如图 3-149 所示。

步骤 9 选择第 1 帧。显示【动作】面板。在脚本编辑区输入函数“stop();”（注意代码中的字母、括号与分号等标点符号都是半角的），使得动画运行到该帧时停止在该帧播放，如图 3-150 所示。

图 3-149 将大图片分放在各关键帧

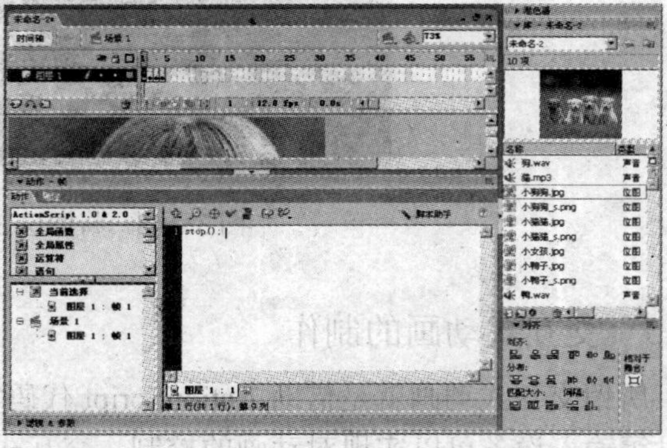

图 3-150 为关键帧添加动作脚本

步骤 10 将素材图片“小鸭子_s.png”、“小猫猫_s.png”和“小狗狗_s.png”分别从库拖移到第 1 帧的舞台上，如图 3-151 所示。

步骤 11 使用选择工具框选舞台上的三个小图。在【对齐】面板上不选择【相对于舞台】按钮；并在【对齐】栏单击“水平中齐”按钮，使三个小图水平居中对齐。再在【分布】栏单击“垂直居中分布”按钮，使三个小图在竖直方向等间距排列，如图 3-152 所示。

图 3-151 将透明背景的小图拖移到舞台

图 3-152 对齐与分布三个小图

步骤 12 按 Esc 键撤销选择。使用选择工具单击选择舞台上的小图“小鸭子_s.png”；使用菜单命令【修改】|【转换为元件】将其转换为按钮元件。参数设置如图 3-153 所示。

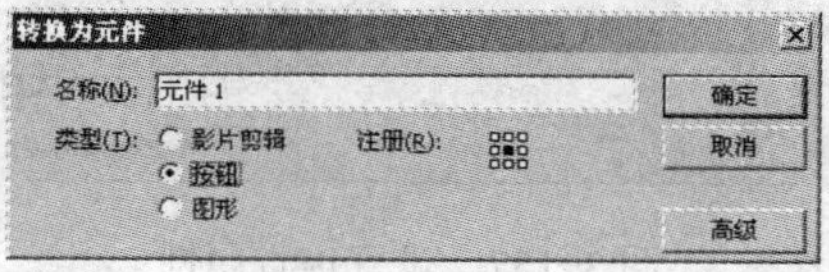

图 3-153 【转换为元件】对话框

步骤 13 在【动作】面板左窗格单击选择并展开“索引”项，如图 3-154 所示。在西文输入法状态下按键盘上 O 键，切换到以 O 开头的代码，拖移滑块找到并双击 on，将该代码添加到右侧的脚本编辑区，如图 3-155 所示。在参数的提示列表中双击选择 press。将插入点定位于第一行代码的最后，按 Enter 键换行（继续输入代码）。在【动作】面板左窗格选择“索引”下的任一代码，在西文输入法状态下按键盘上 G 键，切换到以 G 开头的代码，找到 gotoAndStop，双击添加到脚本编辑区，并在括号内输入参数“2”，如图 3-156 所示。这样在播放动画时，当鼠标在按钮上单击（其中包含“按下左键”鼠标事件，即 press 事件）时，动画从当前帧跳转并停止在本场景的第 2 帧进行播放。

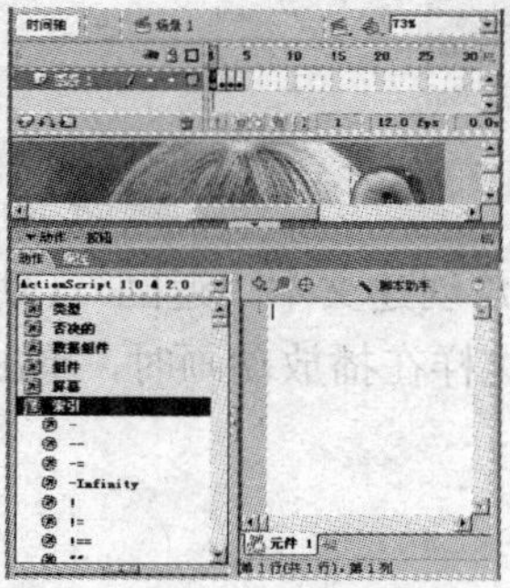

图 3-154 展开“索引”

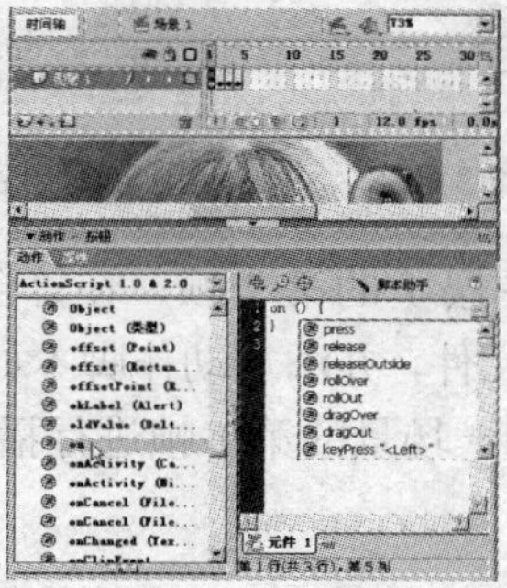

图 3-155 添加动作语句

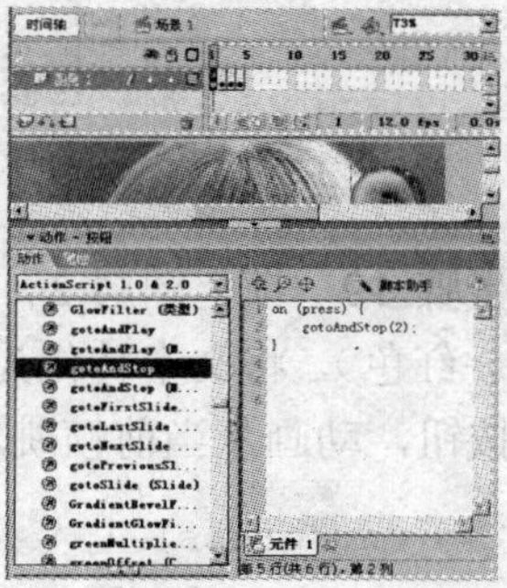

图 3-156 为按钮添加动作

步骤 14 将第 1 帧舞台上的小图“小猫猫_s.png”转换为按钮元件，并参照步骤 13 为该按钮实例添加如下动作。

```
on (press) {
    gotoAndStop(3);
}
```

步骤 15 将第 1 帧舞台上的小图“小狗狗_s.png”转换为按钮元件，并为该按钮实例添加动作。

```
on (press) {
    gotoAndStop(4);
}
```

步骤 16 新建图层 2，并在图层 2 的第 2、3、4 帧分别插入关键帧或空白关键帧。

步骤 17 选择图层 2 的第 2 帧，在【属性】面板的【声音】下拉菜单中选择“鸭.wav”；在【同步】下拉菜单中选择【开始】，并将“声音循环”属性设为“重复 1 次”，如图 3-157 所示。

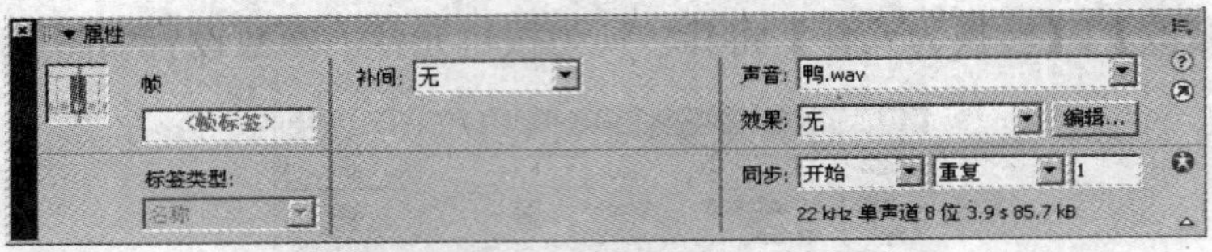

图 3-157 设置声音属性

步骤 18 仿照步骤 17 为图层 2 的第 3 帧分配声音“猫.wav”，为图层 2 的第 4 帧分配声音“狗.wav”，属性与第 2 帧的声音相同，如图 3-158 所示。

图 3-158 为关键帧分配声音

步骤 19 锁定图层 2。选择图层 1 的第 2 帧，在舞台右下角创建文本“返回”（幼圆，44 号，红色）。将文本转化为按钮元件，并添加动作脚本如下（这样在播放动画时，单击“返回”按钮，动画从当前帧跳转到同一场景的第 1 帧进行播放）。

```
on (press) {
    gotoAndPlay(1);
}
```

步骤 20　选择菜单命令【编辑】|【复制】以复制“返回”按钮。选择图层 1 的第 3 帧，选择菜单命令【编辑】|【粘贴到当前位置】将“返回”按钮粘贴到第 3 帧。

步骤 21　使用同样的方法将“返回”按钮粘贴到第 4 帧，如图 3-159 所示。

图 3-159　创建“返回”按钮

步骤 22　测试动画效果。保存 FLA 源文件，并发布 SWF 电影。

【实例 2】　制作下雨动画。

使用 Flash 与“第 3 章素材\交互\雨雪”下的相关素材“白云.png”和“雨.WAV”制作下雨的动画，效果参照“第 3 章素材\交互\雨雪\下雨.swf”。

步骤 1　启动 Flash 8，新建空白文档。将素材“白云.png”和“雨.WAV”导入库。

步骤 2　使用菜单命令【修改】|【文档】将舞台大小设置为 400×300 像素，背景黑色。其他文档属性保持默认。

步骤 3　选择菜单命令【视图】|【缩放比率】|【显示帧】，将舞台全部显示出来。

步骤 4　选择菜单命令【插入】|【新建元件】，打开【创建新元件】对话框。选择【图形】单选项，输入元件名称“雨线”。单击【确定】按钮，进入图形元件的编辑环境。

步骤 5　取消菜单命令【视图】|【贴紧】|【贴紧至对象】的选择。使用线条工具在“雨线”元件的编辑窗口绘制如图 3-160 所示的白色短斜线（向左斜，粗细为 1 像素，最好对齐到窗口的“十”字中心）。

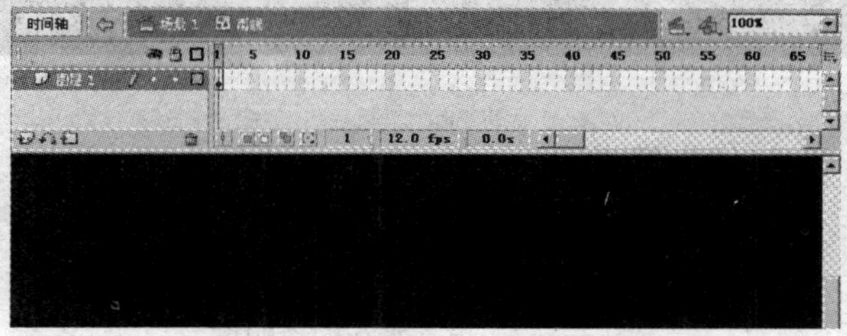

图 3-160　创建雨线图形元件

步骤 6　使用菜单命令【插入】|【新建元件】创建图形元件“水花”，并使用椭圆工具在“水花”元件的编辑窗口绘制如图 3-161 所示的白色椭圆圈（宽 75 像素，高 24 像素，边框粗细 1 像素，填充无色，最好对齐到窗口的“十”字中心）。

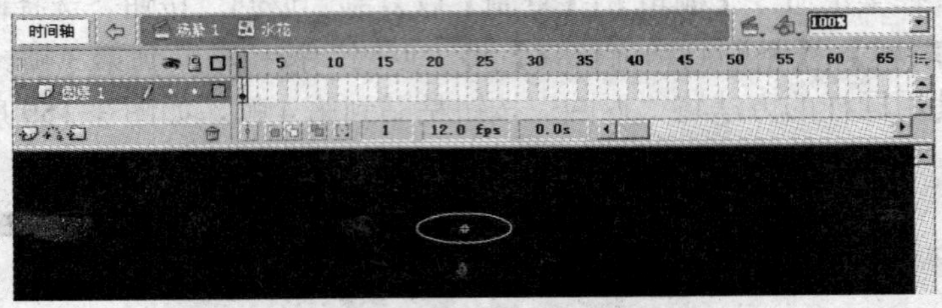

图 3-161 创建水花图形元件

步骤 7 创建影片剪辑元件“落雨”，在其编辑环境中进行如下操作。

① 将图层 1 改名为“雨线下落”。将图形元件“雨线”从库拖移到第 1 帧的舞台上，利用【属性】面板将“雨线”实例的 X 与 Y 坐标都设置为 0。

② 在“雨线下落”层的第 7 帧插入关键帧，使用选择工具单击选择该帧的“雨线”实例，利用【属性】面板将其 X 与 Y 坐标分别设置为–80 和 250。

③ 在“雨线下落”层的第 1 帧插入运动补间动画，锁定“雨线下落”层。

④ 新建图层 2，改名为“水花扩展”，并在该层进行如下操作：在第 7 帧插入关键帧，将图形元件“水花”从库拖移到该帧的舞台；在第 35 帧插入关键帧；在第 7 帧插入运动补间动画。

⑤ 在“水花扩展”层继续进行如下操作：利用【变形】面板将第 7 帧的“水花”实例设置为原来的 10%；利用【属性】面板将缩小后的“水花”实例的 X 与 Y 坐标分别设置为–85 和 265（与“雨线”位置对应）；相应地，将第 35 帧的“水花”实例的 X 与 Y 坐标分别设置为–118 和 255（尽量与第 7 帧的“水花”同心）；并利用【属性】面板将第 35 帧的“水花”实例的透明度设置为 0%，如图 3-162 所示。

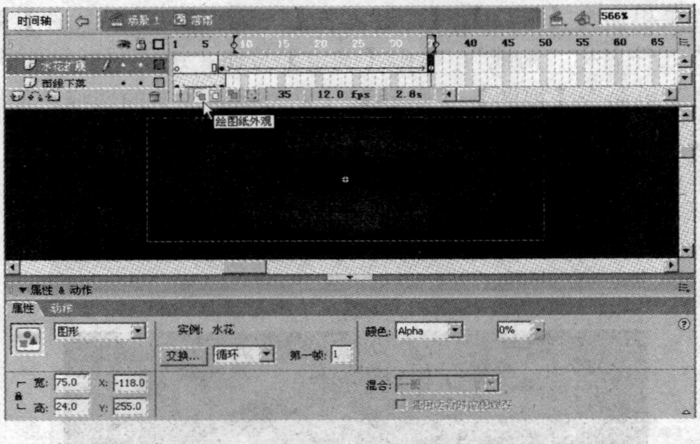

图 3-162 设置水花的透明度

至此，“落雨”元件的编辑完成。

步骤 8 返回主场景。将图层 1 改名为“落雨”。将影片剪辑元件“落雨”从库拖移到第 1 帧的舞台，利用【属性】面板将该元件实例命名为 drop，如图 3-163 所示。在第 3 帧插入帧，锁定“落雨”层。

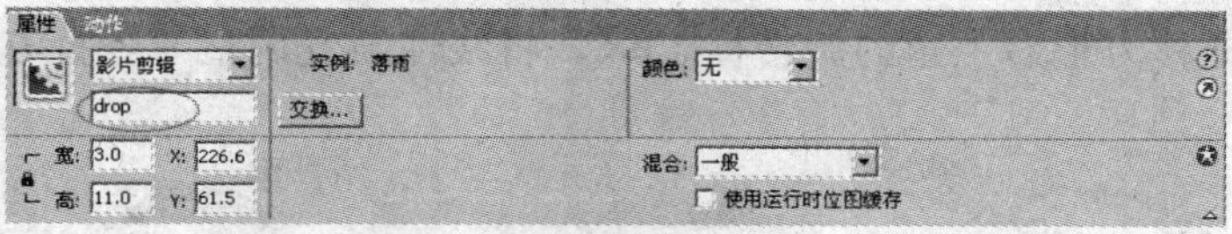

图 3-163　为“落雨”元件实例命名

步骤 9　新建图层 2，改名为“编码”。在该层的第 2 帧与第 3 帧分别插入关键帧。

步骤 10　选择“编码”层的第 1 帧，利用【动作】面板输入如下代码。

```
var dropNum = 0;
_root.drop._visible = false;
```

第 1 行代码定义变量并赋值；第 2 行代码将 drop 实例设置为不可见（其中_root 表示对根影片剪辑时间轴的引用，此处可省略）。

步骤 11　选择“编码”层的第 2 帧，利用【动作】面板输入如下代码。

```
_root.drop.duplicateMovieClip("drop" + dropNum, dropNum);
var newdrop = _root["drop" + dropNum];
newdrop._x = Math.random() * 450;
newdrop._y = Math.random() * 30;
```

第 1 行代码表示从影片剪辑实例 drop 复制出影片剪辑实例“drop”+dropNum（如 dropNum=5 时新实例名称为 drop5），并将新实例的深度级别设置为 dropNum。（深度级别大的实例将遮盖深度级别小的实例，类似层的概念）；第 2 行代码将复制出的新实例赋给新变量 newdrop，目的是在以下编码中方便引用新实例；第 3 行代码利用 Math 类的 random()方法设置新实例的 X 坐标，其中 random()返回一个随机数 n，$0 <= n < 1$；第 4 行代码设置新实例的 Y 坐标。

步骤 12　选择编码层的第 3 帧，利用【动作】面板输入如下代码。

```
dropNum++;
if (dropNum < 240)
{
      gotoAndPlay(2);
}
else
{
     stop();
}
```

上述代码首先将 dropNum 加 1（也可写成 dropNum= dropNum+1;），然后进行判断，若 dropNum < 240，返回第 2 帧运行，否则停止在当前帧运行。

步骤 13　锁定“编码”层。新建图层 3，改名为“背景”，并将该层拖移到“落雨”层的下面。使用“矩形工具”（边框设置为无色，填充为黑白线性渐变）绘制 400×300 像素的方形，利用【对齐】面板对齐到舞台中心，如图 3-164 所示。

步骤 14　利用【混色器】面板将渐变中的白色修改为纯蓝色（#0000FF），将黑色修改为深蓝色（#000033），并将深蓝色色标适当向左拖移，如图 3-165 所示。

步骤 15　在工具箱上选择“填充变形工具”。确保“背景”层舞台上的方形处于选择状态，逆时针拖移方形右上角的旋转标志，将线性渐变调整为竖直方向，如图 3-166 所示。

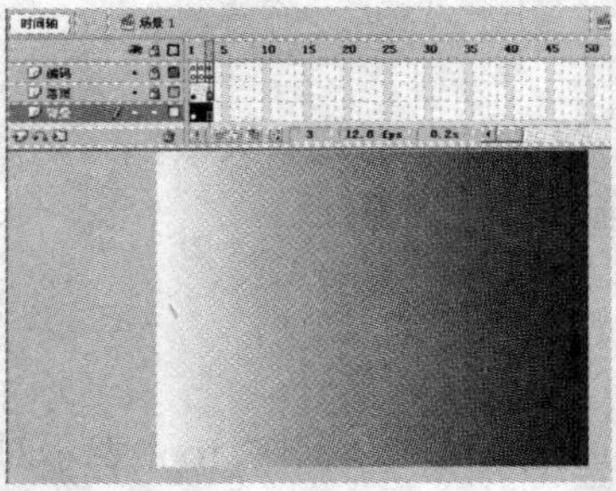

图 3-164 绘制背景

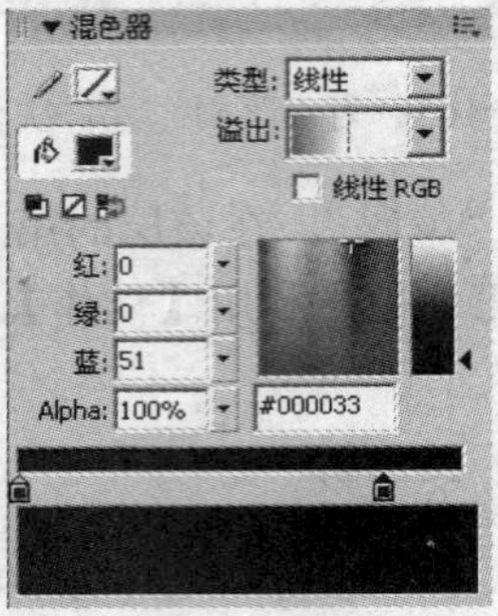

图 3-165 编辑渐变

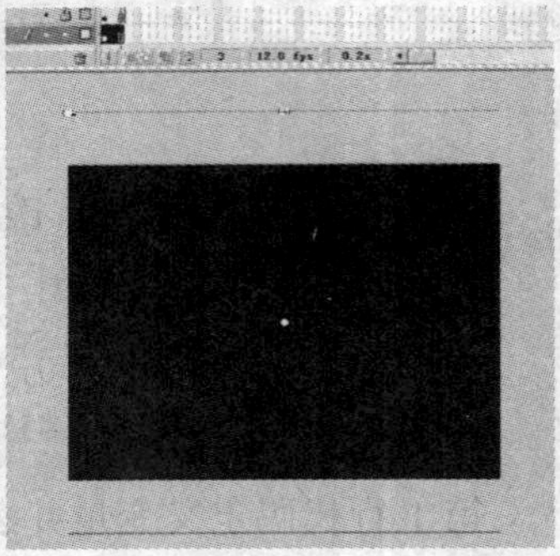

图 3-166 调整线性渐变的方向

步骤 16 锁定背景层。创建影片剪辑元件“白云”，在其编辑环境中进行如下操作。

① 将图片素材“白云.png”从库拖移到舞台，利用【对齐】面板将其在水平方向右对齐，在竖直方向居中对齐。

② 选择菜单命令【视图】|【标尺】以显示标尺。从竖直标尺上向右拖移一条参考线定位于右侧大块云彩的某一点，如图 3-167 所示。

③ 在第 300 帧插入关键帧，并将该帧的“白云.png”图片在水平方向左对齐。然后使用键盘方向键水平向左移动图片至如图 3-168 所示的位置（使左侧的大块云彩与第 1 帧大块云彩的位置对应）。

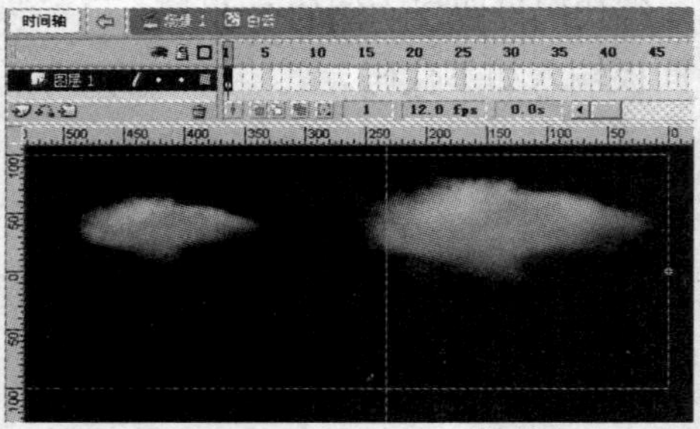

图 3-167 使用参考线定位图像位置

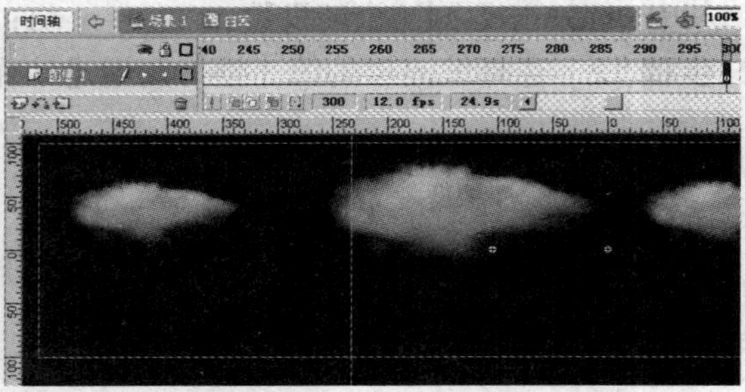

图 3-168 定位第 300 帧图片的位置

④ 在第 1 帧插入运动补间动画。

⑤ 利用【动作】面板为第 300 帧添加如下双引号内的代码“gotoAndPlay(1);”（这样可避免“白云”影片剪辑动画循环播放时在开始处的缓动）。

步骤 17 返回主场景。在所有图层的最上面新建图层，命名为“白云”。将影片剪辑元件“白云”从库拖移到“白云”层的舞台，利用【对齐】面板将其顶对齐、右对齐；锁定“白云”层。

步骤 18 新建图层，命名为“音效”。选择音效层的第 1 帧，在【属性】面板的【声音】下拉菜单中选择“雨.wav”；在【同步】下拉菜单中选择【开始】选项，并将“声音循环”属性设为“循环”，如图 3-169 所示。

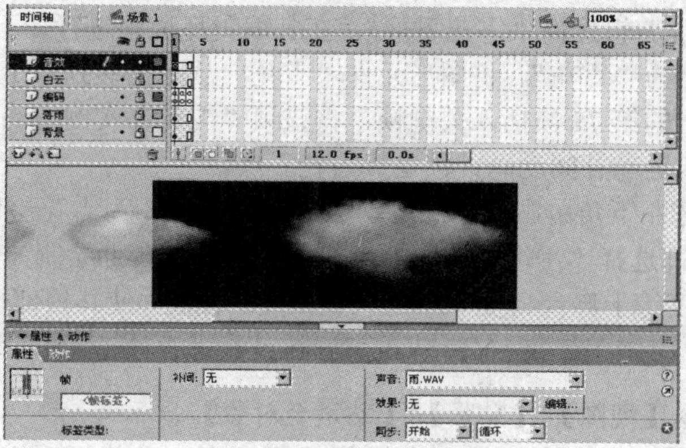

图 3-169　添加音效

步骤 19　测试动画效果。保存 FLA 源文件，并发布 SWF 电影。

【实例 3】　制作下雪动画。

模仿下雨动画中的动作脚本，使用 Flash 与图片“第 3 章素材\交互\雨雪\雪.jpg”制作下雪动画，效果参照“第 3 章素材\交互\雨雪\下雪.swf”。

步骤 1　启动 Flash 8，新建空白文档。将舞台背景色设置为黑色。

步骤 2　将素材“雪.jpg”导入舞台，利用【对齐】面板将其与舞台对齐。

步骤 3　将图层 1 改名为“背景”。在第 3 帧插入帧。锁定“背景”层。

步骤 4　选择菜单命令【视图】|【缩放比率】|【显示帧】，将舞台全部显示出来。

步骤 5　选择“椭圆工具”，在工具箱上将“笔触颜色”设置为无色，将“填充色”设置为黑白放射状渐变。

步骤 6　打开【混色器】面板，将渐变中的黑色修改为白色，将其不透明度（Alpha）值设置为 0%，并将该“透明白色”色标适当向左拖移，如图 3-170 所示。

步骤 7　创建图形元件“雪花”，使用上述椭圆工具并配合 Shift 键在其编辑环境中绘制一个小圆（宽度与高度约为 16 像素），如图 3-171 所示。利用【对齐】面板将其对齐到舞台中心。

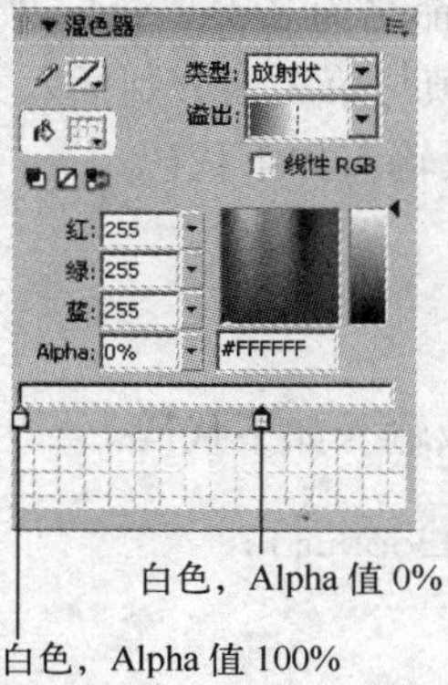

图 3-170　编辑射线渐变

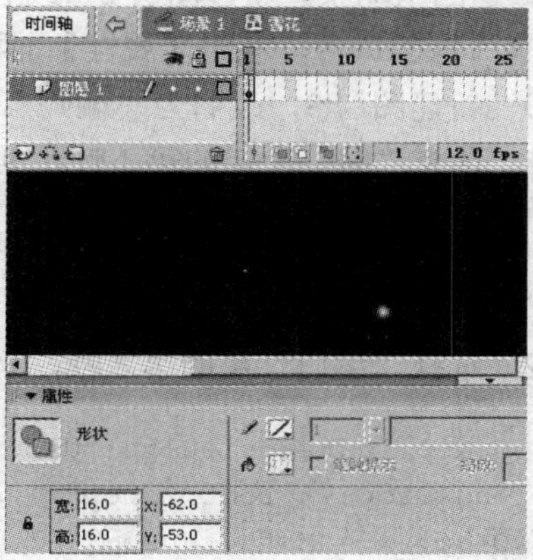

图 3-171　绘制雪花

步骤 8 创建影片剪辑元件“雪花下落”，在其编辑环境中进行如下操作。

① 将图层 1 改名为“雪花”。将图形元件“雪花”从库拖移到第 1 帧的舞台上。

② 在“雪花”层的第 75 帧插入关键帧，将该帧“雪花”实例适当向下移动。

③ 在第 1 帧插入运动补间动画，锁定“雪花”层。

④ 在图层控制区左下角单击“添加运动引导层”按钮，为雪花层创建引导层。使用铅笔工具（在工具箱底部选择“平滑模式”）在引导层的舞台上绘制如图 3-172 所示的白色平滑曲线（曲线的高度等于舞台高度 400）。调整曲线的位置，使其顶部端点对准舞台的“十”字中心。

⑤ 选择菜单命令【视图】|【贴紧】|【贴紧至对象】。

⑥ 解除“雪花”层的锁定状态，选择该层的第 1 帧。将光标定位于“雪花”实例的中心小圆圈上，拖移鼠标捕捉到曲线的顶部端点，松开鼠标按键。

⑦ 选择“雪花”层的第 75 帧。使用选择工具拖移“雪花”实例的中心使其捕捉到曲线的底部端点（如图 3-173 所示），重新锁定“雪花”层。

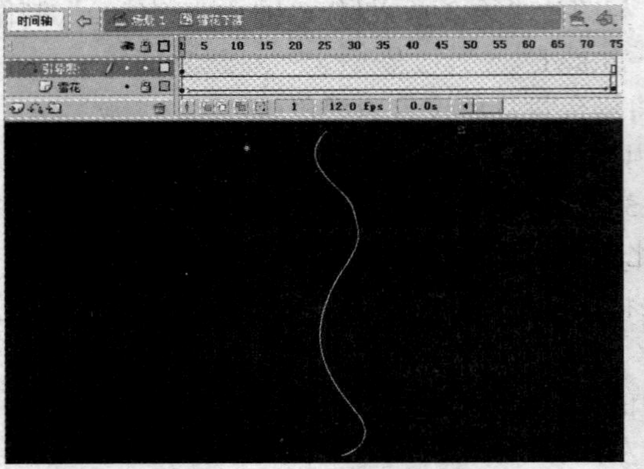

图 3-172 绘制引导路径

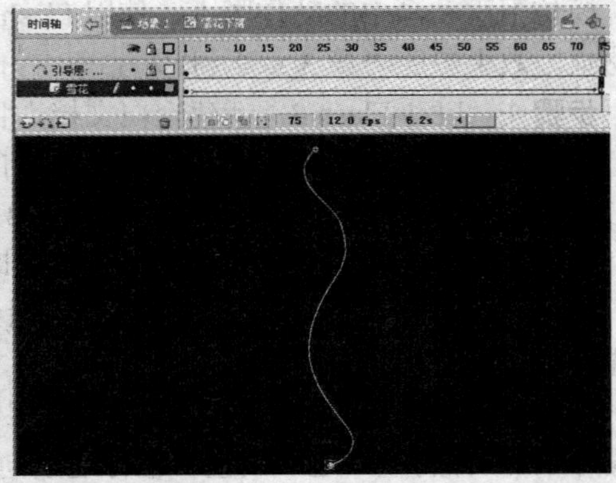

图 3-173 将雪花捕捉到曲线的底部端点

至此，“雪花下落”元件编辑完成。

步骤 9 返回主场景。新建图层 2，改名为“下雪”。将影片剪辑元件“雪花下落”从库拖移到“下雪”层的舞台，利用【属性】面板将该元件实例命名为 drop，锁定“下雪”层。

步骤 10 新建图层 3，改名为“编码”。在该层的第 2 帧与第 3 帧分别插入关键帧。

步骤 11 选择“编码”层的第 1 帧，利用【动作】面板输入如下代码。

```
var dropNum = 0;
_root.drop._visible = false;
```

步骤 12 选择“编码”层的第 2 帧，利用【动作】面板输入如下代码。

```
drop.duplicateMovieClip("drop" + dropNum, dropNum);
var newDrop = _root["drop" + dropNum];
newDrop._x = Math.random() * 550;
newDrop._y = Math.random() * 20;
newDrop._rotation = Math.random() * 100 - 50;  //设置新实例的旋转角度
```

```
newDrop._xscale = Math.random() * 40 + 60;  //设置新实例在X轴方向的缩小比例
newDrop._yscale = newDrop._xscale;  //设置新实例在Y轴方向的缩小比例
newDrop._alpha = Math.random()* 100;  //设置新实例的透明度
```

步骤 13　选择“编码”层的第 3 帧，利用【动作】面板输入如下代码。

```
dropNum++;
if (dropNum < 240)
{
    gotoAndPlay(2);
}
else
{
    stop();
}
```

步骤 14　锁定“编码”层。

步骤 15　测试动画效果。保存 FLA 源文件，并发布 SWF 电影。

在本例中，如果将“雪花”图形元件中的“雪花”替换为“花瓣”（使用绘图工具绘制或导入外部资源），并将影片剪辑元件“雪花下落”中的引导路径旋转一定角度，就可以形成花瓣纷纷下落的动画。当然要将主场景中的背景替换为合适的图片。动画效果参照“第 3 章素材\交互\雨雪\落花.swf”。

3.4　习题和思考

一、选择题

1．以下哪一组软件主要是用于制作动画的软件________。

A．Flash、Photoshop、3ds max

B．Flash、3ds max、Maya

C．Maya、Adobe ImageReady、Authorware

D．Audition、Gif Animator、Director

2．以下________不是 Flash 的特色。

A．简单易用　　B．基于矢量图形

C．流式传输　　D．基于位图图像

3．以下对帧的叙述不正确的是________。

A．计算机动画的基本组成单位

B．一帧就是一个静态画面

C．帧一般表示一个变化的起点或终点，或变化过程中的一个特定的转折点

D．使用帧可以控制对象在时间上出现的先后顺序

4．以下对关键帧的叙述不正确的是________。

A．是一种特殊的、表示对象特定状态（颜色、大小、位置、形状等）的帧

B．空白关键帧不是关键帧

C．一般表示一个变化的起点或终点，或变化过程中的一个特定的转折点

D．关键帧是 Flash 动画的骨架和关键所在

5．使用 Flash 的任意变形工具不可以对舞台上的组合对象实施________变形。

A．封套　　B．倾斜

C．缩放　　D．旋转

6．在 Flash 中，以下________不能用于创建形状补间动画。

A．元件的实例　　B．使用绘图工具绘制的矢量图形

C．完全分离的组合　　D．完全分离的位图

7．在 Flash 中，以下________不能用于创建运动补间动画。

A．元件的实例　　B．导入的位图

C．使用绘图工具绘制的矢量图形　　D．文本对象与组合体

二、填空题

1．动画是由一系列静态画面按照一定的顺序组成，这些静态的画面被称为动画的________。通常情况下，相邻的帧的差别不大，其内容的变化存在着一定的规律。当这些帧按顺序以一定的速度播放时，由于眼睛的________作用的存在，形成了连贯的动画效果。

2．计算机动画按帧的产生方式分为________动画与________动画两种。

3．________的作用是组织和控制动画中的各个元素。其中的每一个小方格代表一帧。动画在播放时，一般是从左向右，依次播放每个帧中的画面。

4．________是制作和观看 Flash 动画的矩形区域。每一帧画面中的对象只有放置在该区域内才能够保证播放发布后的动画时看到它们。

5．使用________对话框可以设置 Flash 文档的标尺单位、舞台大小、背景颜色和帧频率等属性。

三、操作题

打开文件“练习\动画\月亮升起\flash.fla”，利用库中资源和素材“海边.png”、“tears.mp3”制作月亮升起的动画，效果可参照“练习\动画\月亮升起.swf”。

操作提示如下：

（1）打开 flash.fla。设置舞台大小 500×500 像素，舞台背景色#00293D。

（2）将素材“海边.png”和“tears.mp3”导入库，图层 1 改名为“山水”。

（3）将“海边.png”从【库】面板拖移到舞台，并对齐到舞台底部（水平居中）。

（4）新建图层 2，改名为“月亮”。将“月亮”层拖移到“山水”层的下面。

（5）在“月亮”层的 1～40 帧创建月亮升起的形状补间动画。在升起的过程中，月亮的颜色由#FF9900 逐渐变成#FFFFCC。在“月亮”层的第 80 帧插入帧。

（6）在“山水”层的第 80 帧插入帧。

（7）在所有层的上面新建图层 3，改名为“小鸟”。将影片剪辑元件“鸟”从【库】面板拖移到舞台，置于舞台右下角。

（8）在“小鸟”层的第 60 帧插入关键帧，将“小鸟”元件实例适当缩小，置于舞台左上方。在“小鸟”层的第 1 帧插入运动补间动画。

（9）新建图层 4，改名为“文字”。在该层的第 69～80 帧创建逐帧动画“海上升明月，天涯共此时。”（文字逐个出现，可参考动画“第 3 章素材\下载.swf”的制作方法）。

（10）新建图层 5，改名为“背景音乐”。选择该层的第 1 帧。在【属性】面板的【声音】下拉列表中选择“tears.mp3”，将【同步】设为“开始”，“重复”，“1 次”。

（11）新建图层 6，改名为“动作”。在该层的第 80 帧插入关键帧，并为该帧添加动作脚本“stop();”。

最终编辑环境如图 3-174 所示。

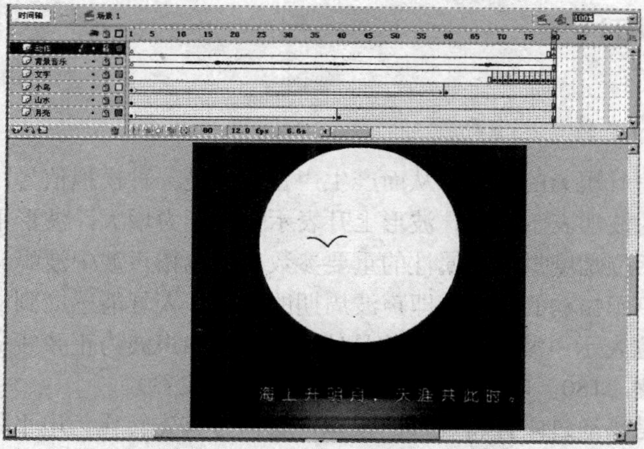

图 3-174　动画最终编辑环境

第4章 音频编辑

4.1 数字音频概述

4.1.1 数字音频的产生

声源振动造成空气压力的变化，从而产生声音。这是一种模拟信号，以空气为媒介进行传播。通常以连续的波形表示声音，波形上升表示空气压力增大，波形下降表示空气压力减弱。振幅、频率和相位是度量声波属性的重要参数。振幅指声波中波峰与波谷的垂直距离；频率指单位时间内声源振动的次数，即声波周期的倒数。人耳能感应到的声音的频率范围是20～20 000 Hz。相位表示声波在周期内的具体位置（假如声波为正弦线 y＝sin(x)，则声波在90° 时处于波峰位置，180° 时回到 x 轴，270° 时到达波谷）。

音频的数字化是指通过采样将连续的模拟声音信号首先转化为电平信号，再通过量化和编码将电平信号转化为二进制的数字信号，保存在计算机的存储器中（A/D 转换）。利用多媒体计算机系统播放声音的过程恰好相反：先将二进制的数字信号转化为模拟的电平信号，再由扬声器播出（D/A 转换）。音频的 A/D 和 D/A 转换都是由音频卡完成的。

影响数字音频质量的因素主要有三个，即采样频率，量化精度和声道数。

1．采样

所谓采样，就是在连续的声波上每隔一定的时间（通常很短）采集一次幅度值，如图 4-1 所示。单位时间内的采样次数就是采样频率，单位为赫兹（Hz）。实际上，只要在一定长度的声波上等间隔地采集足够多的样本数，就能够逼真地模拟出原始的声音。一般来说，采样频率越高，采集的样本数越多，数字音频的质量越好，但占据的磁盘存储空间越大。在实际应用中采样频率一般采用 11.025 kHz、22.05 kHz、44.1 kHz 等。

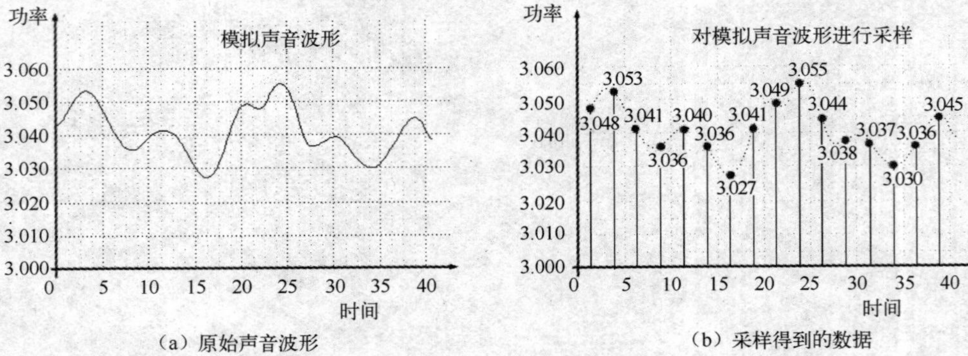

（a）原始声音波形　　（b）采样得到的数据

图 4-1　采样

2．量化

量化就是将采样得到的数据表示成有限个数值（每个数值的位数也是有限的），以便在计算机中进行存储。而量化位数（或称量化精度、量化等级）指的是用多少个二进制位（bit）来表示采样得到的数据，如图 4-2 所示。

对于同一声音波形（最大振幅一定）而言，用 8 比特可将振幅均分为 256（2^8）个等级，而使用 16 比特则可以将振幅均分为 65 536（2^{16}）个等级。可见，量化位数越大，数字音频的分辨率越高，还原后的音质越好，但占据的磁盘存储空间也越大。这就如同在度量同一个长度时以毫米为单位比以厘米为单位要精确一样。

在实际应用中量化位数一般采用 8 位、16 位和 32 位不等。

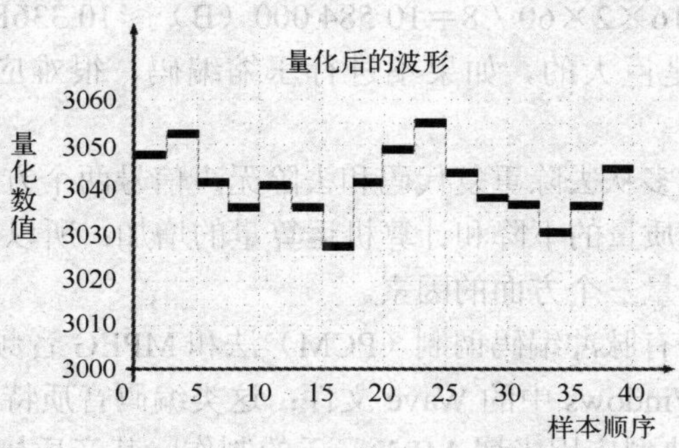

图 4-2　量化

3．声道

同一声源产生的声波，分别传送到人的左右耳朵时，会听出细微的差别，通过这个差别，人们可以判断音源的位置。另外，不同声源产生的声波从各个不同的方向到达人的耳朵时，其强度与成分一般是不同的。这种方向的差异性，使人们很容易就可以分辨出来自不同方向的声音。

声道指的是在录制或播放声音时，在不同的空间位置采集得到的或回放输出的相互独立的音频信号。声道数即声音录制时采用的音源数量，或回放时相应的扬声器数量。

单声道是一种比较原始的声音信号的传输方式，缺乏对声音的位置定位，往往造成声音的清晰度不太好。

立体声彻底改变了声音的位置定位问题。立体声在录制时，音频信号被分配到两个彼此独立的声道，从而获得很好的声音定位效果。在音乐欣赏中，立体声可以使听众清晰地分辨出各种乐器来自的方向，从而使音乐更富想象力，更具临场感。总之，立体声在层次感和音色丰富程度等方面都明显高于单声道。

目前，音效更好的 5.1 声道已得到广泛应用。5.1 声道共有 6 个声道，其中的“.1”声道，是一个经过专门设计的超低音声道，用于传送低于 80 Hz 的音频信号，这样在欣赏影视节目时使人的声音得到加强，将人物对话聚焦在整个声场的中部（语音信号的频率范围为 300～3000 Hz），增加了整体效果。5.1 声道使听众获得了来自多个不同方向的声音环绕效果，从而营造出一个完整的声音氛围。

目前，我国的电影业已广泛采用环绕立体声的声音格式，电视节目正处于由单声道向多声道转换的过渡阶段，广播大多采用的还是单声道。

在多媒体计算机系统中，能够支持多少个声道数是衡量声卡档次的重要指标。

4.1.2　数字音频的编码与压缩存储

所谓编码，就是用一定位数的二进制数值来表示由采样和量化得到的音频数据。在不进行压缩的情况下，将音频数据编码存储所需磁盘空间的计算公式为：

存储容量（字节）＝采样频率×量化位数×声道数×时间/8 （字节）

例如， 标准 CD 音乐的采样频率为 44.1 kHz，量化位数为 16 位，立体声双声道。1 分钟长度的标准 CD 音乐所占据的磁盘存储量为：

$$44.1\times1000\times16\times2\times60 / 8=10\ 584\ 000\text{（B）}\approx10\ 336\text{KB}\approx10.09\text{MB}$$

这样得到的数据量是巨大的，如果不进行压缩编码，很难应用在多媒体计算机和网络中。

对音频数据的压缩大多从去除重复代码和去除无声信号两个方面进行考虑。由于数字音频的压缩往往会造成音频质量的下降和计算机运算量的增加；所以在压缩时要综合考虑音频质量、数据压缩率和计算量三个方面的因素。

常用的有损压缩方法有脉冲编码调制（PCM）法和 MPEG 音频压缩法等。其中 PCM 方法的一个典型应用就是 Windows 中的 Wave 文件；这类编码音质特别好，但数据量也很高。而 MPEG 音频压缩法的典型应用当属 MP3 音乐的制作；其音质接近 CD，但文件大小仅为 CD 的十二分之一。

数字音频的诞生给音频传输带来了革命性的变化。因为模拟信号在复制和传输过程中会逐渐衰减，并且混入噪声，信号的失真度比较明显。而数字信号在复制与传输过程中却具有很高的保真度。

4.1.3　数字音频的分类

根据多媒体计算机产生数字音频方式的不同，可将数字音频划分为三类：波形音频、MIDI 音频和 CD 音频。

1. 波形音频

波形音频是通过录制外部音源，由音频卡采样、量化后存盘而得到的数字音频（常见的如*.wav 格式的文件）。这是多媒体计算机获取声音的最直接、最简便的方式。波形音频重放时，由音频卡将数字音频信号还原成模拟音频信号，经混音器混合后由扬声器输出。如图 4-3 所示是波形音频输入与输出的简化过程。

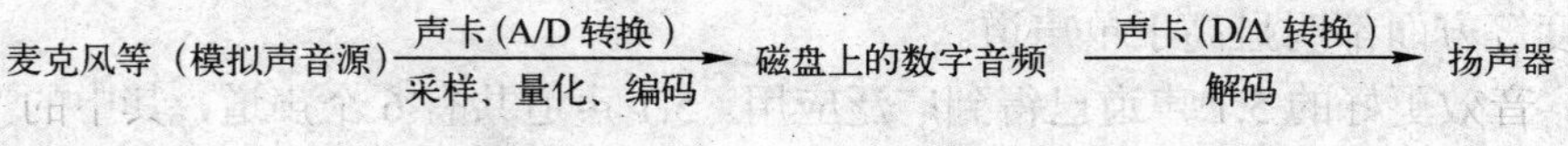

图 4-3　波形音频的输入与输出过程

2. MIDI 音频

MIDI 是数字音乐的国际标准，它规定了设备（如计算机、电子乐器等）间相互连接的硬件标准和通信协议。

MIDI 音频与波形音频的产生方式完全不同，它是将电子乐器键盘的弹奏信息（键名、力度、时间值长短等）记录下来，以*.mid 文件格式存储在计算机硬盘上。这些信息称为 MIDI 消息，是乐谱的一种数字描述。MIDI 音频播放时，多媒体计算机通过音频卡上的合成器，从相应的MIDI文件中读出MIDI消息，生成所需要的乐器声音波形，经放大后由扬声器输出。

MIDI音频文件中记录的是一系列指令，而不是波形信息，它对存储空间的需求要比波形音频小得多。

数字式电子乐器的出现与不断改进，为计算机作曲创造了极为有利的条件。如图4-4所示是一个MIDI音乐创作系统的示意图。

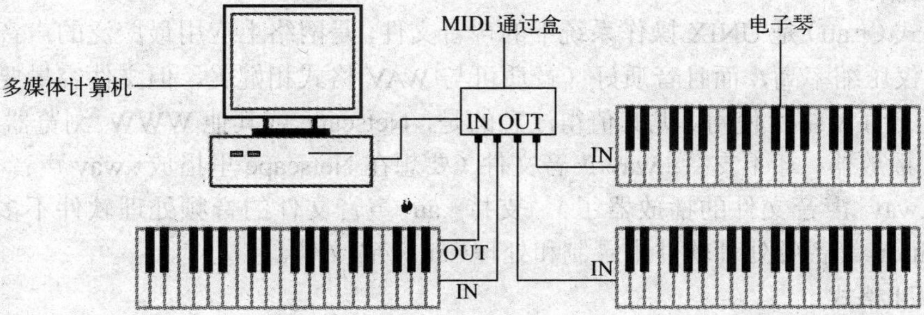

图4-4 MIDI音乐创作系统的示意图

3. CD音频

CD音频是以44.1 kHz的采样频率、16位的量化位数将模拟音乐信号数字化得到的立体声音频，以音轨的形式存储在CD上，文件格式为*.cda。CD音频记录的是波形流，是一种近似无损的音频格式，它的声音基本上是忠于原声的。

4.1.4 常用的音频文件格式

数字音频是用来表示声音强弱的二进制数据系列，其压缩编码方式决定了数字音频的格式。一般来说，不同的数字音频设备对应着不同的音频文件格式，这些文件格式又分为有损压缩格式（MP3、RA等）和无损压缩格式（MIDI、WAV等）。

1. WAV格式

WAV格式是微软公司开发的一种无损压缩的声音文件格式，被Windows平台及其应用程序所支持，目前在计算机上广为流传。WAV格式支持多种压缩算法，支持多种采样频率、量化位数和声道数。几乎所有的音频编辑软件都“认识”WAV格式，多数音频卡都能以16位的量化精度、44.1 kHz的采样频率录制和播放WAV格式的音频文件。其优点是音质好，与CD相差无几，能够重现各种声音；缺点是文件太大，不适合长时间记录。

2. MP3格式

MP3格式诞生于20世纪80年代的德国，采用MPEG有损压缩技术，是目前风靡全球的数字音频格式。其音质接近CD，但大小仅为CD音频的十二分之一。现在多数多媒体信息创作软件已经开始支持MP3格式，因特网也在使用MP3格式进行音频信号的传输。

MP3格式保持声音的低音频部分基本不失真，同时牺牲声音中12～16kHz间的高音频部分以换取较小的文件尺寸。MP3格式的缺点是没有版权保护技术（也就是说谁都可以用）。

3. WMA 格式

WMA 格式由微软公司开发，技术领先，实力强劲，其音质强于 MP3（音质好的可与 CD 音频相媲美），但数据压缩率更高，可达到 1:18。WMA 格式不仅可以内置版权保护技术（MP3 格式做不到），还支持音频流技术，因此比较适合在网络上使用。使用 Windows Media Player 就可以播放 WMA 音乐，而 7.0 以上版本的 Windows Media Player 具有把 CD 音频转换为 WMA 声音文件的功能。

4. AU 格式

AU 格式（*.au）是 UNIX 操作系统下的声音文件，是网络上应用最广泛的声音文件格式。AU 音频不仅压缩率高，而且音质好（音质可与 WAV 格式相媲美，但文件容量要小得多），因此非常适合在网络上使用。尤其值得注意的是，Netscape 或其他 WWW 浏览器（Browser）都内含*.au 播放器，却不支持*.wav 声音文件（要想在 Netscape 里播放*.wav 声音文件，只好外挂支持*.wav 声音文件的播放器了）。支持*.au 声音文件的音频处理软件不多,可以使用 Adobe Audition 等音频处理软件来录制和处理*.au 声音文件。

5. MIDI 格式

MIDI 文件（*.mid）并不是一段录制好的声音，它记录的是有关音频信息的指令而不是波形，因此文件非常小；其播放效果因软硬件的不同而有所差异。当播放*.mid 文件时，计算机将其中记录音频信息的指令发送给音频卡，音频卡中的合成器按照指令将乐器声音波形合成出来。

MIDI 音频常用于计算机作曲领域。*.mid 文件可以直接用计算机作曲软件创作，或通过声卡的 MIDI 接口将外接电子乐器演奏的乐曲指令记录在计算机中，存储为*.mid 文件。MIDI 音频是作曲家的最爱。

6. CD 格式

这是大家都很熟悉的音乐格式，其文件扩展名为*.cda，是目前音质最好的数字音频格式。*.cda 文件中记录的只是声音的索引信息，其大小只有 44 字节；因此，不能将 CD 光盘上的*.cda 文件直接复制到计算机硬盘上播放。可使用一些软件（如超级解霸、Windows 的媒体播放机等）将*.cda 文件转换成*.wav 和*.wma 等格式的文件再进行播放。CD 光盘可以在 CD 唱机中播放，也可以借助计算机中的各种播放软件（如 Windows 的媒体播放机）进行播放。

标准 CD 音频的采样频率为 44.1 kHz，传输速率 88 Kbps，量化位数 16。CD 音轨近似无损，音效基本上忠于原声。

7. RealAudio 格式

RealAudio 是一种流媒体音频格式，主要用于网络在线音乐欣赏和网络广播。目前主要有*.rm、*.ra 等文件格式。RealAudio 格式可以根据网络用户的不同带宽提供不同的音频播放质量；在保证低带宽用户享有较好的播放质量的前提下，使高带宽用户获得更好的音质。同时，RealAudio 格式还可以根据网络传输状况的变化随时调整数据的传输速率，以保证不同用户媒体播放的平滑性。

RealAudio 音频的生成软件在对声音源文件进行压缩编码时，以丢弃人耳不敏感的频率极高与极低的声音信号为代价获得理想的压缩比；同时根据不同的音质要求，保留较为完整的典型音频范围，能够提供纯语音、带有背景音乐的语音、单声道音乐和立体声音乐等多种不同的声音质量。

RealAudio 音频可通过 RealPlayer 等进行播放。

4.1.5 常用的音频编辑软件

数字音频的编辑处理主要包括录音、存储、剪辑、去除杂音、添加特效、混音与合成、格式转换等操作。常用的音频处理软件有 Ulead Audio Editor、Adobe Audition、Cakewalk、Samplitude2496 等。

1. Ulead Audio Editor

Ulead Audio Editor 是一款准专业的单轨音频编辑软件，是友立公司生产的数码影音套装软件包 Media Studio Pro 中的软件之一，不仅可以录音，还拥有丰富多彩的音频编辑功能和多种音频特效。Audio Editor 学习起来非常便捷，有立竿见影之功效。除了 Audio Editor 之外，Media Studio Pro 软件包还包括 Video Editor（视频编辑）、Video Capture（视频捕获）等软件。

2. Adobe Audition

Adobe Audition 可提供专业的音频编辑环境，主要为音频和视频从业人员设计，其前身是美国 Syntrillium 软件公司开发的 Cool Edit Pro（被 Adobe 收购后，改名为 Adobe Audition）。Adobe Audition 使用简便，功能强大，具有灵活的工作流程，能够高质量地完成录音、编辑、特效、合成等多种任务。

3. Cakewalk

Cakewalk 是由美国 Cakewalk 公司开发的一款专业的计算机作曲软件，功能强大，学习方便。主要用于编辑、创作、调试 MIDI 格式的音乐，在全世界拥有众多的用户。

2000 年之后，Cakewalk 向着更加强大的音乐制作工作站方向发展，并更名为 Sonar。Sonar 能够更好地编辑和处理 MIDI 文件，并在录音、编辑、缩混方面得到了长足的发展。2007 年发布的 Sonar 7.0 已经可以完成音乐制作中从前期 MIDI 制作到后期音频录音缩、混、烧、刻的全部功能，同时还可以处理视频文件。

Cakewalk Sonar 目前已经成为世界上最著名的音乐制作工作站软件之一。

4. Samplitude 2496

Samplitude 2496 是一款由德国 SEKD 公司出品的非常专业的数字音频工作站型软件，其强大功能几乎覆盖音频制作与合成的各个领域，被誉为音频合成软件之王。

Samplitude 2496 不仅在世界上第一个支持 24 bit 的量化精度、96 kHz 的高采样率和无限轨超级缩混，更重要的是它采用了独特精确的内部算法，因此在音质和功能上遥遥领先于其他同类 PC 软件，被国内外的专业录音人士广泛使用，成为 PC 上多轨音频软件的绝对权威。

Samplitude 2496 的主要功能包括多轨录音、波形编辑、调音台、信号处理器、母盘制作工具和 CD 刻录等。一台安装有 Samplitude 2496 的计算机，加上数字音频卡、监听设备、CD 刻录机及话筒、（硬件）调音台等前端设备，就构成了一个完整的音乐工作室。

4.2 Audition 音频编辑技术

Adobe Audition 是美国 Adobe 公司旗下的一款专业的音频软件，其主要功能包括录音、混音、音频编辑、效果处理、消除噪声、音频压缩与 CD 刻录等。

4.2.1 窗口界面的基本设置

Adobe Audition 提供了 3 种专业的视图，即编辑视图、多轨视图与 CD 视图；分别针对视频的单轨编辑、多轨合成与 CD 刻录。

启动 Adobe Audition 3.0，其默认视图下的窗口界面如图 4-5 所示。

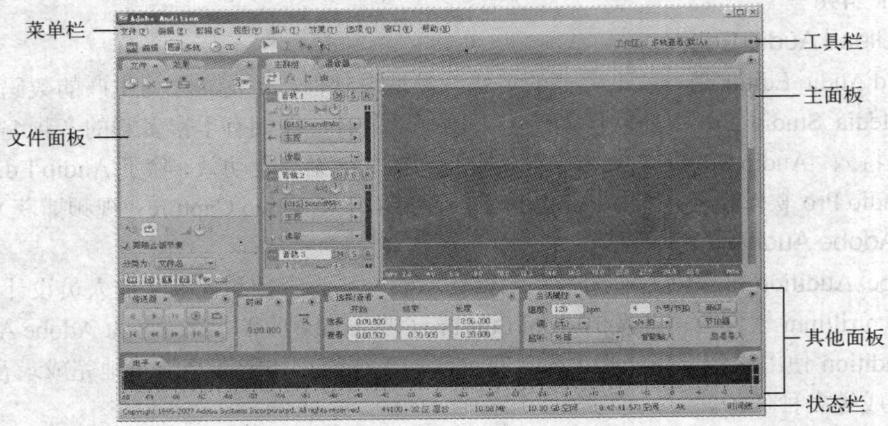

图 4-5　多轨视图下的 Adobe Audition 3.0 窗口

1. 视图切换

通过单击工具栏左侧的视图编辑按钮、多轨按钮与 CD，或选择【视图】菜单顶部的相应命令，可以方便地在编辑视图、多轨视图和 CD 视图之间切换。

2. 界面元素的显示与隐藏

1）工具栏

工具栏提供了多种工具、视图切换和各种工作空间的快捷方式按钮。默认状态下，工具栏紧靠在菜单栏的下面。通过选择和取消菜单命令【窗口】|【工具】，可以显示和隐藏工具栏。

通过【窗口】菜单，还可以控制其他各类面板的显示和隐藏。

2）状态栏

状态栏位于 Audition 程序窗口的最底部，显示了当前工作环境下的各类信息。通过选择和取消选择菜单命令【视图】|【状态栏】|【显示】，可以显示和隐藏状态栏。通过【视图】|【状态栏】下的其他子菜单，或状态栏快捷菜单，如图 4-6 所示，可以设置状态栏上显示信息的类型。

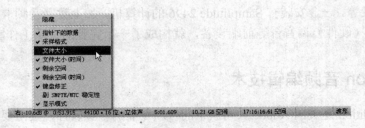

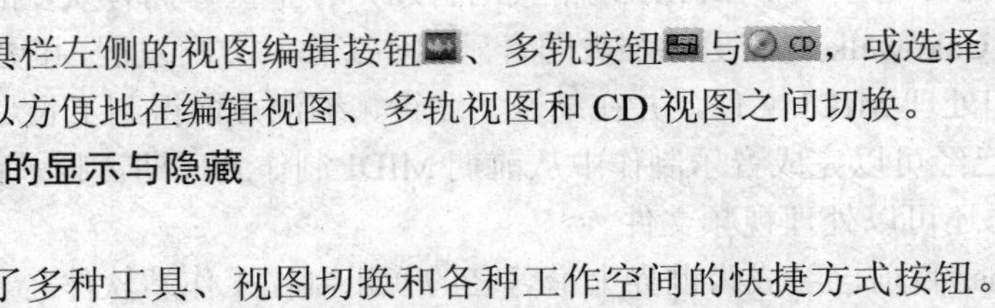

图 4-6　状态栏快捷菜单

3）快捷栏

默认状态下快捷栏是隐藏的，通过选择菜单命令【视图】|【快捷栏】|【显示】，可以将其显示在工具栏的下面。通过【视图】|【快捷栏】下的其他子菜单，或快捷栏快捷菜单，如图 4-7 所示，可以设置快捷栏上显示的快捷方式的类型。

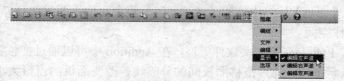

图 4-7　快捷栏快捷菜单

在编辑视图下，通过【视图】菜单，还可以改变主面板中音频的显示方式、水平与竖直标尺上时间与振幅的刻度单位。

3．视图缩放

放大视图可以查看音频的细节，缩小视图可以预览音频的整体。通过单击缩放面板上的各缩放按钮可以对音频进行多种形式的缩放。这些缩放按钮的作用如下。

- “水平放大”：在水平方向放大音频。
- “水平缩小”：在水平方向缩小音频。
- “全屏缩小”：在编辑视图下最大化显示全部音频，或在多轨视图下最大化显示整个项目。
- “缩放选区”：将选中的音频水平放大，以匹配当前视图。
- “放大至选区左边缘”：以选区左边缘为基准水平放大音频。
- “放大至选区右边缘”：以选区右边缘为基准水平放大音频。
- “垂直放大”：在垂直方向放大音频。
- “垂直缩小”：在垂直方向缩小音频。

4．滚动视图

当视图放大到一定倍数，主面板中无法查看到全部音频或项目内容时（如图 4-8 所示），可采用以下方法滚动视图，以便查看音频或项目的被隐藏区域。

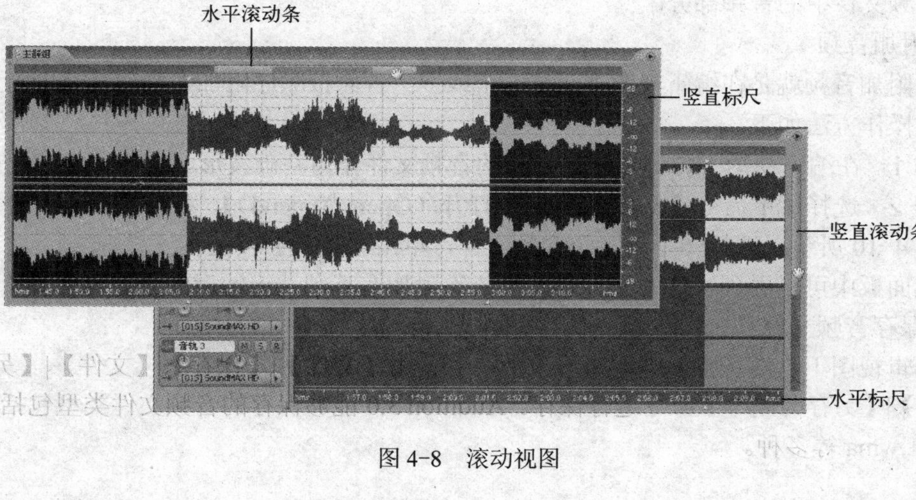

图 4-8　滚动视图

- 左右拖移水平滚动条或水平标尺，可以在水平方向滚动视图。
- 上下拖移竖直滚动条或竖直标尺，可以在竖直方向滚动视图。

5．调整窗口的亮度

选择菜单命令【编辑】|【首选项（Preferences)】，打开【首选项】对话框。用户可以根据个人喜好，利用【颜色】标签中的相关选项，调节整个窗口界面或部分界面元素的明暗度。

6．自定义工作空间

与 Photoshop、Premiere 等相关软件类似，在 Audition 中可以通过拖移各面板的标签，将不同的面板进行重新组合；通过拖移面板间的分隔线，改变面板的窗口大小；或根据需要，通过【窗口】菜单，打开或关闭部分面板。还可以利用【视图】菜单，改变音频的显示方式、水平与竖直标尺的刻度单位等，从而形成个性化的工作空间。

通过菜单命令【窗口】|【工作区】|【新建工作区】可以将自定义的工作空间保存起来。自定义工作空间的名称会出现在【窗口】|【工作区】菜单下。

另外，通过菜单【窗口】|【工作区】下的【编辑查看（默认)】、【多轨查看（默认)】和【CD 查看（默认)】等命令，还可以将当前工作空间恢复为默认的编辑视图、多轨视图和 CD 视图等窗口布局状态。

4.2.2 文件的基本操作

1．编辑视图下的文件基本操作

1）新建空白音频文件

在编辑视图下，选择菜单命令【文件】|【新建】，打开【新建波形】对话框，如图 4-9 所示。选择采样频率、声道数和量化精度等音频属性，单击【确定】按钮。此时，在主面板中可以看到新建文件的空白波形，新建文件的名字则出现在【文件】面板中。

2）打开音频文件

在编辑视图下，使用【文件】|【打开】命令可以打开*.wav、*.mp3、*.wma、*.cda 等多种类型的音频文件。

另外，使用【文件】|【打开为】命令在打开上述各类音频文件时还可以转换文件的格式。使用【文件】|【打开视频中的音频文件】命令则可以打开*.mov、*.avi、*.mpeg 和*.wmv 等格式的视频文件中的音频部分。

3）附加音频

所谓附加音频就是在编辑视图下，将一个或多个音频按顺序附加在当前打开的音频波形的后面。操作方法如下。

步骤 1 在编辑视图下打开要附加波形的音频文件作为基础波形。

步骤 2 选择菜单命令【文件】|【追加打开（Open Append)】，打开【附加打开】对话框，如图 4-10 所示。选择一个或多个音频文件，单击【附加】按钮。

在主面板中可以看到，选中文件的波形依次附加在基础波形的后面。

4）保存音频文件

在编辑视图下，对音频文件编辑修改后，可使用【文件】|【保存】、【文件】|【另存为】或【文件】|【另存为副本】命令进行保存。Audition 3.0 能够保存的音频文件类型包括*.wav、*.mp3 和*.wma 等多种。

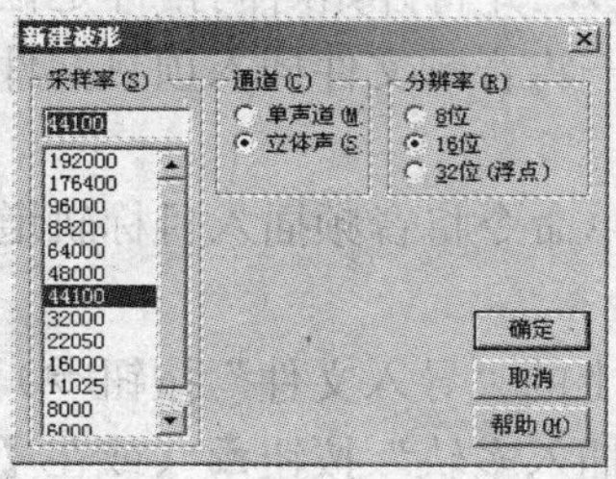

图 4-9　设置新建音频属性

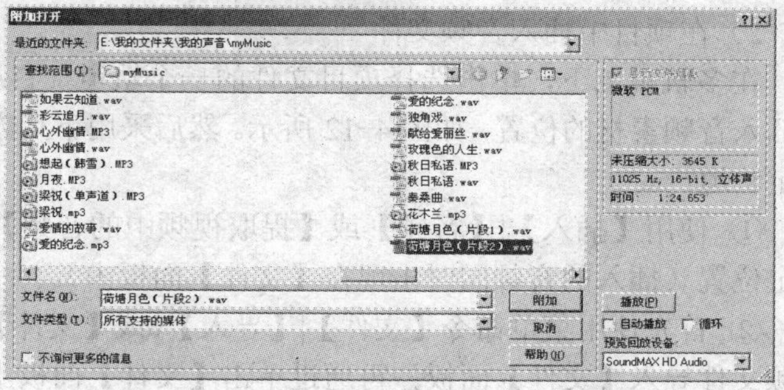

图 4-10　【附加打开】对话框

【实例 1】 将“第 4 章素材\鸟语”下的音频素材文件“1.wav”、“2.wav”、“3.wav”、“4.wav”和“5.wav”依次首尾衔接起来，合并为一个音频文件，并以*.mp3 格式进行保存。最终效果可参照“第 4 章\鸟语\鸟语.mp3”。

步骤 1　在编辑视图下使用【文件】|【打开】命令打开素材文件“1.wav”。

步骤 2　选择菜单命令【文件】|【追加打开】，在弹出的【附加打开】对话框中按 Shift 键连续选择音频文件“2.wav”、“3.wav”、“4.wav”和“5.wav”，单击【附加】按钮（此时，在【文件】面板中单击素材“1.wav”左侧的“＋”号，可以将其展开以观察组成部分，如图 4-11 所示）。

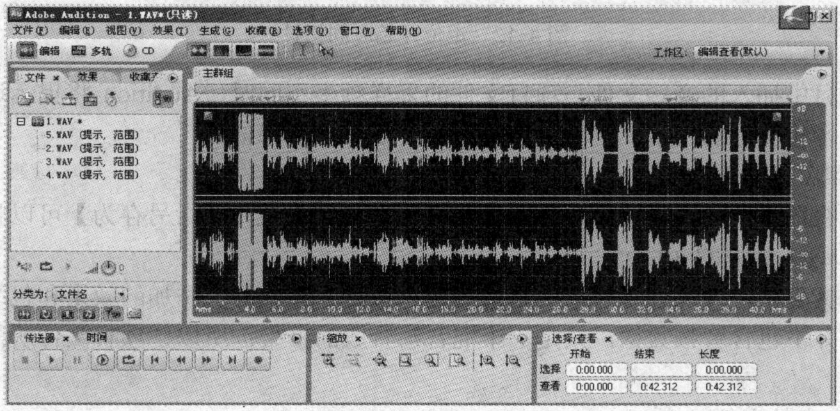

图 4-11　附加音频后的文件组成

步骤 3　在【传送器】面板上单击“播放”按钮▶，试听附加音频后的声音效果。

步骤 4　选择菜单命令【文件】|【另存为】，打开【另存为】对话框，选择文件保存位置，确定文件名和保存类型，单击【保存】按钮。

2．多轨视图下的文件基本操作

1）新建项目文件

在多轨视图下，选择菜单命令【文件】|【新建会话（New Session）】，打开【新建会话】对话框，选择一种声卡支持的采样频率，单击【确定】按钮即可创建一个新的项目文件。

在进行音频合成之前，必须先创建一个项目文件；然后根据需要将音频素材插入项目文件的相应轨道中进行合成。

2）在项目中插入音频文件

在多轨视图下，单击选择项目文件的一个轨道（目标轨道），并将开始时间指针定位于要插入音频素材的位置，如图 4-12 所示。然后采用下列方法之一将音频文件插入项目文件的指定轨道。

① 使用【插入】|【音频】或【提取视频中的音频】等菜单命令将音频插入目标轨道的指定位置（插入的音频同时出现在【文件】面板中）。

② 首先使用菜单命令【文件】|【导入】（或【文件】面板上的“导入文件”按钮）将音频文件导入【文件】面板；再通过单击【文件】面板上的“插入多轨”按钮（或在【插入】菜单下选择所需文件名）将音频文件插入目标轨道的指定位置。

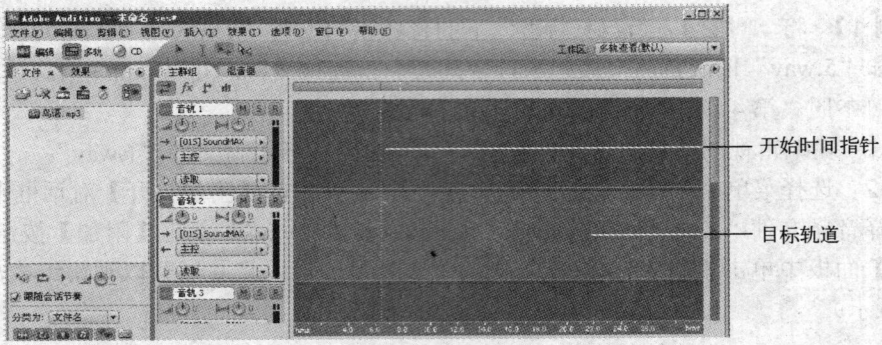

图 4-12　定位开始时间指针

当在项目中插入的音频文件与项目文件的采样频率不同时，Audition 将提示进行重新采样，并生成音频文件的副本。音频文件副本的品质有可能降低。

3）保存项目文件

在多轨视图下，使用菜单命令【文件】|【保存会话】或【会话另存为】可以将项目文件保存起来（*.ses 类型的文件）。

在项目文件中，仅保存了轨道上素材的插入位置、在素材上添加的效果和包络编辑等数据；其本身并不包含音频数据，只是一个混音与合成的框架；所以，项目文件所需存储量比较少。

4）导出音频文件

在多轨视图下，使用菜单命令【文件】|【导出】|【混缩音频】可以将项目文件中的音频混合结果输出到*.wav、*.mp3、*.wma 等格式的音频文件。

【实例 2】 利用“第 4 章素材\配乐朗诵”下的音频文件“散文朗诵片段.wav”和“出水莲片段.wav”合成配乐散文朗诵效果。以“荷塘月色”为文件主名保存项目，并输出 MP3 格式的音频文件。最终效果可参照“第 4 章素材\配乐朗诵\荷塘月色.mp3”。

步骤 1 启动 Audition 3.0，切换到多轨视图。使用【文件】|【新建会话】命令创建新项目（采样频率设置为 22 050 Hz）。

步骤 2 在主面板中选择音轨 2，将开始时间指针定位于轨道的起始点。使用【插入】|【音频】命令插入素材音频“出水莲片段.wav”，如图 4-13 所示。

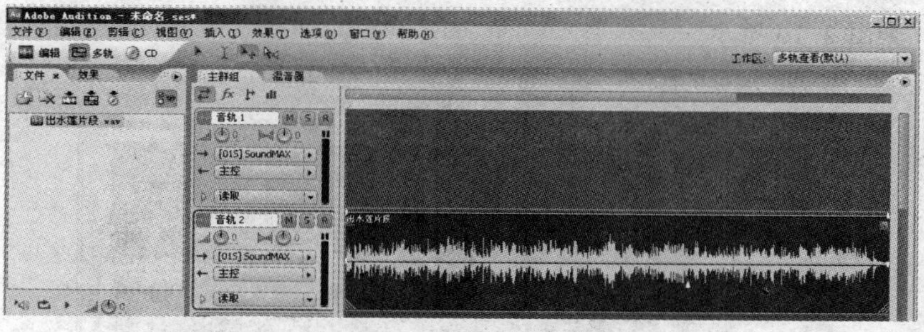

图 4-13　在音轨 2 插入音频素材

步骤 3　在主面板中选择音轨 1，将开始时间指针定位于 0:35.000（35 秒）的时间位置。使用【插入】|【音频】命令插入素材音频“散文朗诵片段.wav”，如图 4-14 所示。

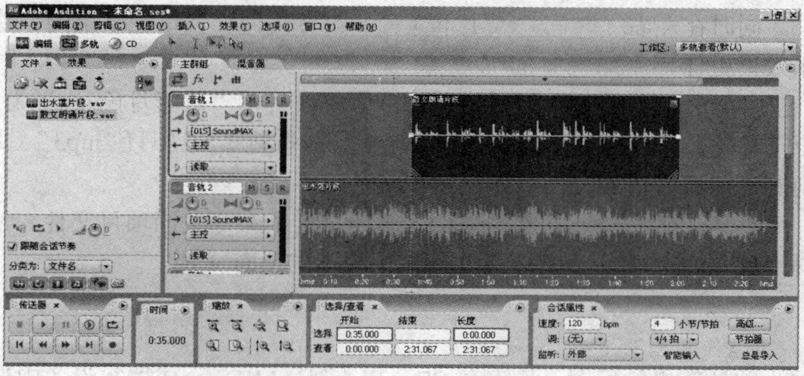

图 4-14　在音轨 1 插入音频素材

步骤 4　单击选择音轨 2 上的“出水莲片段.wav”，在其音量包络线（素材片段顶部的一条绿色水平线）的特定位置单击添加包络点，通过鼠标拖移改变包络点的位置使得素材的音量随着时间的变化而变化，如图 4-15 所示。对于多余的包络点，可以通过在竖直方向将其拖出轨道区域而删除。

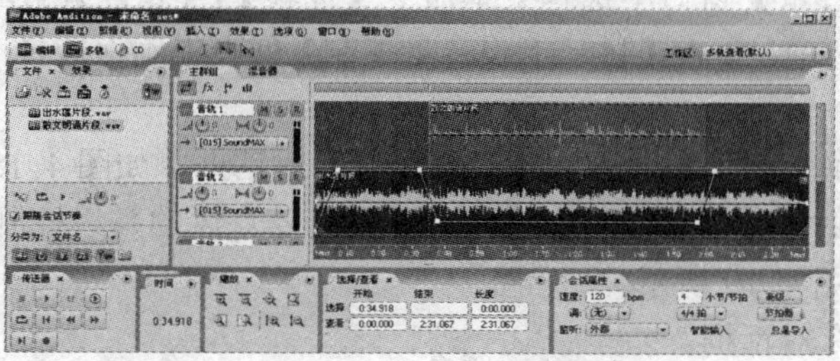

图 4-15　调整背景音乐的音量

提示：若音量包络线为折线，音量的变化会比较突然。选择设置了音量包络线的素材片段，选择菜单命令【剪辑】|【剪辑包络】|【音量】|【使用采样曲线】，可以将折线包络线转化为平滑曲线包络线（为了保持平滑前包络线的基本形状，可在水平线部分原包络点的旁边

适当加点），如图 4-16 所示。

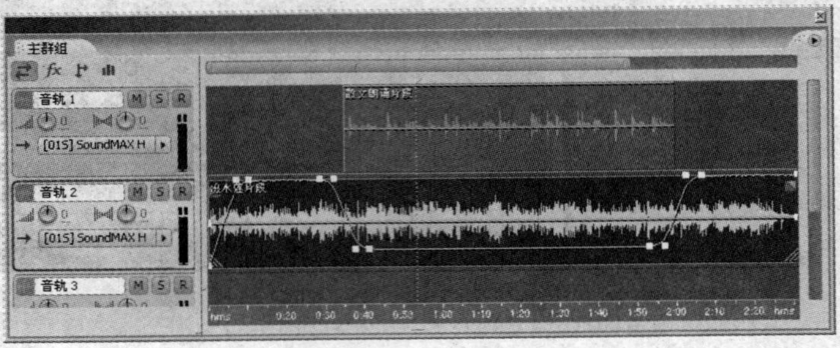

图 4-16 对音量包络线进行平滑处理

步骤 5 将开始时间指针定位于轨道的起始点。在【传送器】面板上单击播放按钮▶，试听配乐效果。同时在左右（时间）或上下（音量）方向调整音量包络点的位置，使散文朗诵的背景音乐效果更佳。

步骤 6 使用菜单命令【文件】|【保存会话】将项目以“荷塘月色.ses”为文件名保存。使用菜单命令【文件】|【导出】|【混缩音频】导出合成音频“荷塘月色.mp3”（此时 Audition 界面自动切换到“荷塘月色.mp3”的单轨视图）。

步骤 7 返回多轨视图。使用【文件】|【关闭会话】命令关闭项目文件。使用【文件】|【关闭所有未使用的媒体】命令清除【文件】面板上的所有文件。

4.2.3 录音

首先根据当前计算机的配置，从声音 CD、麦克风、MIDI 合成器等设备中选择一种录音设备。这里以麦克风为例介绍声音录制的全过程。

1．准备工作

步骤 1 将麦克风与计算机声卡的 LINE-IN 接口正确连接。

步骤 2 在 Windows 桌面上选择【开始】|【所有程序】|【附件】|【娱乐】|【音量控制】，打开【主音量】窗口。

步骤 3 在【主音量】窗口中选择菜单命令【选项】|【属性】，在弹出的【属性】对话框中选择【录音】单选项，并在【显示下列音量控制】列表中确保选择“麦克风”，如图 4-17 所示。

步骤 4 单击【确定】按钮，回到【录音控制】对话框，如图 4-18 所示。选择麦克风，并适当调整音量的高低。单击【高级】按钮，打开【麦克风的高级控制】对话框，选择【麦克风加强】选项，如图 4-19 所示。

步骤 5 关闭所有对话框。

2．在编辑视图下录音

步骤 1 启动 Adobe Audition 3.0，单击工具栏左侧的“编辑视图”按钮▣，切换到编辑视图。

步骤 2 选择菜单命令【编辑】|【音频硬件设置】，打开【音频硬件设置】对话框，在【编辑查看】标签中进行硬件设置，如图 4-20 所示。

步骤 3 在编辑视图下使用菜单命令【文件】|【新建】创建空白音频文件。

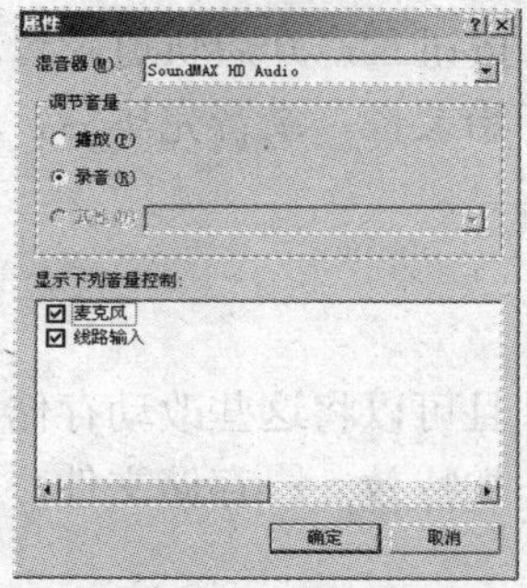

图 4-17　选择"麦克风"

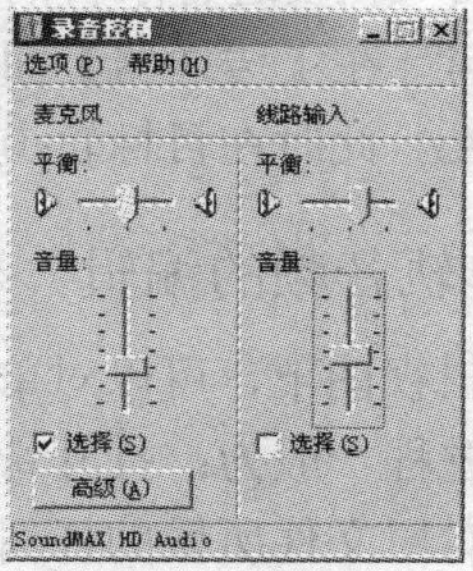

图 4-18 【录音控制】对话框

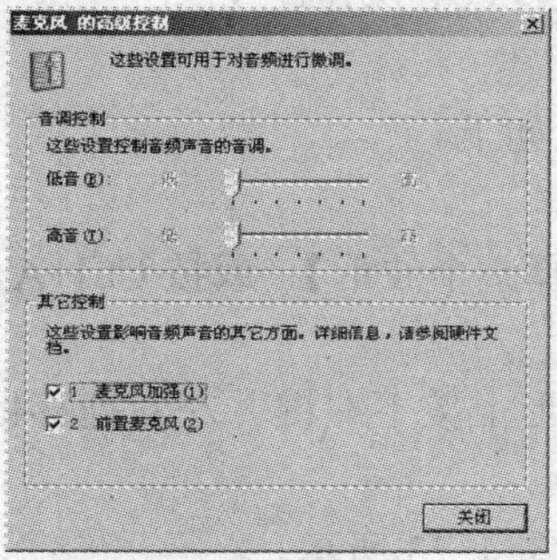

图 4-19 【麦克风的高级控制】对话框

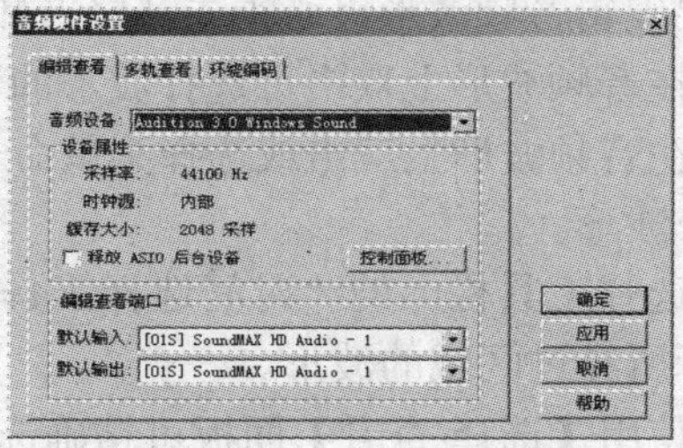

图 4-20 【音频硬件设置】对话框

步骤 4　在【传送器】面板（如图 4-21 所示）上单击"录音"按钮，开始录音。录音完毕后，单击"停止"按钮即可。此时在主面板中可以看到录制的音频波形。

提示：在【传送器】面板的各按钮上右击，可打开快捷菜单，设置按钮选项。举例如下。

- 右键单击"快进"按钮和"倒放"按钮，可以设置快进和倒放的速度。
- 右键单击"录音"按钮，可以选择"定时录音模式"。在定时录音模式下，单击"录音"按钮可打开【定时录音模式】对话框，预先设置录音的时间长度和开始录音的时间，对录音进行精确地控制，如图 4-22 所示。

图 4-21 【传送器】面板

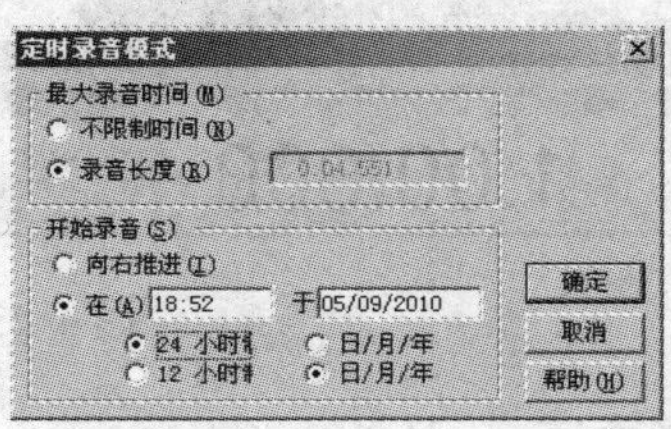

图 4-22 【定时录音模式】对话框

3. 在多轨视图下录音

在多轨视图下的录音主要用于配音。多轨录音时，可以听到其他轨道上音频的声音。

步骤 1　在 Audition 窗口中单击工具栏左侧的"多轨视图"按钮，切换到多轨视图。

步骤 2　确保在主面板左上角选择"输入/输出"按钮，并保存项目（会话）文件。

步骤 3　在要进行录音的轨道上单击“选择录音开关”按钮，开启轨道录音功能。

步骤 4　在【传送器】面板上单击“录音”按钮，开始录音。录音完毕后，单击“停止”按钮。此时在目标轨道上可以看到录制好的音频波形。

4.2.4　单轨音频的编辑

在编辑视图下，可以对单个音频文件进行编辑修改，并且可以将这些改动存储到源文件中。操作过程一般为：打开音频源文件 → 编辑音频 → 添加特效 → 存储文件。在存储文件之前，对原文件所做的任何改动都可以恢复。

单轨音频的编辑包括声音波形的选择，复制、剪切和粘贴，音频删除，淡入与淡出效果处理，标记的使用，静音处理，音频的反转与翻转，音频转换等操作。

1．选择波形

若要编辑音频波形，必须先选择音频波形。操作要点如下。

① 在音频波形上双击可选择波形的可视区域。

② 在音频波形上三击或选择菜单命令【编辑】|【选择整个波形】（或按 Ctrl+A 键），可选择整个波形。

③ 选择工具栏上的“时间选择工具”，在音频波形上按下左键并左右拖移鼠标，可选择光标所经过区域的波形。

④ 使用【选择/查看】面板可精确选择音频波形，如图 4-23 所示。

⑤ 左右拖移选中波形左上角或右上角的三角滑块/可增大或减小选择的范围。

⑥ 在音频波形的任意位置单击可取消波形的选择。

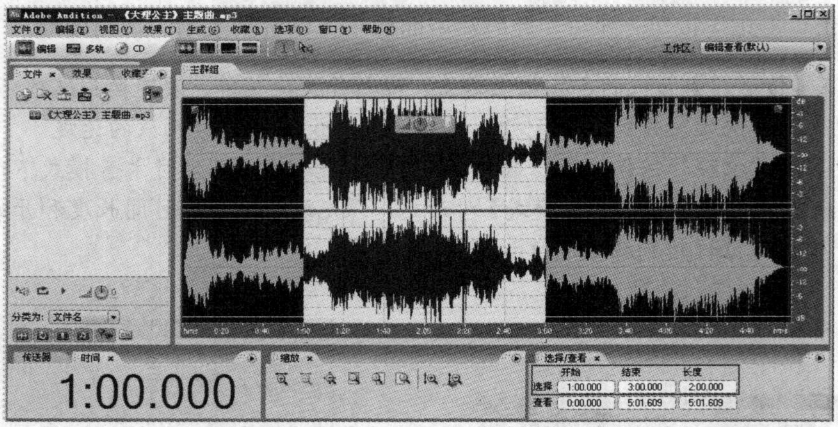

图 4-23　精确选择音频波形

2．选择声道

默认设置下，选择与编辑操作同时作用于立体声音频的左右两个声道。有时，需要选择其中一个声道（进行编辑）。操作要点如下。

① 选择工具栏上的“时间选择工具”。在左声道顶部左右拖移光标，可选择左声道的部分波形，如图 4-24 所示；在右声道底部左右拖移光标，可选择右声道的部分波形。

② 使用菜单【编辑】|【编辑声道】下的【编辑左声道】、【编辑右声道】和【编辑双声

道】命令预先指定要编辑的声道。

③ 单击快捷栏上的“编辑左声道”按钮、“编辑右声道”按钮和“编辑双声道”按钮指定要编辑的声道。

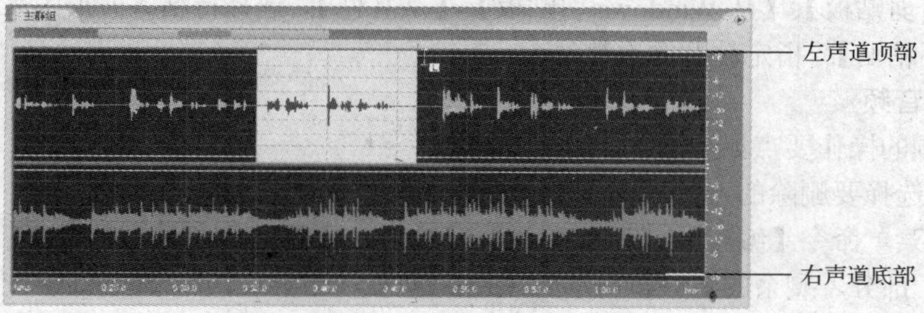

图 4-24　选择左声道部分波形

3. 复制、剪切与粘贴音频

复制、剪切与粘贴音频是音频编辑中经常使用的一组操作。要点如下。

① 选择波形。首先选择要复制或剪切的波形（若复制或剪切的是整个波形，也可以不选择）。

② 复制或剪切波形。若要复制音频，可选择菜单命令【编辑】|【复制（Copy）】或按 Ctrl+C 键。若要剪切音频，可选择菜单命令【编辑】|【剪切】或按 Ctrl+X 键。复制或剪切的音频数据临时存放在剪贴板中。

③ 选择菜单命令【编辑】|【粘贴】或按 Ctrl+V 键粘贴波形。若在粘贴前将开始时间指针定位于波形（可以是其他文件）的某一位置，可将复制或剪切的波形插入当前波形中开始时间指针的右侧。若在粘贴前选择部分波形（可以是其他文件），可将复制或剪切的波形替换选中的波形。

4. 混合粘贴

【混合粘贴】命令可将当前剪贴板中的波形或其他音频文件的波形，与当前波形以指定的方式进行混合。如果进行混合的两种波形的格式不同，则在混合粘贴前剪贴板中的音频数据将自动转换格式。

选择菜单命令【编辑】|【混合粘贴】，打开【混合粘贴】对话框，如图 4-25 所示。

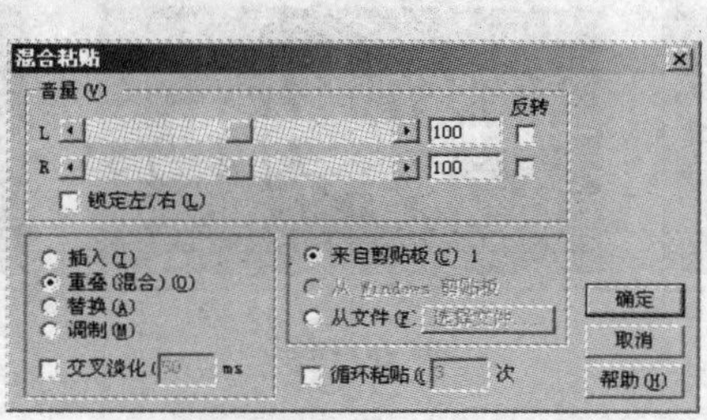

图 4-25　【混合粘贴】对话框

其中选项作用如下。

- 【音量】：设置待粘入波形的左右声道的音量大小。

➘【插入】、【重叠（混合）】、【替换】、【调制】：选择待粘入波形的粘贴方式。

➘【交叉淡化】：在待粘入波形的始末位置添加淡入和淡出效果。右侧数值框用来设置淡入和淡出效果的时间长短。

➘【来自剪贴板】、【从 Windows 剪贴板】、【从文件】：选择待粘入波形的来源。

➘【循环粘贴】：指定粘贴的次数。

5．删除音频

删除音频的操作要点如下。

① 首先选择要删除的音频。

② 选择菜单命令【编辑】|【删除所选】或按 Delete 键可删除选中的音频。若删除的是音频中间的一部分，剩余的音频将自动首尾连接起来。

③ 若选择菜单命令【编辑】|【修剪】，将保留选中的音频，而删除所选音频外的其他音频。

6．可视化淡入与淡出

与效果中的淡化处理不同，Audition 3.0 的可视化淡入与淡出功能控制更为直观而高效。操作要点如下。

① 沿水平线方向向内侧拖移淡化控制标记，可进行线性淡化，如图 4-26（b）所示。

② 向右下/右上拖移淡入控制标记，或者向左下/左上拖移淡出控制标记，可进行指数或对数淡化，如图 4-26（c）、（d）所示。

③ 按住 Ctrl 键不放，同时向内侧拖移淡化控制标记，可进行余弦淡化，如图 4-26（e）所示。

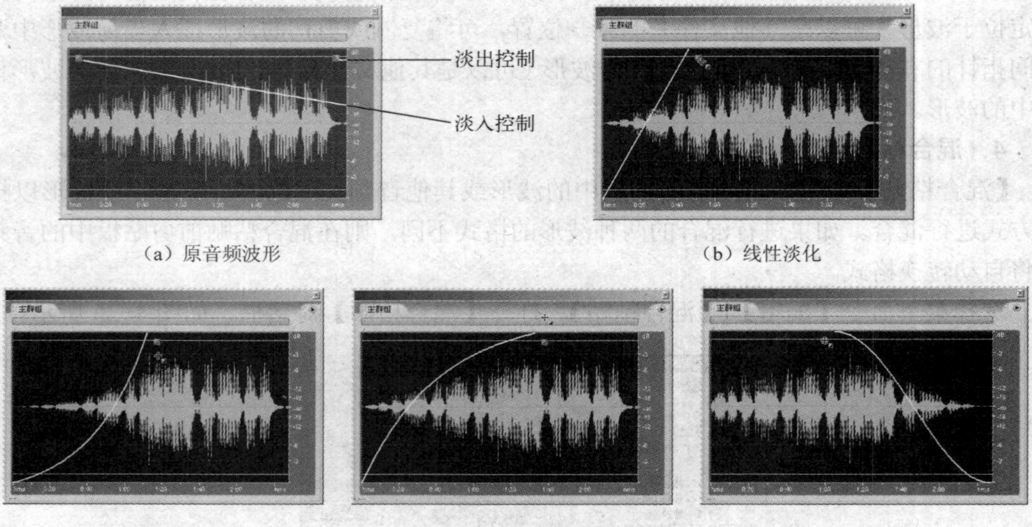

（a）原音频波形　（b）线性淡化

（c）指数淡化　（d）对数淡化　（e）余弦淡化

图 4-26　可视化淡入与淡出控制

通过选择或取消选择菜单命令【视图】|【剪辑上 UI（On-clip UI）】，可开启或关闭可视化淡入与淡出功能控制。

7. 可视化调整振幅

与可视化淡入与淡出功能控制类似，波形振幅的可视化控制也是 Audition 3.0 的新增功能，比使用效果进行振幅调整更加直观而方便。操作方法如下。

① 首先选择要调整振幅的音频。此时在选中的波形上方出现可视化振幅控制图标。

② 在振幅控制图标上向上或向右拖移鼠标，振幅增大；向下或向左拖移鼠标，振幅减小，如图 4-27 所示。

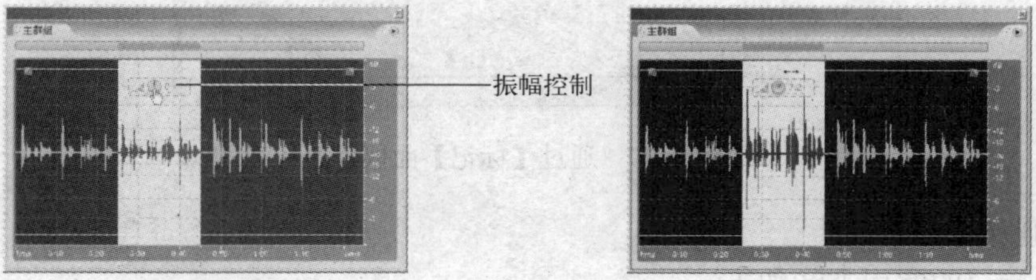

（a）选择波形　　（b）调整振幅

图 4-27　振幅的可视化控制

8. 使用标记

标记用来指示音频波形的特定位置，对于音频的选择、编辑与播放起辅助作用。

1）添加标记

① 在音频播放过程中，按 F8 键或在快捷栏上单击“添加标记”按钮，可在当前播放指针所在的位置添加标记。

② 将开始时间指针定位于要添加标记的地方，按 F8 键或在快捷栏上单击“添加标记”按钮也可添加标记。

③ 选择要设置标记的音频，按 F8 键或在快捷栏上单击“添加标记”按钮，可以为音频选区添加标记，如图 4-28 所示。

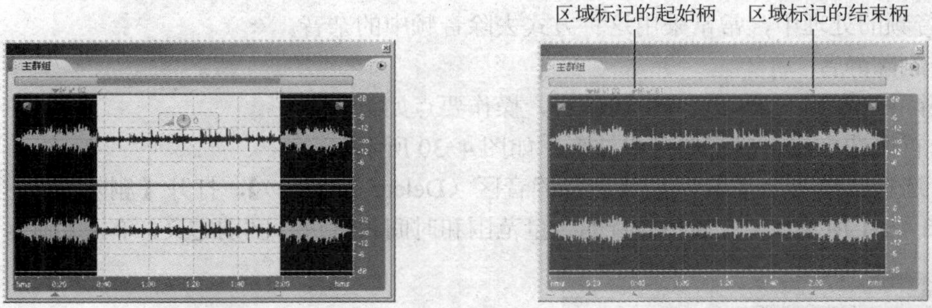

（a）选择波形　　（b）添加标记

图 4-28　标记音频选区

2）编辑标记

① 在主面板中，沿水平方向拖移标记的三角柄，可以改变标记的位置。

② 在【标记】面板中，选择要编辑的标记，在开始框中输入时间值，可以精确设定标记的位置。对于选区标记，还可以通过在结束框中输入时间值或在长度框中输入时间长度值，

以精确设置所标记区域的时间长度，如图 4-29 所示。

③ 在【标记】面板中，通过描述文本框可以对选中的标记添加注释信息，如图 4-29 所示。

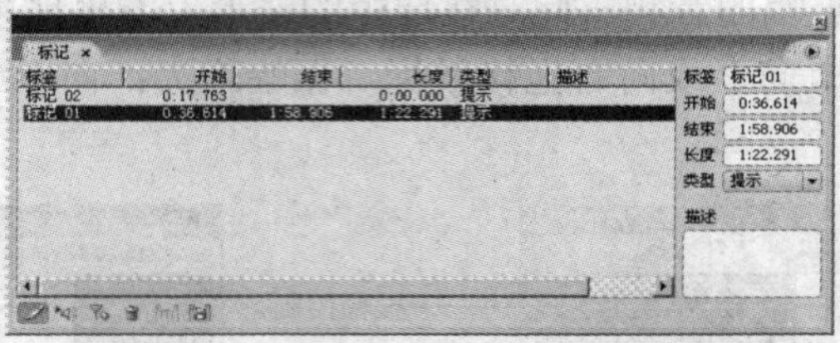

图 4-29 通过【标记】面板修改标记

3）删除标记

删除标记的常用方法如下。

① 在主面板中，从标记的快捷菜单中选择【删除】命令。

② 在【标记】面板的标记列表中单击选择要删除的标记（可配合 Shift 键和 Ctrl 键连续或间隔选择多个标记），单击面板底部的“删除”按钮🗑。

【标记】面板可通过选择菜单命令【窗口】|【标记列表】打开。

9．静音处理

所谓静音就是听不到任何声音。有关静音的基本操作如下。

1）插入静音

将开始时间指针定位于要插入静音的时间点。选择菜单命令【生成】|【静音区（Silence）】，打开【生成静音区】对话框，输入静音的时间长度，单击【确定】按钮。

2）将音频转化为静音

选择要转化为静音的音频区域，选择菜单命令【效果】|【静音】即可将选区内的音频转化为静音。

在音频的处理中，常常采用这种方式去除音频中的杂音。

3）删除静音

删除静音常用于清除录音中的断音，操作要点如下。

① 首先选择包含静音的音频波形，如图 4-30 所示。

② 选择菜单命令【编辑】|【删除静音区（Delete Silence）】，打开【删除静音区】对话框，如图 4-31 所示。对音频和静音的音量范围和时间长度进行区别定义，单击【确定】按钮。

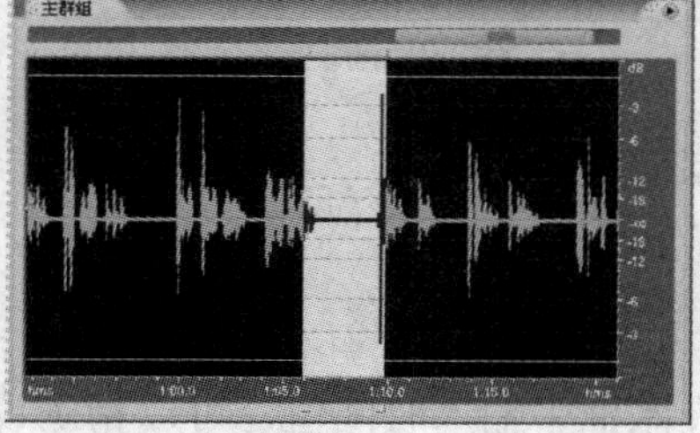

图 4-30 选择包含静音的音频波形

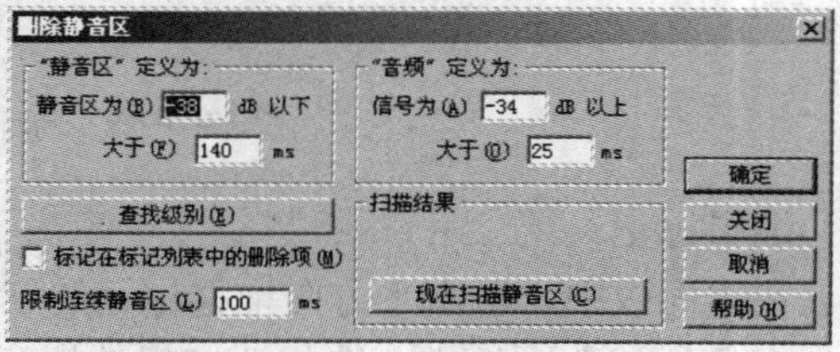

图 4-31 【删除静音区】对话框

如果操作前没有进行选择，则执行菜单命令【编辑】|【删除静音区】后，将删除整个音频中符合定义的静音。

10．音频格式转换

使用【编辑】|【转换采样类型】命令可以转换音频的采样频率、量化位数和声道数等属性。在进行声道转换时，还可以选择左右声道混入音量的大小。

【转换采样类型】对话框如图 4-32 所示。

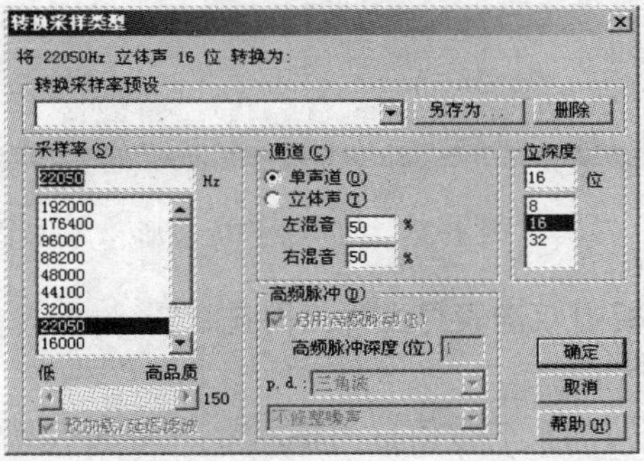

图 4-32 【转换采样类型】对话框

【实例 3】 利用“第 4 章素材\咏梅”下的音频文件“卜算子-咏梅.mp3”和“梅花三弄.mp3”制作立体声配乐诗朗诵效果。以“配乐诗朗诵-咏梅.mp3”为文件主名保存立体声音频文件。最终效果可参照“第 4 章素材\咏梅\配乐诗朗诵-咏梅.mp3”。

步骤 1 启动 Audition 3.0，切换到编辑视图。

步骤 2 使用菜单命令【文件】|【导入】（或【文件】面板上的“导入文件”按钮）将“卜算子-咏梅.mp3”和“梅花三弄.mp3”导入【文件】面板。

步骤 3 使用【文件】|【新建】命令创建新的音频文件，参数设置如图 4-33 所示。

步骤 4 在【文件】面板中双击素材文件“卜算子-咏梅.mp3”，在主面板中打开该音频。

步骤 5 选择菜单命令【编辑】|【选择整个波形】（或按 Ctrl+A 键），在主窗口中选择“卜算子-咏梅.mp3”的全部波形。

步骤 6 选择菜单命令【编辑】|【复制】（或按 Ctrl+C 键），复制选中的波形。

步骤 7 在【文件】面板中双击新建的音频文件“未命名”，在主面板中打开该立体声音频。

步骤 8 选择菜单命令【编辑】|【混合粘贴】，打开【混合粘贴】对话框，参数设置如图 4-34 所示。单击【确定】按钮，生成立体声文件的左声道波形，如图 4-35 所示。

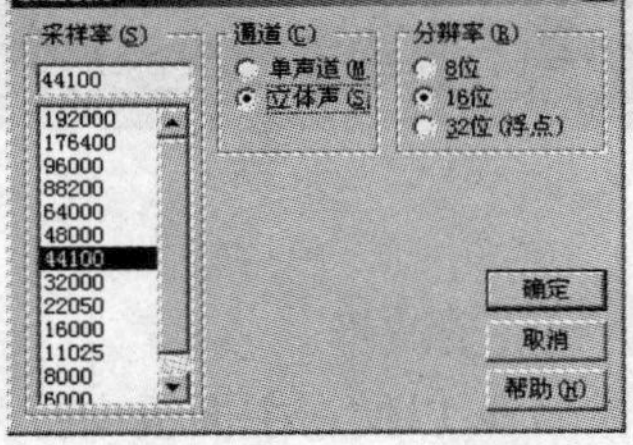

图 4-33 新建音频文件

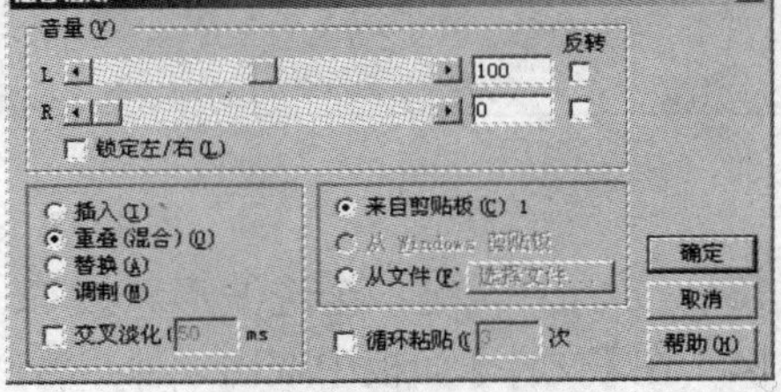

图 4-34 设置混合粘贴参数

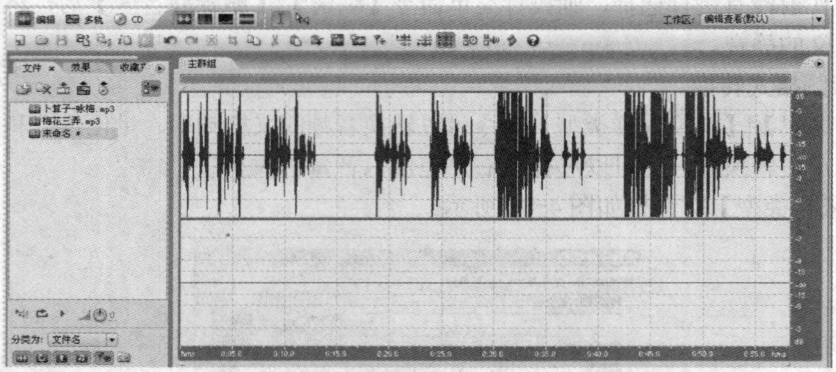

图 4-35　创建左声道波形

步骤 9　在【文件】面板中双击素材文件“梅花三弄.mp3”，在主面板中打开该音频，按空格键试听音效。

步骤 10　在【选择/查看】面板的数值框内输入如图 4-36（a）所示的数值，选择 1：03.300 至 2:08.080 之间的一段音频，如图 4-36（b）所示。

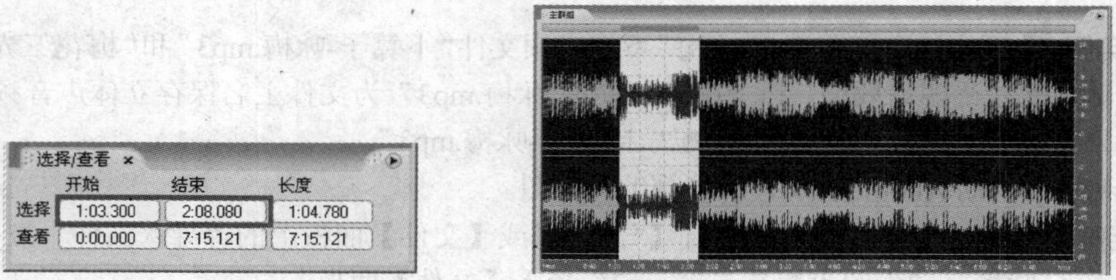

（a）　（b）

图 4-36　精确选择波形

步骤 11　选择菜单命令【编辑】|【粘贴到新的】，将所选波形粘贴到新文件。

步骤 12　将开始时间指针定位于波形的开始。使用菜单命令【生成】|【静音区】，在打开的【生成静音区】对话框中设置插入 14 秒的静音，如图 4-37（a）所示，结果如图 4-37（b）所示。

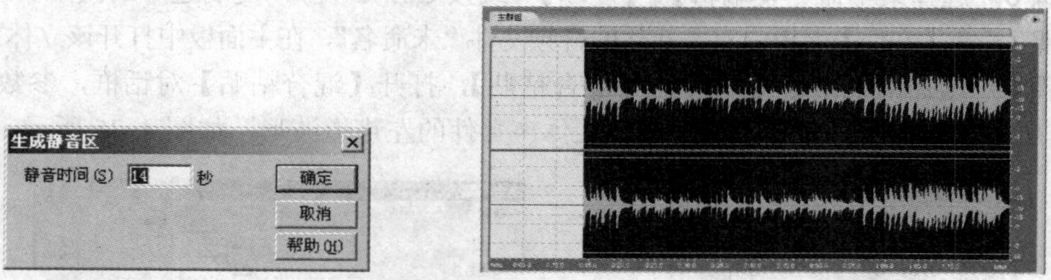

（a）　（b）

图 4-37　插入静音

步骤 13　按 Ctrl+A 键，全选波形。按 Ctrl+C 键，复制整个波形。

步骤 14　在【文件】面板中双击立体声音频文件“未命名”，以便在主面板中打开该音频。

步骤 15　再次选择菜单命令【编辑】|【混合粘贴】，参数设置如图 4-38（a）所示。单击【确定】按钮，生成立体声文件的右声道波形，如图 4-38（b）所示。

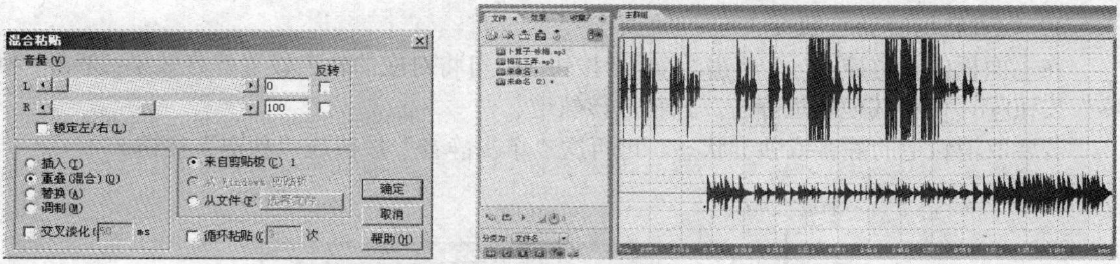

（a）　（b）

图 4-38　创建立体声音频的右声道波形

步骤 16　按空格键试听配音效果。选择菜单命令【文件】|【另存为】，以“配乐诗朗诵_咏梅.mp3”为名保存文件，如图 4-39 所示。

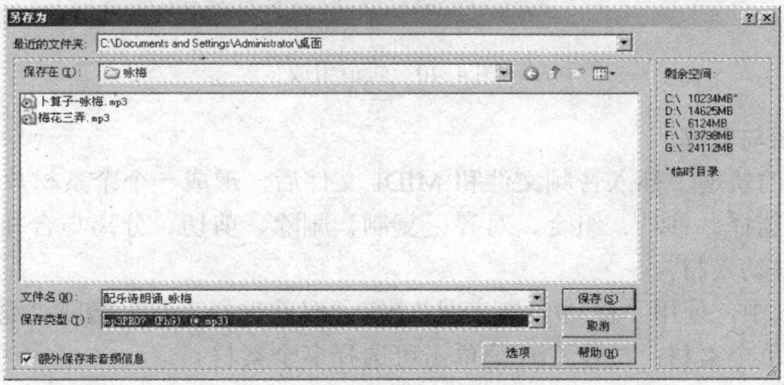

图 4-39　保存文件

4.2.5　多轨视图下的混音与合成

在多轨视图下，可以导入或录制多个音频文件，分放在不同的轨道上，按需要进行编排，施加特效，最终将各轨道混合输出。操作过程一般为：新建项目文件→导入或录制音频素材→编排素材→添加特效→存储项目源文件→输出合成音频文件。

以下介绍主面板中有关音频编辑的基本操作，包括轨道控制、素材管理和包络编辑。

1．轨道控制

1）添加与删除轨道

多轨视图下的轨道包括音频轨道、视频轨道、MIDI 轨道、公共轨道等多种。添加与删除轨道的操作要点如下。

① 使用【插入】菜单下的【音频轨】、【视频轨】、【MIDI 轨】等命令插入相应类型的轨道。

② 使用菜单命令【插入】|【添加轨道】同时插入多个不同类型的轨道。

③ 选择要删除的轨道，选择菜单命令【编辑】|【删除所选的音轨】；或在轨道空白处右击，从快捷菜单中选择【删除音轨】命令将轨道删除。

2）控制轨道输出音量

在主面板的轨道控制区，如图 4-40 所示，拖移音量控制图标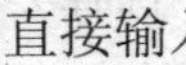可调节音量；按住 Shift 键拖移，以 10 倍的增量进行调节；按住 Ctrl 键拖移，以 1/10 的增量进行微调（MIDI 轨道不支持音量微调）。也可在音量控制图标的数字标记上单击，直接输入音量大小的数值。

3）设置轨道静音与独奏

在主面板的轨道控制区，单击“静音”按钮M，可将对应的轨道设置静音效果；单击“独奏”按钮S，可将其他轨道静音，只播放该轨道。

若要取消轨道的静音或独奏状态，可再次“单击静音”按钮或“独奏”按钮。

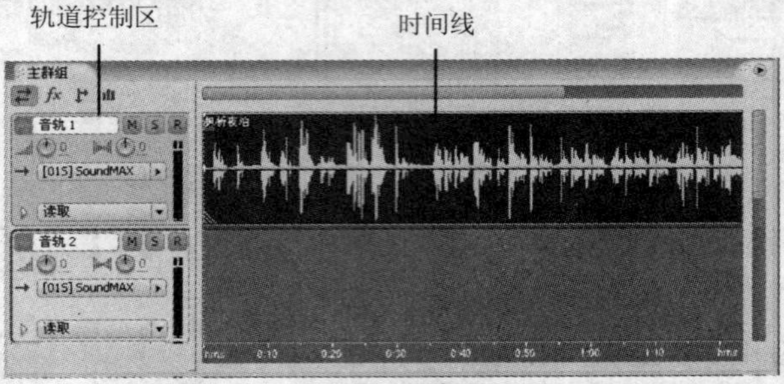

图 4-40　轨道组成

2. 素材编辑与管理

在多轨视图的轨道上插入音频文件和 MIDI 文件后，形成一个个素材片段，对这些素材的管理主要包括选择、移动、组合、对齐、复制、删除、剪切、分离与合并等操作。

1）选择与移动素材

① 在主面板中，使用“移动/复制工具”、“时间选择工具”或“混合工具”在素材上单击可选择单个素材；按住 Ctrl 键单击可选择多个素材。

② 在主面板中，使用“时间选择工具”或“混合工具”在素材片段上按下左键拖移鼠标，可选择该素材和轨道上光标经过的区域。

③ 在主面板中选择一个轨道，使用菜单命令【编辑】|【选择音轨中的所有剪辑】可选中所选轨道上的全部素材。

④ 使用菜单命令【编辑】|【全选】（或按组合键 Ctrl+A）可选中所有轨道上的素材。

⑤ 在主面板中，使用“移动/复制工具”拖移素材，可在同一轨道或不同轨道之间移动素材。

2）复制素材

在 Audition 中，复制素材的常用方法有以下几种。

① 在主面板中选择要复制的素材，选择菜单命令【编辑】|【复制】（或按 Ctrl+C 键）；选择目标轨道，选择菜单命令【编辑】|【粘贴】（或按 Ctrl+V 键）。可将素材粘贴到所选轨道开始时间指针的右侧。

② 在主面板中，选择“移动/复制工具”，在要复制的素材上右击并拖移到目标位置后松开鼠标右键，在弹出的菜单中选择相应的命令，如图 4-41 所示。

- 【在此复制参照】：进行关联拷贝。这种方法节约磁盘空间，但若修改源素材文件，所有的拷贝副本都将随之更新。
- 【在此唯一复制】：进行独立拷贝。这种方法不节省磁盘空间，源素材文件的修改不会影响所有的拷贝副本。

③ 在主面板中选择要复制的素材，选择菜单命令【剪辑】|【副本（Duplicate）】，打开

【剪辑副本】对话框，如图 4-42 所示。设置好复制的次数和时间间隔，单击【确定】按钮。

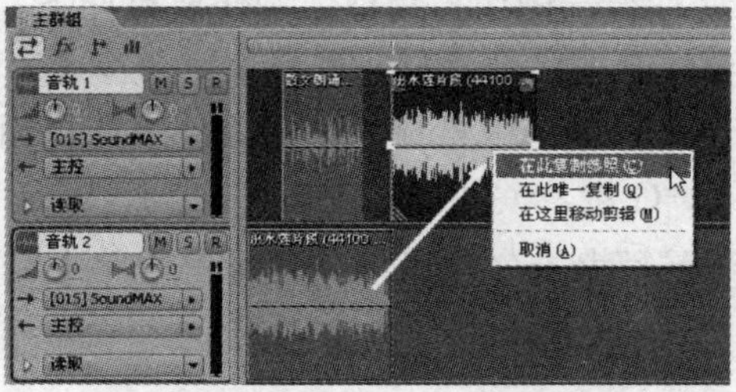

图 4-41 拷贝素材

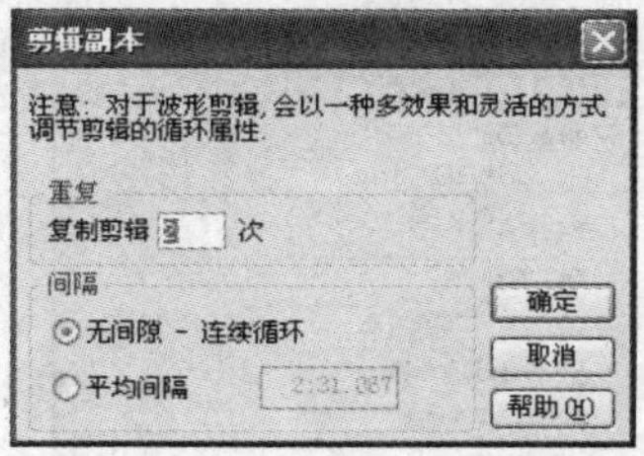

图 4-42 【剪辑副本】对话框

3）删除素材

首先选择要删除的素材，采用下列方法之一删除素材。

① 选择菜单命令【剪辑】|【移除】或按 Delete 键。此时，【文件】面板中仍保留素材源文件。

② 使用菜单命令【剪辑】|【销毁】，可将选中的素材片段及其源文件一同移除。

4）裁切素材

素材裁切是音频和视频编辑的基础。Audition 提供了多种不同的音频素材的裁切方法，可根据不同的需要，选择不同的方法。

① 鼠标拖移方式。选择要裁切的素材，将光标停放在素材的左右边缘上，指针变成形状，按下左键左右拖移，可对素材进行裁切。在拖移延长时，素材片段的长度不能超过其源素材文件的长度。另外，将素材片段适当放大后再裁切可以使操作更方便而准确。

② 菜单命令方式。使用“时间选择工具”或“混合工具”在素材片段上按下左键拖移鼠标，选择该素材和光标经过的区域，如图 4-43 所示；选择菜单命令【剪辑】|【修剪】可以裁切掉素材片段上选区左右两侧的部分，如图 4-44 所示。按 Delete 键则结果相反，即裁掉选区，保留两侧；选择菜单命令【剪辑】|【填充】可将修剪后的素材恢复为源素材文件的长度。

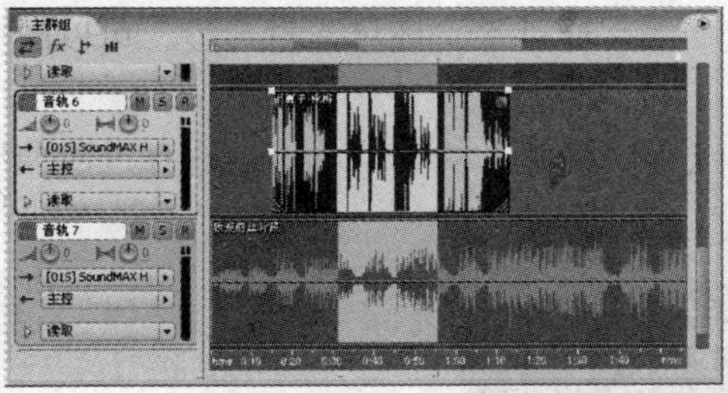

图 4-43 建立选区

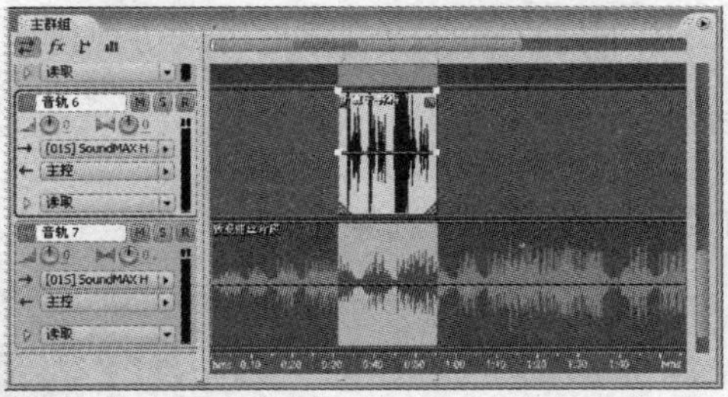

图 4-44 修剪素材

5）音频变速

在轨道上选择欲变速的音频素材，选择菜单命令【剪辑】|【剪辑时间伸展属性】，或者从音频素材的右键快捷菜单中选择相同的命令，打开【素材变速属性】对话框，如图 4-45 所示。

在对话框中选择【开启变速】选项，输入变速总量百分比值（大于 100%表示减速，小于 100%表示加速），并根据需要设置【变速选项】等参数，单击【确定】按钮。

6）组合素材

组合素材可以将多个素材临时捆绑在一起，进行统一操作与管理。操作要点如下。

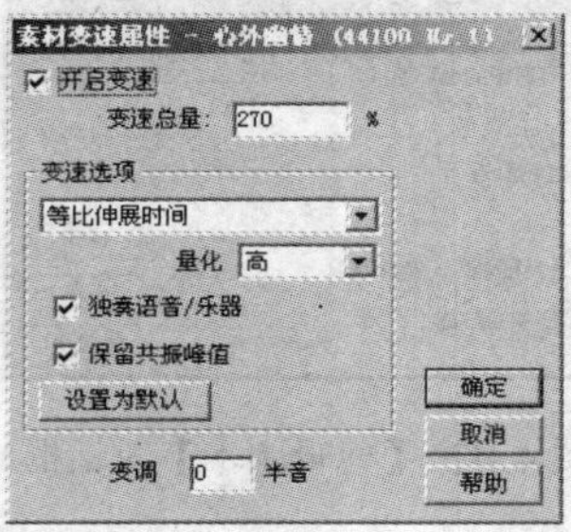

图 4-45 【素材变速属性】对话框

① 选择要组合的多个素材，选择菜单命令【剪辑】|【剪辑编组】，也可以从选中素材的快捷菜单中选择相同的命令，或按 Ctrl+G 键。

② 选择组合后的素材，再次选择菜单命令【剪辑】|【剪辑编组】，可以取消组合。

7）锁定素材

使用菜单命令【剪辑】|【锁定时间】，或者从所选素材的快捷菜单中选择相同的命令，可将选择的素材锁定。素材一旦被锁定，就不能进行编辑修改了。

选择被锁定的素材，再次选择菜单命令【剪辑】|【锁定时间】，或者从所选剪辑的快捷菜单中选择相同的命令，可取消素材的锁定。

8）分割与合并素材

在主面板中，使用“时间选择工具”或“混合工具”在素材片段上要分割的位置单击，选择该素材并将开始时间指针定位于此，选择菜单命令【剪辑】|【分离】，或者从所选素材的快捷菜单中选择相同的命令，即可将素材分割成互不相干的两部分，每一部分都可以进行独立编辑。

当被分割开的素材片段按原来的顺序首尾相连地排列在一起后，选择菜单命令【剪辑】|【合并/聚合分离】，或从所选素材的快捷菜单中选择相同的命令，可将分隔开的素材重新连接在一起。

9）轨道内重叠素材

在多轨视图的同一轨道上，当通过鼠标拖移使两段音频部分重叠时，默认设置下，两段音频在重叠部分出现交叉淡化过渡效果；重叠部分的左上角和右上角分别显示“淡出控制”标记和“淡入控制”标记，如图 4-46 所示。

上下拖移重叠控制标记可以可视化地调整过渡曲线。通过水平拖移素材片段，可以改变重叠及过渡的时间。

选中重叠素材的其中一个，通过菜单【剪辑】|【剪辑淡化】的子菜单可以选择过渡曲线的类型、设置过渡选项。

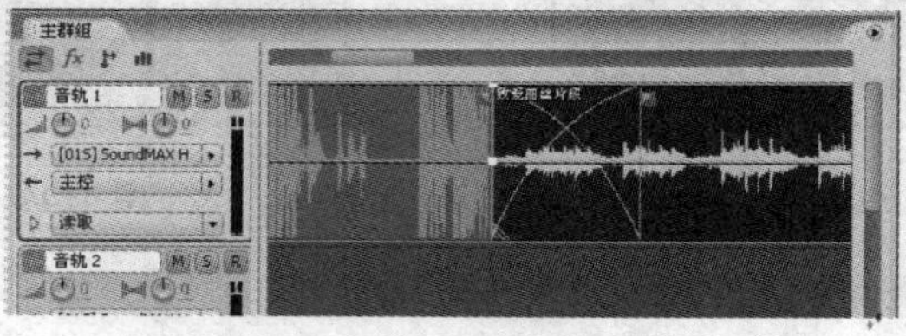

图 4-46 轨道内的素材重叠

10）轨道间重叠素材

在多轨视图中，处于不同轨道上的两段素材的首尾若有重叠（素材所在轨道可以不相邻），同样可以设置过渡效果，方法如下。

① 在主面板中，使用“时间选择工具”或“混合工具”通过水平拖移选择两段素材的重叠区域。

② 使用“移动/复制工具”、“时间选择工具”或“混合工具”通过在素材上单击并按住 Ctrl 键加选，将两段素材都选中。

③ 通过菜单【剪辑】|【淡化包络穿越选区】的子菜单选择过渡曲线的类型，如图 4-47 所示。

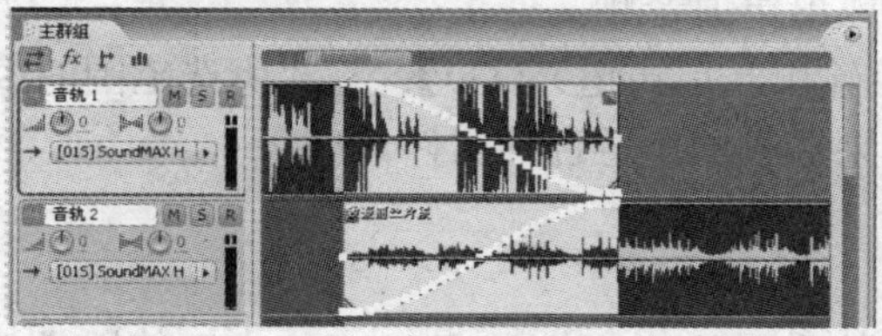

图 4-47　轨道间的素材重叠

11）合并轨道

在主面板中，使用“时间选择工具”或“混合工具”，通过水平拖移选择要合并的区域，如图 4-48 所示。通过菜单【编辑】|【合并到新音轨】下的子菜单选项将素材合并到新的轨道。

- 【所选范围的音频剪辑（立体声）(A)】：将所有轨道的全部素材合并到新轨道，形成立体声音频。
- 【所选范围的音频剪辑（立体声）(R)】：将所有轨道中选区内的素材合并到新轨道的对应位置，形成立体声音频，如图 4-49 所示。
- 【所选范围的音频剪辑（立体声）(S)】：将所有轨道中被选中素材的选区内部分合并到新轨道的对应位置，形成立体声音频。在希望将部分轨道的选区内素材合并到新轨道时，该命令是有用的。
- 【所选范围的音频剪辑（单声道）(M)】：与“所选范围的音频剪辑（立体声）(A)”命令类似，但结果形成单声道音频。
- 【所选范围的音频剪辑（单声道）(G)】：与“所选范围的音频剪辑（立体声）(R)”命令类似，但结果形成单声道音频。
- 【所选范围的音频剪辑（单声道）(O)】：与“所选范围的音频剪辑（立体声）(S)”命令类似，但结果形成单声道音频。

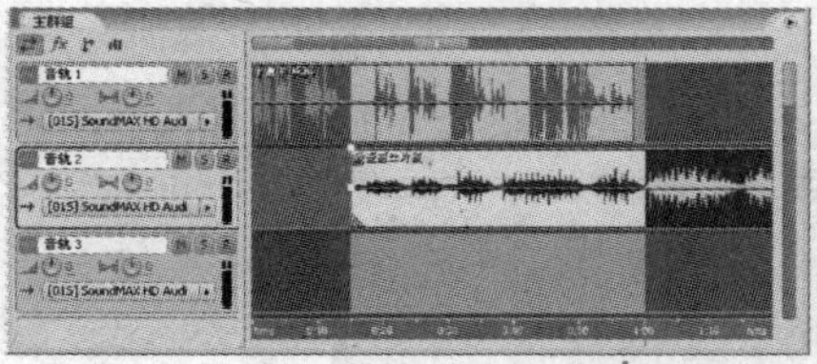

图 4-48　选择要合并的区域

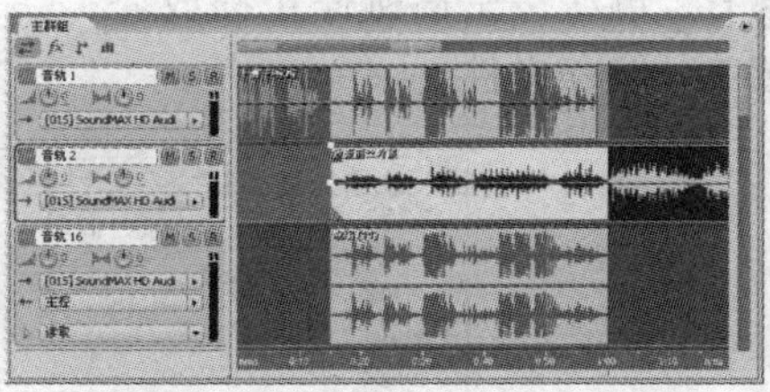

图 4-49　合并轨道

12）混缩音频

在主面板中，使用“时间选择工具”或“混合工具”选择要混缩的区域。通过菜单【编辑】|【混缩到新文件】下的以下子菜单选项将素材混缩到新的音频文件，并切换到编辑视图下打开。

- 【会话中的主控输出（立体声）（A）】：将所有轨道的全部素材合并到新的立体声音频文件，并切换到编辑视图下打开。
- 【所选范围的主控输出（立体声）（R）】：将所有轨道中选区内的素材合并到新的立体声音频文件，并切换到编辑视图下打开。
- 【会话中的主控输出（单声道）（M）】：与“会话中的主控输出（立体声）（A）”命令类似，但结果形成单声道音频文件。
- 【所选范围的主控输出（单声道）（G）】：与“所选范围的主控输出（立体声）（A）”命令类似，但结果形成单声道音频文件。

4.2.6 添加音频效果

添加效果是音频处理的重要环节。在 Audition 3.0 中，使用【效果】菜单、【主控框架】对话框、【效果框架】对话框等可以为音频添加多种效果。编辑视图下的效果添加是针对音频素材的，而多轨视图下的效果添加是针对整个轨道的。

1. 在编辑视图下添加效果

在编辑视图下添加效果的基本方法如下。

① 在编辑视图下的主面板中打开音频波形。

② 选择要添加效果的部分波形（不选或全选可为整个音频添加效果）。

③ 在【效果】菜单中选择相应的命令为音频添加效果。

④ 在步骤③中，如果打开对应的效果对话框，则根据需要设置对话框参数，单击【确定】按钮。

【实例 4】为音频“第 4 章素材\卜算子-咏梅.mp3”添加回声效果。

步骤 1 在编辑视图下的主面板中打开素材文件“卜算子-咏梅.mp3”。

步骤 2 选择菜单命令【效果】|【延迟和回声】|【回声】，打开【VST 插件-回声】对话框，如图 4-50 所示。

步骤 3 单击对话框左下角的按钮▶预览默认音效，根据需要调整对话框参数。单击“效果开关”按钮⏻可以开启或关闭效果，以对比添加效果后的声音与源声。

步骤 4 单击【确定】按钮，将效果添加在当前音频上。

步骤 5 按空格键进行播放，试听音效。

步骤 6 再次按空格键停止播放。

步骤 7 保存文件。

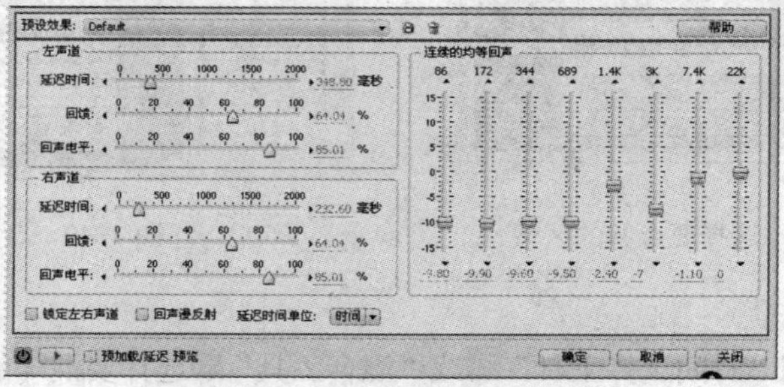

图 4-50 设置回声参数

在编辑视图下，除了使用【效果】菜单为音频单独添加效果外，还可以通过【主控框架】对话框一次性地为音频添加多个效果。【主控框架】对话框可通过选择菜单命令【效果】|【主控框架】打开，如图 4-51 所示。但主控框架不支持进程效果（后面带有“进程”字样的效果命令），如反转（进程）、静音（进程）、动态延迟（进程）、标准化（进程）等。

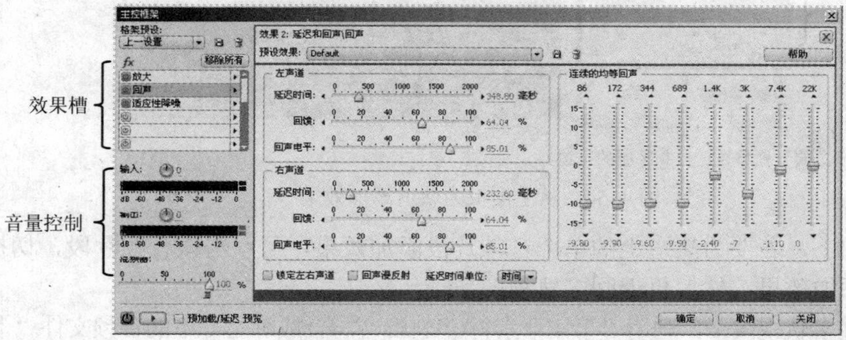

图 4-51　通过【主控框架】对话框成组添加音效

2. 在多轨视图下添加效果

在多轨视图下，可采用以下方法为轨道添加效果。

① 打开【效果】面板，将其中的效果拖移到要添加效果的轨道上，如图 4-52 所示。此时弹出【效果框架音轨 X】对话框（x 为目标轨道的序号），如图 4-53 所示，为所施加的效果设置参数，或从左侧效果槽继续添加其他效果。

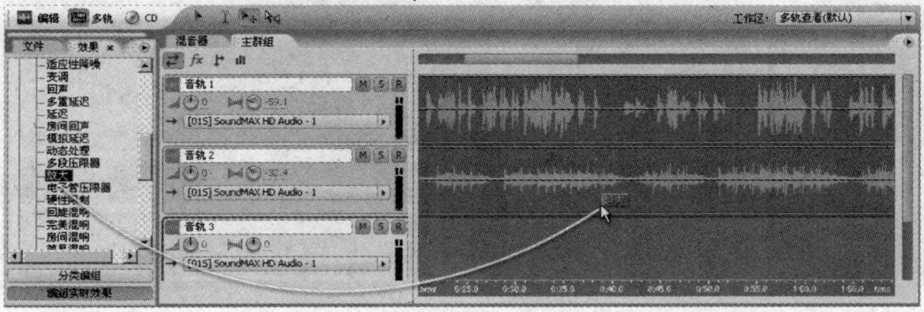

图 4-52　从【效果】面板为轨道添加效果

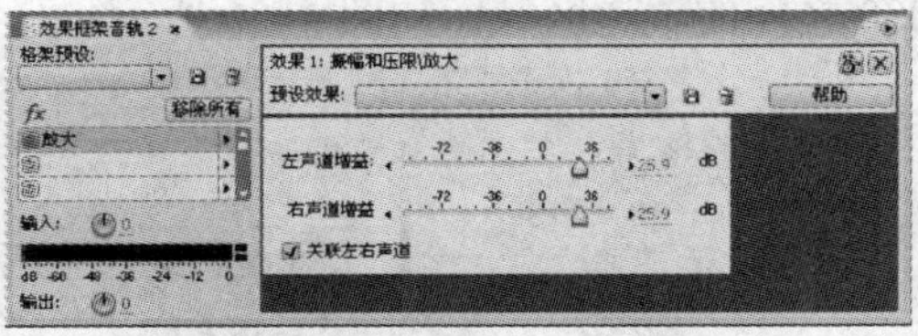

图 4-53　【效果框架音轨 2】对话框

② 单击主面板左上角的效果按钮 *fx*，切换到效果控制状态。向下拖移轨道控制区域的下边界，显示效果槽，如图 4-54 所示。单击效果槽右侧的三角按钮▸，打开效果菜单，选择所需的效果命令，添加在对应的轨道上。

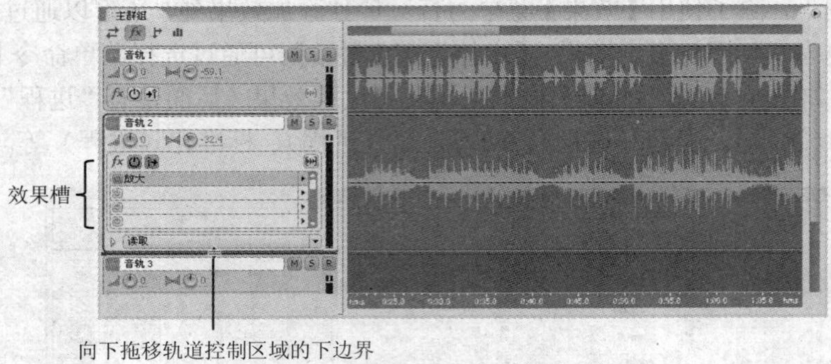

图 4-54 从主面板为轨道添加效果

在多轨视图下，若要为轨道上的单个音频片段添加效果，可双击该音频片段，切换到编辑视图下为其添加效果；然后再返回多轨视图。

【实例 5】 在多轨视图下，利用“第 4 章素材\多轨混音与合成练习”下的音频文件“卜算子-咏梅.mp3”和“梅花三弄.mp3” 制作配乐诗朗诵效果，并输出 MP3 格式的单声道混缩文件。

步骤 1 启动 Audition 3.0，切换到多轨视图。使用【文件】|【新建会话】命令创建新项目（采样频率设置为 44 100 Hz）。

步骤 2 选择音轨 1，将开始时间指针定位于轨道的起始位置。使用菜单命令【插入】|【音频】将素材音频“卜算子-咏梅.mp3”插入音轨 1。

步骤 3 仿照步骤 2，将素材音频“梅花三弄.mp3”插入音轨 2，如图 4-55 所示。

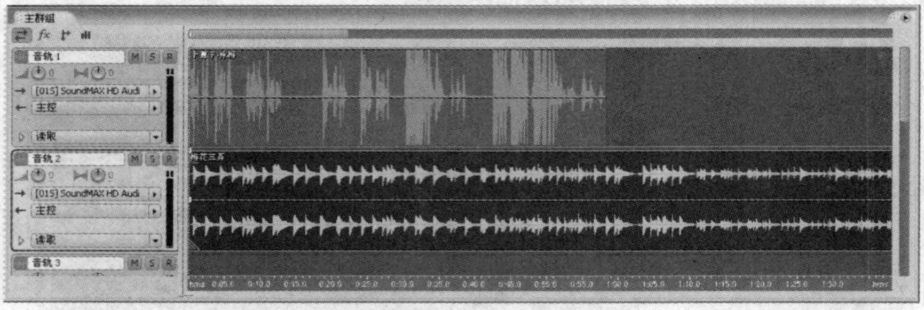

图 4-55 将素材插入音轨

步骤 4 确保轨道 2 上的素材“梅花三弄.mp3”处于选择状态；利用【选择/查看】面板选择 1：03.300 至 2：08.080 之间的轨道区域，如图 4-56 所示。

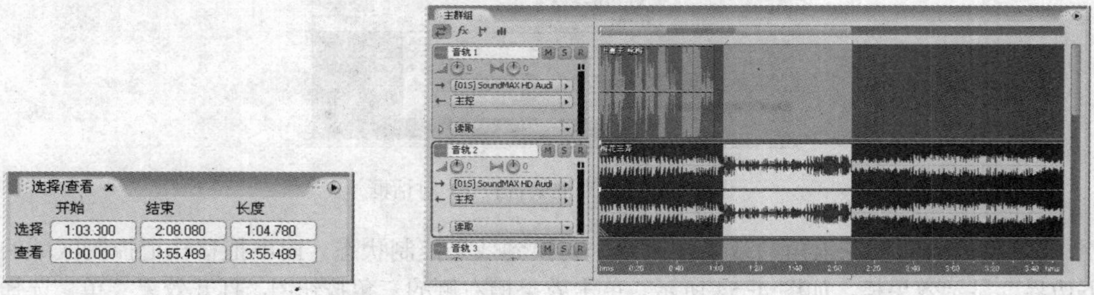

（a） （b）

图 4-56 选择轨道区域

步骤 5　选择菜单命令【剪辑】|【修剪】，裁切掉素材片段上选区左右两侧的部分。

步骤 6　利用【选择/查看】面板将开始时间指针定位于轨道上 14 秒的位置，如图 4-57 所示。

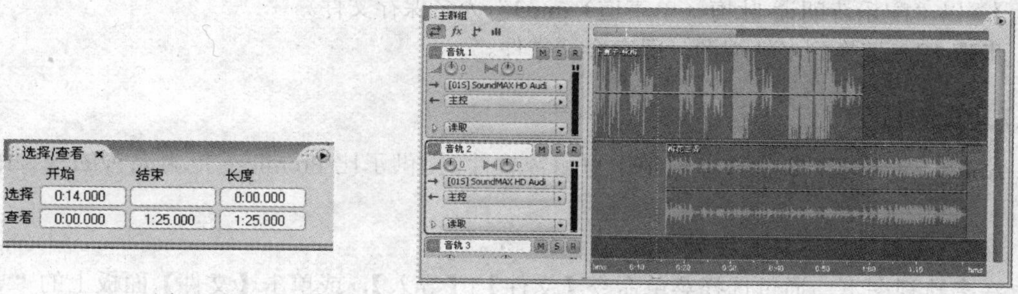

（a）　　（b）

图 4-57　利用【选择/查看】面板定位开始时间指针

步骤 7　确保选择了菜单命令【编辑】|【吸附】|【吸附到剪辑】。使用“移动/复制工具”拖移轨道 2 上的素材使之左端吸附到开始时间指针，如图 4-58 所示。

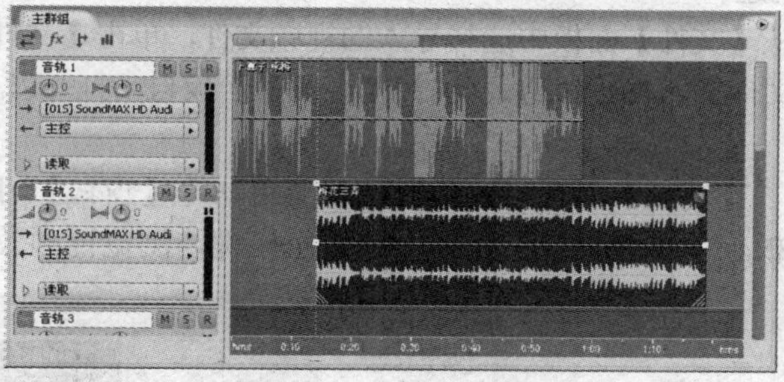

图 4-58　移动素材

步骤 8　使用“移动/复制工具”单击选择轨道 1 中的素材；按住 Ctrl 键单击加选音轨 2 中的素材。

步骤 9　选择菜单命令【编辑】|【合并到新音轨】|【所选音频剪辑（单声道）(O)】，将所选素材合并到新的音轨 7，如图 4-59 所示。

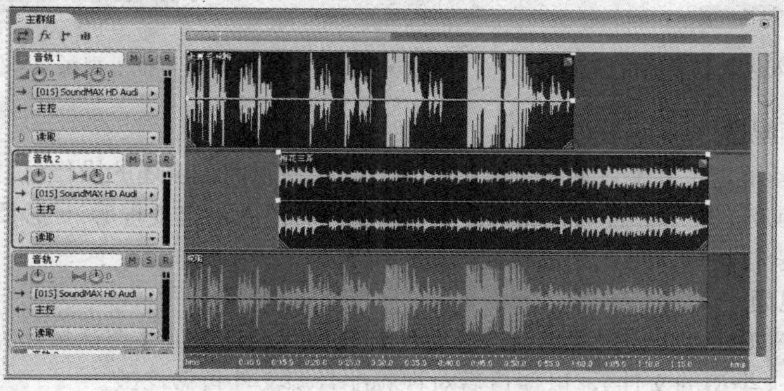

图 4-59　合并音轨

步骤10 单击音轨7的“独奏”按钮S，按空格键播放混缩音频，试听诗朗诵配乐效果；再次单击“独奏”按钮，取消轨道的独奏状态。

步骤11 双击音轨7的混缩音频，切换到编辑视图下打开。使用菜单命令【文件】|【另存为】，以“配乐诗朗诵-咏梅（单声道）.mp3”为名保存文件。

步骤12 切换到多轨视图，保存会话文件。

4.2.7 视频配音

Audition是一款专业的音频制作与配音软件，提供了比Premiere更为完善的视频配音环境。

1. 在多轨视图下导入视频

在多轨视图下，通过选择菜单命令【文件】|【导入】，或单击【文件】面板上的“导入文件”按钮，可以将AVI、MPEG、WMV等类型的视频文件导入【文件】面板。如果视频中包含音频，上述操作除了生成一个与源文件同名的视频文件外，还会生成一个名称以“音频为（Audio for）”开头的音频文件，如图4-60所示。

在编辑视图下，只能导入视频文件中的音频部分。

2. 将视频插入轨道

在多轨视图下，从【文件】面板中选择导入的视频文件，单击【文件】面板上的“插入多轨”按钮，将视频文件插入视频轨道。此时，【视频】面板自动打开以显示视频，如图4-61所示。

如果不小心关闭了【视频】面板，可通过选择菜单命令【窗口】|【视频】打开。

在【传送器】面板上单击“播放”按钮或按空格键，浏览视频效果。

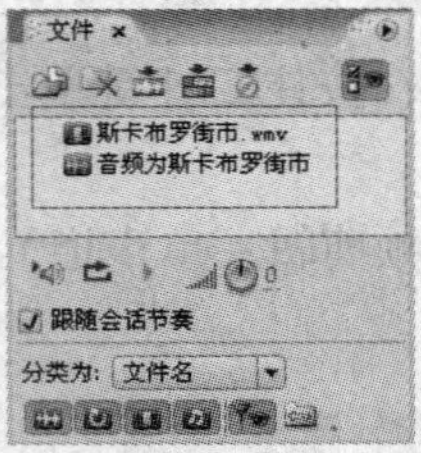

图4-60 导入包含音频的视频素材

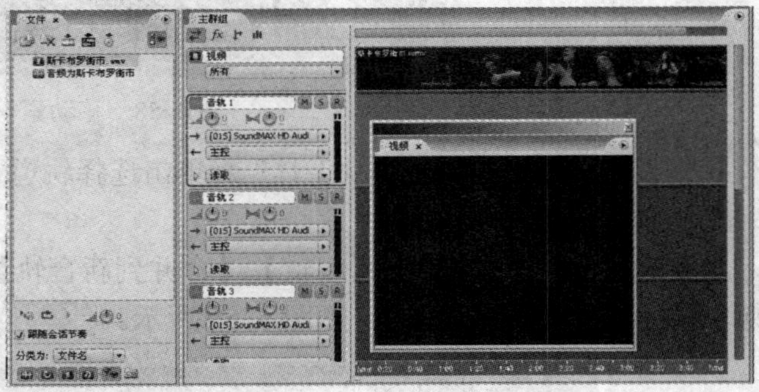

图4-61 插入视频

3. 为视频配音

在多轨视图下，将要配音的音频素材插入音轨，使用前面讲述的操作对音频进行编辑或添加效果（如裁切、变速、音频叠加、音量包络编辑、淡入淡出处理等）。必要时还可以双击轨道上的音频素材片段，切换到单轨视图进行编辑。

4. 输出视频

在多轨视图下，首先使用菜单命令【文件】|【保存会话】或【会话另存为】将项目文件保存起来（*.ses类型的文件），以便日后对视频配音源文件再做修改。

选择菜单命令【文件】|【导出】|【视频】，打开输出设置对话框，如图4-62所示。在

Preset 下拉列表中选择一种预置方案；或者在 Audio 选项卡中设置音频编码、音频格式等参数。单击【OK】按钮，打开【导出视频】对话框，如图 4-63 所示。

选择视频的存储位置和文件类型，输入文件名，单击【保存】按钮，即可将项目文件中的视频素材与音频素材整合在一起，并以视频文件格式输出到指定位置。

Audition 3.0 支持输出 AVI、MPEG、MOV 和 WMV 等格式的视频文件。

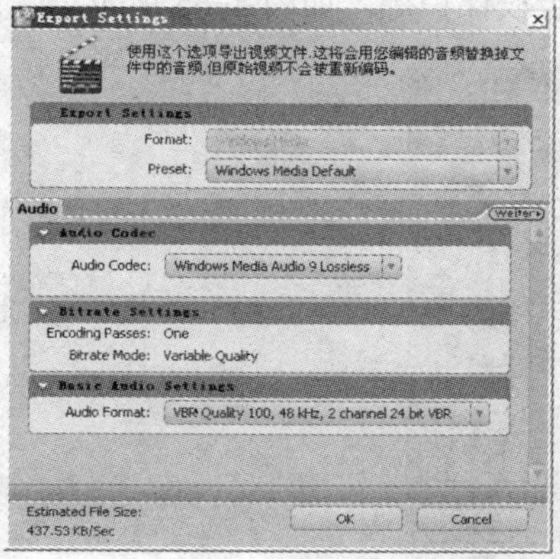

图 4-62　设置输出参数

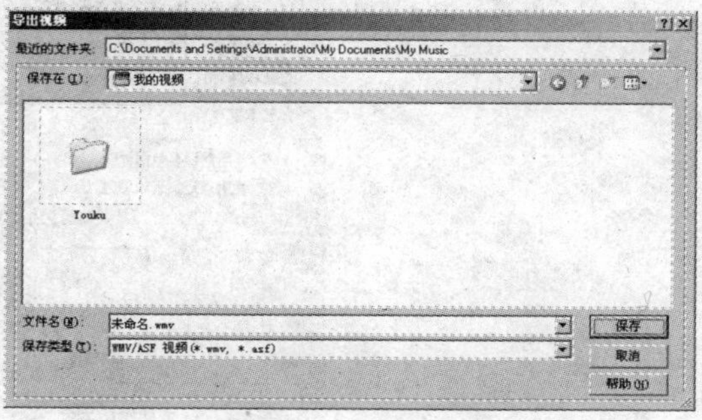

图 4-63　【导出视频】对话框

4.2.8　CD 刻录

CD 刻录是在 CD 视图下进行的，整个操作过程如下。

1. 将音频插入 CD 轨道

在 CD 视图下，使用下列方法之一，将音频插入 CD 轨道。

① 在【文件】面板上，选择要刻录 CD 的音频文件，单击“插入 CD 列表”按钮，如图 4-64 所示。

② 在资源管理器中选择要刻录 CD 的音频文件，直接拖移到 Audition 的 CD 列表。

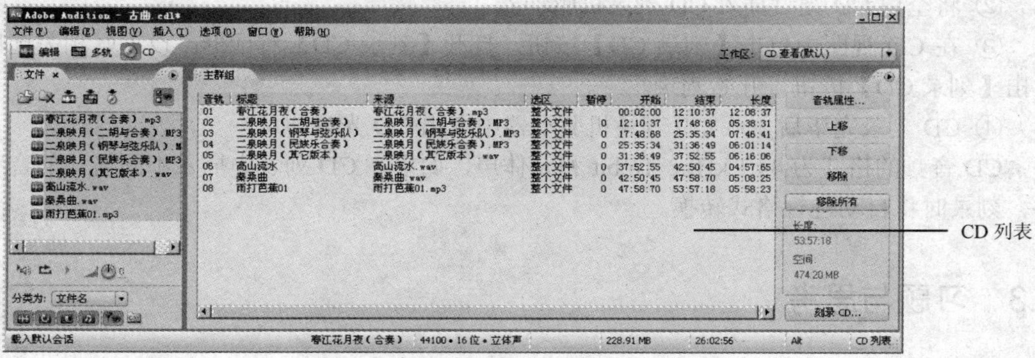

图 4-64　将音频插入 CD 轨道

2. 编辑 CD 列表

CD 列表的编辑要点如下。

① 选择音轨：单击可选择单个音轨，配合 Shift 键和 Ctrl 键单击可连续或间隔选择多

个音轨。

② 音轨排序：单击【上移】或【下移】按钮可改变选中音轨的排列顺序。

③ 移除音轨：单击【移除】按钮可移除选中的音轨；单击【移除所有】按钮可移除全部音轨。

④ 设置音轨属性：双击音轨，或从音轨的快捷菜单中选择【音轨属性】命令，从弹出的对话框中可以修改音轨标题、指定艺术家名称、设置版权保护等，如图 4-65 所示。

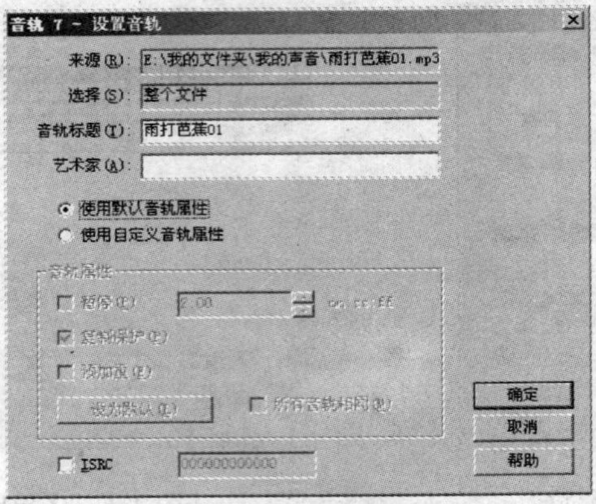

图 4-65 设置音轨属性

3. 保存 CD 列表

使用菜单命令【文件】|【保存 CD 列表】或【另存 CD 列表为】，可以将 CD 列表中的音轨设置保存为 CDL 格式的文件。必要时可重新打开 CDL 文件，对其中的音轨列表进行再使用。

4. 刻录 CD

CD 刻录的操作要点如下。

① 在 CD 视图下，选择菜单命令【选项】|【CD 设备属性】，打开【CD 设备属性】对话框，从中选择 CD 刻录机驱动器、设置缓存大小和刻录速度。

② 将空白 CD 光盘插入 CD 刻录机驱动器。

③ 在 CD 视图中单击【刻录 CD】按钮，打开【刻录 CD】对话框。设置好相关选项，单击【刻录 CD】按钮，开始刻录。

④ CD 刻录完毕后，从 CD 刻录机驱动器中取出 CD 光盘即可。

CD 音频的格式为 44.1 kHz、16 bit 和立体声，如果在 CD 列表中插入不同格式的音频文件，刻录时将自动进行格式转换。

4.3 习题与思考

一、选择题

1. CD 音频是以 44.1 kHz 的采样频率、16 位的量化位数将模拟音乐信号数字化得到的立体声音频，以音轨的形式存储在 CD 上，文件格式为________。

A. *.cdl　　B. *.mid

C. *.ra　　D. *.cda

2．以下软件不属于音频处理软件的是_________。

A．Ulead Video Editor　　B．Adobe Audition

C．Samplitude2496　　D．Cakewalk

3．根据多媒体计算机产生数字音频方式的不同，可将数字音频划分为三类。以下哪一类除外_________。

A．波形音频　　B．MIDI 音频

C．流式音频　　D．CD 音频

4．影响数字音频质量的主要因素有 3 个，以下_________除外。

A．声道数　　B．振幅　　C．采样频率　　D．量化精度

5．Adobe Audition 提供了 3 种专业的视图，以下_________除外。

A．编辑视图　　B．CD 视图　　C．多轨视图　　D．浏览视图

二、填空题

1．_________就是将采样得到的数据表示成有限个数值（每个数值的位数也是有限的），以便在计算机中进行存储。而_________指的是用多少个二进制位（bit）来表示采样得到的数据。

2．_________音频更能反映人们的听觉感受，但需要两倍的存储空间。

3. 所谓_________，就是用一定位数的二进制数值来表示由采样和量化得到的音频数据。在不进行压缩的情况下，将音频数据编码存储所需磁盘空间的计算公式为：存储容量（字节）＝_________×量化位数×声道数×时间/8（字节）。

4．MIDI 音频文件中记录的是一系列_________，而不是波形信息，它对存储空间的需求要比波形音频小得多。

5．在多轨视图下，使用菜单命令【剪辑】|【_________】可以裁切掉素材片段上选区左右两侧的部分。

6．_________命令可将当前剪贴板中的波形或其他音频文件的波形与当前波形以指定的方式进行混合。

7．通过菜单【编辑】|【_________】下的子菜单选项将素材合并到新的轨道。通过菜单【编辑】|【_________】下的子菜单选项将素材混缩到新的音频文件，并切换到编辑视图下打开。

8．Adobe Audition 3.0 是一款专业的音频制作与配音软件，提供了比 Premiere Pro 更为完善的_________配音环境。

三、思考题

1．通过查阅其他相关书籍或通过网络帮助，了解常用的音频处理软件还有哪些；这些软件在功能上与 Audition 3.0 有何不同。

2．通过查阅其他相关书籍或通过网络帮助，了解在使用计算机录音和放音的过程中，音频的模拟信号与数字信号是如何转化的；实现音频模/数（A/D）转化的主要硬件设备有哪些？

四、操作题

使用 Adobe Audition 3.0 录制一段声音（诗歌或散文），并对录制的声音进行处理（裁切、除噪、调整音量等）。选择合适的乐曲为录音添加背景音乐。

以下是操作提示。

（1）将录音话筒与计算机正确连接。

（2）对【音量控制】窗口进行设置：属性改为录音，并选择麦克风，适当调整音量。

（3）使用 Adobe Audition 3.0 录音。

（4）对录制的声音进行处理。

（5）打开相关的乐曲，为录音添加背景音乐（背景音乐的长度、完整性、音量及淡入淡出效果要做适当处理）。

（6）保存会话文件，并导出 MP3 格式的混缩音频文件。

第 5 章 视 频 处 理

5.1 数字视频简介

传统的录像机、摄像机等设备产生的是模拟视频信号，要想在计算机中编辑这类视频，必须使用视频卡将模拟视频信号转化为数字视频信号，保存到计算机存储器中。当然，也可以使用数字录像机、DV 摄像机等新型影音设备直接获取数字视频信号。如图 5-1 所示的是松下 NV-GS78GK 数码摄像机。

图 5-1 数码摄像机

本章所谓的“视频信号的处理”，指的是对保存在计算机中的数字视频信号的处理。

数字视频是多媒体计算机系统和现代家庭影院的主要媒体形式之一。了解数字视频的压缩原理和相关的一些基本概念，对数字视频的应用有很大的帮助；掌握数字视频的一些基本处理方法，将会给工作与生活带来不少乐趣。本节介绍数字视频的常用文件格式、数字视频的压缩原理、数字视频的获取途径与基本处理方法、常用的视频处理软件。

5.1.1 常用的视频文件格式

一般来说，不同的压缩编码方式决定了数字视频的不同文件格式。常用的数字视频文件格式包括 AVI、MOV、MPEG、DAT、RM 和 WMV 等多种。这些文件格式又分为两类：影像格式和流格式。

1. AVI 格式

AVI 格式即音频-视频交错（Audio-Video Interleaved，AVI）格式。所谓“音频-视频交错”，顾名思义，是指将视频信号和音频信号混合交错地储存在一起，以便同步进行播放。

AVI 格式是 Windows 系统中的通用格式，属有损压缩，压缩比较高，但画质不是太好。尽管这样，由于其通用性好、调用方便等优点，AVI 文件的应用仍然十分广泛（主要用于在多媒体光盘上存储电影、电视等影像信息）。一般可使用 Windows 的媒体播放机观看 AVI 视频。

2. MOV 格式

MOV 格式原本是 Apple 公司的 QuickTime 软件的视频文件格式，后来随着 QuickTime 软件向 PC/Windows 环境的移植，导致了 MOV 视频文件的流行。目前，可以使用 PC 上的 QuickTime for Windows 软件播放 MOV 视频。

MOV 格式属于有损压缩格式。与 AVI 格式相同，也采用了音频视频混排技术，但质量要比 AVI 格式好。

3. MPEG 格式

MPEG 格式采用了 MPEG 有损压缩算法，压缩比高，质量好，又有统一的格式，兼容性好。MPEG 成为目前最常用的视频压缩格式，几乎被所有的 PC 平台所支持。文件扩展名为 MPEG、MPG 等。

MPEG 标准已经成为一个系列，自从颁布之日起，已陆续出台了 MPEG-1、MPEG-2 和 MPEG-4 等多种压缩方案。其中 MPEG-4 具有更多优点，其压缩率可以超过 100 倍，而仍旧保持极佳的音质和画质；因此可利用最少的数据，获取最佳的音像质量。目前，MPEG 专家组又推出了专门支持多媒体信息且基于内容检索的编码方案 MPEG-7 及多媒体框架标准 MPEG-21，其发展潜力不可限量。

MPEG 格式的平均压缩比为 50：1，最高可达 200：1，压缩率之高由此可见一斑。对于同样的一段视频，在播放窗口设为相同大小的情况下，保存为 MPEG 格式要比保存为 AVI 格式节省很多的空间。

4. DAT 格式

DAT 是 VCD 数据文件的扩展名。DAT 格式采用的也是 MPEG 有损压缩，其结构与 MPEG 格式基本相同。标准 VCD 视频的单帧图像的大小为 352×240 像素，和 AVI 格式或 MOV 格式相差无几，但由于 VCD 的帧速率要高得多，再加上有 CD 音质的伴音，使得 VCD 视频的整体播放效果要比 AVI 或 MOV 视频好得多。

5. RM 格式

RM 格式是 Real Networks 公司开发的一种流式视频格式，其扩展名为 RM、RAM 等。Realplayer 工具是播放 RM 视频的最佳选择，使用该工具在网上收看 RM 视频时，采用的是“边下载边播放”的方式，克服了传统视频“只有将所有数据从服务器上下载完毕才能播放”的缺点。由于传输过程中所需带宽很小，RM 视频已被广泛应用于网络。

6. WMV 格式

WMV 格式是 Microsoft 公司开发的一种流式视频格式，它所采用的编码技术比较先进，对网络带宽的要求比较低，同时对主机性能的要求也不高。WMV 格式能够实现影像数据在 Internet 上的实时传送。WMV 是 Windows 的媒体播放机所支持的主要视频文件格式。

5.1.2　数字视频的压缩

数据压缩就是对数据重新进行编码。通过重新编码，去除数据中的冗余成份，在保证质量的前提下减少需要存储和传送的数据量。根据视频数据的冗余类型（视觉冗余、空间冗余和时间冗余），其压缩编码方法有以下 3 种。

1．视觉冗余编码

视频图像中存在着视觉敏感区域和不敏感区域，在编码时可以通过丢弃不敏感区域的数据来压缩视频信息。

2．空间冗余编码

视频图像中相邻的像素或像素块间的颜色值存在着高度的相关性，利用这种在空间上存在冗余的特性对视频进行压缩编码的方法称为空间冗余编码，也称为空间压缩或帧内压缩（编码是在每一幅帧图像内部独立进行的）。其缺点是压缩率较低，压缩比仅 2～3 倍。

3．时间冗余编码

视频的帧序列中相邻图像之间存在相关性。具体来讲，视频的相邻帧往往包含相同的背景和运动对象，只不过运动对象所在的空间位置略有不同，所以后一帧画面的数据与前一帧画面的数据有许多共同之处，这种共同性是由于相邻帧记录了相邻时刻的同一场景画面，所以称为时间冗余。同理，视频信息的语音数据中也存在着时间冗余。利用这种在时间上存在冗余的特性对视频进行压缩编码的方法称为时间冗余编码。由于时间冗余编码中只考虑相邻图像间变化的部分，因此压缩率很高。

视频图像压缩的一个重要标准就是 MPEG，它是针对运动图像而设计的，是运动图像压缩算法的国际标准。MPEG 标准分成 MPEG 视频、MPEG 音频和 MPEG 系统（视频、音频同步）三大部分。MPEG 算法除了对单幅图像进行帧内编码外，还利用图像序列的相关特性去除帧间图像冗余，大大提高了视频图像的压缩比。

总体来说，MPEG 在三个方面优于其他压缩/解压缩方案。首先，由于它一开始就是作为一个国际化的标准来研究制定的，所以，MPEG 具有很好的兼容性。其次，MPEG 能够比其他算法提供更好的压缩比，最高可达 200∶1。最后更重要的是，MPEG 在提供高压缩比的同时，对数据的损失很小。

5.1.3　常用的视频处理软件

数字视频信息的处理包括视频画面的剪辑，转场、抠像、滤镜、运动等特效的施加，标题与字幕的创建和配音等。

常用的视频处理软件有 Ulead Video Editor、Ulead Video Studio（绘声绘影）、Adobe Premiere、Adobe After Effects 等。

1．Ulead Video Editor

Ulead Video Editor 是友立公司生产的数码影音套装软件包 Media Studio Pro 中的软件之一，是一款准专业的数码视频编辑软件。Video Editor 提供了强大的视频编辑功能和丰富多彩的视频特效，学习起来也非常简便，有立竿见影之功效。

除了 Video Editor 之外，Media Studio Pro 软件包还包括 Audio Editor（音频编辑）、Video

Capture（视频捕获）等软件。

2．Ulead Video Studio

Ulead Video Studio 即绘声绘影，是一款专门为个人及家庭设计的比较大众化的影片剪辑软件。绘声绘影首创双模式操作界面，无论是入门新手还是高级用户，都可以根据自己的需要轻松体验影片剪辑与制作的乐趣。

绘声绘影提供了向导式的编辑模式，操作简单、功能强大；具有捕获、剪辑、转场、滤镜、叠盖、字幕、配乐和刻录等多重功能。可方便快捷地从 MV、DV、TV 等设备拍摄的如个人写真、旅游记录、宝贝成长、生日派对、毕业典礼等视频素材，剪辑出具有精彩创意的影片，并制作成 VCD、DVD 影音光碟，与亲朋好友一同分享。

3．Adobe Premiere

在众多的影视类编辑软件中，Adobe 公司推出的 Premiere 当数其中的佼佼者。该软件可用于视频和音频的非线性编辑与合成，特别适合处理由数码摄像机拍摄的影像；其应用领域有影视广告片制作、专题片制作、多媒体作品合成及家庭娱乐性质的计算机影视制作（如婚庆、家庭和公司聚会）等。Adobe premiere 不仅适合初学者使用，而且完全能够满足专业用户的各种要求，属于典型的简单易用类专业软件。

要想成为出色的多媒体和影视制作人，Adobe Premiere 是必须要掌握的软件。

4．Adobe After Effects

Adobe After Effects 是目前比较流行的功能强大的影视后期合成软件。与 Premiere 不同的是，它比较侧重于视频特效加工和后期包装，是视频后期合成处理的专业非线性编辑软件。主要用于电影、录像、DV、网络上的动画图形和视觉效果设计。

After Effects 拥有先进的设计理念，能够与 Adobe 的其他产品 Photoshop、Premiere 和 Illustrator 进行很好地集成。另外，还可以通过插件桥接，与 3ds max、Flash 等软件通用。

5.2 非线性视频编辑大师 Adobe Premiere Pro 2.0

Premiere Pro 2.0 是由 Adobe 公司推出的一款非常优秀的非线性视频编辑软件，是当今业界最受欢迎的视频编辑软件之一。

非线性编辑的硬件平台主要有 3 种：SGI（图形工作站）平台、MAC（苹果计算机）平台（不支持 Premiere Pro 2.0）和 PC 平台。非线性编辑技术主要包括图层、通道、遮罩、特效（如滤镜、转场、运动等）、键控（即抠像）、关键帧等技术。

5.2.1 启动 Premiere Pro 2.0，新建项目文件

启动 Premiere Pro 2.0，进入欢迎界面，如图 5-2 所示。单击【新建项目】按钮，打开【新建项目】对话框，如图 5-3 所示。

在【装载预置】选项卡中选择一种预置模式，输入项目名称，选择文件的保存位置。切换到【自定义设置】选项卡中，在预置模式的基础上根据需要修改参数：选择桌面编辑模式 Desktop，自定义屏幕大小等参数，如图 5-4 所示。

图 5-2 欢迎界面

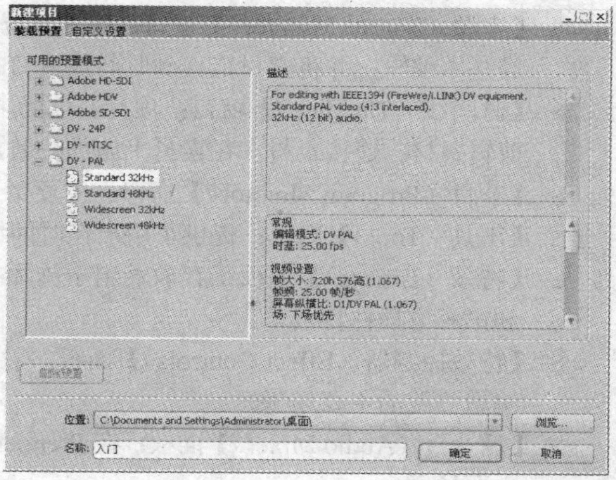

图 5-3 【新建项目】对话框

单击【确定】按钮，新项目创建完成，并进入 Premiere Pro 2.0 的默认工作界面，如图 5-5 所示。

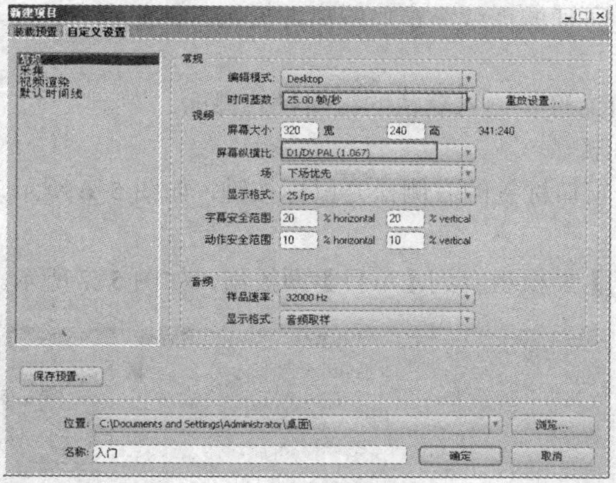

图 5-4 自定义项目设置

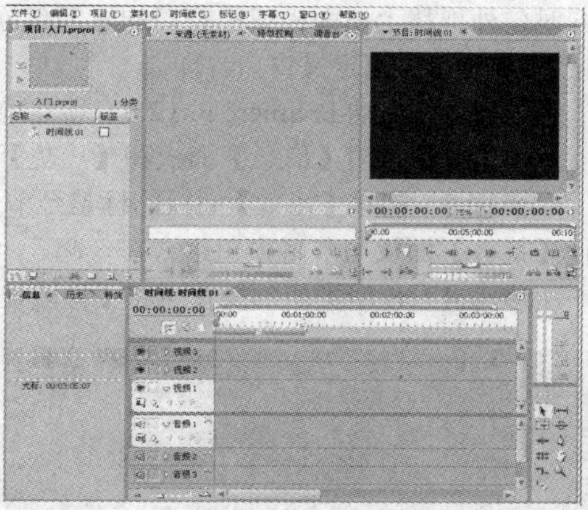

图 5-5 默认项目编辑环境

5.2.2 窗口组成与界面布局

Premiere Pro 2.0 根据用户的不同需要，提供了 4 种预设的窗口界面模式：编辑（Editing）模式、特效（Effects）模式、音频（Audio）模式和颜色修正（Color Correction）模式。可以通过选择菜单【窗口】|【工作窗口（Workspace）】下的相应命令实现不同界面模式间的切换。

Premiere Pro 2.0 的工作界面由各种小窗口与面板组成，通常由几个小窗口或面板组合成一个面板组。

- 【项目（Project）】窗口：用于导入、存放和管理素材。在项目窗口中双击某一素材，可以在来源窗口中打开并进行预览。

- 【来源（Source Monitor）】窗口：用于预览原始素材，标记素材、设置素材的出入点等基本编辑；并将素材拖移到时间线窗口的指定位置。
- 【时间线（Timeline）】窗口：项目文件的主要编辑场所。可以按时间顺序排列素材，剪辑素材、连接素材，在素材上施加特效，进行轨道叠盖等操作。
- 【节目（Program Monitor）】窗口：主要用于预览视频项目编辑合成的最终效果。
- 【工具（Tool）】面板：提供了用户在时间线窗口编辑操作的常用工具。
- 【特效（Effects）】面板：存放着用于施加在音频视频素材上的各种特效、预设特效和第三方插件特效。
- 【特效控制器（Effect Controls）】面板：对施加在音频、视频素材上的各种特效进行编辑修改的主要场所。
- 【调音台（Audio Mixer）】面板：在 Premiere Pro 2.0 环境中进行录音和对音频编辑的主要场所。
- 【信息（Info）】面板：显示当前选中素材的各种信息。
- 【历史（History）】面板：存放着对项目文件已经完成的所有操作的历史记录；必要时可以很方便地撤销与恢复操作。

用户可以根据需要和操作习惯对不同的面板组进行拆分并重新组合。若按住 Ctrl 键不放，同时向外拖移上述面板或小窗口的标签部位，可使面板或小窗口脱离面板组，变成浮动形式。

【实例 1】 自定义窗口界面。

步骤 1 启动 Premiere Pro 2.0，新建项目文件，进入默认的编辑模式界面。

步骤 2 关闭【信息】面板和【历史】面板。

步骤 3 拖移【特效】面板的标签至节目窗口标签的右侧松开鼠标按键，如图 5-6 所示，使【特效】面板与节目窗口组合在一起。

步骤 4 使用类似的操作再将【特效控制】面板组合到【节目】面板组，如图 5-7 所示。

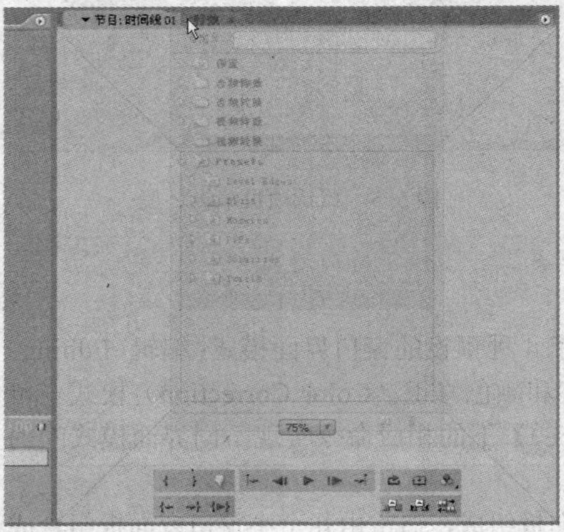

图 5-6 组合节目窗口与【特效】面板

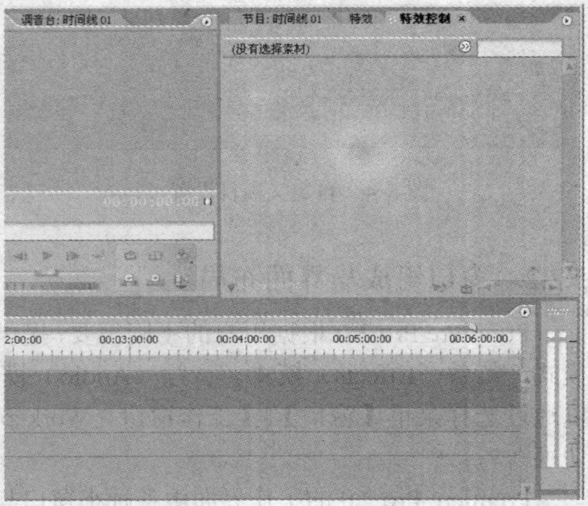

图 5-7 将【特效控制】面板组合到【节目】面板组

步骤 5 将节目窗口组合到【来源】面板组，如图 5-8 所示。

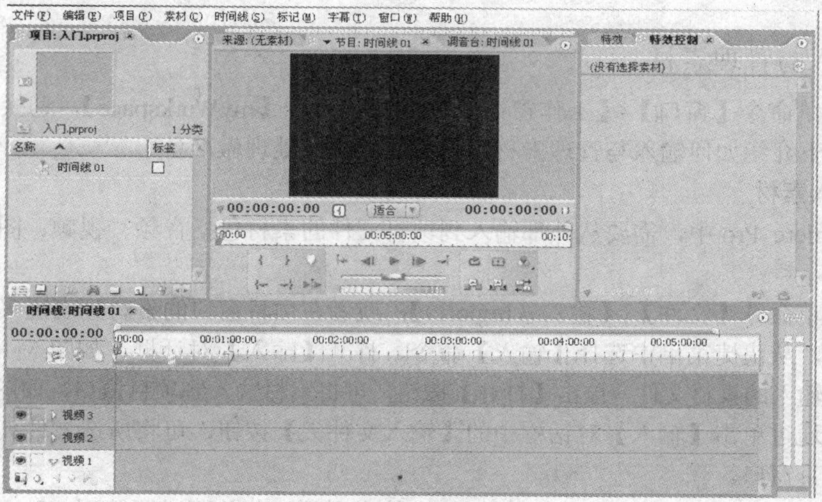

图 5-8　将节目窗口组合到来源面板组

步骤 6　将【工具】面板拖移到程序窗口的左下角，拖动其右边界使面板宽度缩小到合适大小，如图 5-9 所示。

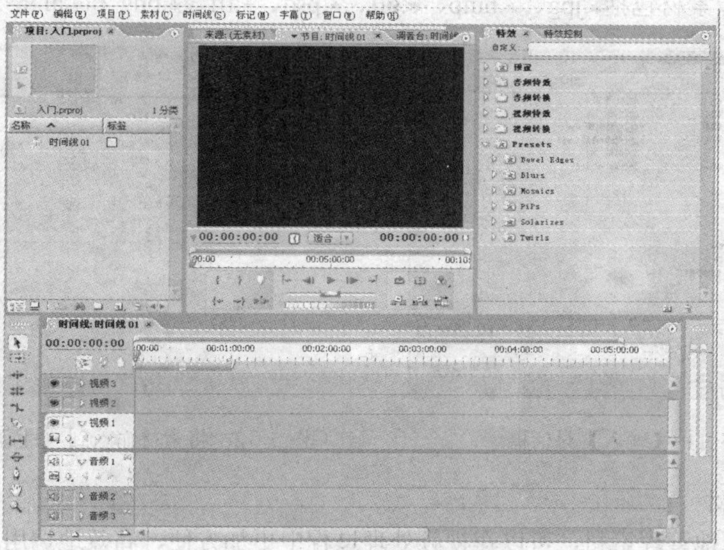

图 5-9　调整【工具】面板的位置和大小

步骤 7　选择菜单命令【窗口】|【工作窗口（Workspace）】|【保存工作窗口】，打开【保存工作空间】对话框，如图 5-10 所示。输入自定义工作界面名称“myWorkspace”，单击【保存】按钮。

步骤 8　再次选择菜单命令【窗口】|【工作窗口（Workspace）】，可以看到“myWorkspace”命令已经包含在其中，以后可随时选择该命令，切换到上述自定义窗口界面。

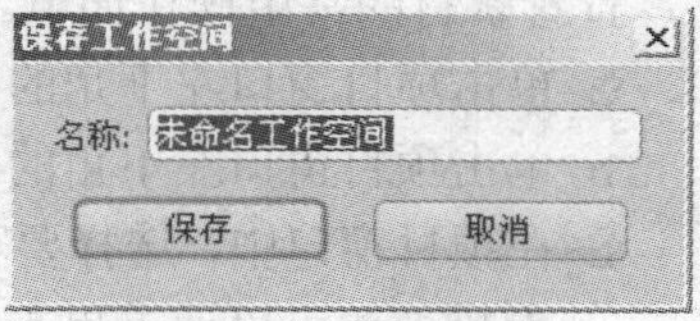

图 5-10　【保存工作空间】对话框

5.2.3　输入与管理素材

选择菜单命令【窗口】|【工作窗口（Workspace）】|【myWorkspace】，切换到自定义窗口界面。以下介绍如何输入与管理素材，为后面的视频处理做准备。

1．输入素材

在 Premiere Pro 中，需要从外部输入到项目文件的素材包括音频、视频、图形图像等类型。

选择菜单命令【文件】|【输入（Import）】；或者在项目窗口的素材列表区（或图标区）空白处右击，从快捷菜单中选择【输入】命令，打开【输入】对话框，如图 5-11 所示。

选择要输入的素材文件，单击【打开】按钮，可将素材输入到项目窗口，如图 5-12 所示。

此外，通过单击【输入】对话框中的【输入文件夹】按钮，可将所选文件夹中的素材一起输入到项目窗口。

值得注意的是，通过【输入】对话框的文件类型下拉菜单可以了解到，Premiere Pro 2.0 允许输入以下类型的素材。

- 视频素材包括*.avi、*.mov、*.wmv 和*.mpeg 等文件类型。
- 音频素材包括*.wav、*.wma、*.mp3 和*.mpg 等文件类型。
- 图形图像素材包括*.jpg、*.bmp、*.gif、*.psd、*.tif、*.png 和*.ai 等文件类型。

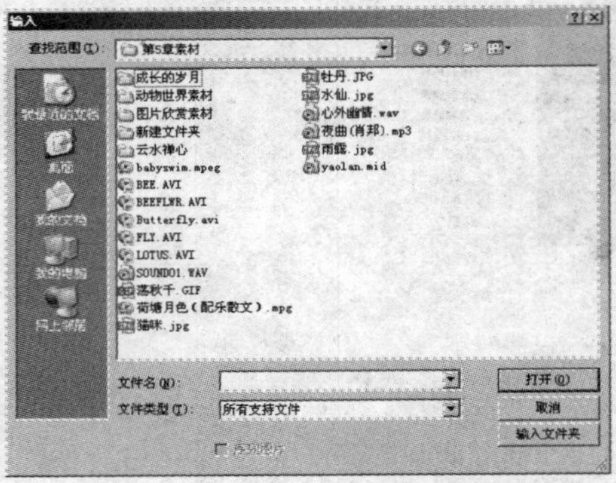

图 5-11　【输入】对话框

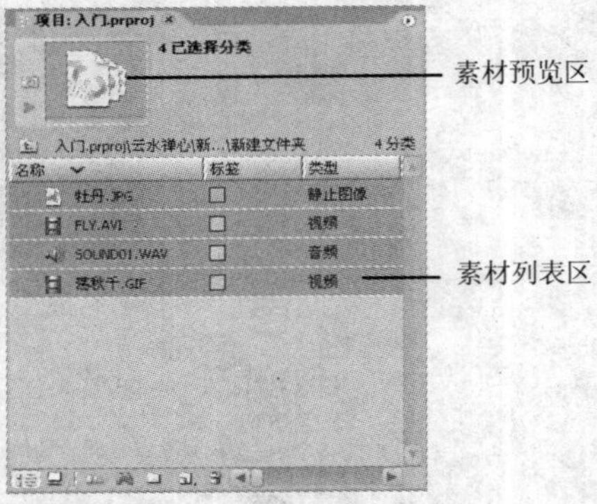

图 5-12　将素材输入到项目窗口

2．管理素材

科学、系统地管理素材，可以在视频处理过程中更加方便、高效地调用素材，提高工作效率。

1）查看素材

查看素材的常用操作如下。

- 单击项目窗口左下角的⁝≡按钮，以列表方式显示素材。
- 单击项目窗口左下角的☐按钮，以图标方式显示素材。
- 在项目窗口中，选择要查看的素材，可在素材预览区查看其内容。如果是视频或音频素材，还可以通过单击素材预览区左侧的“播放”按钮▶播放素材。
- 在项目窗口中，双击要查看的素材，或将素材直接拖移到来源窗口，可在来源窗口中查看素材，并利用来源窗口中的“播放”按钮▶播放音频或视频素材。

➘ 在项目窗口的素材列表区右击某一素材，从快捷菜单中选择【属性】命令，打开【属性】面板，如图 5-13 所示，查看该素材文件的详细信息。

2）素材分类

在项目窗口中对素材进行分类的方法如下。

步骤 1　在项目窗口中通过单击“新建”按钮▭，新建各类素材文件夹。

步骤 2　将不同素材拖移到对应类型的文件夹名称上（可选中多个素材一起拖移），如图 5-14 所示。

步骤 3　若素材归类有误，可将该素材拖移到正确类型的文件夹名称上。

步骤 4　选择某个素材文件夹，使用【文件】|【输入】命令可将素材输入到该文件夹。

3）重命名素材

在项目窗口，可采用下列方法之一重新命名素材或素材文件夹。

① 在素材或素材文件夹名称上右击，从快捷菜单中选择【改名】命令，输入新名称，按 Enter 键。

② 选中素材或素材文件夹后，单击素材或素材文件夹的名称，进入名称编辑状态，输入新名称，按 Enter 键。

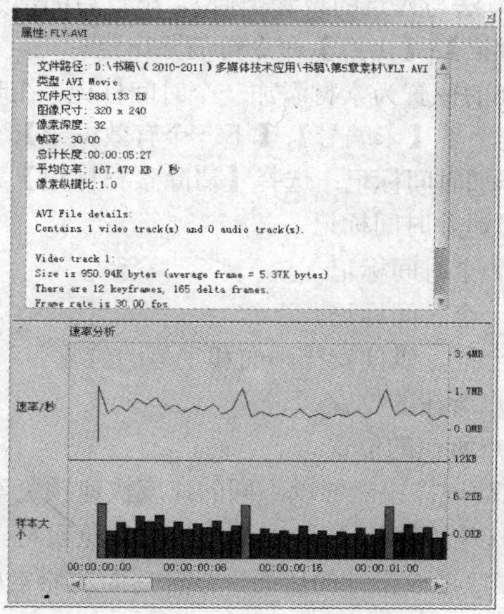

图 5-13　查看视频素材的属性

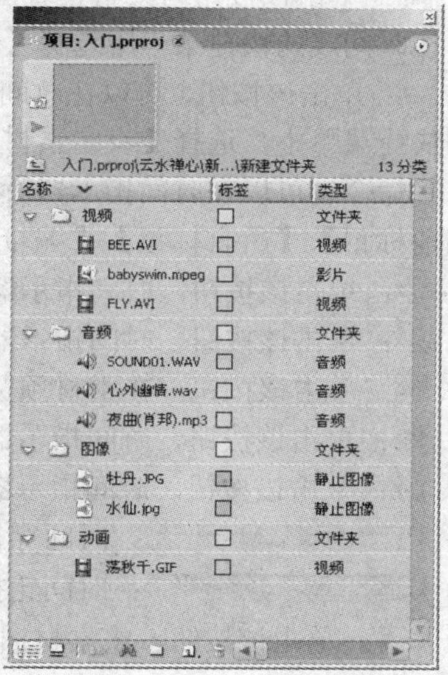

图 5-14　分类素材

5.2.4　编辑素材

编辑素材是视频处理与合成的基础。在 Premiere Pro 中，来源窗口、时间线窗口和节目窗口是对素材进行编辑加工的三个重要场所。其中尤以时间线窗口最为重要。

1. 在来源窗口编辑素材

在将原始素材插入轨道之前，可以首先在来源窗口预览素材内容，并进行必要的编辑处理。如设置入点与出点，以规定插入轨道的素材范围；设置素材标记，以便快速查找到素材的特定片段等。这些操作主要是依靠来源窗口底部的控制按钮完成的，如图 5-15 所示。

图 5-15　来源窗口

➢ 适合：单击该按钮，设置在素材预览区素材显示的比例。

➢ ：在来源窗口中预览素材时，单击该按钮可以在时间指示器所在的位置为素材设置入点。入点前的部分被裁剪掉。可以在素材播放的过程中设置入点。在时间线的快捷菜单中选择【清除素材标记】|【入点】命令可清除入点标记。

➢ ：单击该按钮为素材设置出点（操作方法与入点的设置类似）。出点后的部分被裁剪掉。在时间线的快捷菜单中选择【清除素材标记】|【出点】命令可清除出点标记。

➢ ：单击该按钮，可以在时间指示器所在的位置为素材添加一个时间标记。在时间线的右键快捷菜单中，选择【设定素材标记】菜单下的【未编号】、【下一个有效编号】、【其他编号】等命令也可以在时间指示器所在的位置添加时间标记；选择【清除素材标记】菜单下的【当前标记】、【所有标记】、【编号】等命令可清除时间标记。

➢ ：单击该按钮，时间指示器跳转到上一个时间标记。

➢ ：单击该按钮，时间指示器跳转到下一个时间标记。

➢ ：单击该按钮，在素材预览区显示安全框，以便安排画面和字幕的位置。

➢ ：单击该按钮，时间指示器跳转到入点所在的位置。

➢ ：单击该按钮，时间指示器跳转到出点所在的位置。

➢ ：时间穿梭按钮。拖动该按钮能够以不同的速度快速预览素材。

➢ ：时间轮按钮。拖动该按钮可以比较方便地快速预览素材。

➢ ：单击该按钮，将素材插入时间线窗口播放指针的后面，指针后面的原素材依次后移。

➢ ：单击该按钮，将素材插入时间线窗口播放指针的后面，指针后面的原素材被覆盖。

➢ ：单击该按钮，选择素材的显示模式。有多种波形显示方式。

除了使用或按钮从来源窗口向时间线窗口插入素材外，还可以将素材从来源窗口的素材预览区或项目窗口直接拖移到时间线窗口的对应轨道中。

2．在时间线窗口编辑素材

Premiere Pro 2.0 的时间线窗口如图 5-16 所示，它是素材编辑与视频合成的主要场所。

1）定位播放指针

在时间线窗口，水平拖移播放指针的头部，或在标尺的某个位置单击，可改变播放指针的位置。

在时间线窗口左上角的时间标志 00:00:06:20（表示当前播放指针的位置，格式为“时：分：秒：帧”）上单击，进入编辑状态，输入新的时间值，按 Enter 键，可精确定位播放指针。

2）选择与移动素材

在如图 5-17 所示的工具面板上选择“选择工具”。

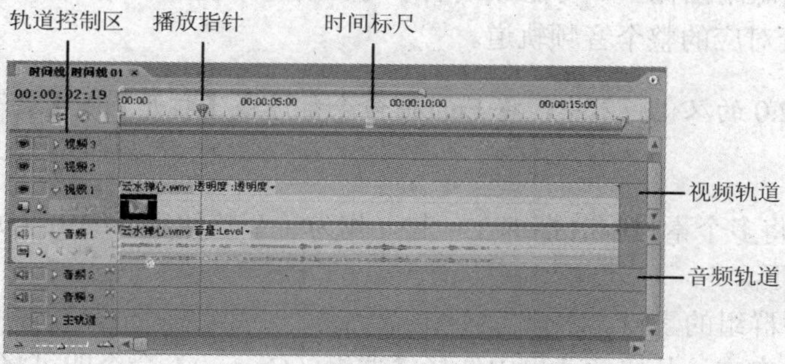

图 5-16　时间线窗口

图 5-17　【工具】面板

- 选择素材：在素材片段上单击可选择单个素材；按 Shift 键单击可加选素材；通过在轨道上拖移光标可框选素材。
- 随意移动素材：在同一轨道内或同类轨道间拖移选中的素材，可改变素材的位置。
- 精确定位素材：选择时间线左上角吸附按钮，将播放指针精确定位于某一时间点，通过拖移素材使之吸附到播放指针。

3）裁切素材

裁切素材就是将素材多余的部分裁剪掉，或将裁剪掉的部分恢复过来。可采用下列方法之一裁切素材。

- 在【工具】面板上选择“选择工具”，将光标停放在素材的左右边缘上，指针变成或形状，按下左键左右拖移，可对素材进行裁切。在拖移延长音频或视频素材时，素材片段的长度不能超过其原始素材的长度。
- 在【工具】面板上选择“波纹编辑工具”，使用类似的操作方法裁切素材。与选择工具的不同之处在于，使用波纹编辑工具裁切素材后，同一轨道上后续素材的位置会产生相应的变化，使得素材间距保持不变。

4）分割素材

在工具面板上选择“剃刀工具”，将光标定位于素材上要分割的位置（可事先用播放指针进行精确定位），单击即可将素材分割成两部分，每一部分都可以进行单独编辑。

5）复制与粘贴素材

在时间线窗口复制与粘贴素材的方法如下。

步骤 1　在轨道上选择要复制的素材。

步骤 2　选择菜单命令【编辑】|【复制】或按 Ctrl+C 键复制素材。

步骤 3　将播放指针定位于要添加素材的时间点。

步骤 4　选择菜单命令【编辑】|【粘贴】或按 Ctrl+V 键将素材粘贴到同一轨道上播放指针所在的位置。

6）暂时关闭或启用素材

在视频项目的编辑中，有时需要暂时停用某素材，以便在节目窗口查看其余素材的当前编辑效果。此时只需在要停用的素材上右击，从快捷菜单中取消【打开（Enable）】命令即可。再次选择【打开（Enable）】命令，可重新启用该素材。

在轨道控制区，通过单击眼睛图标，可隐藏或显示对应的整个视频轨道；通过单击喇叭图标，可静音或取消静音对应的整个音频轨道。

注意：有些 Premiere Pro 2.0 的汉化版本中，将 Enable 命令翻译成【打开】或【激活】等。

7）群组素材

群组（Group）命令可以将多个素材临时捆绑在一起，作为一个整体进行编辑（如移动、复制、粘贴等）。操作方法如下。

步骤 1　在轨道上选择要群组的素材。

步骤 2　在选中的素材上右击，从快捷菜单中选择【群组（Group）】命令即可将这些素材组合在一起。

步骤 3　在素材群组上右击，从快捷菜单中选择【取消群组（Ungroup）】命令可解开组合。

8）设置回放速度

通过设置视频或音频剪辑的回放速度，可以获得某种特殊的效果（比如电影中的慢镜头、快速播放等）。可采用下列方法之一调整音频或视频剪辑的回放速度。

① 在时间线窗口选中相应的素材片段，选择菜单命令【素材（Clip）】|【速度/持续时间（Speed/Duration）】，或从素材的右键快捷菜单中选择相同的命令，打开【速度/持续时间】对话框，如图 5-18 和图 5-19 所示。在对话框中修改速度与持续时间参数的值即可。

② 在工具面板上选择“比例缩放工具”，将光标停放在音频或视频素材的左右边缘上，指针变成或形状，按下左键左右拖移，可快速方便地调整剪辑的回放速度。

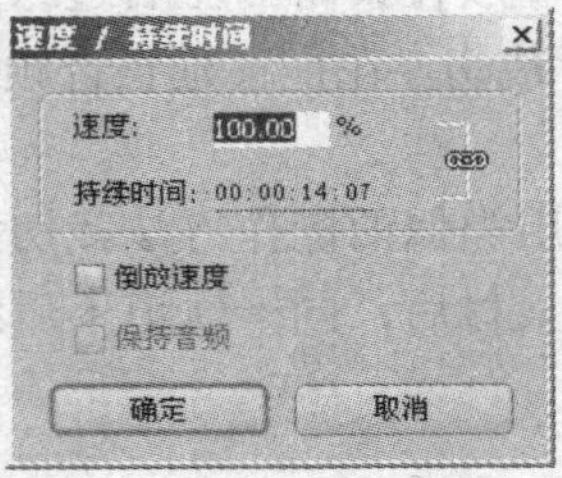

图 5-18　调整视频回放速度

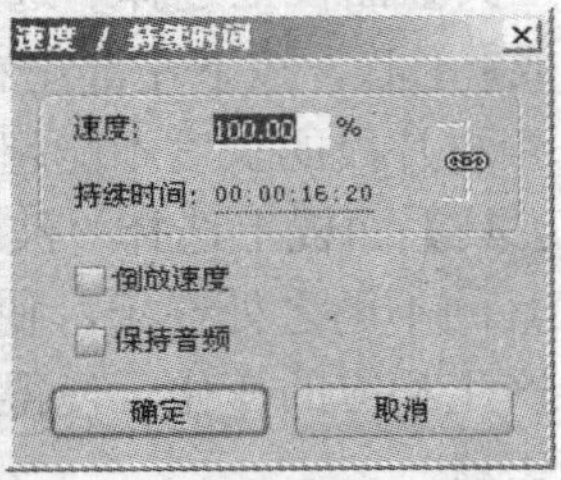

图 5-19　调整音频回放速度

9）音频与视频的链接与解除链接

将包含音频的视频素材插入某个视频轨道上时，其中的音频被放置在对应的音频轨道上。比如，视频 1（Video1）对应音频 1（Audio1），视频 2 对应音频 2，依此类推。并且音频与视频链接在一起；移动或删除其中一方，另一方必将被移动或删除。若仅需要保留其中的一方，就必须将二者分离，删除其中的另一方。举例如下。

步骤 1　在时间线轨道上选择含有音频的视频剪辑。

步骤 2　选择菜单命令【素材（Clip）】|【取消链接（Unlink）】，或从素材的右键快捷菜单中选择相同的命令。

此时，可以单独选择取消链接后的音频或视频的任何一方，按 Delete 键将其删除。

若要恢复音频与视频素材的链接，可按以下方法进行操作。

步骤 1　同时选中分离后的音频与视频。

步骤 2　选择菜单命令【素材（Clip）】|【链接（Link）】，或从素材的快捷菜单中选择相同的命令。

10）添加与删除轨道

对于比较复杂的视频项目，默认数目的轨道往往不够使用，此时可按下述方法增加轨道。

步骤 1　选择菜单命令【时间线】|【添加轨道】；或者在时间线窗口的轨道名称上右击，从快捷菜单中选择相同的命令，打开【添加轨道】对话框，如图 5-20 所示。

步骤 2　在【添加轨道】对话框中设置要添加的轨道类型、轨道数量和轨道位置，单击【确定】按钮。

对于多余的轨道，可按下述方法删除。

步骤 1　在轨道控制区单击要删除轨道的名称，将该轨道选中（若要删除所有空白轨道，则事先不用选择任何轨道）。

步骤 2　选择菜单命令【时间线】|【删除轨道】；或者在时间线窗口的轨道名称上右击，从快捷菜单中选择相同的命令，打开【删除轨道】对话框，如图 5-21 所示。

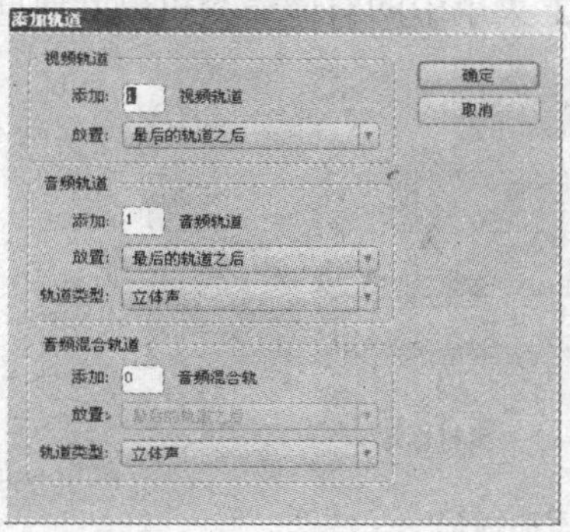

图 5-20　【添加轨道】对话框

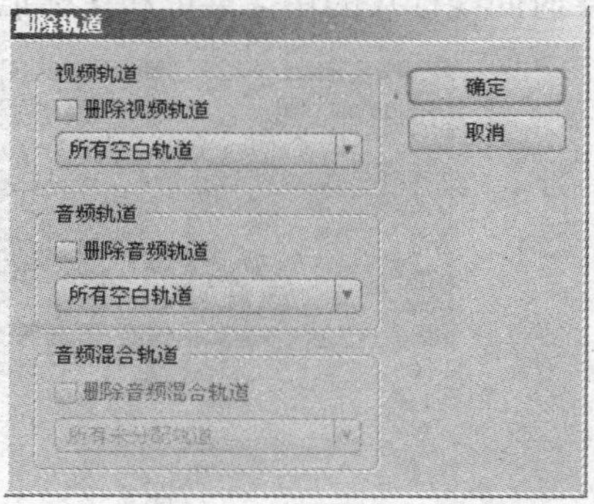

图 5-21　【删除轨道】对话框

步骤 3　在【删除轨道】对话框中选择要删除的轨道类型（其中“目标轨道”即当前选中的轨道），单击【确定】按钮。

11）轨道的锁定与隐藏

锁定轨道的目的是保护轨道上的素材，以免遭到破坏。

若要锁定轨道，只要在相应轨道名称左侧的空白方框上单击即可。此时空白方框内出现锁定标志，如图 5-22 所示。

轨道锁定后，轨道上的所有素材禁止编辑修改。要取消锁定，只需在轨道锁定标志上单击即可。

图 5-22　锁定视频轨道

对于视频轨道，隐藏轨道的目的是在节目窗口隐藏轨道上的素材画面，以查看或编辑其他视频轨道上的素材。对于音频轨道，隐藏轨道的目的是试听或编辑其他音频轨道上的素材。

在视频轨道名称左侧的眼睛图标上单击可暂时隐藏视频轨道。此时眼睛图标消失。在原位置再次单击，可重新显示视频轨道。

在音频轨道名称左侧的喇叭图标上单击可暂时关闭该轨道上的所有音频。此时喇叭图标消失。在原位置再次单击，可重新启用音频轨道。

12）添加时间标记

在时间线窗口，时间标记可以使用户快速准确地访问特定的素材片段或帧；还可以使其他素材与标记点对齐。

添加时间标记的方法如下。

步骤 1 在时间线窗口将播放指针定位在时间标尺的指定位置。

步骤 2 单击时间线窗口左上角的按钮，添加无序编号的时间标记。也可以使用菜单【标记（Marker）】|【设定时间线标记（Set Sequence Marker）】下的相应命令添加多种类型的标记，如图 5-23 所示。

在时间线上双击时间标记；或选择【标记（Marker）】菜单中的对应命令，可对时间标记进行编辑修改。

使用 时间线标尺的快捷菜单和【标记（Marker）】菜单中的对应命令可删除时间标记。

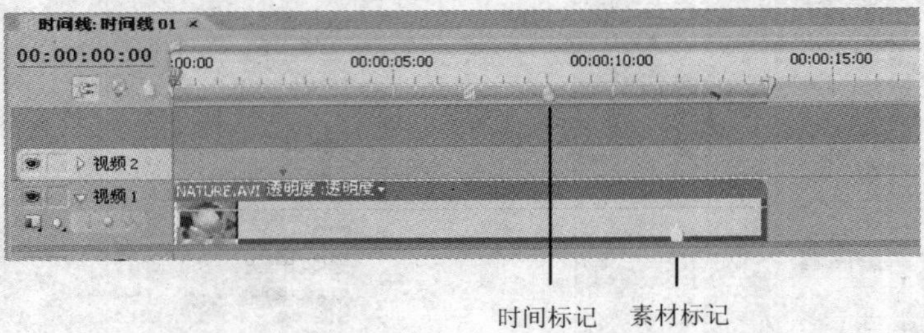

图 5-23 在时间线窗口添加标记

3. 在节目窗口编辑素材

利用节目窗口，可以对插入时间线轨道的素材进行处理，方法大多与来源窗口类似；只是在素材编辑中，节目窗口一般要配合特效控制窗口一起使用。另外，利用节目窗口还可以对时间线轨道上的素材进行以下处理。

1）改变素材大小

当输入素材的像素尺寸与节目窗口的大小不一致时，或者要创建视频特殊效果（如画中画效果）时，需要修改素材的像素尺寸。操作如下。

步骤 1 在节目窗口，鼠标单击选择要缩放的素材，显示变换控制框，如图 5-24 所示。

步骤 2 鼠标拖移控制框四个角的控制块，可成比例缩放素材；拖移控制框每个边中点的控制块，可单方向改变素材画面的大小。

步骤 3 在变换控制框的外面（距离边框稍微远一点）单击，隐藏控制框。

当素材画面较大时，可能看不到或不能全部看到变换控制框，从而无法进行缩放、旋转等操作。此时，可适当减小节目窗口的显示比例。

2）移动和旋转素材

为了创建视频特殊效果，有时需要改变素材的位置和角度。操作如下。

步骤 1 在节目窗口，鼠标单击素材画面，显示变换控制框。

步骤 2 鼠标在控制框内拖移可移动素材；在控制框外围四个角的控制块附近沿逆时针或顺时针方向拖移，可旋转素材，如图 5-25 所示。

图 5-24 素材变换控制框

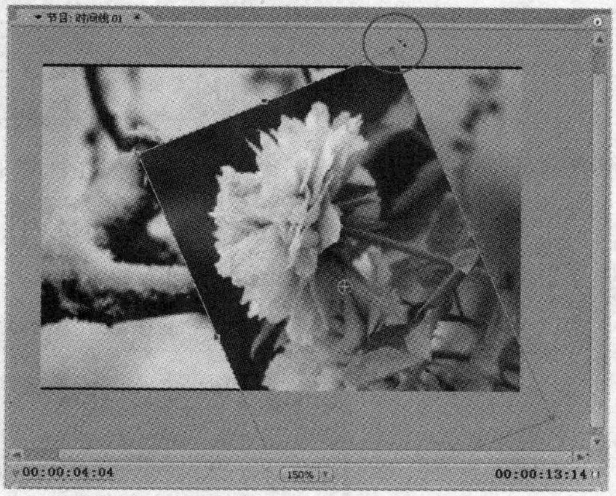

图 5-25 旋转素材

【实例 2】视频中的画面缩放与旋转特效制作。

步骤 1 启动 Premiere Pro 2.0，新建项目文件，参数设置如图 5-26 所示。

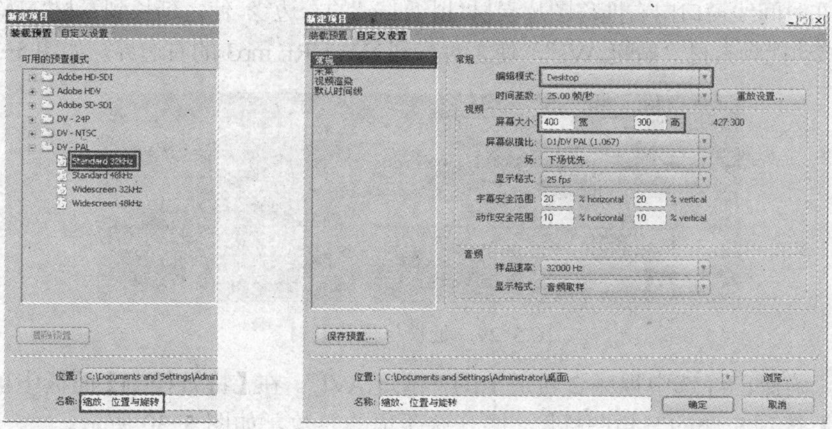

图 5-26 新建项目文件

步骤 2 使用菜单命令【文件】|【输入】导入“第 5 章素材”下图片素材\报纸.jpg”、音频素材 NATURE.mp3、视频素材“蜻蜓.AVI”和“蜜蜂.AVI”。

步骤 3 在项目（Project）窗口的素材列表中分别双击“报纸.jpg”、“蜻蜓.AVI”、“蜜蜂.AVI”与“NATURE.mp3”，从来源窗口中浏览或试听素材。

步骤 4 将图片素材“报纸.jpg”从项目窗口拖移到时间线窗口的视频 1 轨道，并对齐到轨道的开始。

步骤 5　从工具面板选择“缩放工具”，在视频 1 轨道上单击适当放大查看素材，如图 5-27 所示。

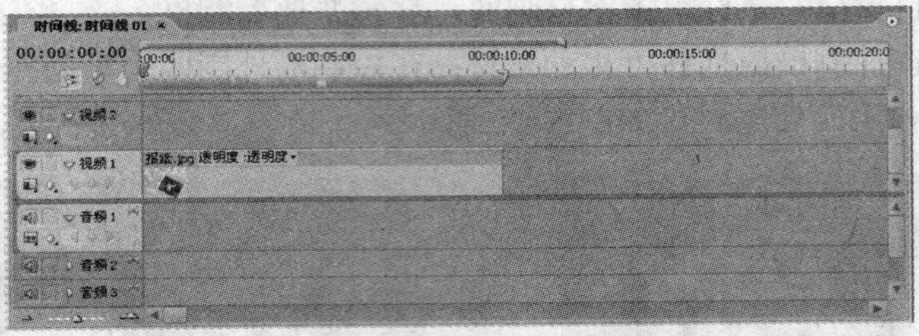

图 5-27　在视频 1 轨道上插入图片素材

步骤 6　仿照步骤 4 将素材“蜻蜓.AVI”插入视频 2 轨道；将素材 NATURE.mp3 插入音频 1 轨道的开始，如图 5-28 所示。

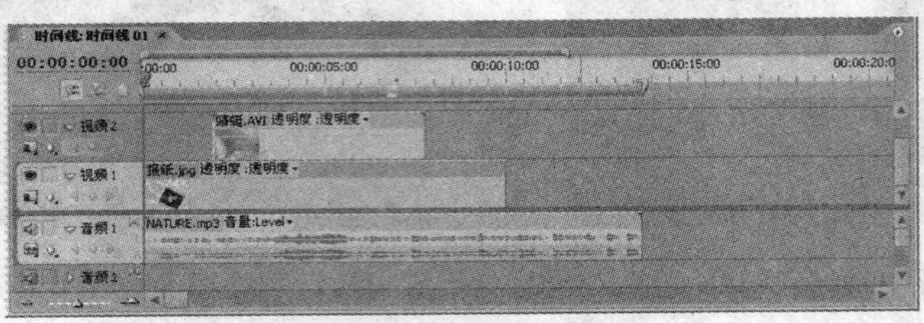

图 5-28　在视频 2 轨道和音频 1 轨道继续插入素材

步骤 7　确保已经选中时间线窗口左上角的“吸附”按钮，并在【工具】面板上选择“选择工具”。在时间线窗口向右拖移图片素材“报纸.jpg”的右边缘，使之延长到素材“NATURE.mp3”的右边界；移动视频素材“蜻蜓.AVI”，使之对齐到 NATURE.mp3 的右边界，如图 5-29 所示。

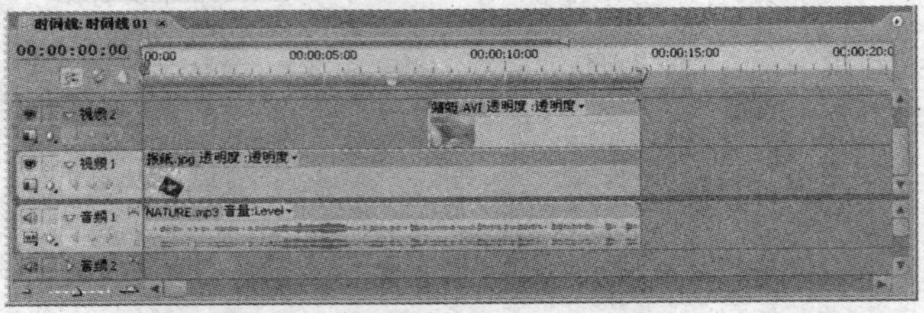

图 5-29　延长与移动素材

步骤 8　确保已经选中视频 2 轨道上的“蜻蜓.AVI”。在【特效控制】面板中单击【运动】与【透明度】选项左侧的三角图标▷，展开这两项的参数，如图 5-30 所示。

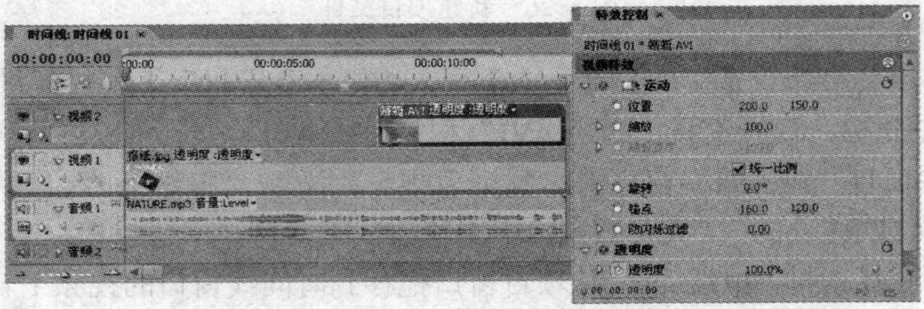

图 5-30　显示“蜻蜓.AVI”的运动与透明度参数

步骤 9 在时间线窗口将播放指针定位于“蜻蜓.AVI”素材的开始（时间刻度为 00：00：07：22）。在【特效控制】面板中单击【透明度】参数栏右侧的“添加/删除 关键帧”图标（图标变成），这样可在“蜻蜓.AVI”素材的起始位置添加“透明度”关键帧。

步骤 10 在时间线窗口将播放指针定位于时间线上 10 秒的位置（时间刻度为 00：00：10：00）。在【特效控制】面板中依次单击【位置】、【缩放】与【旋转】选项左侧的“固定动画”图标，图标反白显示为。这样可在“蜻蜓.AVI”素材的当前位置分别添加“位置”、“缩放”与“旋转”三种类型的关键帧。单击【透明度】参数栏右侧的“添加/删除 关键帧”图标（图标变成），同时在“蜻蜓.AVI”的当前位置添加“透明度”关键帧。

步骤 11 将播放指针定位于 12 秒的位置（时间刻度为 00：00：12：00）。在【特效控制】面板中依次单击【位置】、【缩放】与【旋转】参数栏右侧的“添加/删除 关键帧”图标（图标变成），在“蜻蜓.AVI”的当前位置分别添加“位置”、“缩放”与“旋转”三种类型的关键帧。此时的时间线窗口与【特效控制】面板如图 5-31 所示。

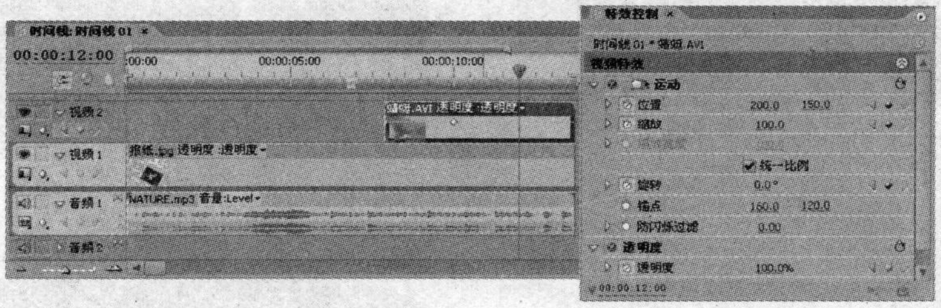

图 5-31 在“蜻蜓.AVI”的不同位置添加各种关键帧

步骤 12 在【特效控制】面板，通过单击【透明度】参数栏右侧的“转到上一关键帧”图标，如图 5-32 所示，返回“蜻蜓.AVI”起始位置的“透明度”关键帧（此时播放指针回到 00：00：07：22 的时间点）。

步骤 13 在时间线窗口，向下拖移“蜻蜓.AVI”起始位置的“透明度”关键帧标记，将该位置的视频画面设置为完全透明（此时节目窗口中的“蜻蜓.AVI”画面消失），如图 5-33 所示。

图 5-32 定位关键帧

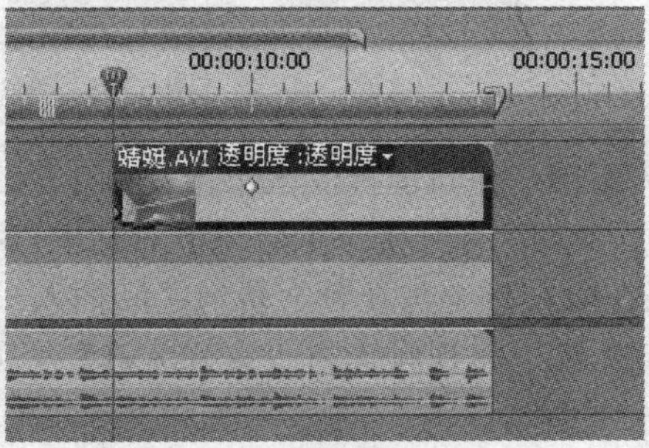

图 5-33 修改透明度

步骤 14 在【特效控制】面板，通过单击【缩放】参数栏右侧的“转到下一关键帧”图标，将播放指针定位于“蜻蜓.AVI”上时间刻度为 00：00：10：00 的关键帧。

步骤 15 在节目窗口单击“蜻蜓.AVI”视频画面，通过拖移变换控制框四个角的控制块放大画面，使之覆盖节目窗口，如图 5-34 所示。

步骤 16　参照步骤 14，将播放指针定位于“蜻蜓.AVI”上时间刻度为 00：00：12：00 的关键帧。

步骤 17　在节目窗口，单击选择“蜻蜓.AVI”的视频画面。通过旋转、缩放和移动操作将画面变换到如图 5-35 所示的效果。

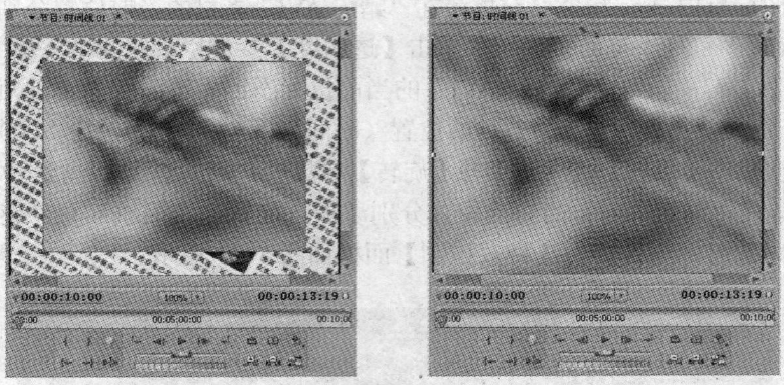

（a）修改前　　（b）修改后

图 5-34　修改关键帧画面大小

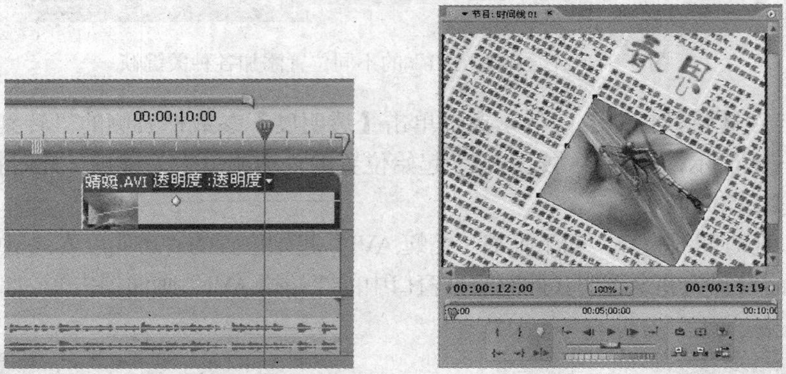

图 5-35　缩小并旋转关键帧画面

步骤 18　在轨道控制区单击视频 1 轨道的名称，将该轨道选中。选择菜单命令【时间线】|【添加轨道】，打开【添加轨道】对话框，参数设置如图 5-36 所示，单击【确定】按钮。这样可以在原视频 1 与视频 2 轨道之间插入一个新的视频轨道。

步骤 19　将视频素材“蜜蜂.AVI”从项目窗口拖移到时间线窗口中新添加轨道的开始，如图 5-37 所示。

步骤 20　在节目窗口，将视频“蜜蜂.AVI”的画面放大到整个视频窗口，如图 5-38 所示。

步骤 21　在【工具】面板上选择“比例缩放工具”。在时间线窗口向右拖移剪辑“蜜蜂.AVI”右边缘，增加剪辑的持续时间至如图 5-39 所示的位置。

步骤 22　锁定视频 1、视频 2、视频 3 与音频 1 轨道。至此完成视频项目的全部编辑。在节目窗口播放视频，预览合成效果。

步骤 23 通过【文件】|【保存】命令保存最终的项目文件；通过【文件】|【输出】|【影片】命令导出 AVI 格式的视频。

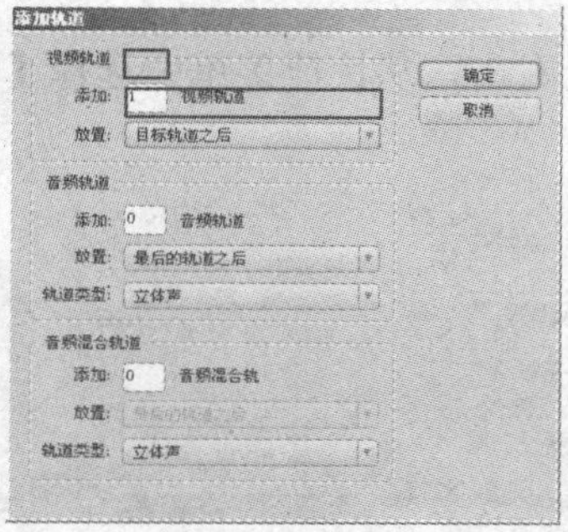

图 5-36 设置新轨道参数

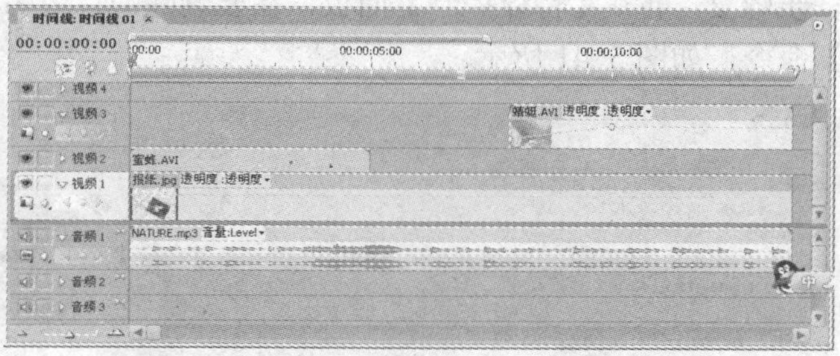

图 5-37 在新轨道插入视频素材

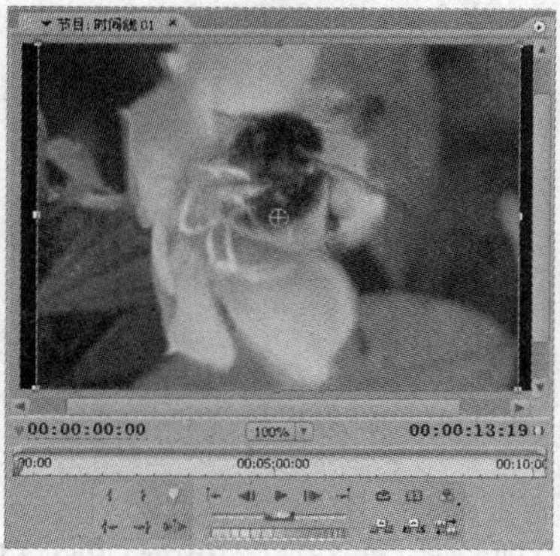

图 5-38 改变素材画面的大小

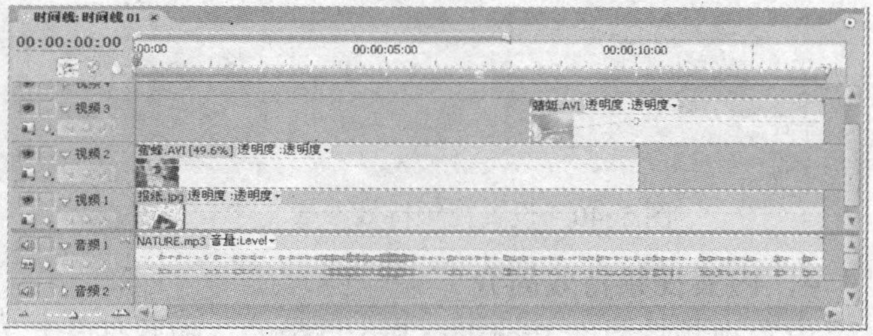

图 5-39 增加视频的持续时间

5.2.5 使用视频特效

视频特效又称视频滤镜，与 Photoshop 中的滤镜类似。主要区别在于 Photoshop 滤镜仅作用于单张图片；而视频滤镜要施加在视频剪辑的各个帧画面上，其功能更强，运算量更大。视频特效不仅可以用于视频剪辑，还可以用在图形图像、字幕等类型的剪辑上。运用特效，可以对原始素材进行各种特殊处理，以满足影片制作的要求。

1．视频特效的添加

步骤 1 若【特效】面板没有打开，可选择菜单命令【窗口】|【特效（Effects）】将其打开。

步骤 2 在【特效】面板中展开“视频特效（Video Effects）”或“预置（Presets）”文件夹，将要使用的特效拖移到时间线窗口的视频剪辑、图形图像剪辑或字幕剪辑上。

2．视频特效的编辑

步骤 1 在视频轨道上选择要编辑视频特效的剪辑。

步骤 2 若【特效控制】面板没有打开，可选择菜单命令【窗口】|【特效控制（Effect Controls）】将其打开。

步骤 3 在【特效控制】面板上展开要编辑的视频特效，根据需要修改其中参数。

步骤 4 利用【特效控制】面板，可以在剪辑时间线的不同位置添加特定参数的关键帧，并在不同关键帧上设置不同的参数值，以实现视频特效在前后关键帧之间的变化，如图 5-40 所示。

3．视频特效的删除

步骤 1 在视频轨道上选择要删除视频特效的剪辑。

步骤 2 展开【特效控制】面板，在要删除的特效名称上右击，从快捷菜单中选择【清除】命令，如图 5-41 所示。

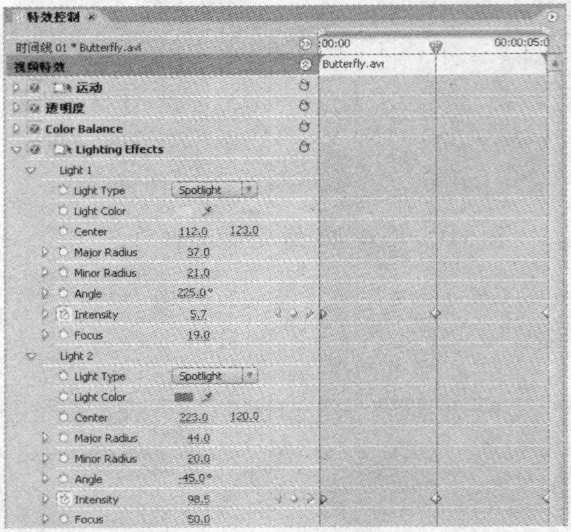

图 5-40 设置视频特效参数

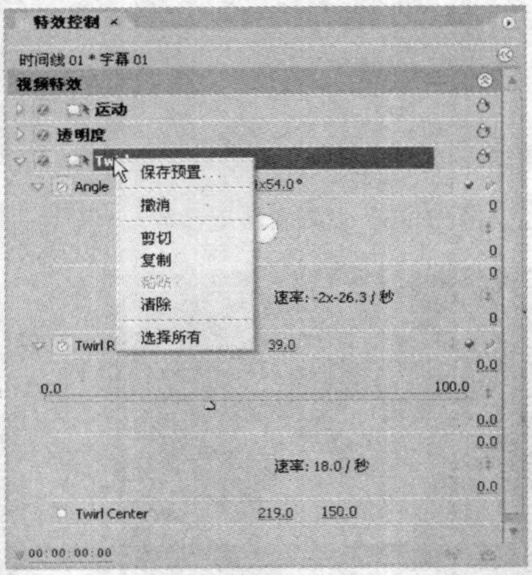

图 5-41 删除视频特效

4．内置视频特效简介

内置视频特效即 Premiere Pro 自带的、随软件一起安装的视频特效。在 Premiere Pro 2.0 中，常用的内置视频特效如下。

1）调整特效组

调整（Adjust）素材的色彩与质感，以改善素材的色偏、曝光过度或不足等缺陷，或营造一种特殊的色彩氛围。包括“亮度和对比度”、“色彩平衡”、“色阶”、“光照效果”、“阴影/高光”和“阈值”等特效。如图 5-42 所示是“光照效果”特效的使用案例。

图 5-42 使用“光照效果”特效

2）模糊和锐化特效组

模糊和锐化（Blur & Sharpen）特效组用于模糊或锐化素材画面，改变画面的对比度。可产生朦胧、聚焦、爆炸、运动等效果，或改善画面的清晰度。包括“高斯模糊”、“相机模糊”、“径向模糊”、“定向模糊”、“高斯锐化”和“反遮罩锐化”等特效。如图 5-43 所示是“径向模糊”与“反遮罩锐化”特效的使用案例。图 5-44 所示的是使用特效前的素材画面与时间线窗口中素材的分布情况。

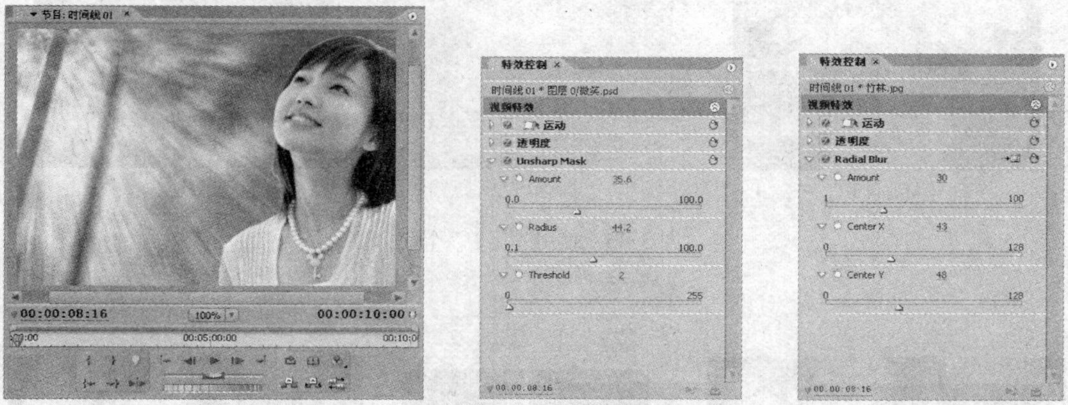

图 5-43　使用“径向模糊与反遮罩锐化”特效

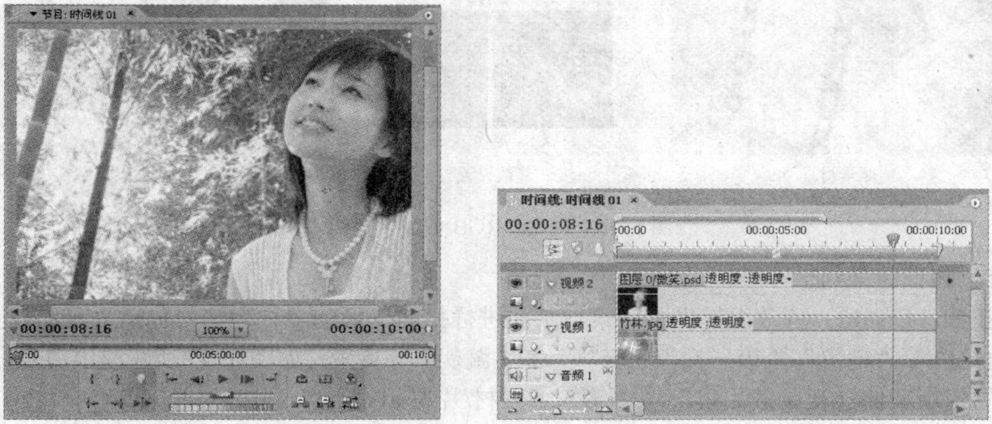

图 5-44　原素材效果和时间线窗口

3）通道特效组

通道（Channel）特效组可以利用通道合成多种特殊效果。包括“3D 眼睛”、“混合”、“运算（Calculations）”、“反相”和“固态合成”等特效。如图 5-45 所示是“运算”特效的使用案例。

4）颜色修正特效组

颜色修正（Color Correction）特效组提供了从不同角度修正素材颜色的多种方法。包括“快速颜色修正”、“亮度修正”、“亮度曲线”和“RGB 曲线”等特效。如图 5-46 所示是“RGB 曲线”特效的使用案例。

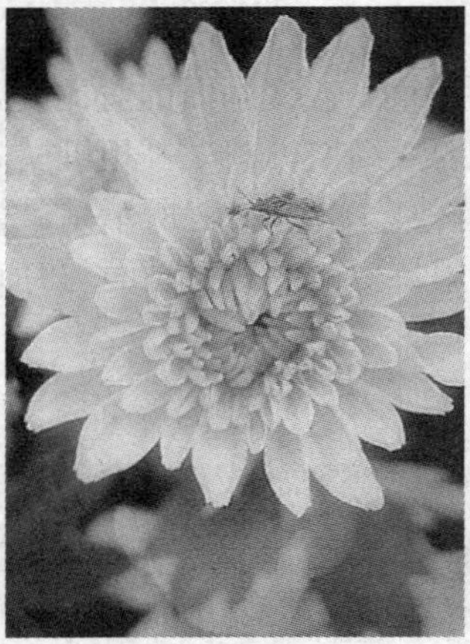

素材剪辑 1

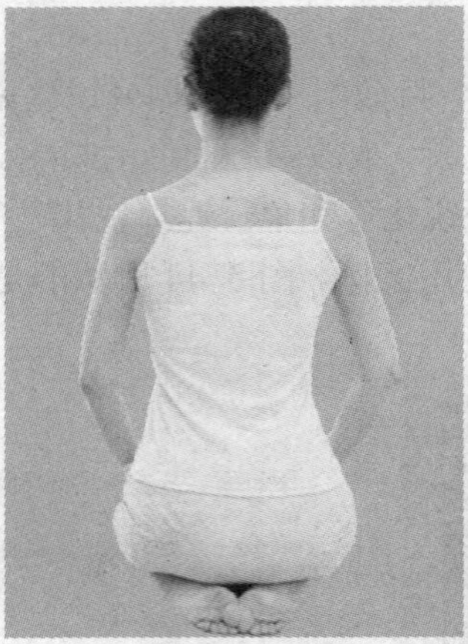

素材剪辑 2

运算结果

图 5-45 使用“运算”特效

原素材

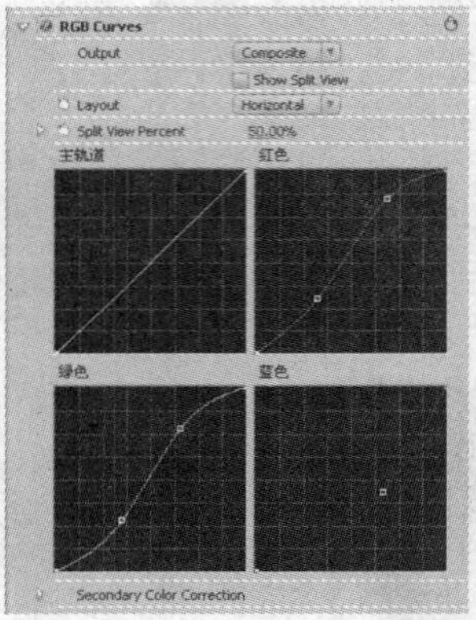

参数设置

修正结果

图 5-46 使用“RGB 曲线”特效

5）扭曲特效组

扭曲（Distort）特效组提供了对素材画面进行扭曲变形的多种方法。包括“弯曲设置”、“边角定位”、“镜像”、“极坐标”、“转换”和“漩涡”等特效。如图 5-47 所示是“边角定位”特效的使用案例（视频效果可参考“第 5 章素材/片尾.avi”）。

（a）变形前

（b）变形后字幕上来

图 5-47 使用“边角定位”特效

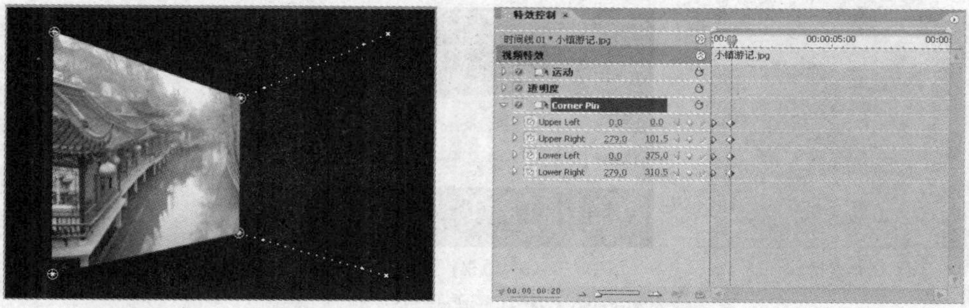

（c）参数设置（可直接在节目窗口拖移变形，见左图）

图 5-47　使用“边角定位”特效（续）

6）键控特效组

键控（Keying）特效组提供了基于亮度和特定颜色的多种抠像方法。包括“蓝屏抠像”、“色度抠像”、“颜色抠像”、“图像遮罩抠像”、“亮度抠像”和“轨道蒙版”等特效。如图 5-48 所示是“色度抠像”特效的使用案例。

（a）室内播音视频

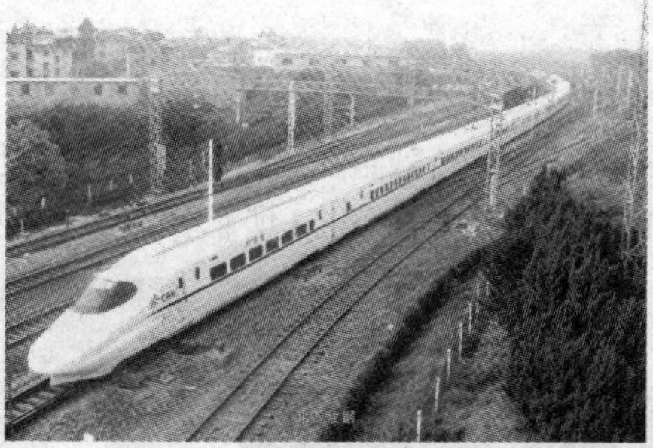

（b）外景视频

（c）参数设置

（d）合成视频

图 5-48　使用“色度抠像”特效

7）透视特效组

透视（Perspective）特效组对素材施加透视、倒角、投影等多种效果。包括“基本 3D”、“Alpha 倒角”、“倒边”和“投影”等特效。如图 5-49 和图 5-50 所示分别为“基本 3D”与“Alpha 倒角”特效的使用案例。

（a）原始素材　　（b）透视效果　　（c）参数设置

图 5-49　使用“基本 3D”特效

（a）原字幕素材　　（b）Alpha 倒角效果　　（c）参数设置

图 5-50　使用“Alpha 倒角”特效

8）渲染特效组

渲染（Render）特效组在素材画面上产生颜色叠加、网格、镜头光晕、闪电、细胞图案等效果。如图 5-51、图 5-52 和图 5-53 所示分别为“4 色渐变”、“网格”与“镜头光斑”特效的使用案例。

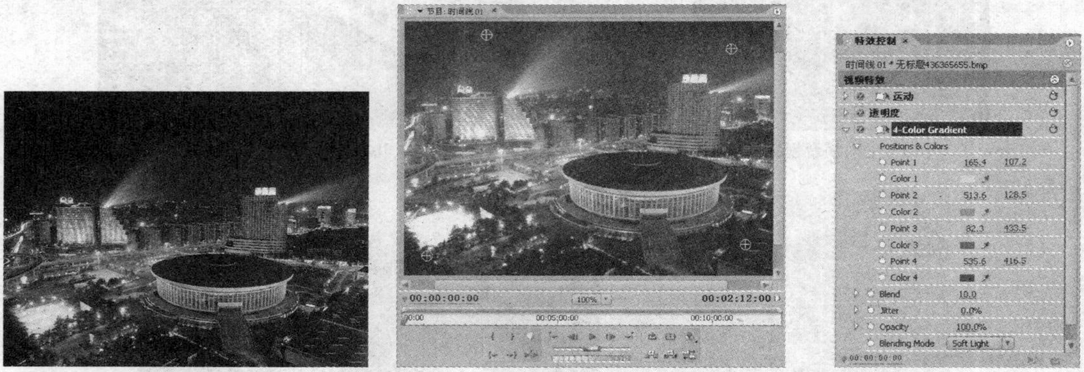

（a）原素材　　（b）效果与参数设置（可在节目窗口改变颜色位置）

图 5-51　使用“4 色渐变”特效

（a）原素材　　（b）效果与参数设置

图 5-52　使用“网格”特效

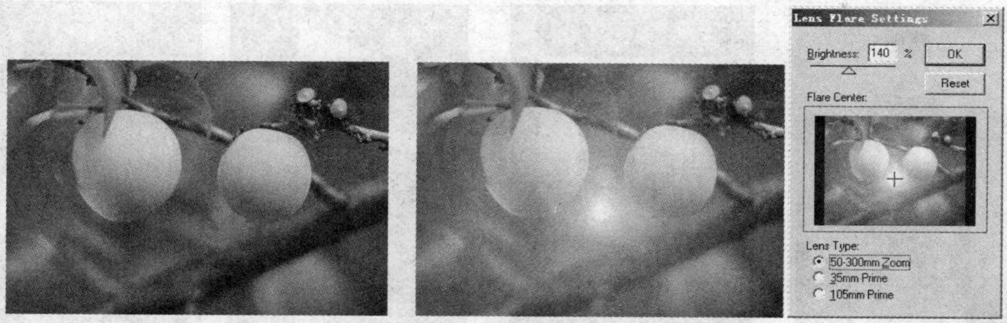

（a）原素材　　（b）效果与参数设置

图 5-53　使用“镜头光斑”特效

9）风格化特效组

风格化（Stylize）特效组主要包括“Alpha 辉光”、“彩色浮雕”、“马赛克”、“重复”和“闪光灯”等特效。如图 5-54 和图 5-55 所示分别为“彩色浮雕”与“重复”特效的使用案例。

（a）原素材　　（b）效果与参数设置

图 5-54　使用“彩色浮雕”特效

（a）原素材　　（b）效果与参数设置

图 5-55　使用“重复”特效

10）变换特效组

变换（Transform）特效组对素材施加摄像机视角变换、裁切、水平翻转、垂直翻转和滚屏等多种变换。如图 5-56 和图 5-57 所示是对视频素材进行多种特效变换后的效果。

（a）原素材　（b）画面推远　（c）水平旋转　（d）垂直旋转并滚动

图 5-56　使用摄像机视角特效

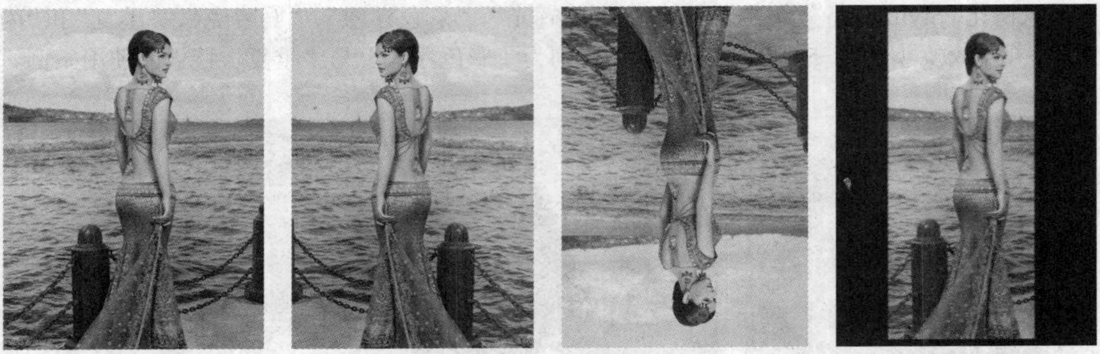

（a）原素材　（b）水平翻转　（c）垂直翻转　（d）裁切

图 5-57　使用水平翻转、垂直翻转和裁切特效

11）切换特效组

切换（Transition）特效组提供了上下层视频轨道之间素材画面的多种切换方法。包括“块状溶解”、“渐变擦除”、“线性擦除”、“射线擦除”和“垂直百叶窗”等多种特效。如图 5-58 所示是“垂直百叶窗”特效的使用案例。

（a）原素材　（b）效果与参数设置

图 5-58　使用“垂直百叶窗”特效

12）视频特效组

视频（Video）特效组包括“视频校正”、“时间码”等特效。如图 5-59 所示是为一场足

球赛的视频添加的“时间码”特效，以便使观众随时了解比赛进行了多少时间。

（a）原素材　　（b）添加时间码

图 5-59　使用“时间码”特效

13）模糊特效组

模糊（Blurs）特效组包括“快速模糊淡入（Fast Blurs In）”和“快速模糊淡出（Fast Blurs Out）”特效，是经常使用的一组素材画面淡变入镜和出镜的特殊效果。如图 5-60 所示是“模糊（Blurs）”特效组和其中“快速模糊淡入（Fast Blurs In）”特效的参数设置。

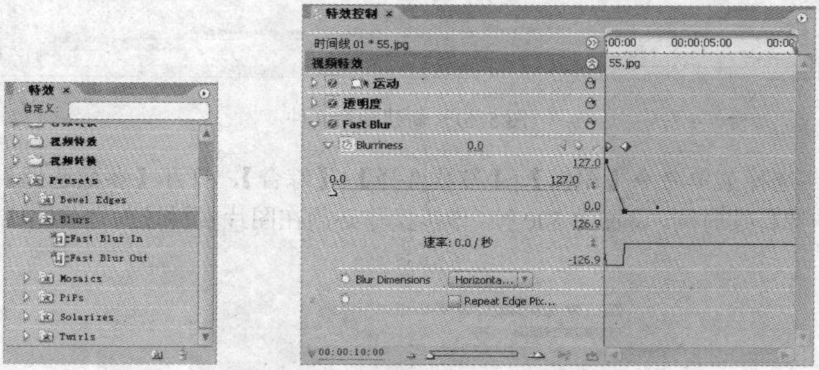

图 5-60　模糊特效及参数设置

14）马赛克特效组

马赛克（Mosaics）特效组包括“马赛克淡入（Mosaic In）”和“马赛克淡出（Mosaic Out）”特效，是经常使用的一组特殊效果。

在为素材添加视频特效的同时，可以在素材时间线的不同位置插入关键帧，并根据实际需要设置不同的特效参数，以实现视频特效的动态过渡，增加影片的艺术效果和可观赏性。上面介绍的“模糊”特效组和“马赛克”特效组就是一些很好的例子，并且还可以通过【特效控制】面板对其参数作进一步设置，以获得更复杂的效果。

5．外挂特效插件简介

外挂特效插件是由 Adobe 公司之外的第三方厂商开发的特效。这类特效插件按正确的方法安装好之后，也出现在 Premiere 的【特效】面板中，与内置特效用法类似。关于外挂特效插件的安装应注意以下几点。

- 安装前一定要退出 Premiere 程序窗口。

☞ 外挂特效插件一定要复制或安装在…\ Premiere Pro 2.0 \ Plug-Ins \ en_us 文件夹下。

常用的外挂特效插件有“FE 雨”、“FE 雪”、“FE 光效果”、“FE 光线爆炸”、“FE 像素爆炸”和“光工厂光斑”等。

【实例 3】“冬去春来”短片制作——Premiere Pro 2.0 滤镜特效的应用。

步骤 1 将“第 5 章素材\冬去春来”文件夹下的插件文件 Rain.aex、Snow.aex 和 Shine.aex 复制到…\ Premiere Pro 2.0 \ Plug-Ins \ en_us 文件夹下。

步骤 2 启动 Premiere Pro 2.0，新建项目文件（参数设置如图 5-61 所示）。

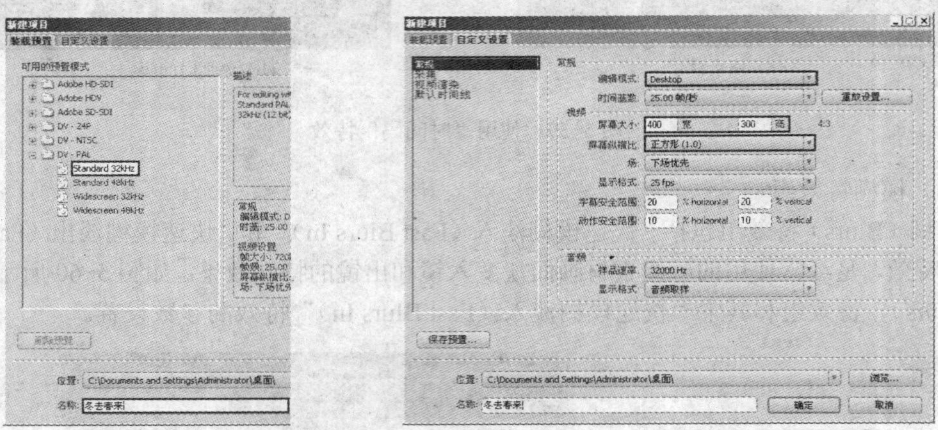

图 5-61 新建项目文件

步骤 3 选择菜单命令【编辑】|【参数选择】|【综合】，打开【参数选择】对话框，将“默认静帧图像持续时间”设置为 500 帧（该步操作必须在图片素材导入之前完成），如图 5-62 所示。

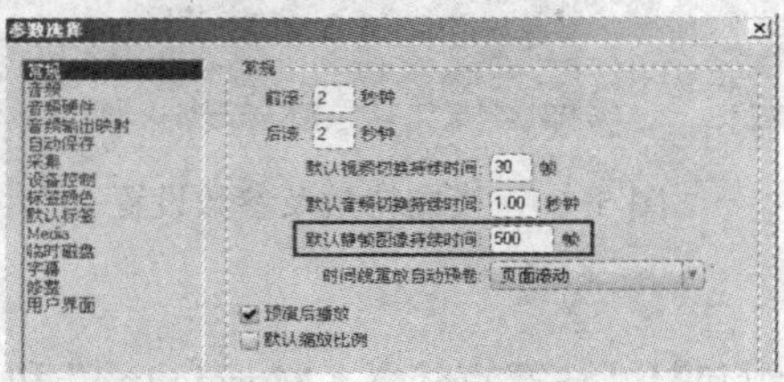

图 5-62 设置图片素材的默认持续时间

步骤 4 使用菜单命令【文件】|【输入（Import）】导入“第 5 章素材\冬去春来”文件夹下的全部 12 个图片素材和 5 个音频素材。当导入图片“月亮.psd”时，会弹出对话框，询问要导入的图层及素材大小，参数设置如图 5-63 所示。

步骤 5 对素材进行归类。在项目窗口中新建文件夹“图片”与“音频”，并将导入的素材分别拖移到对应类型的文件夹中，如图 5-64 所示。

步骤 6 将图片素材“雨露.jpg”、“Mask.gif”和“标题.png”分别插入时间线窗口的视频 1、视频 2 和视频 3 轨道的起始位置。从【工具】面板选择“缩放工具”🔍，在插入的素材上单击一次适当放大素材，如图 5-65 所示。

步骤 7 将图片素材“冬 01.jpg”、“冬 02.jpg”、“春 01.jpg”、“春 02.jpg”、“夏 01.jpg”、

“夏 02.jpg”、“秋 01.jpg”、“秋 02.jpg”依次插入视频 1 轨道中“雨露.jpg”的后面，如图 5-66 所示。

对于步骤 6 与步骤 7 中插入视频轨道的所有图片素材，应通过节目窗口适当缩放素材画面的大小，个别素材还可以移动位置，使得节目窗口显示尽量多的或更重要的素材内容。

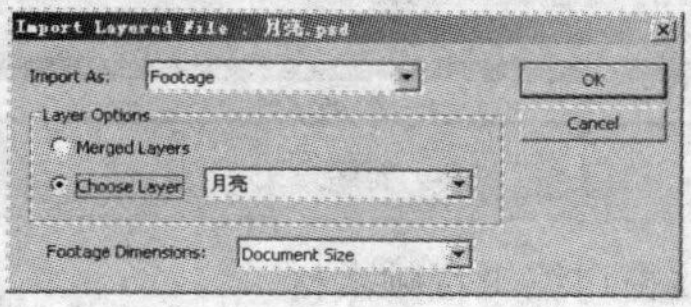

图 5-63 选择要导入的图层

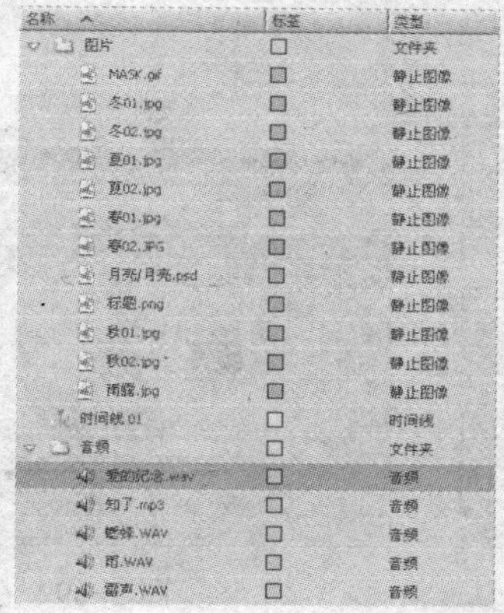

图 5-64 分类素材

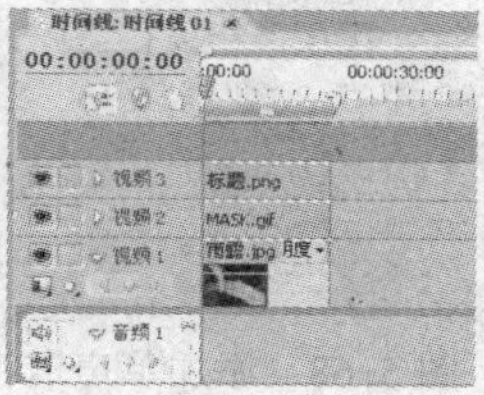

图 5-65 插入片头素材

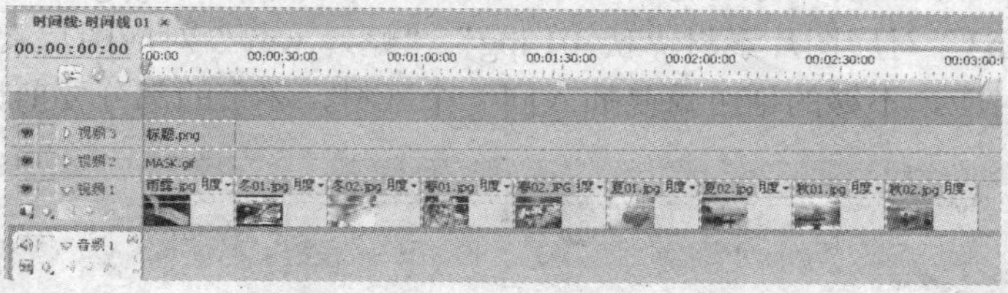

图 5-66 插入冬、春、夏、秋四季图片

步骤 8 将图片素材“月亮/月亮.psd”插入视频 2 轨道上，与视频 1 轨道上的“秋 02.jpg”素材首尾对齐。通过节目窗口调整月亮的位置，如图 5-67 所示。

图 5-67 将月亮素材插入轨道

通过从来源窗口预览波形可知，前面输入到项目文件的所有 5 个音频素材全是单声道的；而项目文件中默认的音频 1、音频 2 和音频 3 轨道都是双声道的，与素材不匹配，所以需要重新插入单声道音轨。

步骤 9 在时间线窗口的轨道名称上右击，从快捷菜单中选择【添加轨道】命令，打开【添加轨道】对话框。参数设置如图 5-68 所示，单击【确定】按钮。

步骤 10 将音频素材“爱的纪念.wav”插入时间线窗口音频 4 轨道的起始位置，作为整个短片的背景音乐。

步骤 11 在时间线窗口，使用“选择工具”向左拖移音频素材的右边缘，将多余的部分剪掉，以便与视频 1 轨道的素材长度保持一致。向下拖移音频素材上的黄色水平线，适当降低音量，如图 5-69 所示。

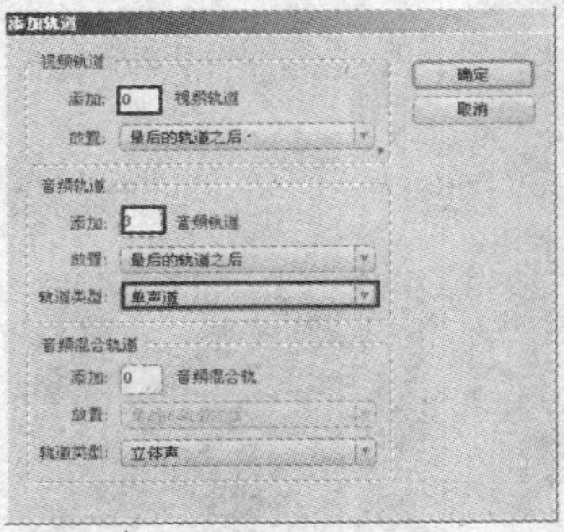

图 5-68 添加单声道音轨

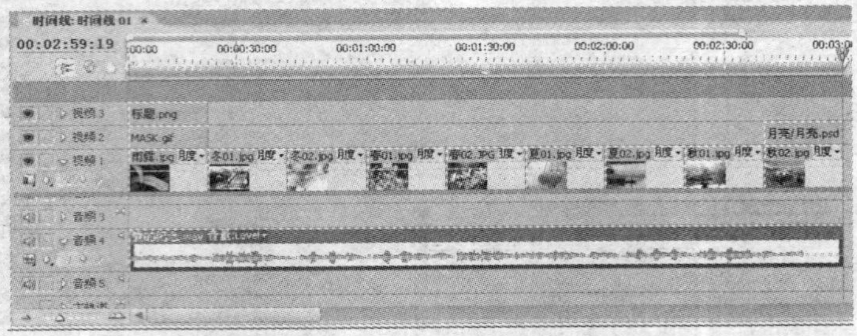

图 5-69 在时间线窗口编辑音频素材

步骤 12 将音频素材“雨.wav”、“知了.mp3”和“蟋蟀.wav”插入音频 5 轨道如图 5-70 所示的位置。其中“雨.wav”对应视频 1 轨道的图片素材“春 01.jpg”、“春 02.jpg”和“夏 02.jpg”；“知了.mp3”对应图片素材“秋 01.jpg”；“蟋蟀.wav”对应图片素材“秋 02.jpg”。注意时间长度的对应，不够的话可重复插入同一个素材，多余的部分要剪切掉。

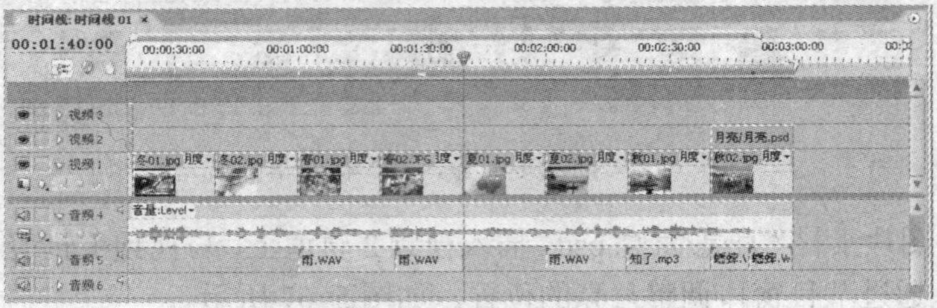

图 5-70 在音频 5 轨道上添加素材

步骤 13 将音频素材“雷声.wav”插入音频 6 轨道上大约如图 5-71 所示的位置（素材被放大显示）。对应视频 1 轨道的图片素材“春 01.jpg”。

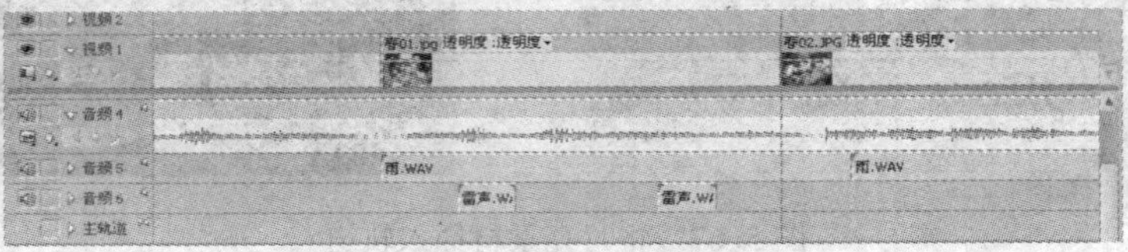

图 5-71 在音频 6 轨道上添加素材

步骤 14 通过【特效控制】面板将视频 2 轨道上“Mask.gif”素材的透明度设为 80%；同时施加“颜色抠像”特效，参数设置如图 5-72（a）所示（其中 Key Color 使用黑色，Color Tolerance 为 255，其他参数保持默认）。在时间线窗口将播放指针定位于“Mask.gif”的显示区间内，通过节目窗口观看视频效果，如图 5-72（b）所示。

（a）参数设置 （b）视频效果

图 5-72 颜色抠像

步骤 15 在视频 1 轨道的各素材间添加“交叉溶解”切换效果。操作方法如下。

① 在【特效】面板中展开 Dissolve 转换组，如图 5-73 所示。

② 将 Cross Dissolve 切换效果分别拖移到视频 1 轨道上每两个素材的衔接处，然后松开鼠标按键，结果如图 5-74 所示。

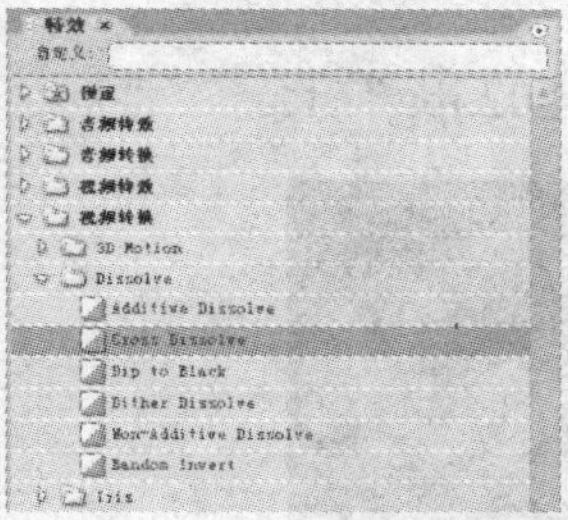

图 5-73 溶解转场效果组

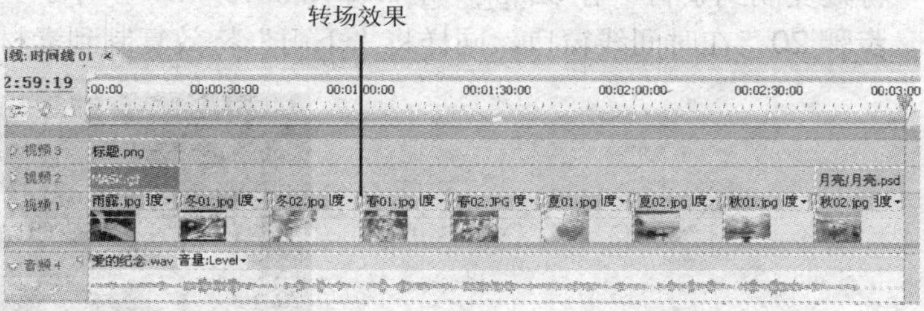

图 5-74 在素材间添加转场效果

步骤 16 在时间线窗口，将“标题.png”素材的首尾分别裁切掉一部分，如图 5-75 所示。将模糊（Blurs）特效组中的“快速模糊淡出（Fast Blurs Out）”特效分别施加在素材“标题.png”、“Mask.gif”和“月亮/月亮.psd”上；将“快速模糊淡入（Fast Blurs In）” 特效分别施加在素材“标题.png”和“月亮/月亮.psd”上。

步骤 17 在时间线窗口，对素材“秋 02.jpg” 施加颜色修正特效组中的“RGB 曲线”特效。参数设置与画面调整效果如图 5-76 所示（主轨道曲线向下弯曲，绿色和蓝色曲线适当上扬）。

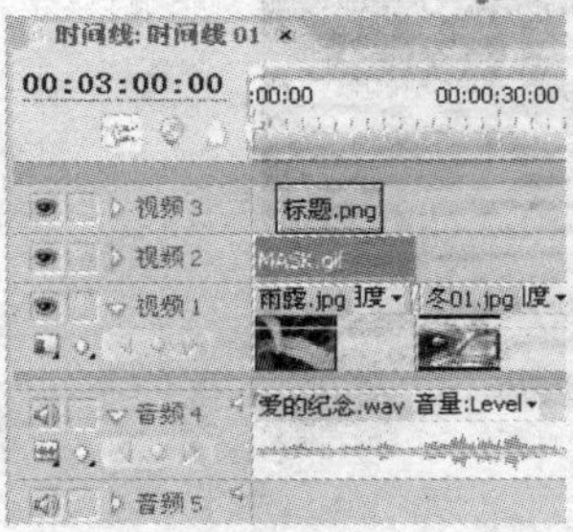

图 5-75 裁剪素材“标题.png”

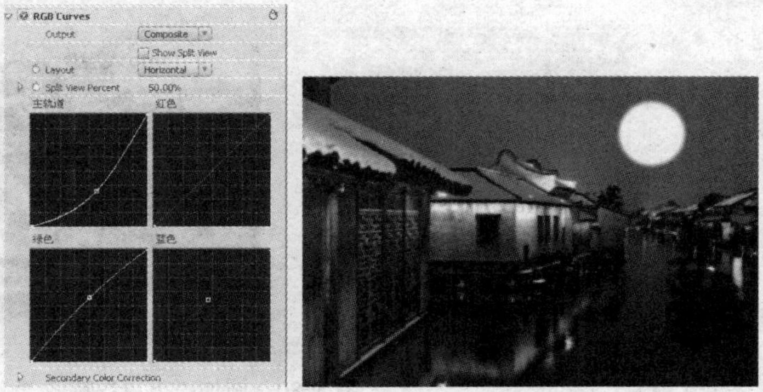

图 5-76 施加“RGB 曲线”特效

步骤 18 在时间线窗口，对素材“春 01.jpg” 施加外挂视频特效组 3rd Party 中的“下雨”特效。参数设置如图 5-77 所示。并在特效上右击，从快捷菜单中选择【复制】命令，如图 5-78 所示。

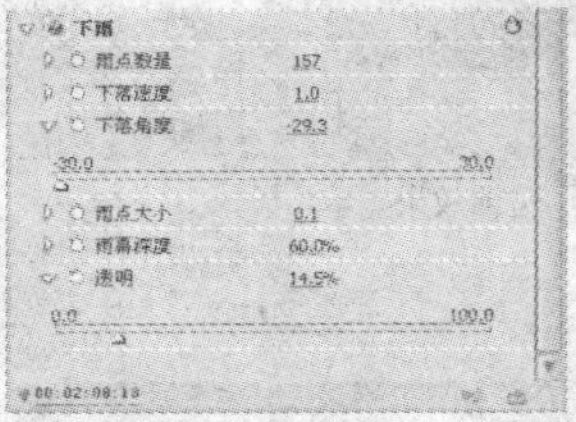

图 5-77 施加“下雨”特效

图 5-78 复制“下雨”特效

步骤 19 在时间线窗口，单击选择素材“春 02.jpg”，在其【特效控制】面板的空白处右击，从快捷菜单中选择【粘贴】命令，如图 5-79（a）所示。这样就将相同参数设置的“下雨”特效复制到素材“春 02.jpg”上，如图 5-79（b）所示。

步骤 20 在时间线窗口，同样将“下雨”特效复制到素材“夏 02.jpg”上。

（a） （b）

图 5-79 粘贴“下雨”特效

步骤 21 在时间线窗口，对素材“冬 01.jpg” 施加 3rd Party 视频特效组中的“下雪”特效，参数设置如图 5-80 所示。

图 5-80 施加“下雪”特效

步骤 22　在时间线窗口，将素材“冬 01.jpg”上的“下雪”特效复制到素材“冬 02.jpg”上。修改“冬 02.jpg”上“下雪”特效的参数，将“雪片大小”增加到 4.0，如图 5-81 所示。

步骤 23　在时间线窗口，对素材“月亮/月亮.psd”施加透视（Perspective）视频特效组中的 Radial Shadow 特效。参数设置如图 5-82 所示（其中 Shadow Color 取白色）。

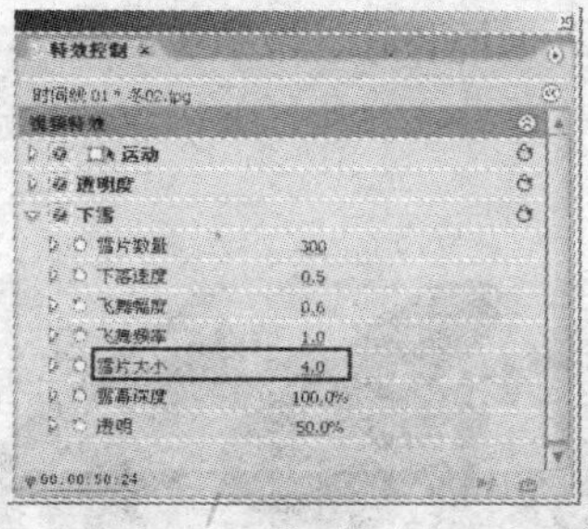

图 5-81　修改“雪片大小”参数

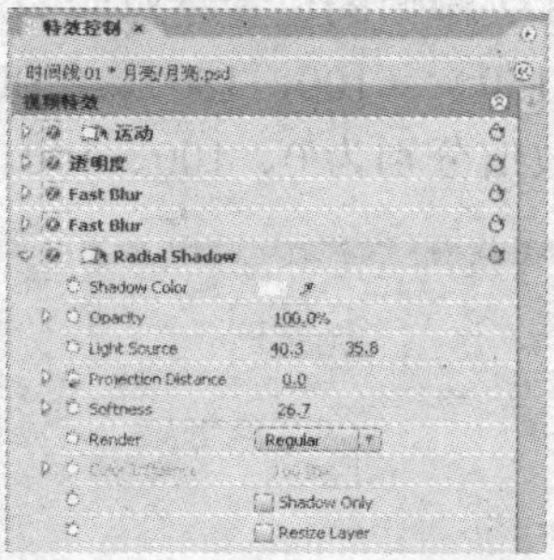

图 5-82　施加 Radial Shadow 特效

步骤 24　在时间线窗口，使用“剃刀工具”将素材“春 01.jpg”分割成如图 5-83 所示的 5 段（与音频素材“雷声.wav”对应，分割前可放大素材并使用播放指针进行定位）。并在第②段与第④段素材上施加风格化视频特效组中的“闪光灯”特效。参数设置如图 5-84 所示（其中 Strobe Color 取白色）。

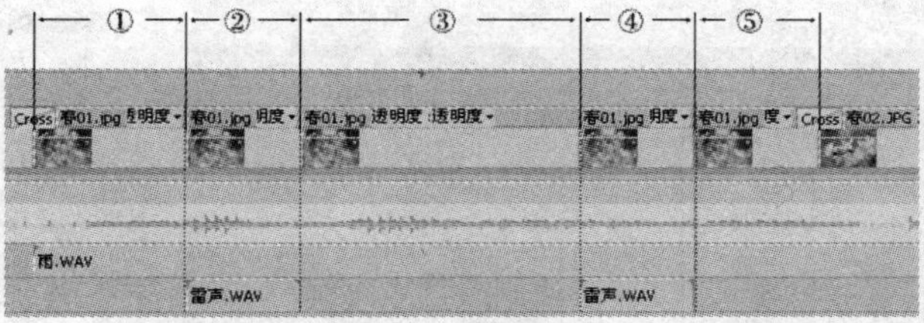

图 5-83　分割素材

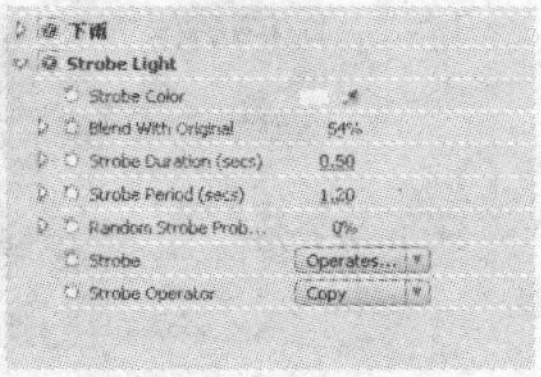

图 5-84　施加“闪光灯”特效

步骤 25　在时间线窗口，对素材“夏 01.jpg”施加渲染特效组中的“镜头光斑（Lens Flare）”特效。通过【特效控制】面板在剪辑的不同位置为亮度（Brightness）参数添加关键帧，如图 5-85 所示（Brightness 参数的值分别设置为最大 155 与最小 30）。这样可实现光源闪烁的效果。

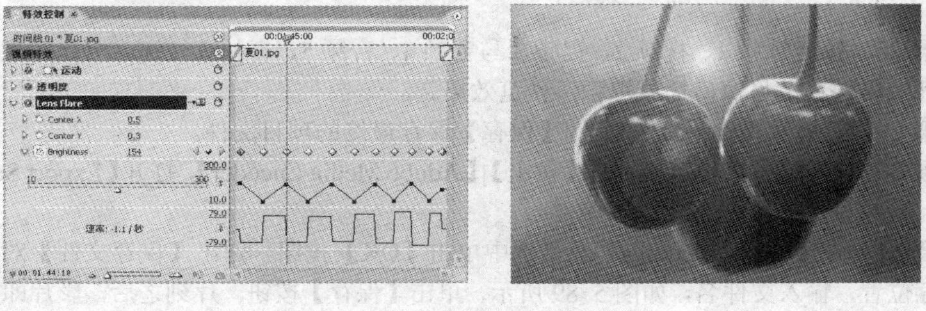

图 5-85　施加“镜头光斑”特效

步骤 26 在时间线窗口，对素材“标题.png”施加外挂视频特效组 Trapcode 中的 Shine（体积光）特效，参数设置如图 5-86 所示。

步骤 27 通过【特效控制】面板在大约如图 5-87 所示的位置分别为参数 Source Point 和 Shine Opacity[%]添加关键帧。其中 Source Point 的第 1 和第 3 关键帧与 Shine Opacity[%]的第 2 和第 3 关键帧的位置是对应的。Source Point 在其第 1、第 2、第 3 关键帧的参数值分别为（200，150）、（100，180）、（200，150）。Shine Opacity[%]在其第 1、第 2、第 3、第 4 关键帧的参数值分别为 0、100、100、0。

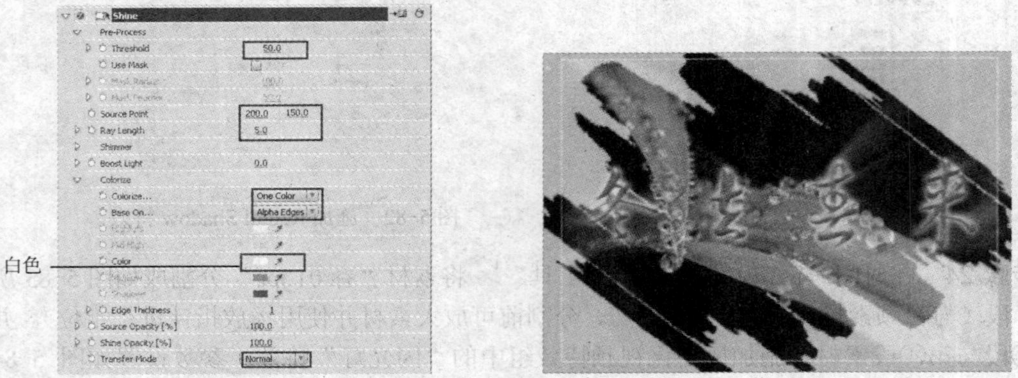

图 5-86 施加“扫光”特效

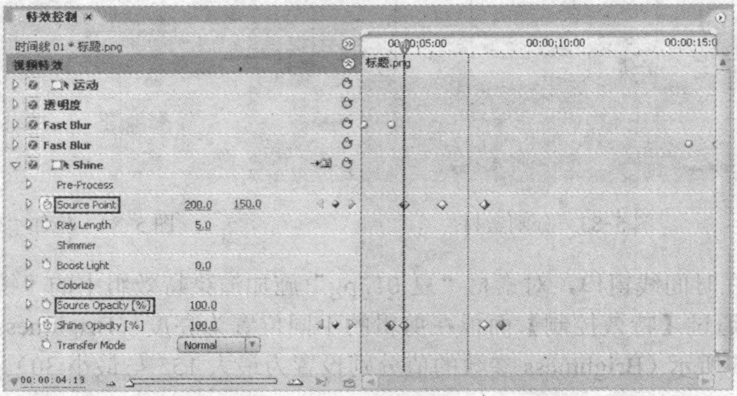

图 5-87 创建关键帧动画

步骤 28 锁定视频 1、视频 2、视频 3 与音频 4、音频 5、音频 6 轨道。至此完成视频项目的全部编辑。在节目窗口播放视频，预览效果。

步骤 29 通过菜单命令【文件】|【保存】保存最终的项目文件。

步骤 30 选择菜单命令【文件】|【输出】|【Adobe Media Encoder】，打开【Export Settings】对话框，参数设置如图 5-88 所示。

步骤 31 在【Export Settings】对话框中单击【OK】按钮，弹出【保存文件】对话框。选择保存位置，输入文件名，如图 5-89 所示，单击【保存】按钮。片刻之后，影片即可渲染完成。

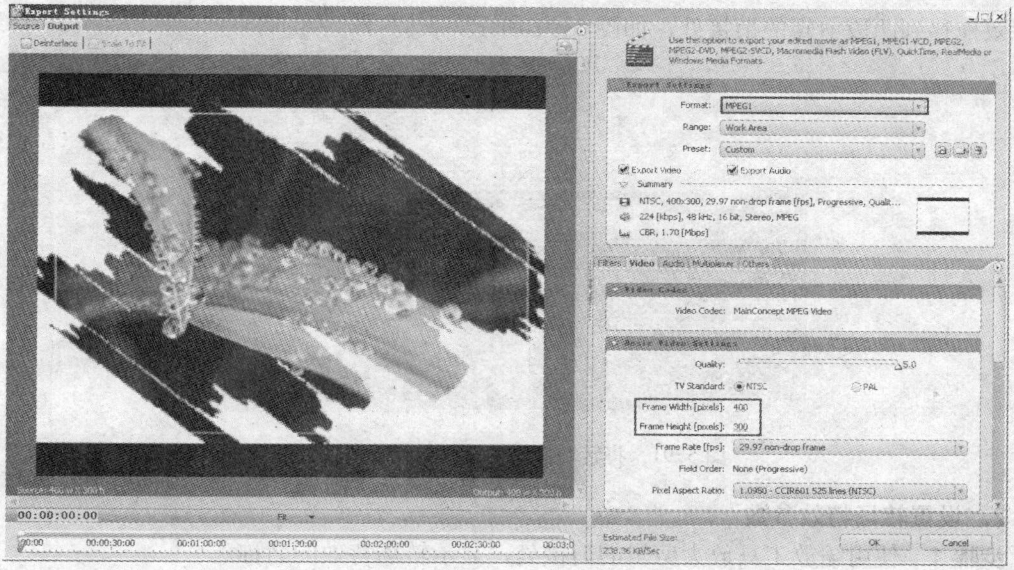

图 5-88　设置输出影片的格式和帧画面大小

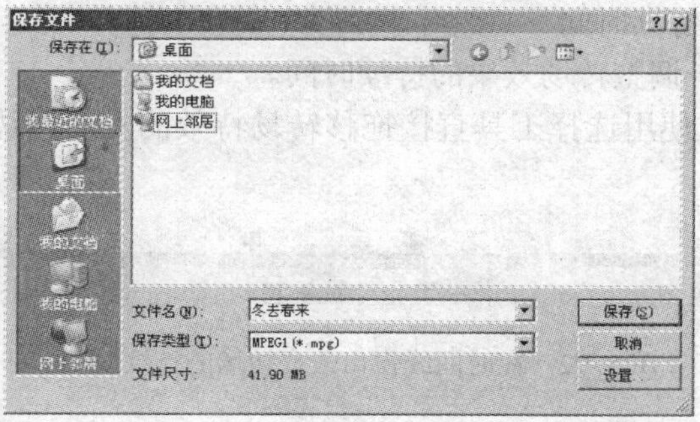

图 5-89　输出影片

5.2.6　使用转场特效

1．添加转场特效

步骤 1　若【特效】面板没有打开，可选择菜单命令【窗口】|【特效（Effects）】将其打开。

步骤 2　将两段剪辑在同一视频轨道上前后衔接放置（无须重叠），如图 5-90 所示。

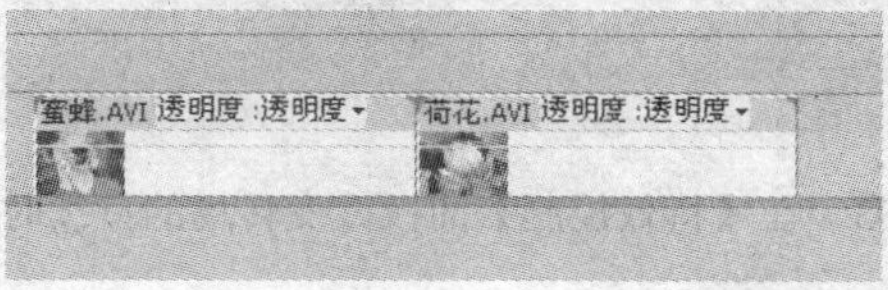

图 5-90　并列放置素材，无须重叠

步骤 3　在【特效】面板中展开"视频转换（Video Transitions）"文件夹，将要添加的转场特效拖移到两段剪辑的衔接处，如图 5-91 所示。

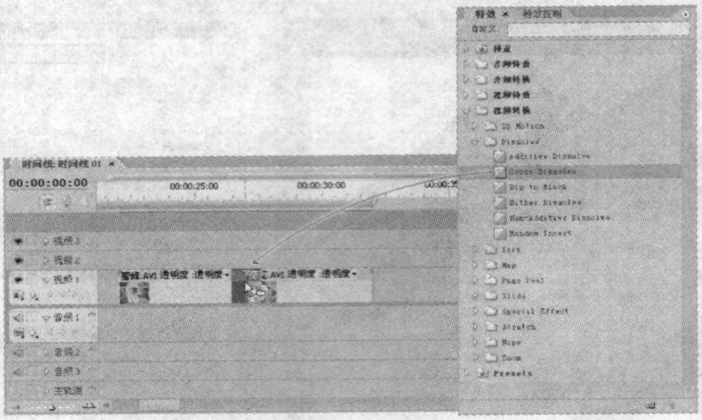

图 5-91　将转场特效拖移到剪辑的衔接处

2．设置转场特效参数

步骤 1　使用缩放工具放大剪辑的衔接处，显示转场特效的名称。

步骤 2　单击选择要编辑的转场特效。

步骤 3　在【特效控制】面板中设置转场特效的参数。

1）调整转场效果的持续时间

可采用下列方法之一调整转场效果的持续时间。

① 在时间线窗口，使用选择工具直接拖移转场特效的左右两边（可放大后操作），如图 5-92 所示。

图 5-92　在时间线窗口改变转场的持续时间

② 在【特效控制】面板的时间线窗格（右窗格）拖移转场特效的左右两边，或在参数区直接修改持续时间参数的值，如图 5-93 所示。

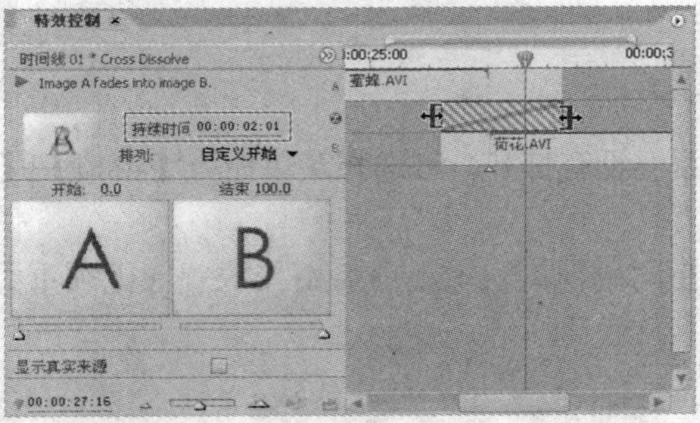

图 5-93　在【特效控制】面板改变转场的持续时间

2）选择转场效果的时间位置

可采用下列方法之一调整转场效果的持续时间。

① 在【特效控制】面板的参数区，通过“排列（Alignment）”下拉菜单选择转场效果的

时间位置，包括“切换在开始（Start at Cut）”、“切换在中央（Center at Cut）”、“切换在结束（End at Cut）”和“自定义（Custom Start）”4 个选项。

② 在【特效控制】面板的时间线窗格（右窗格），在转场特效区域内左右拖移（此时光标的形状为），如图 5-94 所示。

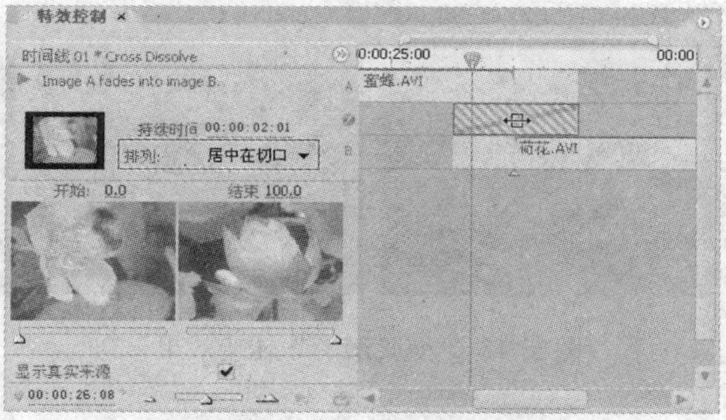

图 5-94　改变转场特效的位置

3）转场特效的替换与删除

① 两段剪辑之间只能存在一种转场特效。当从【特效】面板中将一种新的转场特效拖移到剪辑的衔接处时，原有的转场特效将被取代。

② 在两端剪辑的衔接处单击选择转场特效，按 Delete 键；或从转场特效的右键快捷菜单中选择【清除】命令，可删除转场特效。

3．内置转场特效

内置转场特效是 Premiere Pro 自带的转场特效，分布在【特效】面板的“视频转换（Video Transitions）”文件夹中。在 Premiere Pro 2.0 中，常用的内置转场特效如下。

1）3D 运动转场特效组

3D 运动（3D Motion）转场特效组包括“盒子旋转（Cube Spin）”、“窗帘（Curtain）”、“关门（Doors）”、“翻转（Flip Over）”、“折叠（Fold Up）”、“内关门（Swing In）”、“旋转离开（Tumble Away）”等转场效果。如图 5-95 和图 5-96 所示分别是“折叠”转场效果和“旋转离开”转场效果。

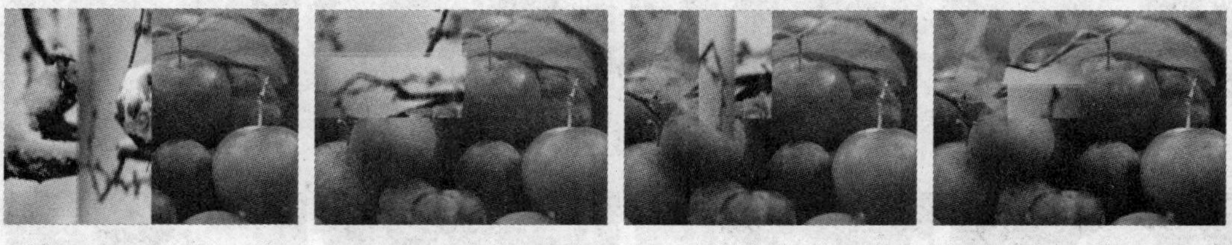

图 5-95　“折叠（Fold Up）”转场效果

图 5-96　“旋转离开（Tumble Away）”转场效果

2）溶解转场特效组

溶解（Dissolve）转场特效组包括“叠加溶解（Additive Dissolve）”、“交叉溶解（Cross Dissolve）”、“加入黑场（Dip To Black）”、“非叠加溶解（None-Additive Dissolve）”、“随机溶解（Random Invert）”等转场效果。如图 5-97 和图 5-98 所示分别是“交叉溶解”转场效果和“非叠加溶解”转场效果。

图 5-97 “交叉溶解”转场效果

图 5-98 “非叠加溶解”转场效果

3）划像转场特效组

划像（Iris）转场特效组包括“盒子划像（Iris Box）”、“十字划像（Iris Cross）”、“菱形划像（Iris Diamond）”、“四点划像（Iris Points）”、“圆形划像（Iris Round）”、“形状划像（Iris Shapes）”、“星形划像（Iris Star）”等转场效果。如图 5-99 和图 5-100 所示分别是“圆形划像”转场效果和“形状划像”转场效果。

图 5-99 “圆形划像”转场效果

图 5-100 “形状划像”转场效果

4）卷页转场特效组

卷页（Page Peel）转场特效组包括“中心卷页（Center Peel）”、“卷页（Page Peel）”、“页

面翻转（Page Turn）”、“滚轴卷出（Roll Away）”等转场效果。如图 5-101 和图 5-102 所示分别是“页面翻转”转场效果”和“滚轴卷出”转场效果。

图 5-101 “页面翻转”转场效果

图 5-102 “滚轴卷出”转场效果

5）滑行转场特效组

滑行（Slide）转场特效组包括“带状滑行-左右交错（Band Slide）”、“中心合并（Center Merge）”、“中心分离（Center Split）”、“多图旋转（Multi-Spin）”、“斜线滑行（Slash Slide）”、“带状滑行-百叶窗（Sliding Bands）”、“移动带状滑行（Sliding Boxes）”、“漩涡（Swirl）”等转场效果，如图 5-103 所示。

（a）带状滑行-左右交错

（b）中心分离

（c）斜线滑行

图 5-103 多种滑行转场效果

（d）多图旋转

（e）带状滑行-百叶窗

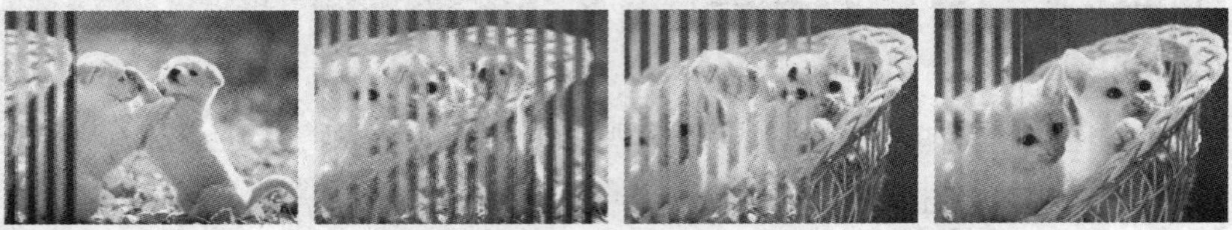

（f）移动带状滑行

（g）漩涡

图 5-103　多种滑行转场效果　（续）

6）擦除转场特效组

擦除（Wipe）转场特效组包括“带状擦除（Band Wipe）”、“门缝（Barn Doors）”、“方格擦除（Checker Wipe）”、“棋盘（Checkerboard）”、“时钟擦除（Clock Wipe）”、“渐变擦除（Gradient Wipe）”、“涂料泼溅（Paint Splatter）”、“风车（Pinwheel）”、“随机擦除（Random Wipe）”、“百叶窗（Venetian Blinds）”、“Z 字形擦除（Zig-Zag Blocks）”等转场效果，如图 5-104 所示。

（a）带状擦除

图 5-104　多种擦除转场效果

（b）门缝

（c）方格擦除

（d）棋盘

（e）渐变擦除

（f）涂料泼溅

（g）风车

（h）随机擦除

（i）百叶窗

图5-104 多种擦除转场效果（续）

7）缩放转场特效组

缩放（Zoom）转场特效组包括“交叉缩放（Cross Zoom）”、“缩放（Zoom）”、“盒子缩放（Zoom Boxes）”、“拖尾缩放（Zoom Trails）”等转场效果。如图 5-105 和图 5-106 所示分别是“盒子缩放”转场效果和“拖尾缩放”转场效果。

图 5-105 “盒子缩放”转场效果

图 5-106 “拖尾缩放”转场效果

4．外挂转场特效

除了内置转场特效之外，Premiere Pro 2.0 还拥有大量的外挂转场特效插件。其中，影响最为广泛的当属 Pinnacle（品尼高）公司出品的 Hollywood FX（好莱坞特技）插件系列，如图 5-107 所示。

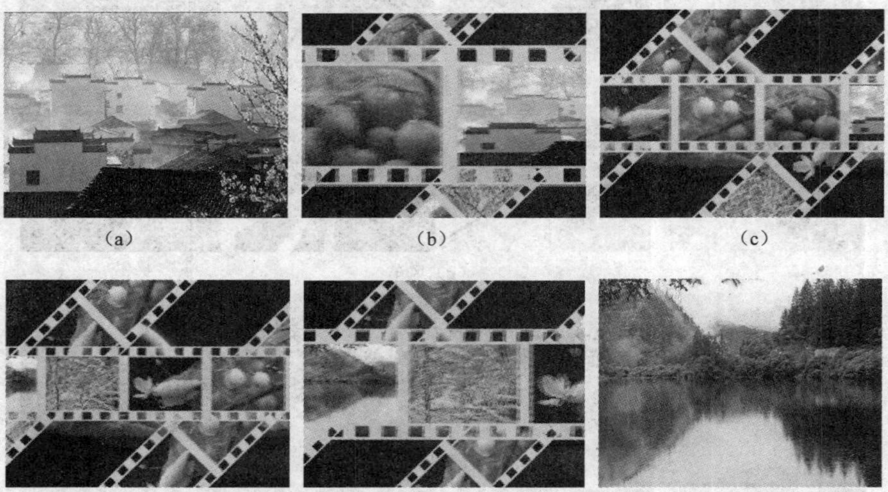

（a） （b） （c） （d） （e） （f）

图 5-107 HollyWood FX 转场效果

Hollywood FX 是一款可独立运行的软件，无须安装在 Preimere Pro 2.0 的安装文件夹下。在安装 Hollywood FX 时，会自动安装针对 Premiere 的接口程序。但为了方便软件资源的管理，最好还是安装在 Premiere Pro 2.0 所在的 Adobe 文件夹下。

Hollywood FX 安装完成后，在 Preimere Pro 2.0 安装文件夹下的 Plug-ins\en_US 中，已自动创建 Pinnacle 插件文件夹，如图 5-108（a）所示。此时重新启动 Preimere Pro 2.0，在其【特效】面板的视频转换和视频特效文件夹中，分别可以找到 Pinnacle 视频转换特效与视频滤镜特效，如图 5-108（b）所示。

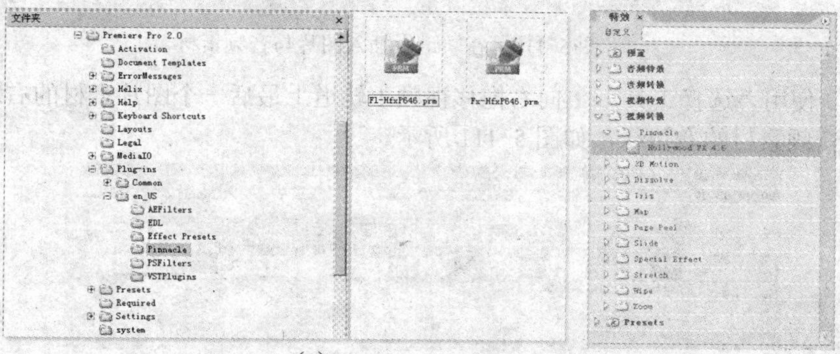

（a）　（b）

图 5-108　HollyWood FX 的安装与使用

值得注意的是，Hollywood FX 有多个不同的软件版本，有些版本不支持 Premiere Pro 2.0。此时，可以先在计算机中安装版本较低的 Premiere 软件，接着安装 Hollywood FX；然后在低版本 Premiere 安装路径的插件文件夹（Plug-Ins）中找到 Pinnacle 文件夹，复制到 Preimere Pro 2.0 安装路径的对应位置即可。

【实例 4】　“诗情画意”短片制作——Premiere Pro 2.0 转场特效的应用。

步骤 1　启动 Premiere Pro 2.0，新建项目文件，参数设置如图 5-109 所示。

步骤 2　选择菜单命令【编辑】|【参数选择】|【综合】，打开【参数选择】对话框，将默认静帧图像持续时间设置为 250 帧。

步骤 3　使用菜单命令【文件】|【输入（Import）】导入“第 5 章素材\诗情画意”文件夹下的全部 8 个图片素材和 1 个音频素材。

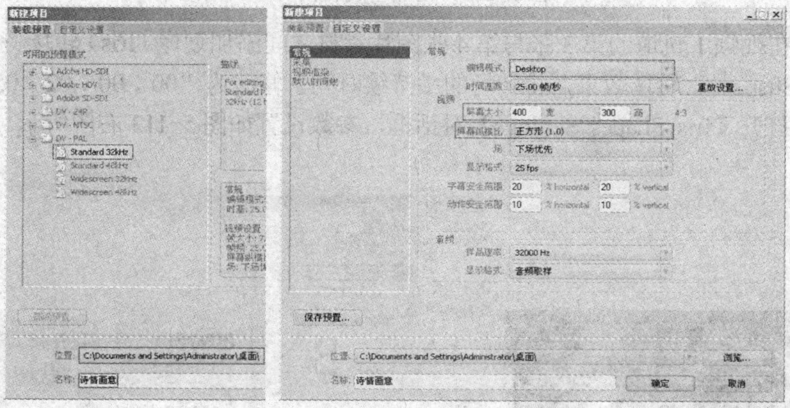

图 5-109　新建项目文件

步骤 4　将图片素材“诗情画意 01.jpg”～“诗情画意 08.jpg”依次插入视频 1 轨道上（彼此邻接，但不重叠）。将音频素材“梦中的婚礼.mp3”插入音频 1 轨道上，如图 5-110 所示。

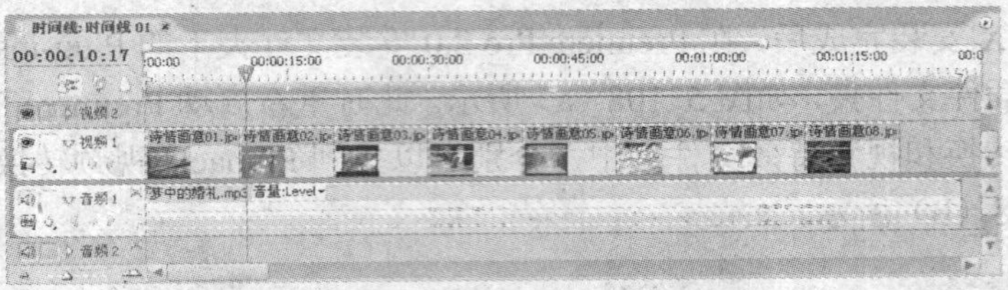

图 5-110　在轨道上插入图片与音频素材

步骤 5　使用“选择工具” 向右拖移视频 1 轨道上最后一个图片素材的右边缘，使其长度增加到音频素材的右边缘，如图 5-111 所示。

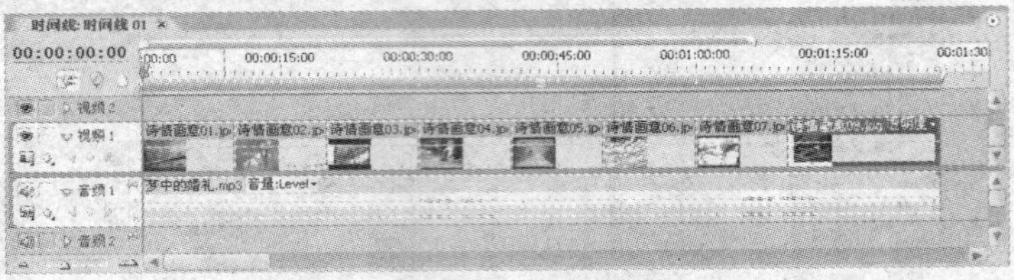

图 5-111　增加图片素材的时间长度

步骤 6　在视频 1 轨道的第 2 张与第 3 张图片素材衔接处添加 3D 运动（3D Motion）转场特效组中的“旋转离开（Tumble Away）”转场效果。并将转场的【持续时间】修改为“00：00：02：05”（其他参数保持不变），如图 5-112 所示。

图 5-112　施加“旋转离开”转场效果

步骤 7　在视频 1 轨道的第 3 张与第 4 张图片素材之间添加划像（Iris）转场特效组中的“形状划像（Iris Shapes）”转场效果，将转场的【持续时间】修改为“00：00：02：05”。单击【自定义】按钮，打开【Iris Shapes Settings】对话框，参数设置如图 5-113 右图所示。单击【OK】按钮。

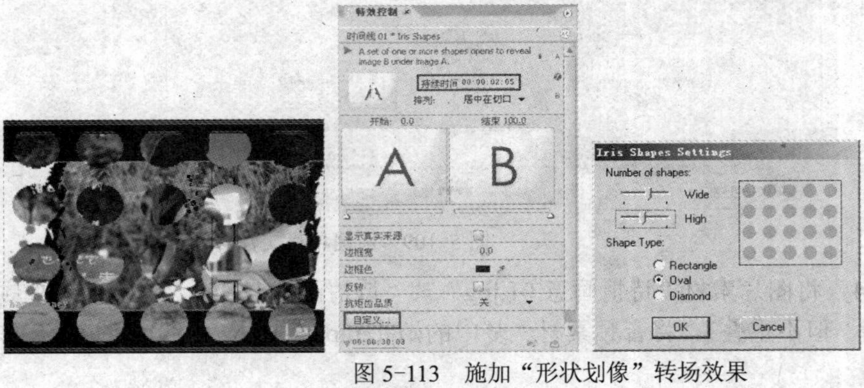

图 5-113　施加“形状划像”转场效果

步骤 8　同样在第 4 张与第 5 张图片素材之间添加卷页（Page Peel）转场特效组中的“页面翻转（Page Turn）”转场效果，将转场的【持续时间】修改为“00：00：02：05”，如图 5-114 所示。

步骤 9　在第 5 张与第 6 张图片素材间添加卷页转场特效组中的“滚轴卷出（Roll Away）”转场效果，将转场的【持续时间】修改为“00：00：02：05”，如图 5-115 所示。

图 5-114　施加“页面翻转”转场效果

图 5-115　施加“滚轴卷出”转场效果

步骤 10　在第 6 张与第 7 张图片素材间添加滑行（Slide）转场特效组中的“漩涡（Swirl）”转场效果，在【特效控制】面板中将转场的【持续时间】修改为“00：00：02：05”，并通过【自定义】按钮进一步设置参数，如图 5-116 所示。

图 5-116　施加“漩涡”转场效果

步骤 11　在第 7 张与第 8 张图片素材间添加擦除（Wipe）转场特效组中的“渐变擦除（Gradient Wipe）”转场效果。在弹出的【Gradient Wipe Settings】对话框中采用默认设置。将转场的【持续时间】修改为“00：00：02：05”，如图 5-117 所示。

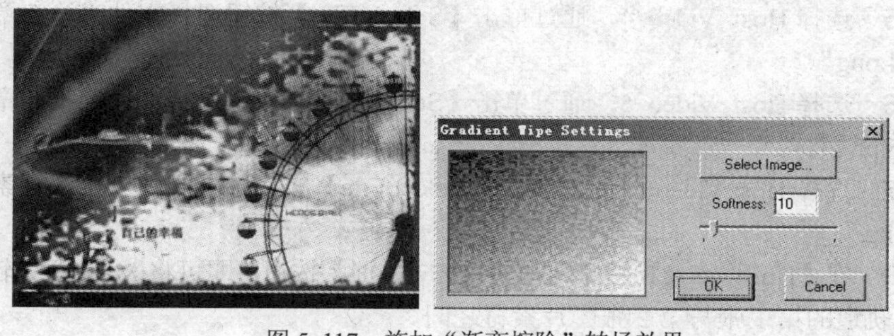

图 5-117　施加“渐变擦除”转场效果

步骤 12　在第 1 张与第 2 张图片素材间添加 Pinnacle（品尼高）外挂转场特效组中的“好莱坞特技（Hollywood FX 4.6）”转场效果。将转场的【持续时间】修改为“00：00：06：05”。

单击【自定义】按钮，打开【Hollywood FX】对话框，在右侧 FX Catalog 窗格顶部的下拉菜单中选择 Video and Film 转场特效组，从中单击选择 Matinee 2 转场特效，如图 5-118 所示。

图 5-118 【Hollywood FX】对话框

步骤 13 在【Hollywood FX】对话框左侧的 Control 窗格的 Media 栏选择 Host Video 7。在右侧 Media Options 窗格中通过单击【Select File】按钮，选择文件“第 5 章素材\Png\诗情画意 08.png”，如图 5-119 所示。

图 5-119 选择 Matinee 2 特效中调用的文件

步骤 14 在 Control 窗格的 Media 栏选择 Host Video 3，通过单击【Select File】按钮选择文件“第 5 章素材\Png\诗情画意 03.png”。

步骤 15 选择 Host Video 4，通过单击【Select File】按钮选择文件“第 5 章素材\Png\诗情画意 04.png”。

步骤 16 选择 Host Video 5，通过单击【Select File】按钮选择文件“第 5 章素材\Png\诗情画意 05.png”。

步骤 17 选择 Host Video6，通过单击【Select File】按钮选择文件“第 5 章素材\Png\诗情画意 06.png”。

步骤 18 在【Hollywood FX】对话框中单击【OK】按钮，即可将 Matinee 2 转场特效添加在视频 1 轨道的第 1 张与第 2 张图片素材之间。

步骤 19 通过节目窗口浏览视频合成效果。

步骤 20 通过选择菜单命令【文件】|【保存】保存最终的项目文件。通过选择菜单命令【文件】|【输出】|【Adobe Media Encoder】，输出 MPG 格式的影片。

5.2.7　使用运动特效

1. 在【特效控制】面板中设置运动特效

步骤 1　在视频轨道上选择要设置运动特效的素材。

步骤 2　若【特效控制】面板没有打开，可选择菜单命令【窗口】|【特效控制（Effect Controls）】将其打开。

步骤 3　在【特效控制】面板中单击运动按钮左侧的图标，展开运动（Motion）参数。

步骤 4　在剪辑时间线的不同位置添加位置（Position）、缩放（Scale）、旋转（Rotation）等参数的关键帧，并在不同关键帧上设置不同的参数值，使素材产生运动效果。方法如下。

① 单击“位置”、“缩放”或“旋转”等参数项左侧的“固定动画”按钮，图标反白显示为。这样可以在播放指针所在的位置添加对应参数的第 1 个关键帧。根据需要设置关键帧参数，如图 5-120 所示。

② 将播放指针拖移到素材时间线的其他位置，单击相应参数栏右侧的“添加/删除关键帧”按钮（图标变成），在播放指针的当前位置添加第 2 个关键帧，并根据需要设置关键帧参数，如图 5-121 所示。

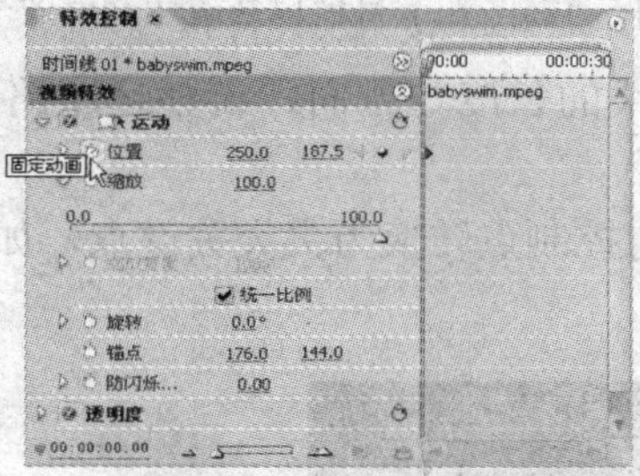

图 5-120　创建首个运动关键帧

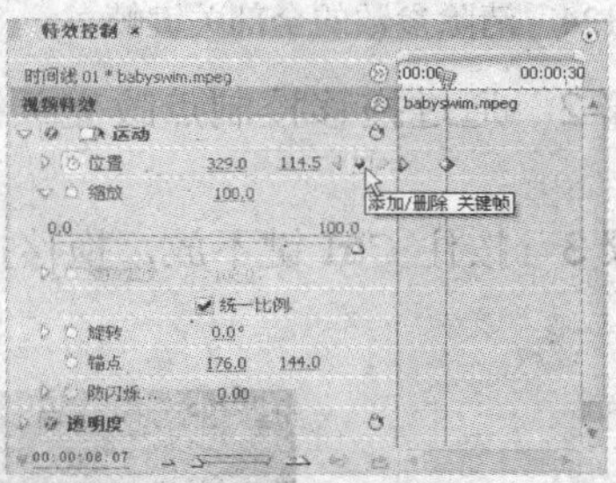

图 5-121　创建并编辑其他关键帧

③ 以此类推，根据素材运动的特点创建多个关键帧，并设置不同关键帧的参数值，就可以使素材在位置、大小、旋转角度等方面形成动画效果。

④ 单击“转到上一关键帧”按钮或“转到下一关键帧”按钮，可以在各关键帧之间跳转，并根据需要修改相应关键帧的参数，如图 5-122 所示。

⑤ 若要删除单个关键帧，首先切换到该关键帧，然后单击“添加/删除关键帧”按钮；或在【特效控制】面板右侧的时间线部分，右击要删除的关键帧图标，从快捷菜单中选择【清除】命令，如图 5-123 所示。

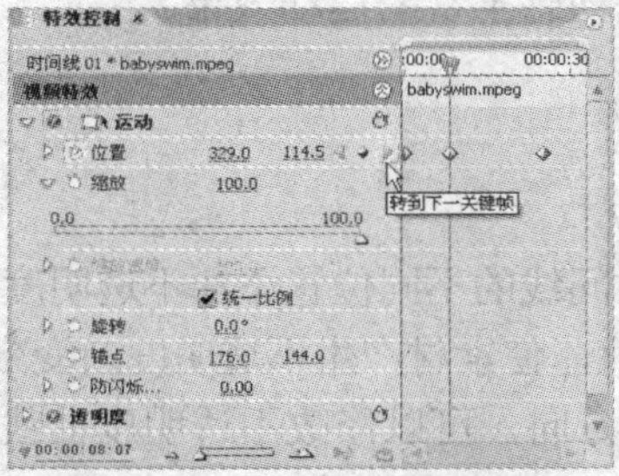

图 5-122　关键帧跳转

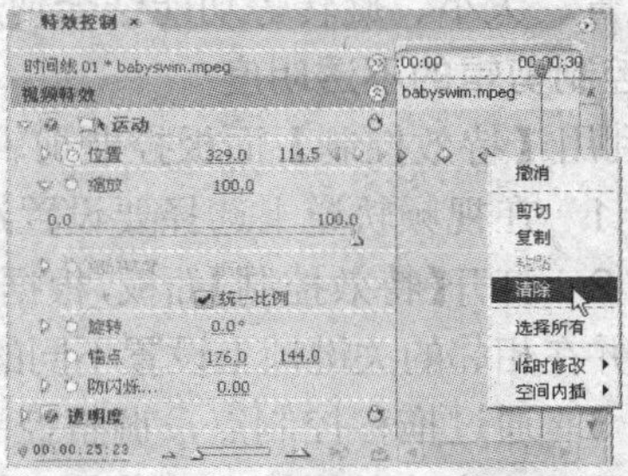

图 5-123　清除单个关键帧

⑥ 在已添加关键帧的参数项左侧的“固定动画”按钮上单击，在弹出的警告框中单击【确定】按钮，可删除该运动参数的所有关键帧，如图 5-124 所示，从而删除有关该项参数的运动动画效果。

2. 在节目窗口设置运动特效

步骤 1 在节目窗口单击选择已经添加了运动特效的素材，显示素材的运动路径及路径上的关键点，如图 5-125 所示。

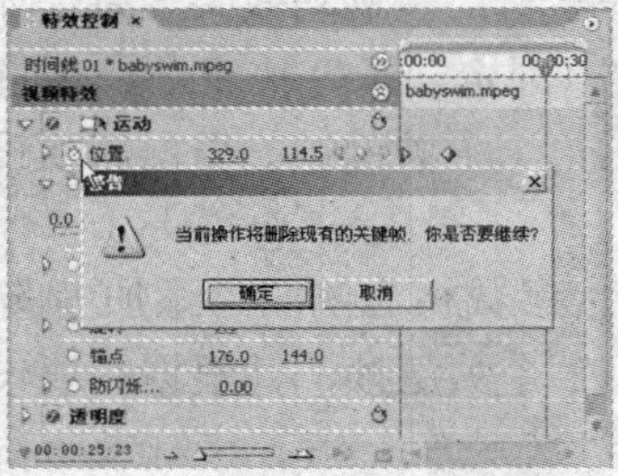

图 5-124 清除参数的全部关键帧

图 5-125 在节目窗口修改运动特效

步骤 2 通过拖移控制点改变关键点两侧控制线的长度与方向，调整运动路径局部的形状。

步骤 3 按住 Ctrl 键不放，拖移控制点可使平滑控制点转换为尖突关键点，如图 5-126 所示。

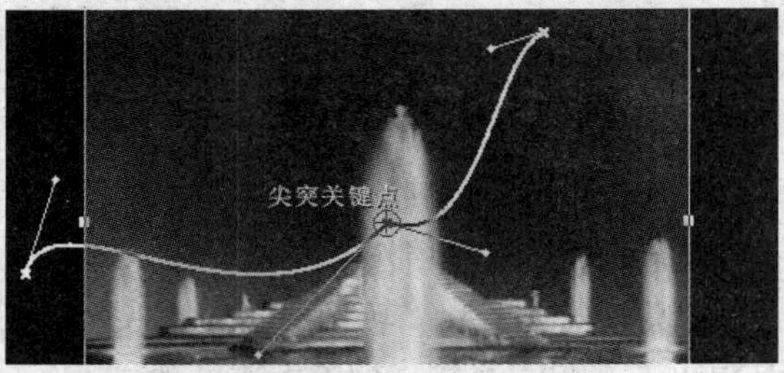

图 5-126 尖突关键点

步骤 4 在运动路径的关键点上右击，从快捷菜单中可以选择关键点的类型。

步骤 5 直接拖移关键点，可以改变素材在当前关键帧的位置。

将位置、大小、旋转等功能结合使用，可以形成动感丰富的运动效果。

3. 控制剪辑的不透明度

1）利用【特效控制】面板控制剪辑的不透明度

步骤 1 在视频轨道上选择要设置透明效果的素材。

步骤 2 打开【特效控制】面板，根据需要在剪辑时间线的不同位置添加不透明度（Opacity）关键帧，并在相邻的关键帧上设置不同的不透明度数值，使素材产生不透明度渐变效果。

步骤 3 通过拖移控制点，调整控制线的长度与方向，可以修改不透明度曲线的形状，以控制不透明度变化的加速度，如图 5-127 所示。

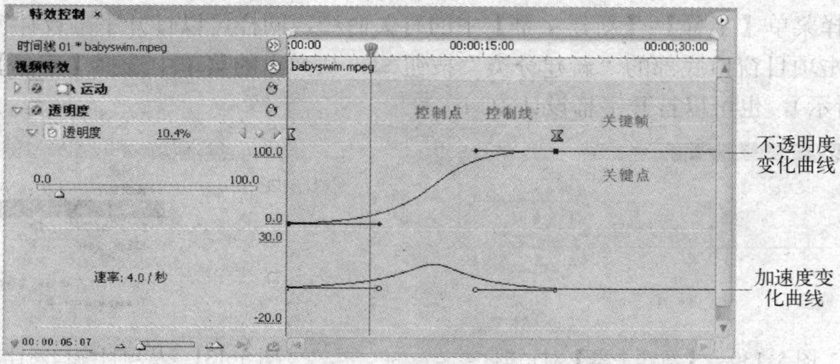

图 5-127　在【特效控制】面板上修改不透明度参数

2）利用时间线窗口控制剪辑的不透明度

步骤 1　在要设置透明效果的素材上显示不透明度曲线（默认为黄色水平线）。

步骤 2　在素材所在的轨道控制区，通过单击“添加/删除关键帧”图标，可以在播放指针所在位置的曲线上添加不透明度关键帧；通过单击“转到上一关键帧”图标或“转到下一关键帧”，可以在各关键帧之间跳转。

步骤 3　通过在竖直方向拖移曲线上的关键帧图标，可以改变素材在此处的不透明度。

步骤 4　通过右击曲线上的关键帧图标，可以从快捷菜单中选择关键点的不同类型。

步骤 5　通过改变控制线的长度与方向，可以调整不透明度曲线的形状，以控制不透明度变化的加速度，如图 5-128 与图 5-129 所示。

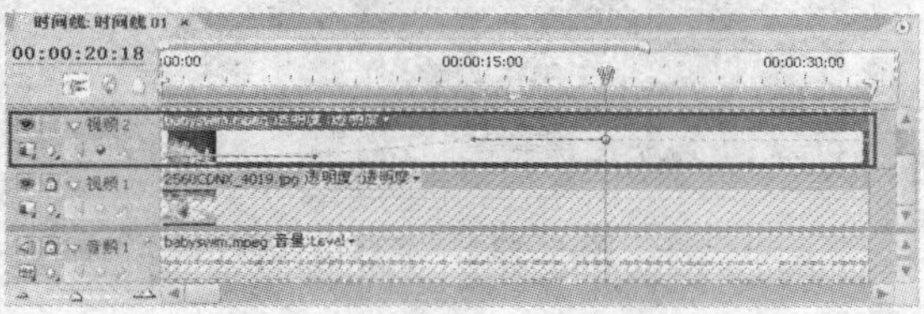

图 5-128　在时间线窗口修改不透明度参数

图 5-129　修改不透明度曲线，制作素材淡变效果

5.2.8　标题与字幕制作

1. 打开字幕设计窗口

采用下列方法之一打开字幕设计窗口。

① 选择菜单命令【文件】|【新建】|【字幕】，打开【新建字幕】对话框，如图 5-130 所示；输入字幕名称，单击【确定】按钮，打开字幕设计窗口。

② 选择菜单【字幕】|【新建字幕】中的有关命令，同样可以打开字幕设计窗口。

③ 单击项目窗口底部的“新建分类”按钮，从弹出的菜单中选择【字幕】命令（如图 5-131 所示），也可以打开字幕设计窗口。

图 5-130 【新建字幕】对话框

图 5-131 从项目窗口新建字幕

2. 设置字幕属性

Premiere Pro 2.0 的字幕设计窗口如图 5-132 所示。在字幕设计窗口中设置字幕属性。

图 5-132 字幕设计窗口

- 工具栏：包括选择工具、横排文本工具 T 、竖排文本工具 IT 等。用于创建和编辑文本，创建和编辑图形。
- 排列与分布栏：用于对齐与分布文本。除了“垂直居中”按钮与“水平居中”按钮用于文本与字幕预览窗口的对齐外，其他对齐按钮用于两个或两个以上文本的对齐。只有 3 个或 3 个以上的文本才能够进行分布操作。
- 字幕预览窗口：用于输入与编辑文本，查看字幕的最终效果。
- 【字幕属性】栏：用于设置文本的字体、字体大小、字间距、行间距、文本角度、文字的颜色、阴影与辉光等属性。
- 【字幕风格】栏：提供了 Premiere Pro 2.0 自带的多种文字风格，每一种风格都是多种文本属性的集合。用户可以将某种风格直接用在字幕上，并在此基础上进行编辑修改。

3. 创建字幕

在字幕设计窗口创建与设计字幕的一般过程如下。

步骤 1 选择“横排文本工具”或“竖排文本工具”，在字幕预览窗口单击，确定插入点，并输入字幕的内容。

步骤 2 选择“选择工具”，此时字幕文本处于选择状态。利用字幕属性栏设置文字的属性，或利用字幕风格栏直接在字幕文本上添加某种风格。

步骤 3　如果添加了字幕风格，还可以在此基础上利用字幕属性栏对字幕文本的外观做必要的修改。

步骤 4　要想清除添加在字幕文本上的风格，可首先在字幕风格栏中选择第 1 种风格，如图 5-133 所示，再利用字幕属性栏根据需要自行设置文字的属性。

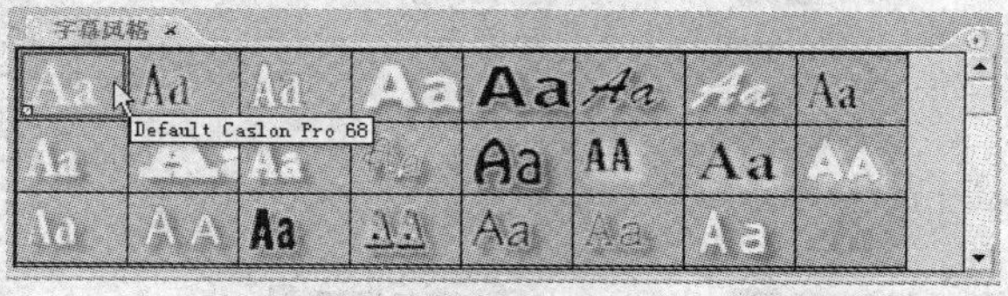

图 5-133　添加第 1 种字幕风格

步骤 5　要想创建“滚动”或“爬行”效果的字幕，可单击字幕预览窗口顶部的“滚动/爬行 选项”按钮，如图 5-134 所示，打开【滚动/爬行选项】对话框，如图 5-135 所示。

图 5-134　单击“滚动/爬行 选项”按钮

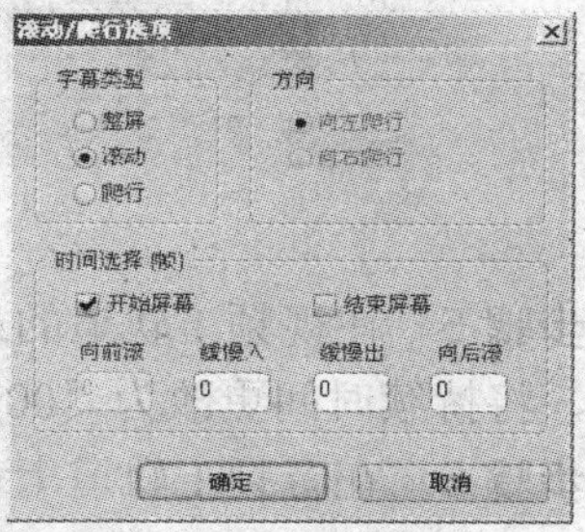

图 5-135　【滚动/爬行选项】对话框

步骤 6　在【字幕类型】栏选择【滚动】单选项。在【时间选项（帧）】栏设置滚动方式。

① 仅选择【开始屏幕】复选框，可使字幕文本从屏幕窗口底部移出，竖直移动到当前位置。

② 仅选择【结束屏幕】复选框，可使字幕文本从当前位置开始，竖直移出屏幕窗口顶部。

③ 同时选择【开始屏幕】和【结束屏幕】复选框，可使字幕文本从屏幕窗口底部移出，竖直向上移动，直到移出屏幕窗口顶部。

步骤 7　在【字幕类型】栏选择【爬行】单选项。在【时间选项（帧）】栏设置爬行方式。方法与步骤 6 类似。主要区别在于爬行字幕是水平移动。

步骤 8　在【滚动/爬行选项】对话框设置好参数，单击【确定】按钮，返回字幕设计窗口。

步骤 9　字幕的所有参数设置好之后，直接关闭字幕设计窗口即可。创建好的字幕出现在项目窗口的素材列表中，与其他素材一样调用。

【实例 5】　“唐诗诵读”短片制作——Premiere Pro 2.0 字幕的应用。

步骤 1　启动 Premiere Pro 2.0，新建项目文件，参数设置如图 5-136 所示。

步骤 2　选择菜单命令【编辑】|【参数选择】|【综合】，打开【参数选择】对话框，将默认静帧图像持续时间设置为 125 帧。

步骤 3　使用菜单命令【文件】|【输入（Import）】导入“第 5 章素材\唐诗诵读”文件夹下的图片素材“荷 01.jpg”～“荷 06.jpg”和音频素材“舞动荷风(片段).mp3”。

步骤 4　将图片素材“荷 01.jpg”～“荷 06.jpg”依次插入视频 1 轨道上（彼此衔接，但不重叠）。将音频素材“舞动荷风(片段).mp3”插入音频 1 轨道上，如图 5-137 所示。

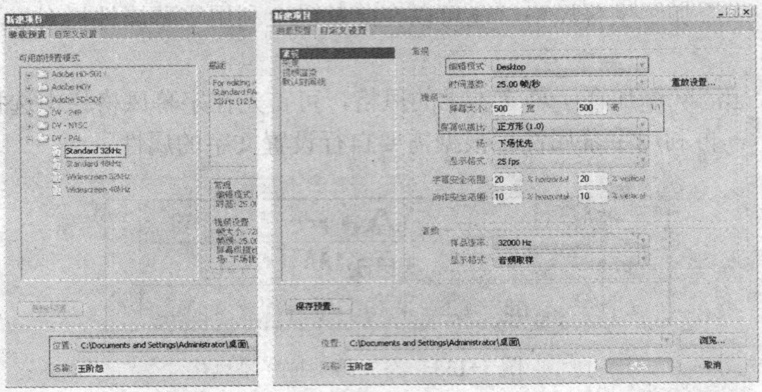

图 5-136　新建项目文件

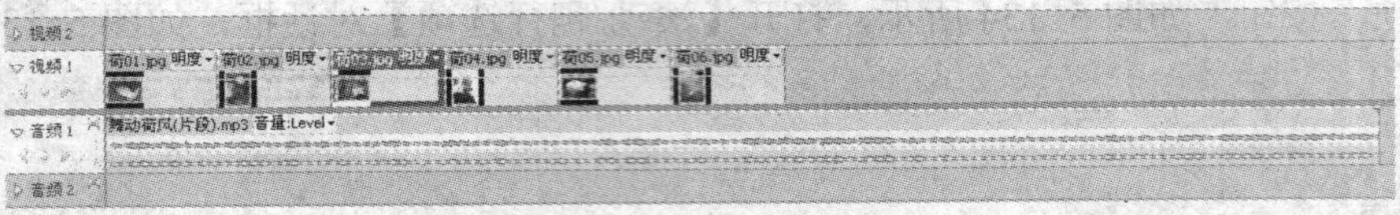

图 5-137　在轨道上插入原始素材

步骤 5　在视频 1 轨道的最后一个图片素材上右击，在快捷菜单中选择【速度/持续时间】命令，将持续时间更改为“00:00:10:00”（10 秒）。

步骤 6　在音频 1 轨道上裁切掉音频素材相对于图片素材多余的部分，如图 5-138 所示。

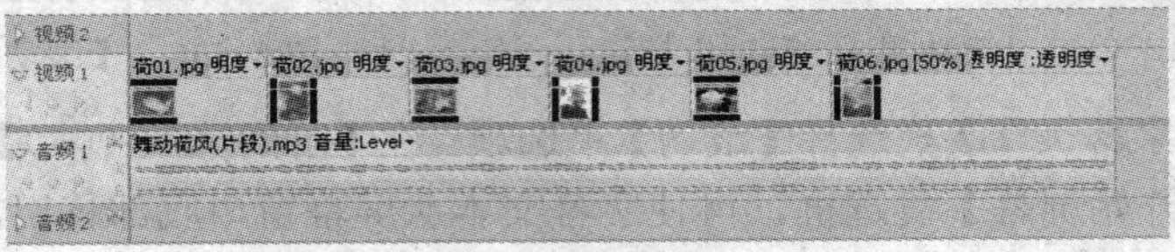

图 5-138　裁切音频素材

步骤 7　在节目窗口中调整视频 1 轨道上素材“荷 02.jpg”的位置，使其靠右放置，如图 5-139（a）所示。调整“荷 04.jpg”与“荷 06.jpg”的位置，使其靠左放置，如图 5-139（b）所示（以“荷 04.jpg”为例）。调整“荷 03.jpg”与“荷 05.jpg” 的位置，使其靠上放置，如图 5-139（c）所示（以“荷 05.jpg”为例）。

（a）　（b）　（c）

图 5-139　调整节目窗口中素材的位置

步骤 8 在视频 1 轨道的各个图片素材之间添加擦除（Wipe）转场特效组中的“渐变擦除（Gradient Wipe）”转场效果，参数保持默认值，如图 5-140 所示。

图 5-140 添加转场效果

步骤 9 在视频 1 轨道的最后一个图片素材“荷 06.jpg”上添加扭曲（Distort）特效组中的“边角定位（Corner Pin）”视频特效。并在素材时间线如图 5-141 右图所示的位置分别为 Upper Right 和 Lower Right 参数创建两个关键帧，左边关键帧（时间线位置 00：00：30：23）的 Upper Right 和 Lower Right 参数保持默认，右边关键帧（时间线位置 00：00：32：11）的参数设置如图 5-141 所示。

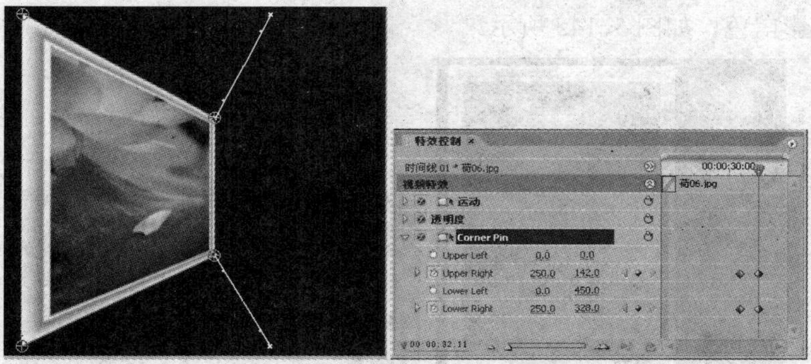

图 5-141 设置视频特效动画

步骤 10 在音频 1 轨道上选择素材“舞动荷风(片段).mp3”，利用轨道控制区的“添加/删除关键帧”按钮，在黄色音量控制线上添加 4 个关键帧，向下拖移首尾两个关键帧，制作背景音乐的淡入/淡出效果，如图 5-142 所示。

图 5-142 制作背景音乐的淡入/淡出效果

步骤 11 在时间线窗口将播放指针定位于“荷 01.jpg”的显示区间内。选择菜单命令【文件】|【新建】|【字幕】，创建“字幕 01”。并在“字幕 01”中创建 3 个文本对象，如图 5-143 所示（在字幕设计窗口的右上角选择【显示视频】选项）。

① 文本“唐诗诵读”：黑体，字体尺寸 48，不填充颜色；设置外部笔画如图 5-144 所示（其中色彩选白色）。

② 文本“玉阶怨”：字体为迷你简柏青（若没有这种字体，可选择其他自己喜欢的字体），字体尺寸 74，填充红色，外部笔画设置同“唐诗诵读”。

③ 文本“Yu Jie Yuan”：字体 Times New Roman，字体尺寸 37，倾斜 32，填充绿色（#28CF0E），外部笔画设置同“唐诗诵读”。

图 5-143 字幕 01 效果

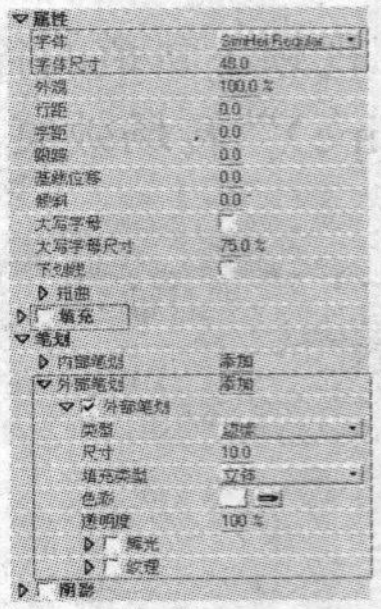

图 5-144 “唐诗诵读”属性设置

步骤 12 在时间线窗口将播放指针定位于“荷 02.jpg”的显示区间内。选择菜单命令【文件】|【新建】|【字幕】，创建“字幕 02”。并在“字幕 02”中创建竖向文本“作者：李白”。在字幕设计窗口选中该文本，在字幕风格栏右击倒数第 8 个风格，从快捷菜单中选择【仅应用风格色彩】命令。继续在字幕属性栏设置文本属性：华文中宋，字体尺寸 44，字间距 15，填充红色，阴影白色，如图 5-145 所示。

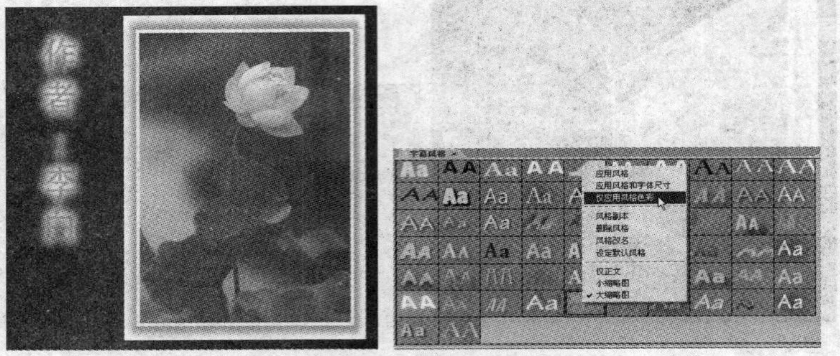

图 5-145 创建字幕 02

步骤 13 在时间线窗口将播放指针定位于“荷 03.jpg”的显示区间内。选择菜单命令【文件】|【新建】|【字幕】，创建“字幕 03”。并在“字幕 03”中创建横向文本“玉阶生白露”。与字幕 02 类似，先应用倒数第 8 个风格的色彩，再修改属性：华文中宋，字体尺寸 44，字间距 15，填充红色，阴影白色，如图 5-146 所示。

步骤 14 在时间线窗口将播放指针定位于“荷 04.jpg”的显示区间内。选择菜单命令【文件】|【新建】|【字幕】，创建“字幕 04”。并在“字幕 04”中创建竖向文本“夜久侵罗袜”，设置与字幕 03 相同的风格与属性，如图 5-147 所示。

图 5-146 字幕 03 效果

图 5-147 字幕 04 效果

步骤 15 在时间线窗口将播放指针定位于“荷 05.jpg”的显示区间内。选择菜单命令【文件】|【新建】|【字幕】，创建“字幕 05”。并在“字幕 05”中创建横向文本“却下水晶帘”。设置与字幕 03 相同的风格与属性，如图 5-148 所示。

步骤 16 在时间线窗口将播放指针定位于“荷 06.jpg”的显示区间内。选择菜单命令【文件】|【新建】|【字幕】，创建“字幕 06”。并在“字幕 06”中创建竖向文本“玲珑望秋月”。设置与字幕 03 相同的风格与属性，如图 5-149 所示。

图 5-148 字幕 05 效果

图 5-149 字幕 06 效果

步骤 17 在时间线窗口将播放指针定位于“荷 06.jpg”的最后。选择菜单命令【字幕】|【新建字幕】|【默认滚动】，创建滚动字幕（开始字幕）“字幕 07”。文字内容如图 5-150 所示。适当设置设置文本的字体、字体尺寸、字间距，行间距、填充色、阴影颜色等属性，如图 5-151 所示。

图 5-150 字幕 07 文字内容

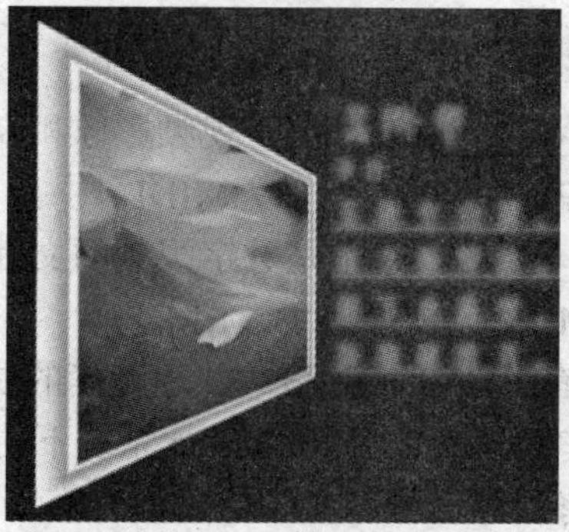

图 5-151 字幕 07 效果

步骤 18 将字幕 01～字幕 07 插入视频 2 轨道如图 5-152 所示的位置。其中，字幕 01～字幕 06 分别与“荷 01.jpg”～“荷 06.jpg”素材的左端对齐，字幕 07 与“荷 06.jpg”素材的右端对齐。字幕 01～字幕 06 的时间长度都是“00：00：04：05”，字幕 07 的时间长度为“00：00：03：00”。

图 5-152 在视频 2 轨道插入字幕

步骤 19 在节目窗口适当调整视频 2 轨道上字幕 01～字幕 07 各素材的位置。

步骤 20 在字幕 02 的首尾两端分别添加 Doors 与 Cube Spin 转场特效（位于 3D Motion 视频特效组），参数保持默认。

步骤 21 在字幕 03 的首尾两端分别添加 Swirl（位于 Slide 视频特效组）与 Swing Out（位于 3D Motion 视频特效组）转场特效，参数保持默认。

步骤 22 在字幕 04 的首尾两端分别添加 Slide 转场特效（位于 Slide 视频特效组），参数保持默认。

步骤 23 在字幕 05 的首尾两端分别添加 Swap 转场特效（位于 Slide 视频特效组），参数保持默认。

步骤 24 在字幕 06 的首尾两端分别添加 Center Merge 与 Center Split 转场特效（位于 Slide 视频特效组），参数保持默认，如图 5-153 所示。

图 5-153 为字幕添加转场特效

步骤 25 通过节目窗口浏览视频合成效果。

步骤 26 通过选择菜单命令【文件】|【保存】保存最终的项目文件。通过选择菜单命令【文件】|【输出】|【Adobe Media Encoder】，输出 MPG 格式的影片。

5.3 习题与思考

一、选择题

1. __________标准是用于视频影像和高保真声音的数据压缩标准。

   A．JPEG B．MIDI C．MPEG D．MPG

2. 以下__________不是数字视频的文件格式。

   A．MOV B．RM C．MPG D．CDA

3. 以下有关 AVI 视频格式叙述正确的是__________。

   A．它是 Apple 公司的 Mac 系统下的标准视频格式

   B．将视频信号和音频信号混合交错地储存在一起，以便同步进行播放

   C．有损压缩格式，压缩比较低，画质很高

   D．采用的是无损压缩技术

4. 以下__________是流式视频格式，可以在网络上边下载边收看。

   A．WMA B．RM C．MPEG D．DAT

5. 以下__________不是视频处理软件。

   A．Windows Movie Maker B．Ulead Audio Editor

   C．Adobe Premiere D．Ulead Video Studio

二、填空题

1. 根据数据的冗余类型，视频的压缩编码方法有视觉冗余编码、空间冗余编码和

__________冗余编码三种。

2．视频的帧序列中相邻图像之间存在着高度的相关性，因此而产生的数据冗余称为__________冗余。

3．数据压缩就是对数据重新进行__________，以去除数据中的冗余成份，在保证质量的前提下减少需要存储和传送的数据量。

4．Premiere Pro 2.0 是由 Adobe 公司推出的一款非常优秀的__________视频编辑软件，是当今业界最受欢迎的视频编辑软件之一（填“线性”或“非线性”）。

三、思考题

1．通过查阅相关书籍或通过网络帮助，了解常用的视频处理软件还有哪些，与 Premiere Pro 2.0 相比，讲述各自的优缺点。

2．通过查阅相关书籍或通过网络帮助，了解将摄像机或录像机中的模拟视频信号输入到计算机中时，用到的主要硬件设备。

四、操作题

使用“练习\视频\”文件夹下的图片素材“1.jpg”～“8.jpg”、音频素材“散文朗诵片段（立体声）.wav”与“出水莲片段.wav”制作短片“配乐散文朗诵”。效果参考“练习\视频\荷塘月色（配乐散文）.mpg”。

以下是操作提示。

（1）使用菜单命令【文件】|【新建】|【Universal Counting Leader】制作片头。

（2）输入图片素材前将默认静帧图像持续时间设置为 500 帧。

（3）创建字幕 01“配乐散文：荷塘月色”（爬行字幕）。

（4）创建字幕 02，在字幕设计窗口绘制矩形，填充渐变色（黄色→白色），并设置矩形的不透明度为 40%左右。

（5）通过在“出水莲片段.wav”的音量线上添加关键帧，适当降低与“散文朗诵片段（立体声）.wav”重叠时间区间内的音量。

（6）操作完成后的时间线窗口如图 5-154 所示。

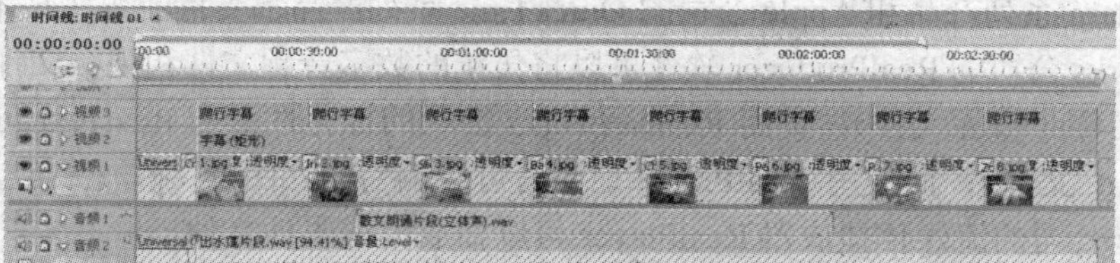

图 5-154　操作完成后的时间线窗口

第 6 章　多媒体信息集成

6.1　多媒体信息集成概述

多媒体信息集成是指在文本、图形、图像、音频和视频等多种媒体信息之间建立逻辑连接，集成为一个系统并具有交互功能。

多媒体信息集成包括传统数字媒体的集成和流媒体的集成。

1. 传统数字媒体的集成

传统数字媒体的集成具有以下特点。

- 各媒体素材往往以嵌入的形式合成到多媒体作品中。多媒体作品的最终文件大小与所用图形、图像、音频和视频等媒体素材的文件大小有着直接的关系。
- 集成工具软件包括 Powerpoint、Flash、Dreamweaver、Director、Authorware、Visual Basic 等多种。相应的多媒体作品的文件格式也是多种多样。
- 多媒体作品的传播介质包括优盘、光盘、移动硬盘、网络等多种。根据多媒体作品文件格式的不同，播放工具也有多种。

本章及前面相应章节主要介绍传统数字媒体素材的制作及多媒体作品的集成。

2. 流媒体的集成

流媒体（Streaming Media）技术是一种新兴的网络多媒体技术，以流的方式在网络上传输多媒体信息。

流媒体包括流式音频、流式视频、流式文本和流式图像等。目前，美国 RealNetworks 公司的 RealSystem 系列产品和 Apple 公司的 QuickTime 系列产品都支持流媒体技术。比如，使用 RealNetworks 公司的 RealProducer 软件可以将传统的数字音频文件和视频文件转换为流式音频与视频文件（*.rm 文件）；使用 RealNetworks 公司的标记性语言 RealText 可以编写流式文本文件（*.rt 文件）；而使用 RealPix 标记语言可以编写流式图片文件（*.rp 文件）。通过 RealNetworks 公司的流媒体播放器 RealPlayer 可以播放流式媒体文件。

借助同步多媒体集成语言（Smil）可以将上述流媒体集成在一起，形成流式多媒体作品。Smil 是一种关联性标记语言，可以将 Internet 上不同位置的媒体文件关联到一起，已经渐渐成为网络多媒体的国际通用标准语言。

流式多媒体文件较小，主要用于网络传输。

值得注意的是，如果仅仅使用多媒体集成软件按播放的先后顺序将各种单媒体素材简单“堆砌”起来，并不能构成好的多媒体作品。优秀的多媒体作品应具备以下特征。

- 借助多种媒体形式综合表达主题，其主要目的是增强信息的感染力。比如，利用文字详细地描述事物，利用图片直观地反映事实，同步语音的配合使画面更具有说服力，使用背景音乐更有效地渲染主题等。

- 多媒体作品中的各媒体之间应建立有效的逻辑关系，利用不同媒体形式进行优势互补，以便更有效地表达主题。
- 合理地利用交互式功能为用户提供个性化信息服务，强调人的主观能动性。

另外，多媒体集成技术只是更有效地表达主题信息的手段，仅仅凭借炫耀自己"高超"的多媒体集成手段并不能创作出内容丰富的优秀多媒体作品。

6.2　多媒体信息集成综合案例（一）—— 电子贺卡

6.2.1　准备素材

1．使用 Photoshop 制作回形针

步骤 1　启动 Photoshop CS4。打开素材图片"第 6 章素材\电子贺卡\回形针.jpg"（在网上还可以下载到各种各样的回形针，比如可爱的心形回形针），使用缩放工具将图片放大到 200%，如图 6-1 所示。

步骤 2　通过双击背景层将背景层转化为普通层，采用默认名称"图层 0"。

步骤 3　选择菜单命令【编辑】|【自由变换】（或按 Ctrl+T 键），光标放在变换控制框的外围，顺时针拖移鼠标将图中的回形针旋转到如图 6-2 所示的位置，按 Enter 键确认。

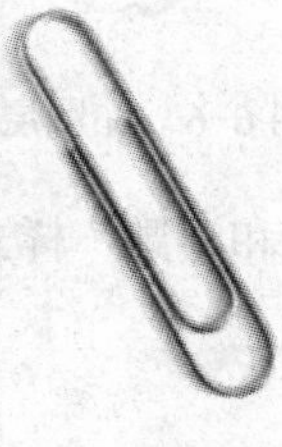

图 6-1　原素材图片

图 6-2　旋转图层

步骤 4　在【图层】面板上将图层的不透明度降低到 40%左右（这样可使后面创建的路径比较清楚，便于调整）。

步骤 5　选择菜单命令【视图】|【标尺】（或按 Ctrl+R 键）显示标尺，按如图 6-3 所示在回形针上定位参考线（目的是标出回形针的各条边及拐角点的位置）。

步骤 6　使用钢笔工具创建如图 6-4 所示的直边路径（确定关键锚点时不仅要参考原图上回形针的端点、顶点和拐角点，还要注意图形的左右对称性）。

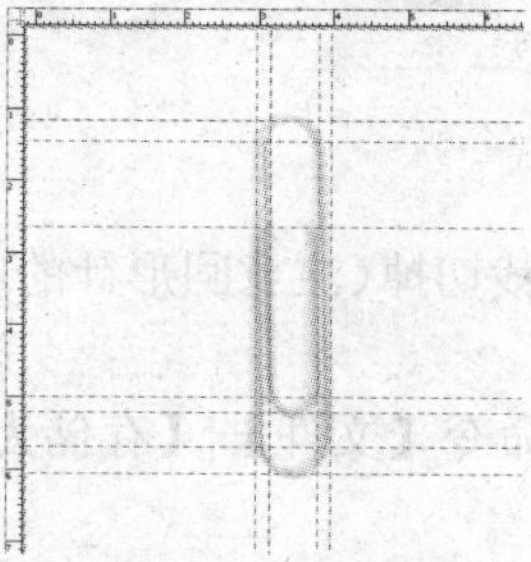

图 6-3　定位参考线

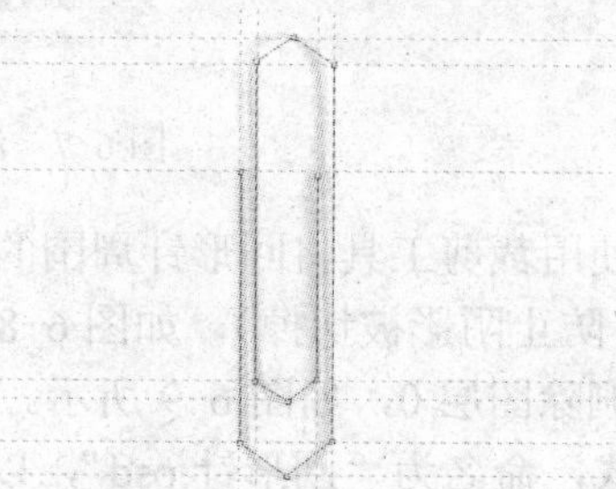

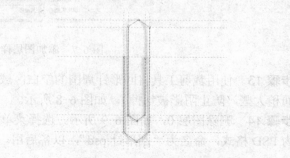

图 6-4　创建直边路径

步骤 7　按 Ctrl+R 键隐藏标尺。选择菜单命令【视图】|【清除参考线】。

步骤 8　使用直接选择工具、转换点工具等调整路径，如图 6-5 所示（为便于查看，图中已隐藏图层 0）。

步骤 9　在【路径】面板上双击工作路径，弹出对话框，单击【确定】按钮。这样可将临时路径存储起来，以免丢失。

步骤 10　在工具箱上选择画笔工具，在选项栏上设置 4 个像素大小的硬边画笔（即硬度 100%）。在工具箱上将前景色设置为纯红色（#FF0000）。

步骤 11　在【图层】面板上新建并选择图层 1。在【路径】面板上单击“描边路径”按钮，如图 6-6 所示。

图 6-5　调整路径

图 6-6　在图层 1 上描边路径

步骤 12　隐藏路径。为图层 1 添加“投影”和“斜面和浮雕”样式，适当调整样式参数，如图 6-7 所示。

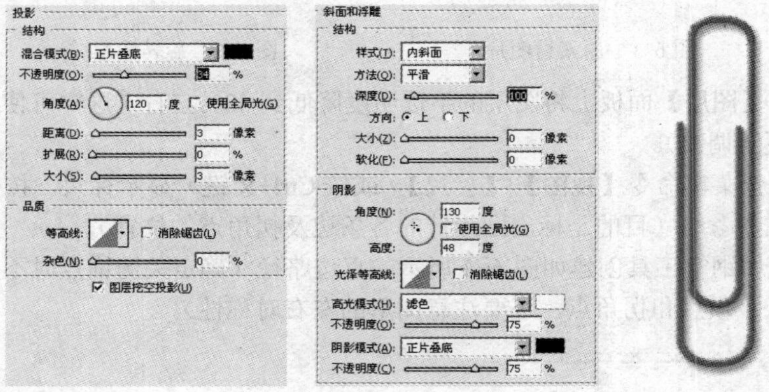

图 6-7　添加图层样式

步骤 13　使用裁剪工具将回形针周围的空白区域裁切掉（注意回形针的右侧和底部留出的空间稍大些，防止阴影被切掉），如图 6-8 所示。

步骤 14　删除图层 0，如图 6-9 所示。选择菜单命令【文件】|【存储为】，将最终图像存储为 PSD 格式，命名为“回形针.psd”，以备后用。

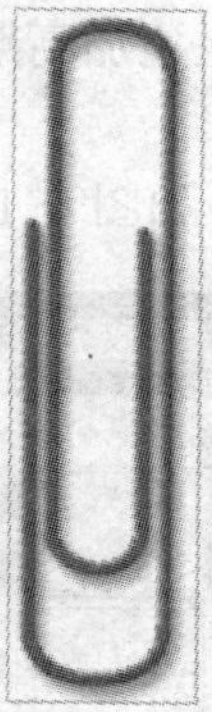

图 6-8　裁切画布

图 6-9　删除图层 0

2. 使用 Photoshop 处理下雪图片

步骤 1　在 Photoshop CS4 中打开素材图片“第 6 章素材\电子贺卡\风景.jpg”，如图 6-10 所示。选择菜单命令【图像】|【图像大小】，参数设置如图 6-11 所示，单击【确定】按钮。

图 6-10　素材图像

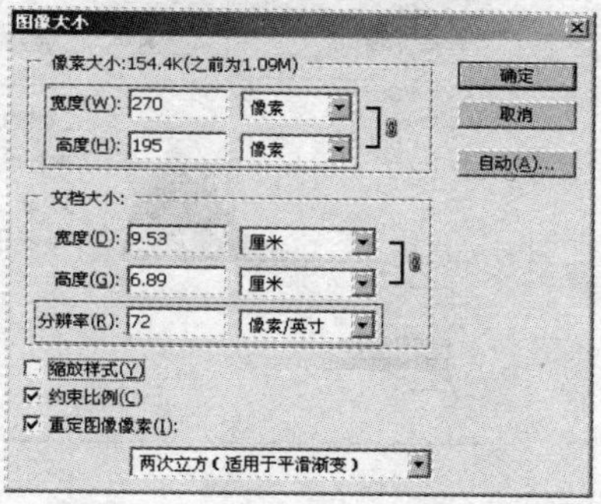

图 6-11　参数设置

步骤 2　选择菜单命令【图像】|【调整】|【色阶】，参数设置如图 6-12（a）所示，单击【确定】按钮。图像调整效果如图 6-12（b）所示。

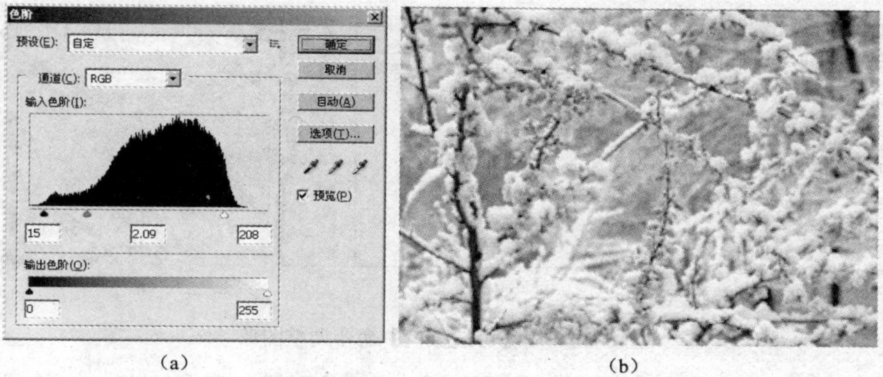

（a）　　（b）

图 6-12　图像调整效果

步骤 3　选择仿制图章工具，在选项栏上选择 45 个像素大小的软边画笔，将如图 6-13 所示位置的局部图像修补到右上角。

步骤 4 复制背景层，得到背景层副本。在背景层 副本上施加高斯模糊滤镜（菜单命令【滤镜】|【模糊】|【高斯模糊】），模糊半径设为“1.5”左右。

步骤 5 将背景层 副本的图层混合模式设置为“变暗”，如图 6-14 所示。

图 6-13 修补图像

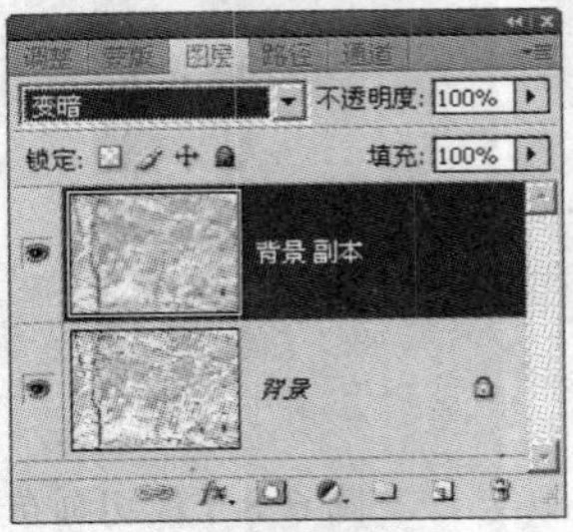

图 6-14 修改图层混合模式

步骤 6 将背景层副本向下合并到背景层。再次调整图像色阶，参数设置如图 6-15（a）所示，再次调整图像色阶的效果，如图 6-15（b）所示。

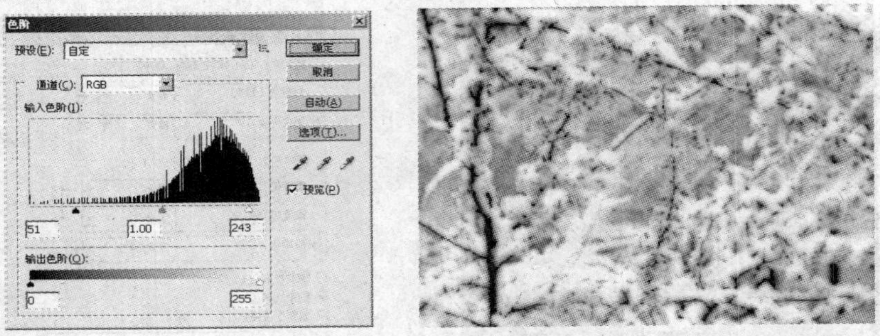

（a） （b）

图 6-15 再次调整图像色阶的效果

步骤 7 选择菜单命令【图像】|【调整】|【可选颜色】，分别对洋红和红色进行调整，参数设置如图 6-16 所示，单击【确定】按钮。

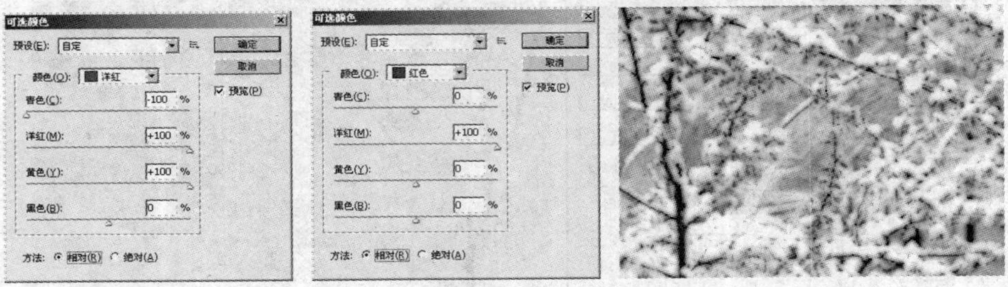

（a） （b）

图 6-16 用【可选颜色】命令调整图像

步骤 8 选择菜单命令【文件】|【存储为】，将最终图像仍旧存储为 JPG 格式，命名为“下雪.jpg”，以备后用。

3．使用 Photoshop 制作窗框效果

步骤 1 在 Photoshop CS4 中打开素材图片“第 6 章素材\电子贺卡\画框.psd”，如图 6-17 所示（该素材也可由 Photoshop 直接绘制）。按 Ctrl+A 键全选图像，按 Ctrl+C 键复制图像。

步骤 2　新建一个 270×195 像素，72 像素/英寸，RGB 颜色模式，白色背景的图像（像素大小及分辨率与图像“下雪.jpg”相同）；按 Ctrl+V 键粘贴图像。

步骤 3　在【图层】面板上同时选中图层 1 与背景层。依次选择菜单命令【图层】|【对齐】|【顶边】与【左边】，将素材对齐到图像窗口左上角，如图 6-18 所示。

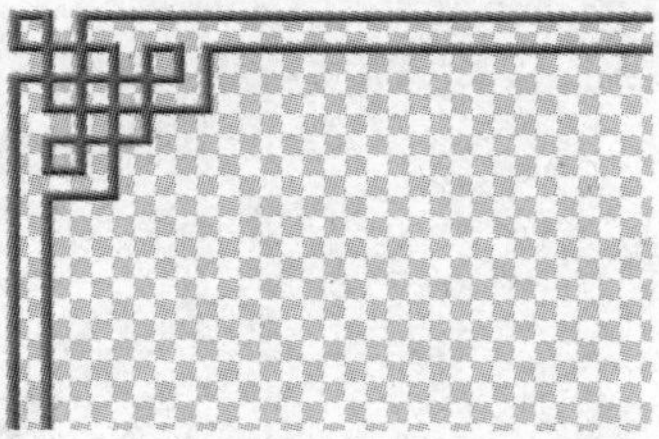

图 6-17　打开素材图像

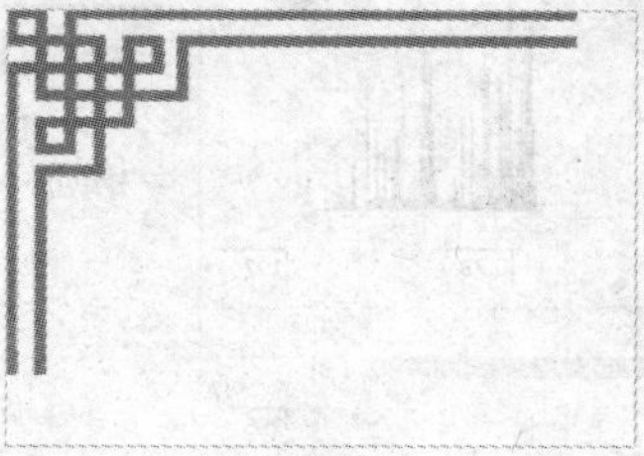

图 6-18　将图层 1 与背景层对齐

步骤 4　选择图层 1，按 Ctrl+T 键，将素材成比例缩小到如图 6-19 所示的大小，仍旧对齐到左上角。

步骤 5　复制图层 1，得到图层 1 副本。选择图层 1 副本，选择菜单命令【编辑】|【变换】|【垂直翻转】。参照步骤 3 将图层 1 副本中的素材对齐到左下角，如图 6-20 所示。

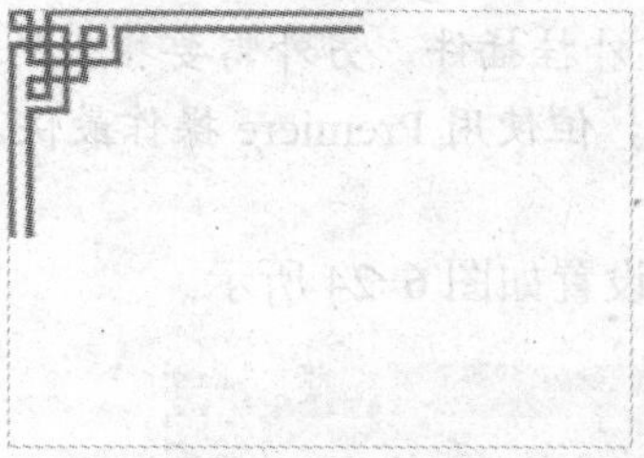

图 6-19　缩小图层

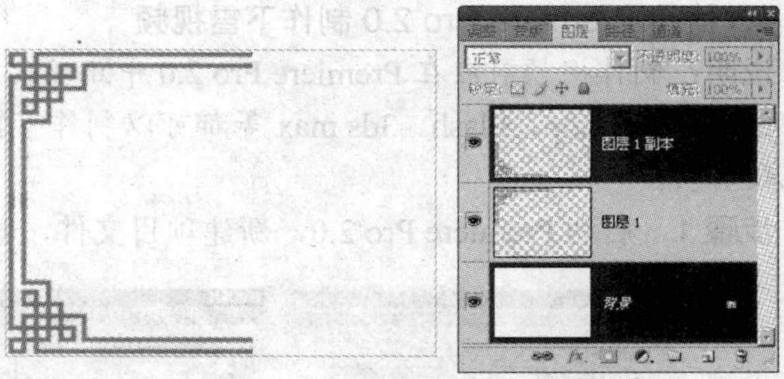

图 6-20　复制并对齐图层

步骤 6　将图层 1 副本向下合并到图层 1。再次复制图层 1，同样得到图层 1 副本。选择图层 1 副本，选择菜单命令【编辑】|【变换】|【水平翻转】。将图层 1 副本对齐到图像窗口的右边，如图 6-21 所示。

步骤 7　再次将图层 1 副本向下合并到图层 1，并在图层 1 上添加“投影”和“斜面和浮雕”样式，参数类似回形针（如图 6-7 所示），如图 6-22 所示。

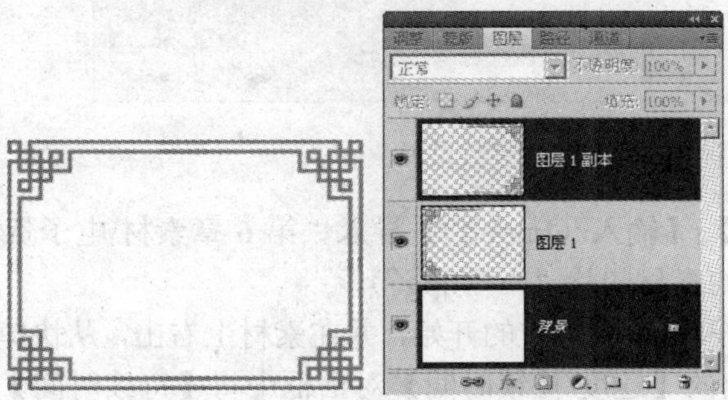

图 6-21　再次复制并对齐图层

图 6-22　添加图层样式

步骤 8 选择菜单命令【图像】|【调整】|【色阶】，参数设置如图 6-23（a）所示，单击【确定】按钮。图像调整效果如图 6-23（b）所示。

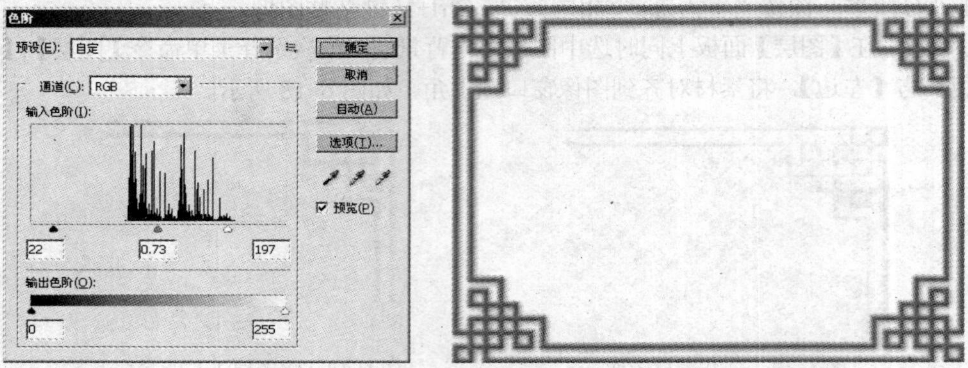

（a）（b）

图 6-23 图像调整效果

步骤 9 删除背景层。选择菜单命令【文件】|【存储为】，将图像以 PSD 格式存储，命名为“窗框.psd”，以备后用。

4. 使用 Premiere Pro 2.0 制作下雪视频

说明：制作视频前应在 Premiere Pro 2.0 中正确安装下雪外挂插件。另外需要指出的是，尽管使用 Photoshop、Flash、3ds max 等都可以制作下雪效果，但使用 Premiere 操作最快，效果也较真实。

步骤 1 启动 Premiere Pro 2.0，新建项目文件，其参数设置如图 6-24 所示。

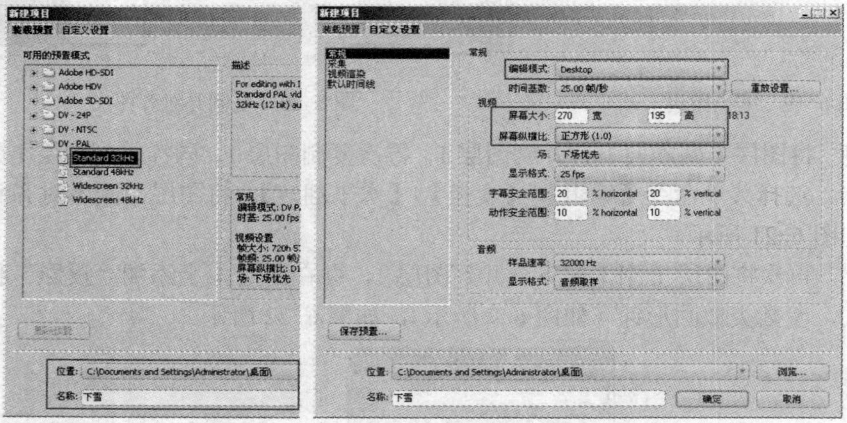

图 6-24 新建项目文件的参数设置

步骤 2 通过选择菜单命令【文件】|【输入（Import）】导入“第 6 章素材\电子贺卡\下雪.jpg”（即前面使用 Photoshop 处理好的素材图片“下雪.jpg”）。

步骤 3 将素材图片“下雪.jpg”插入视频 1 轨道的开始，并在素材上右击，从快捷菜单中选择【速度/持续时间】命令。在弹出的【速度/持续时间】对话框中将【持续时间】参数值设置为 00：00：05：00（5 秒），如图 6-25 所示。单击【确定】按钮。

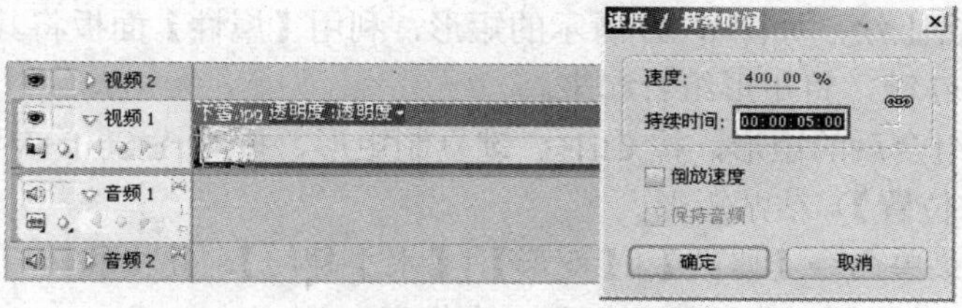

图 6-25　修改轨道素材的持续时间

步骤 4　打开【特效】面板，为视频 1 轨道的图片素材添加视频特效“下雪”，并在【特效控制】面板上设置参数，如图 6-26 所示。

图 6-26　“下雪”特效参数设置

步骤 5　通过【文件】|【保存】命令保存项目文件；通过【文件】|【输出】|【影片】命令导出 AVI 格式的视频（采用默认设置），命名为“下雪.avi”，以备后用。

6.2.2　使用 Flash 8.0 合成与输出作品

1. 制作自动翻页卡片

步骤 1　启动 Flash 8.0，新建 Flash 空白文档。选择菜单命令【修改】|【文档】，其参数设置如图 6-27 所示（其中背景颜色为 #990099）。单击【确定】按钮。

步骤 2　选择菜单命令【视图】|【缩放比率】|【显示帧】，将舞台全部显示出来。

步骤 3　在工具箱上选择“矩形工具”。利用【混色器】面板将笔触颜色设置为无色，将填充色设置为线性渐变，其参数设置如图 6-28 所示。其中①、②、④号色标的颜色值为 #F2BFFF，③号色标的颜色值为#EBA3FE。

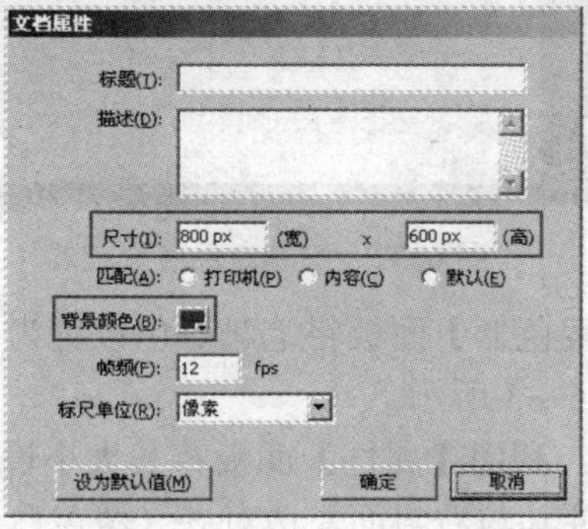

图 6-27　文档参数设置

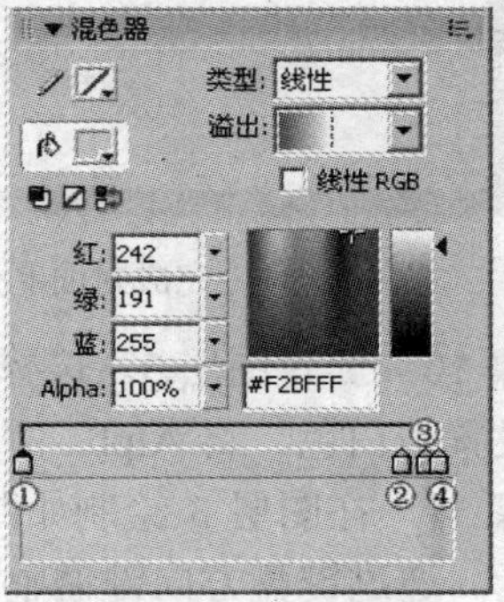

图 6-28　设置渐变填充色

步骤 4　在舞台上绘制如图 6-29 所示的矩形，利用【属性】面板将其大小修改为 320×450 像素。按 Ctrl+G 键，将矩形组合起来。

步骤 5　选择组合后的矩形，按 Ctrl+C 键复制矩形，按 Ctrl+Shift+V 键（菜单命令【编辑】|【粘贴到当前位置】）粘贴矩形。

步骤 6　选择菜单命令【修改】|【变形】|【水平翻转】，并将翻转后的矩形水平向右移动到如图 6-30 所示的位置（与原矩形间隔 1 个像素）。

图 6-29　绘制卡片左封面

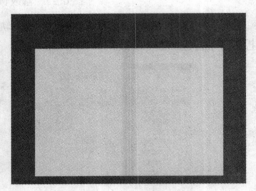

图 6-30　复制并移动矩形

步骤 7　按 Ctrl+B 键分离右侧矩形，重新填充单色#F2BFFF，并再次将其组合。

步骤 8　锁定图层 1，并在其 51 帧处右击，从快捷菜单中选择【插入帧】命令，如图 6-31 所示；将图层 1 改名为“封面”。至此完成卡片封面的制作。

步骤 9　新建图层 2，命名为“中线”。选择直线工具，利用【属性】面板将笔触颜色设置为白色，粗细 2 个像素，线型为虚线。在卡片左右封面的分隔线处绘制一条竖直线段，锁定“中线”层，如图 6-32 所示。

图 6-31　完成封面制作

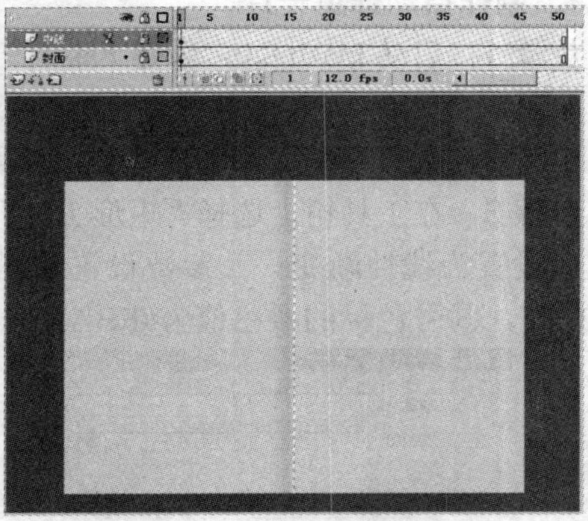

图 6-32　绘制白色竖直虚线

步骤 10　新建图层 3。选择矩形工具，利用【混色器】面板将笔触颜色设置为无色，将填充色设置为白色，将 Alpha 值设置为 80%，如图 6-33 所示。

步骤 11　在图层 3 绘制如图 6-34 所示的矩形。利用【属性】面板将其大小设为 317×444 像素。通过键盘方向键调整白色矩形的位置，使其与右封面左边对齐（覆盖白色竖直虚线），上下居中对齐，如图 6-34 所示。

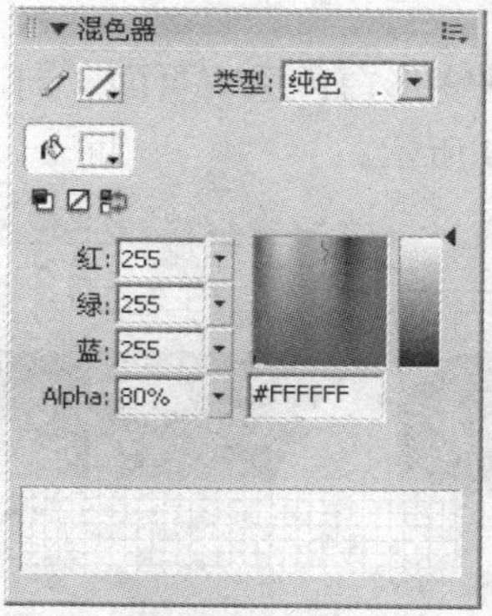

图 6-33　设置单色填充色

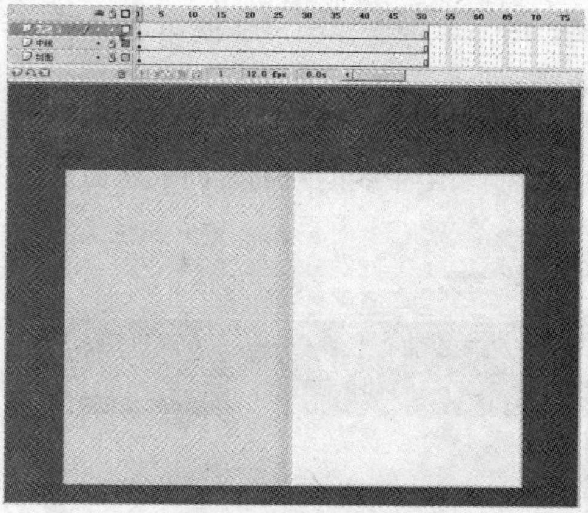

图 6-34　绘制白色透明页面

步骤 12　在图层 3 的第 2 帧、第 11 帧、第 21 帧、第 31 帧、第 41 帧、第 51 帧分别插入关键帧，如图 6-35 所示。

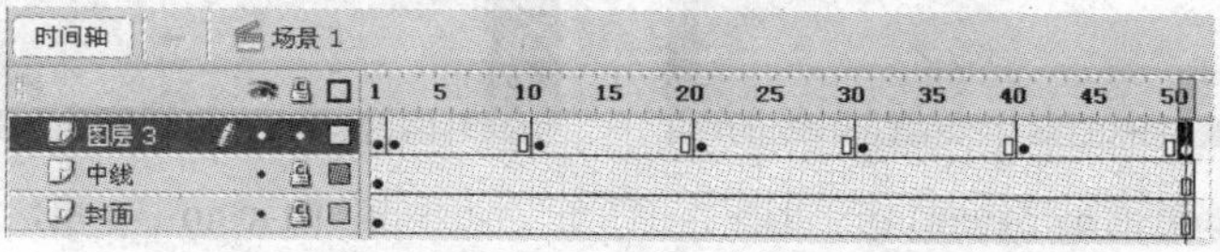

图 6-35　在图层 3 的时间线插入关键帧

步骤 13　单击选择图层 3 的第 11 帧。选择任意变形工具，此时被选中的白色透明页面周围出现变形控制框。将光标定位于控制框右边界中间的黑色控制块上，水平向左拖移鼠标，使矩形变窄；竖直向上拖移控制框的右边界（避开黑色控制块），使矩形出现斜切效果。向左和向上变形的幅度如图 6-36 所示。

步骤 14　按 Esc 键取消矩形的选择状态。选择选择工具，将光标定位于透明页面的上边界上（此时光标旁出现弧形标志），向下拖移鼠标使页面顶边弯曲；同样向下拖移透明页面的下边界使之弯曲。其弯曲的程度如图 6-37 所示。

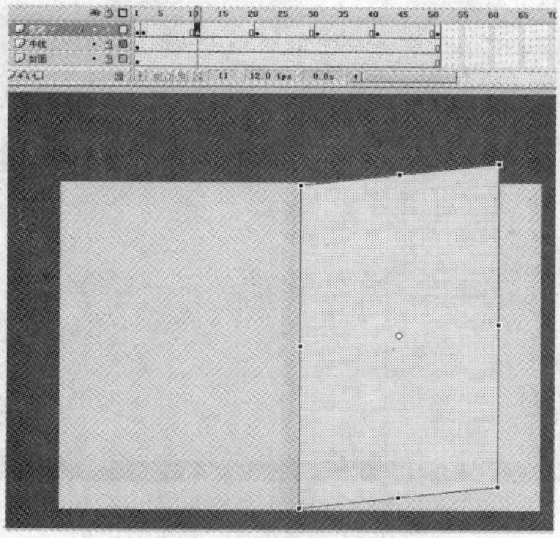

图 6-36　使用任意变形工具使矩形变形的幅度

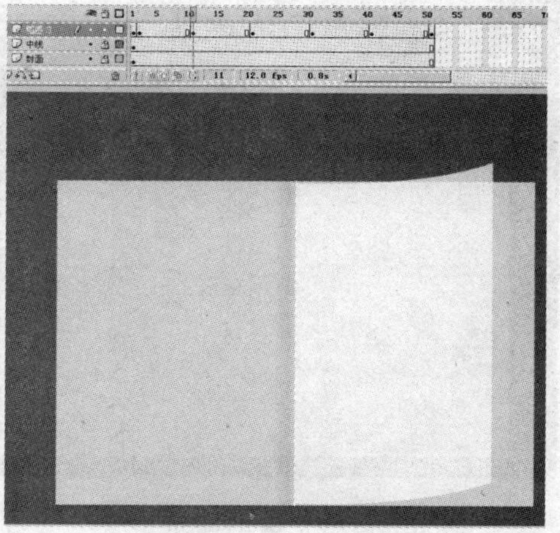

图 6-37　使用选择工具使矩形弯曲的程度

步骤 15 单击选择图层 3 的第 21 帧。参照步骤 13 与步骤 14 变形白色透明页面，如图 6-38 所示。

步骤 16 单击选择图层 3 的第 31 帧。采用类似的方法变形白色透明页面（向左拖移右边界中间控制块至中线的左侧，向上弯曲页面），如图 6-39 所示。

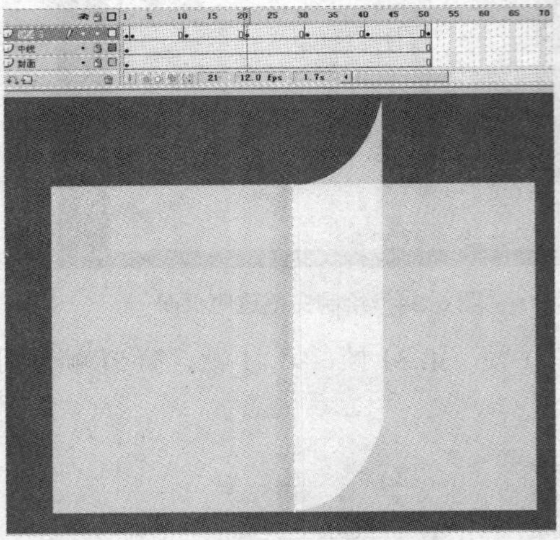

图 6-38 变形第 21 帧的矩形

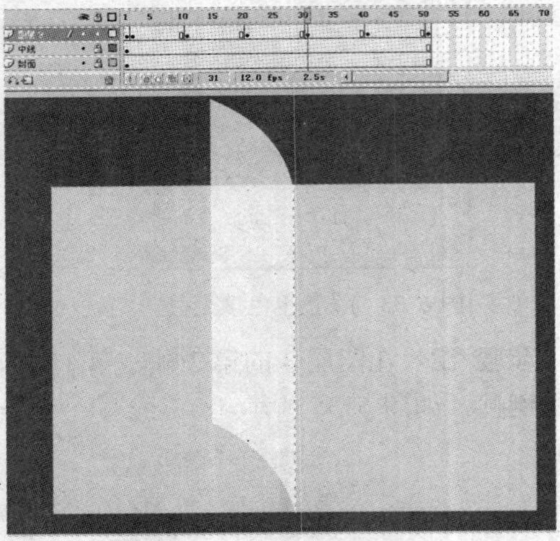

图 6-39 变形第 31 帧的矩形

步骤 17 单击选择图层 3 的第 41 帧。参照步骤 16 变形白色透明页面，如图 6-40 所示。

步骤 18 在工具箱的选项栏单击“贴紧至对象”按钮，取消其选择状态。

步骤 19 单击选择图层 3 的第 51 帧。选择任意变形工具，水平向左拖移变形控制框右边界中间的控制块，跨过中线，至如图 6-41 所示的位置（距离封面的左边界 2、3 个像素）。

图 6-40 变形第 41 帧的矩形

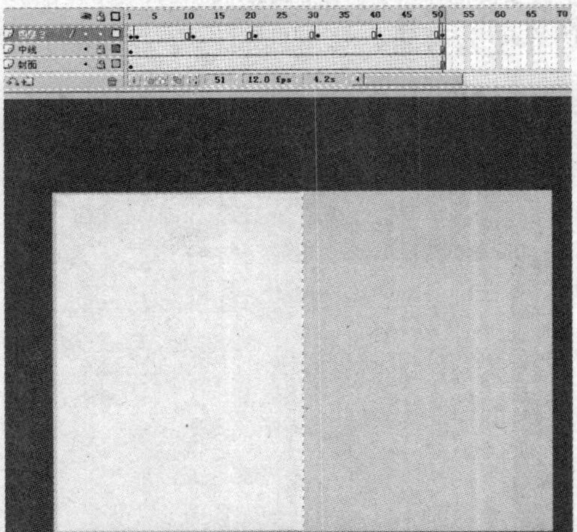

图 6-41 变形第 51 帧的矩形

步骤 20 在图层 3 的第 2 帧、第 11 帧、第 21 帧、第 31 帧、第 41 帧分别插入形状补间动画，如图 6-42 所示。

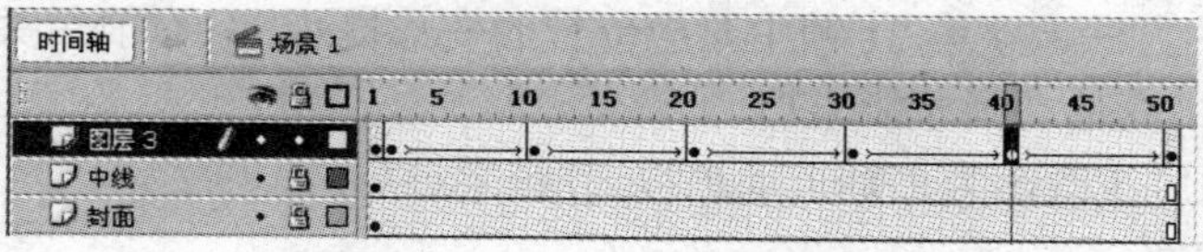

图 6-42　创建形状补间动画

说明：选择菜单命令【控制】|【测试影片】，发现第 21 帧至第 31 帧的翻页动画未成功，以下通过添加变形提示解决这个问题。

步骤 21　选择第 21 帧，通过连续四次选择菜单命令【修改】|【形状】|【添加形状提示】（或按 Ctrl+Shift+H 键），为当前关键帧添加 a、b、c、d 4 个变形提示，通过鼠标拖移，按顺序准确定位到页面的 4 个角上（注意选择菜单【视图】|【贴紧】中的相关命令，如【贴紧至对象】），如图 6-43 所示。

步骤 22　选择第 31 帧（前面添加的变形提示同样会出现在该帧），与第 21 帧位置对应，将 4 个变形提示放置在页面的四个角点上，如图 6-44 所示。此时，如果第 21 帧和第 31 帧的变形提示放置得都正确，第 31 帧的变形提示会显示为绿色，第 21 帧的变形提示则显示为黄色。此时表示第 21 帧到第 31 帧的动画变形成功。

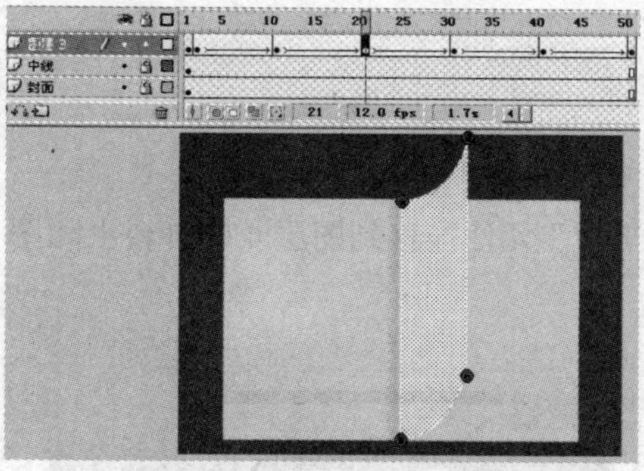

图 6-43　将变形提示定位于对象特征点

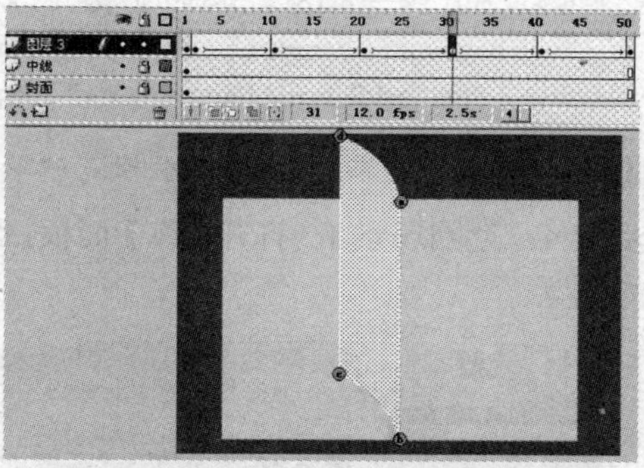

图 6-44　在第 31 帧定位变形提示

步骤 23　如果第 31 帧的某个或某些变形提示显示为红色。可放大局部对象，如图 6-45 所示（放大时，变形提示会消失，可通过选择菜单命令【视图】|【显示形状提示】重新显示）。将变形提示拖移到准确的位置，颜色就变成绿色，如图 6-46 所示。

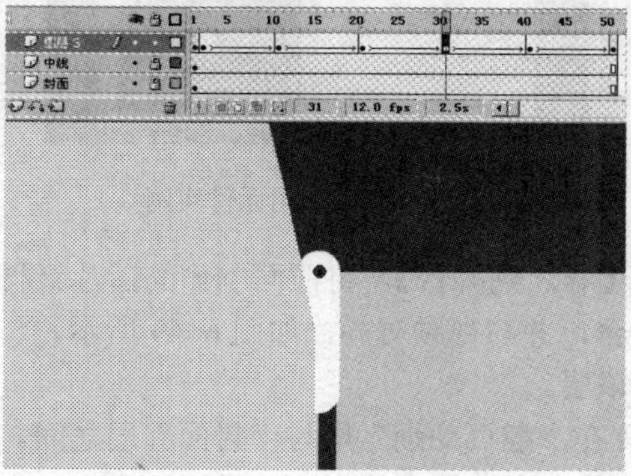

图 6-45　放大对象局部

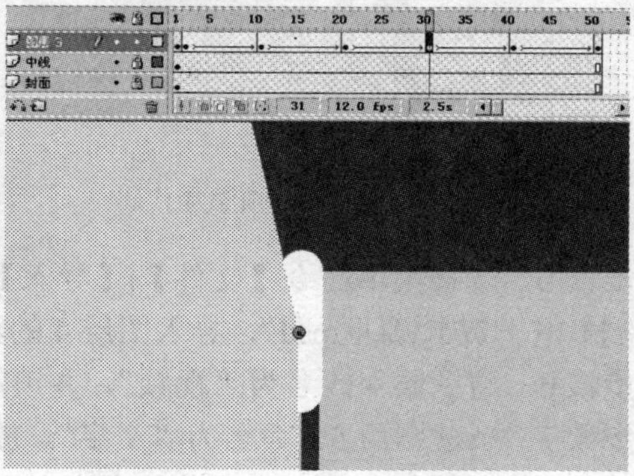

图 6-46　准确定位形状提示

步骤 24 如果经过步骤 22，将第 31 帧中出问题的变形提示准确定位后，仍然显示为红色，此时可用同样的方法调整第 21 帧中对应位置的变形提示。只有前后关键帧中对应的形状提示都准确定位后，变形动画才能成功。

步骤 25 将图层 3 改名为“翻页动画”，并锁定该层。

2．输入视频素材

步骤 1 新建图层 4，放置在“翻页动画”层与“封面”层之间。通过选择菜单命令【插入】|【新建元件】，创建电影剪辑元件，命名为“下雪”，并进入该元件的编辑窗口。

步骤 2 通过选择菜单命令【文件】|【导入】|【导入视频】，按对话框提示导入前面准备的视频素材“第 6 章素材\电子贺卡\下雪.avi”，要点如下。

① 第一步，“选择视频”。通过单击“浏览”按钮，选择视频“下雪.avi”。

② 第二步，“部署”。选择一种部署方式，本例选【从 Web 服务器渐进式下载】。

③ 第三步，“编码”。选择一种编码方式，本例选【Flash 8-高品质（700kbps）】。

④ 第四步，“外观”。选择一种视频外观，可显示播放控制装置。本例选【无】。

步骤 3 在下雪元件的编辑窗口，选中导入的视频，在【属性】面板的实例名称框中输入 myVideo。单击选择图层 1 的第 1 帧，为该关键帧添加如下代码，如图 6-47 所示。

```
var myListener = new Object();
myListener.complete = function(eventObject) { myVideo.play(); };
myVideo.addEventListener("complete", myListener);
```

说明： 步骤 3 中添加的代码可保证“下雪”元件实例中的视频循环播放。

步骤 4 返回场景 1。打开【库】面板，将“下雪”元件拖移到图层 4 的舞台上如图 6-48 所示的位置。

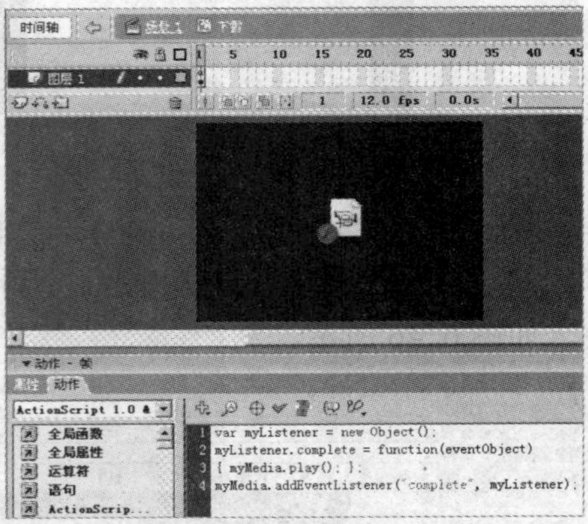

图 6-47 为关键帧添加代码

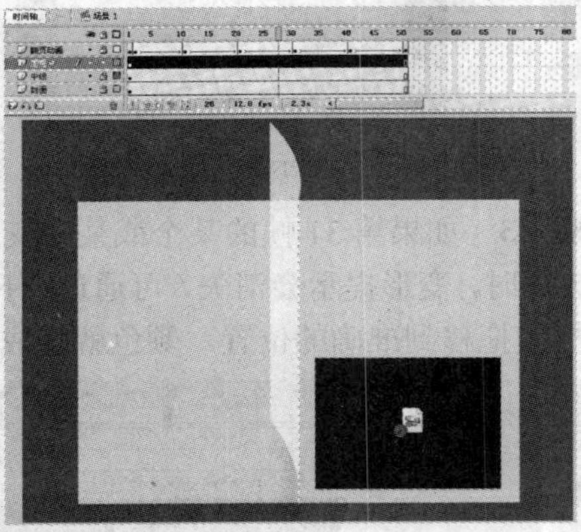

图 6-48 使用元件实例

步骤 5 选择菜单命令【文件】|【导入】|【导入到舞台】，将前面制作的图片素材“第 6 章素材\电子贺卡\窗框.psd”，导入图层 4 的舞台，并与视频对齐，如图 6-49 所示。

步骤 6 将图层 4 改名为“视频”，并锁定该层。

步骤 7 新建图层 5，命名为“文字”。放置在“翻页动画”层与“封面”层之间。在如图 6-50 所示的位置创建文本对象（文字内容可从文本文件“第 6 章素材\电子贺卡\文字内容.txt”中复制）。为了美观大方，可选择自己喜欢的字体，适当调整字体大小、字间距、行间距等参数。

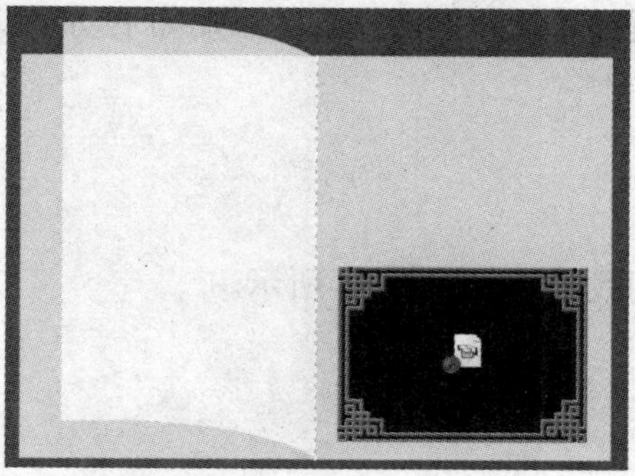

图 6-49　导入“窗框”素材

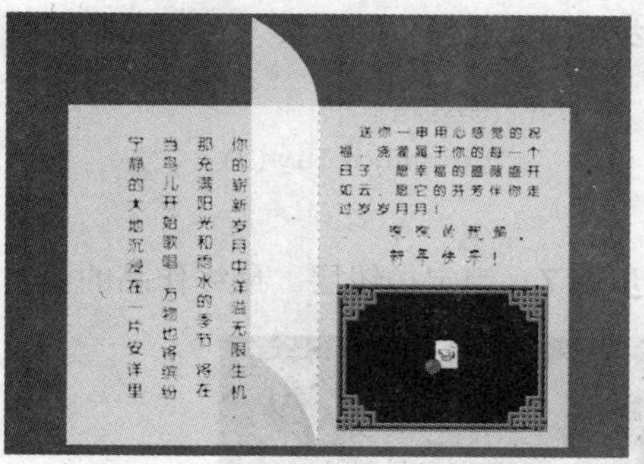

图 6-50　在卡片上书写文字

步骤 8　锁定“文字”层。导入音频素材“第 6 章素材\电子贺卡\To_Alice.MP3”。

步骤 9　新建图层 6，命名为“音乐”，放置在所有层的上面。在“音乐”层的第 2 帧插入关键帧，选择该关键帧，在【属性】面板的【声音】选项中选择“To_Alice.MP3”，【同步】选项中选择“开始”，并重复 1 次；锁定“音乐”层。

3．添加交互控制

步骤 1　新建图层 7，命名为“代码”，放置在所有层的上面。在“代码”层的第 51 帧插入关键帧。通过【动作】面板分别为“代码”层的第 1 帧和第 51 帧添加如下脚本。

```
stop();
```

步骤 2　锁定“代码”层。新建图层 8，命名为“按钮”，放置在“翻页动画”层的上面。删除“按钮”层的第 2～51 帧（仅保留第 1 帧）。

步骤 3　选择“按钮”层的第 1 帧。导入前面制作的图片素材“第 6 章素材\电子贺卡\回形针.psd”。使用任意变形工具对素材进行缩放、旋转操作，并放置在如图 6-51 所示的位置。

步骤 4　选择“回形针”，按 Ctrl+B 键将其分离。使用套索工具的“多边形模式”选择如图 6-52 所示的区域，按 Delete 键删除，回形针夹住卡片的效果如图 6-53 所示。

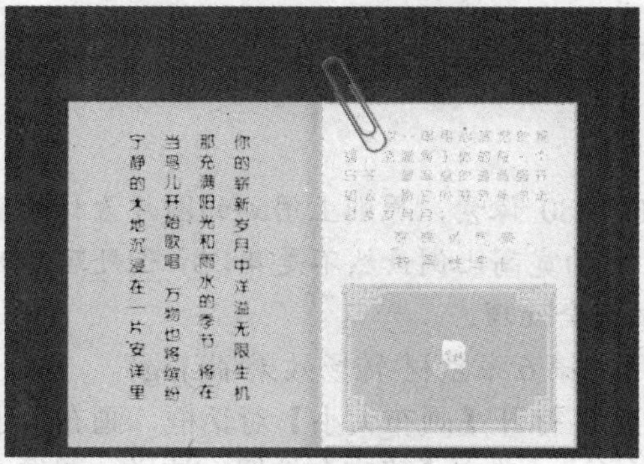

图 6-51　导入“回形针”素材

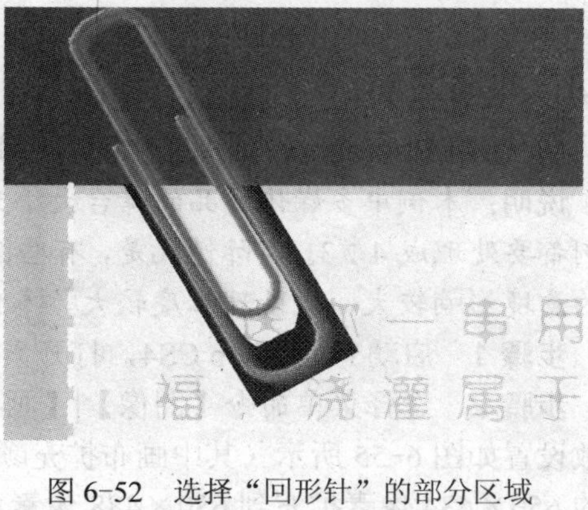

图 6-52　选择“回形针”的部分区域

步骤 5 使用选择工具单击选择回形针，选择菜单命令【修改】|【转换为元件】将其转换成按钮元件，命名为“回形针”。

步骤 6 选择“回形针”按钮元件的实例，通过【动作】面板为其添加如下动作脚本。

```
on (press) {
    gotoAndPlay(2);
}
```

步骤 7 锁定按钮层。最终作品的图层及时间线结构如图 6-54 所示。

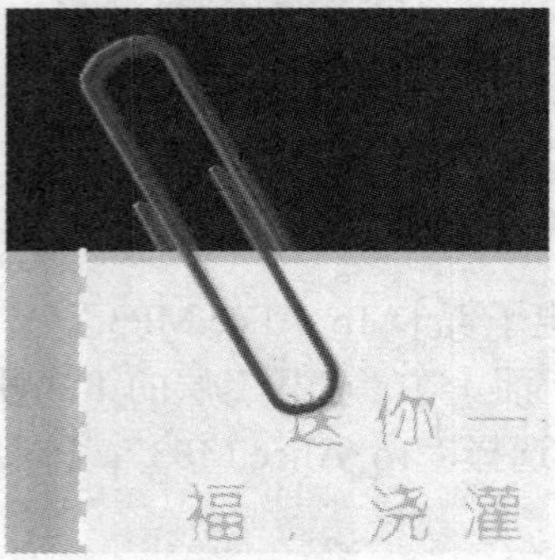

图 6-53 回形针夹住卡片的效果

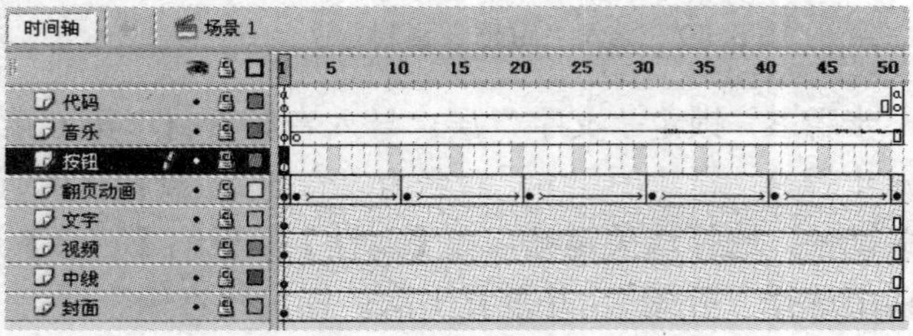

图 6-54 最终作品的图层及时间线结构

4．保存并输出作品

步骤 1 选择菜单命令【控制】|【测试影片】测试作品。起初，卡片停留在第 1 帧，单击“回形针”按钮，启动翻页动画，同时背景音乐响起，并逐渐看到下雪视频。最后动画停止在最后 1 帧。

步骤 2 通过选择菜单命令【文件】|【另存为】将作品源文件存储为 FLA 格式，命名为“翻页卡片.fla”。

步骤 3 通过选择菜单命令【文件】|【发布设置】输出 SWF 格式的演示文件（效果可参考“第 6 章素材\电子贺卡\翻页卡片.swf”）。

6.3 多媒体信息集成综合案例（二）——复杂转场效果的制作

6.3.1 准备素材

1．使用 Photoshop 处理素材图像“荷.jpg”

说明：本例中多媒体作品的舞台大小为 640×480 像素，原则上用到的图片素材的宽高比例都要处理成 4∶3。实际情况是，有些图片素材的宽高比例虽然不是 4∶3，但处理后对原来的意境影响较大，或处理难度较大，本例未做完全处理。

步骤 1 启动 Photoshop CS4，打开素材图片“第 6 章素材\转场效果\荷.jpg”。

步骤 2 选择菜单命令【图像】|【画布大小】，打开【画布大小】对话框，画布大小的参数设置如图 6-55 所示（其中画布扩充颜色为白色），单击【确定】按钮。这样，图像由原来的 650×434 像素扩充到 650×488 像素，宽高比例变成 4∶3，如图 6-56 所示。

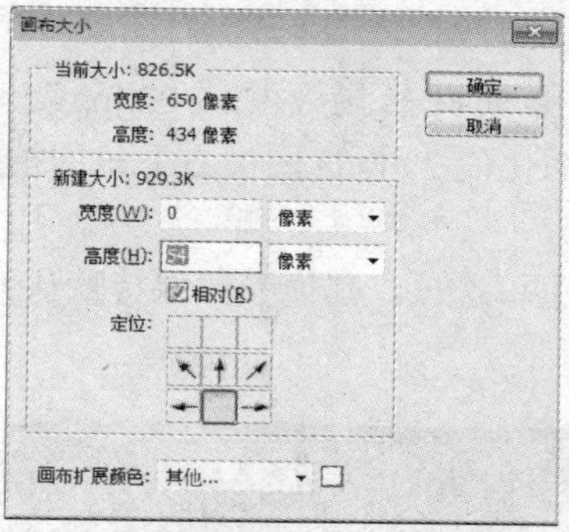

图 6-55　修改画布大小

图 6-56　画布扩充后的素材图像

步骤 3　选择菜单命令【图像】|【调整】|【阴影/高光】，打开【阴影/高光】对话框，参数设置如图 6-57 所示，单击【确定】按钮。图像阴影区域的亮度得到加强，调整后的效果如图 6-58 所示。

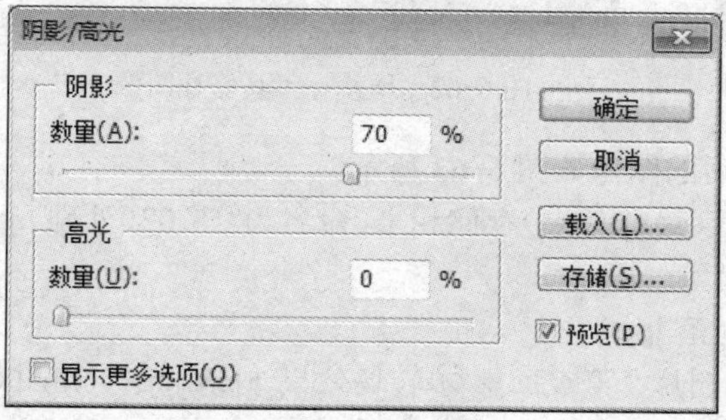

图 6-57　设置【阴影/高光】参数

图 6-58　“阴影/高光”调整后的效果

步骤 4　选择菜单命令【图像】|【调整】|【色阶】，打开【色阶】对话框，其参数设置如图 6-59 所示，单击【确定】按钮，图像亮度有所增加，对比度得到加强，调整后的效果如图 6-60 所示。

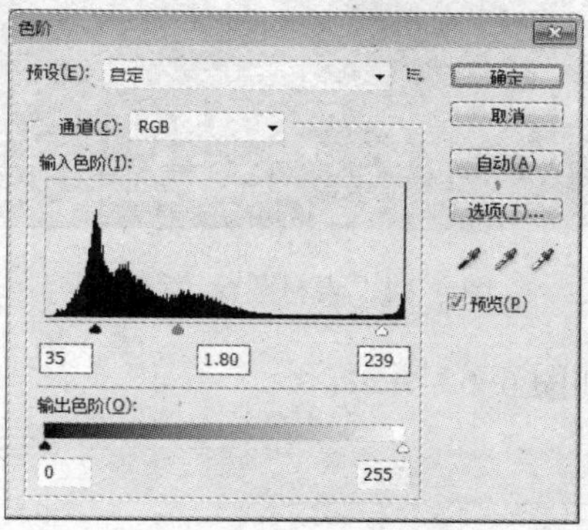

图 6-59　设置【色阶】参数

图 6-60　“色阶”调整后的效果

步骤 5　将处理后的图像仍以 JPG 格式（最佳效果）存储起来，命名为“荷（处理）.jpg”，以备后用；关闭图像。

2．使用 Photoshop 修复素材图像“雪 02.jpg”

步骤 1 在 Photoshop CS4 中打开素材图片“第 6 章素材\转场效果\雪 02.jpg”。

步骤 2 使用“矩形选框工具”（在选项栏上设置羽化值 2）框选图像右下角的拍摄时间，如图 6-61 所示。

步骤 3 使用“修补工具”（在选项栏上选择【源】单选项，其他参数保持默认）将选区拖移到如图 6-62 所示的位置，松开鼠标按键。

图 6-61 建立修补选区

图 6-62 用修补工具修补图像

步骤 4 按 Ctrl+D 键取消选区。修补后的图像如图 6-63 所示。

步骤 5 将修补后的图像仍以 JPG 格式（最佳效果）存储起来，命名为“雪 02（处理）.jpg”，以备后用；关闭图像。

3．使用 Photoshop 裁切素材图像“村落.jpg”

步骤 1 在 Photoshop CS4 中打开素材图片“第 6 章素材\转场效果\村落.jpg”，如图 6-64 所示。

图 6-63 修补后的图像

图 6-64 素材图像“村落”

步骤 2 选择“矩形选框工具”，选项栏设置如图 6-65 所示。

图 6-65 设置矩形选框工具的选项栏参数

步骤 3 从图像窗口的左上角按键，向右下角拖移光标，创建如图 6-66 所示的选区。可以看出，以 4∶3 的宽高比例衡量，该图像的宽度超出很多（实际上足有 105 像素）。

说明：如果将宽度上多出的像素全部裁切掉，无论从左右哪一侧裁切，都会对原素材的构图造成很大的破坏。如果不裁切而去匹配 640×480 像素的舞台，图像比例失真太明显。如果将图像向上扩充高度，修复扩出的空白区域又有一定的难度。下面采取折衷的方案。

步骤 4　选择菜单命令【选择】|【变换选区】，调出选区变换控制框。通过在水平方向拖移左右边框中点的控制块，将选区调整到如图 6-67 所示的大小。

图 6-66　按 4∶3 的比例创建选区

图 6-67　变换选区

步骤 5　按 Enter 键确认变换。选择菜单命令【图像】|【裁剪】将选区外的图像裁掉，按组合键 Ctrl+D 取消选区。

步骤 6　将裁切后的图像仍以 JPG 格式（最佳效果）存储起来，命名为“村落（处理）.jpg”，以备后用；关闭图像。

4．使用 Photoshop 扩充素材图像“救灾.jpg”

步骤 1　在 Photoshop CS4 中打开素材图片“第 6 章素材\转场效果\救灾.jpg”，如图 6-68 所示。

步骤 2　选择菜单命令【图像】|【画布大小】，打开【画布大小】对话框，其参数设置如图 6-69 所示（其中画布扩充颜色与原图中天空背景的颜色相同，为# eaf0fe，可用“吸管工具”吸取），单击【确定】按钮。这样，图像由原来的 750×514 像素扩充到 750×563 像素，宽高比例变成 4∶3。

图 6-68　素材图像“救灾”

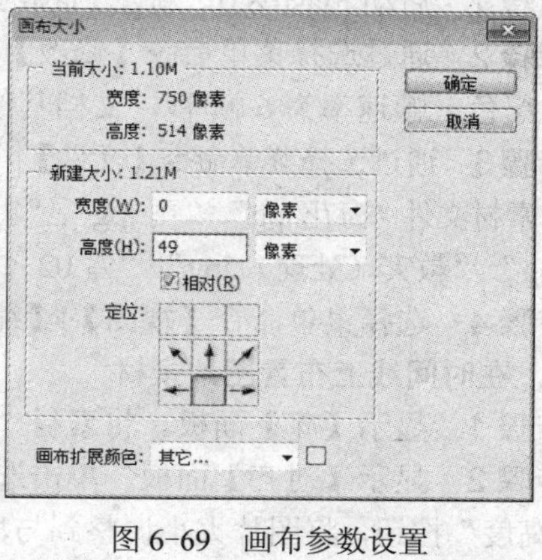

图 6-69　画布参数设置

步骤 3　使用“套索工具”（在选项栏上设置羽化值 15）在如图 6-70 所示的位置创建选区。

步骤 4　按住 Alt 键，用“吸管工具”在图像右上角的天空背景上单击，将颜色吸取到背景色上。

步骤 5 使用“移动工具”向上拖移选区至如图 6-71 所示的位置。按 Ctrl+D 键取消选区。

步骤 6 将处理后的图像仍以 JPG 格式（最佳效果）存储起来，命名为“救灾（处理）.jpg”，以备后用；关闭图像。

图 6-70 用羽化的选区圈选太阳

图 6-71 处理后的图像

5. 使用 Audition 处理配音素材

步骤 1 启动 Audition 3.0，在编辑视图下打开音频文件“第 6 章素材\转场效果\S01.wav”。

步骤 2 选择菜单命令【文件】|【追加打开】，在弹出的【附加打开】对话框中按 Shift 键连续选择文件“S02.wav”、“S03.wav”、“S04.wav”和“S05.wav”，单击【附加】按钮。这样就将音频素材文件“S01.wav”、“S02.wav”、“S03.wav”、“S04.wav”和“S05.wav”依次首尾衔接起来，合并成一个音频文件。

步骤 3 通过选择菜单命令【文件】|【另存为】，将合并后的音频文件以*.mp3 格式保存，命名为“鸟语.mp3”。

步骤 4 退出程序 Audition 3.0。

6.3.2 使用 Flash 8.0 合成与输出作品

1. 新建文档，导入所有素材

步骤 1 启动 Flash 8.0，新建 Flash 文档。

步骤 2 通过选择菜单命令【修改】|【文档】，设置舞台大小 640×480 像素，舞台背景颜色为黑色，帧速率为 6 帧/秒，文档其他参数保持默认值。

步骤 3 通过选择菜单命令【文件】|【导入】|【导入到库】，导入“第 6 章素材\转场效果\”下的原素材文件“梅花.jpg”、“雨.jpg”、“雪 01.jpg”，处理过的素材“村落（处理）.jpg”、“荷（处理）.jpg”、“救灾（处理）.jpg”、“雪 02（处理）.jpg”及音频“鸟语.mp3”、“秋日私语.mp3”。

步骤 4 选择菜单命令【视图】|【缩放比率】|【显示帧】，将舞台全部显示出来。

2. 在时间线上布置图片素材

步骤 1 显示【库】面板。将素材“荷（处理）”从【库】面板列表区拖移到舞台上。

步骤 2 显示【对齐】面板。单击选择【相对于舞台】按钮。分别单击“匹配宽度”和“匹配高度”按钮，将图片大小调整到与舞台大小一致。单击“水平中齐”和“垂直中齐”按钮，将图片对齐到舞台中央。

步骤 3 在图层 1 的第 36 帧插入空白关键帧，新建图层 2。

步骤 4　在图层 2 的第 31 帧插入关键帧，并将素材“雪 01”从【库】面板拖移到该帧的舞台。仿照步骤 2，将图片的宽度和高度与舞台匹配，并在水平和垂直方向与舞台居中对齐。

步骤 5　在图层 2 的第 71 帧插入空白关键帧。

步骤 6　在图层 1 的第 66 帧插入关键帧，将素材“雪 02（处理）”从【库】面板拖移到该帧的舞台，先匹配舞台的宽度和高度，再在水平和垂直方向与舞台居中对齐（本步操作中可先隐藏图层 2，操作完成后再重新显示图层 2）。

步骤 7　在图层 1 的第 106 帧插入空白关键帧，如图 6-72 所示。

图 6-72　在图层 1 与图层 2 排列图片

说明：在图层 1 与图层 2 的时间线上，前后两个图片的时间重叠区域为预设的转场区间，统一分配 5 帧。除重叠区域外，每个图片的显示时间为 30 帧。以下同。

步骤 8　在图层 2 的第 101 帧插入关键帧，将素材“村落（处理）”从【库】面板拖移到舞台，先匹配舞台的宽度和高度，再在水平和垂直方向与舞台居中对齐。

步骤 9　在图层 2 的第 141 帧插入空白关键帧。

步骤 10　在图层 1 的第 136 帧插入关键帧，将素材“救灾（处理）”从【库】面板拖移到舞台，先匹配舞台的宽度和高度，再在水平和垂直方向与舞台居中对齐。

步骤 11　在图层 1 的第 176 帧插入空白关键帧。

步骤 12　在图层 2 的第 171 帧插入关键帧，将素材“梅花”从【库】面板拖移到舞台，先匹配舞台的宽度和高度，再在水平和垂直方向与舞台居中对齐。

步骤 13　在图层 2 的第 211 帧插入空白关键帧。

步骤 14　在图层 1 的第 206 帧插入关键帧，将素材“雨”从【库】面板拖移到舞台，先匹配舞台的宽度和高度，再在水平和垂直方向与舞台居中对齐。

步骤 15　在图层 1 的第 245 帧插入帧。

步骤 16　在图层 2 的第 241 帧插入关键帧，将素材“荷（处理）”从【库】面板拖移到舞台，先匹配舞台的宽度和高度，再在水平和垂直方向与舞台居中对齐。

步骤 17　在图层 2 的第 245 帧插入帧。图层 1 与图层 2 最终的时间线结构如图 6-73 所示。

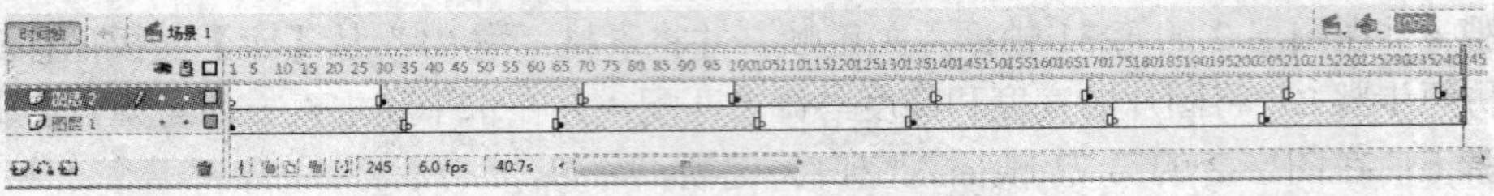

图 6-73　图层 1 与图层 2 最终的时间线结构

说明： 在图层 2 的最后 5 帧安排素材“荷（处理）”，目的是在课件最后由图层 1 的素材“雨”转场到素材“荷（处理）”。这样，当动画循环播放时，与开始的素材“荷（处理）”（位于图层 1）形成无缝对接。这避免了动画循环播放时由于图片素材突然更换而造成的画面间断问题。

3．创建转场动画元件

1）创建第 1 个转场动画元件（转场 13）

步骤 1　新建图形元件，命名为“转场 11”。在“转场 11”元件的编辑窗口，绘制一个圆形，大小 70×70 像素、边框无色、填充色为红色（或不同于黑色的其他颜色）。利用【对齐】面板将该圆形在水平与竖直方向分别与舞台居中对齐，如图 6-74 所示。

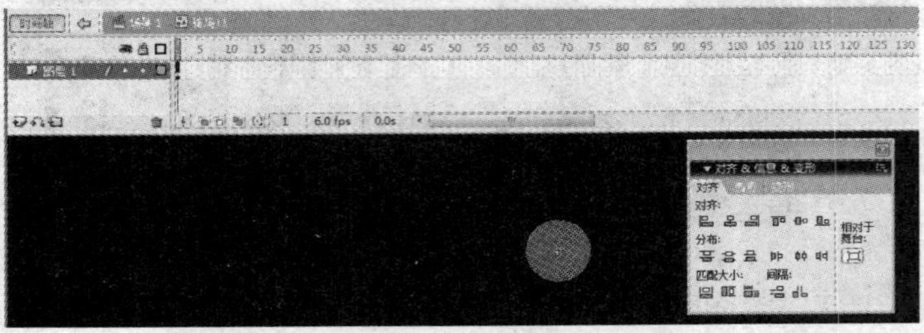

图 6-74　创建图形元件“转场 11”

步骤 2　新建影片剪辑元件，命名为“转场 12”，在该元件的编辑窗口，进行如下操作。

① 将图形元件“转场 11”从【库】面板拖移到舞台，利用【对齐】面板（选择“相对于舞台”按钮）将其在水平与竖直方向分别与舞台居中对齐。

② 在第 5 帧插入关键帧。

③ 选择第 1 帧，利用【属性】面板将该帧圆形的宽和高都设置为 1 像素，利用【对齐】面板将这个 1×1 像素的圆形在水平与竖直方向分别与舞台居中对齐。此时，圆形“小点”与舞台中心重合。

④ 在第 1 帧插入运动补间动画，如图 6-75 所示。

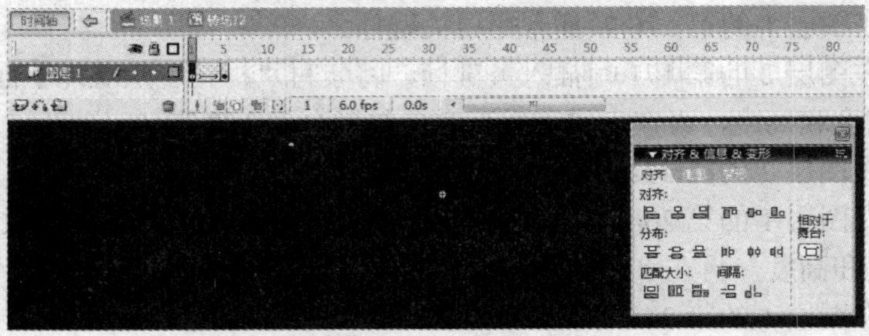

图 6-75　创建影片剪辑元件“转场 12”

步骤 3　新建影片剪辑元件，命名为“转场 13”，在该元件的编辑窗口，进行如下操作。

① 绘制一个矩形，大小 640×480 像素、填充色为无色、边框色为白色。将该矩形转化

为图形元件，命名为“舞台标示”。

② 利用【对齐】面板（选择“相对于舞台”按钮）将矩形与舞台左对齐和顶对齐。锁定图层 1，如图 6-76 所示。

③ 新建图层 2。将影片剪辑元件“转场 12”从【库】面板拖移到舞台（仅显示为一个点），利用【对齐】面板将其与舞台左对齐和顶对齐。此时，元件“转场 12”（的实例）位于上述矩形的左上角。

④ 按 Ctrl+C 键复制元件“转场 12”（的实例）。按 Ctrl+Shift+V 键 14 次原位置粘贴元件“转场 12”（的实例）。

⑤ 按住 Shift 键不放，使用选择工具向右水平拖移其中一个 “转场 12”元件的实例至矩形的右上角，如图 6-77 所示。

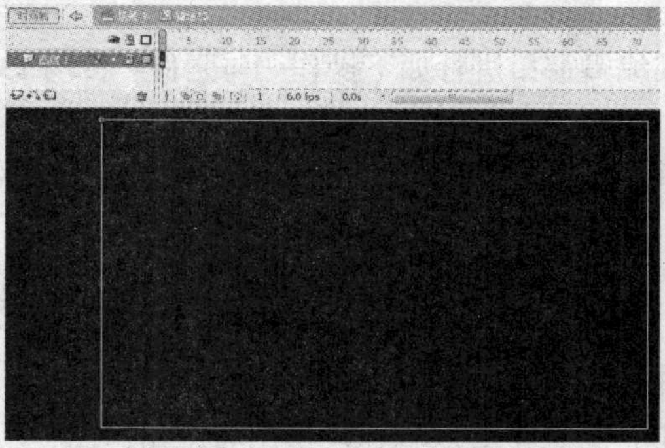

图 6-76　标示舞台大小

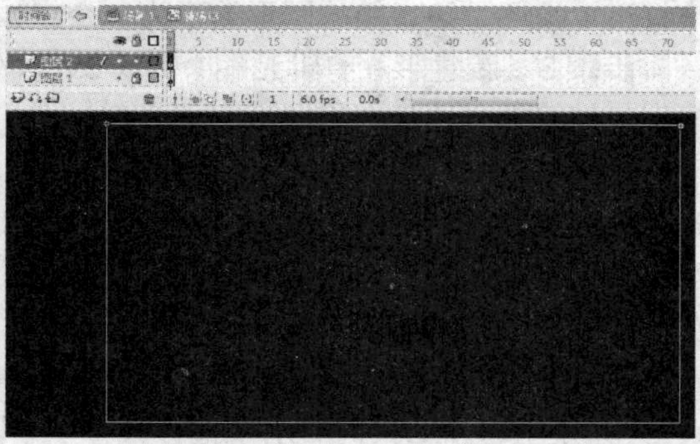

图 6-77　确定分布的总间距

⑥ 单击图层 2 的首帧以选择舞台上所有的“转场 12”元件的实例。在【对齐】面板上取消选择“相对于舞台”按钮，单击“水平居中分布”按钮。分布结果如图 6-78 所示。

⑦ 按 Ctrl+G 键组合所有 15 个元件实例。

⑧ 按 Ctrl+C 键复制上述组合；按 Ctrl+Shift+V 键 11 次原位置粘贴组合。

⑨ 按住 Shift 键不放，使用选择工具向下竖直拖移其中一个组合至矩形的下边线。

⑩ 单击图层 2 的首帧以选择舞台上所有 12 个组合。在【对齐】面板（不选择“相对于舞台”按钮）上单击“垂直居中分布”按钮。分布结果如图 6-79 所示。

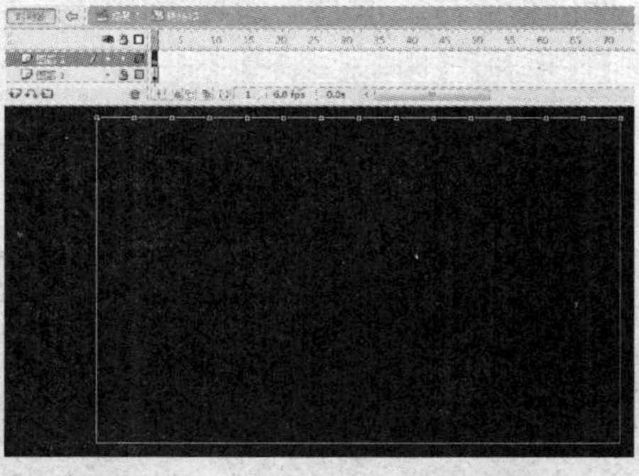

图 6-78　水平分布元件实例

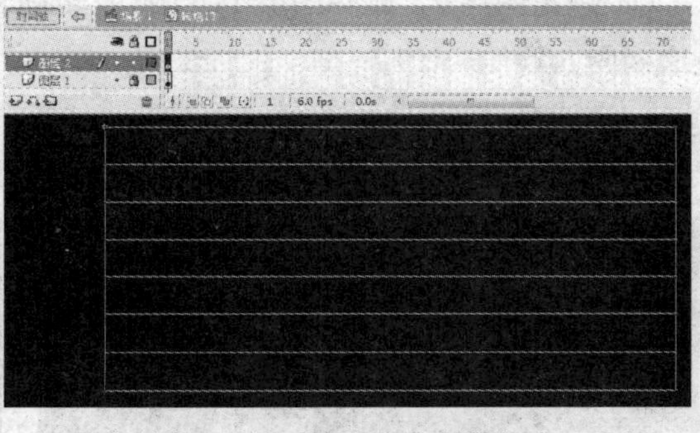

图 6-79　垂直分布实例的组合

⑪ 锁定图层 2，删除图层 1。至此“转场 13”元件创建完毕。这也是后面要调用的第 1 个转场动画元件。

2）创建第 2 个转场动画元件（转场 23）

说明：第 2 个转场动画元件与第 1 个转场动画元件是对应的，其中多数操作类似。简述如下。

步骤 1　新建图形元件“转场 21”。在其编辑窗口，绘制一个大小 70×70 像素的红色无边框圆形。利用【对齐】面板将该圆形在水平与竖直方向分别与舞台居中对齐（元件“转场 21”与元件“转场 11”的创建完全相同）。

步骤 2　新建影片剪辑元件“转场 22”，在该元件的编辑窗口，进行如下操作。

① 将图形元件“转场 21”从【库】面板拖移到舞台，并在水平与竖直方向分别与舞台居中对齐。

② 在第 5 帧插入关键帧。利用【属性】面板将该帧圆形的宽和高都设置为 1 像素，并利用【对齐】面板将其在水平与竖直方向分别与舞台居中对齐。

③ 在第 1 帧插入运动补间动画（元件“转场 22”与元件“转场 12”的唯一区别在于：是将第 1 帧还是第 5 帧的圆形缩小为一个点）。

步骤 3　新建影片剪辑元件“转场 23”，在其编辑窗口进行如下操作（与元件“转场 13”的创建与编辑方法基本相同）。

① 将元件“舞台标示”从【库】面板拖移到舞台。利用【对齐】面板将其与舞台左对齐和顶对齐。锁定图层 1。

② 新建图层 2。将影片剪辑元件“转场 22”从【库】面板拖移到舞台，将其中心放置在矩形的左上角，如图 6-80 所示。

③ 按 Ctrl+C 键复制图中的圆形。按 Ctrl+Shift+V 键 14 次原位置粘贴圆形。

④ 使用选择工具向右水平拖移其中一个圆形，将其中心放置在矩形的右上角。

⑤ 单击图层 2 的首帧以选择舞台上所有的圆形。在【对齐】面板（不选择“相对于舞台”按钮）上单击“水平居中分布”按钮。

⑥ 按 Ctrl+G 键组合所有 15 个圆形。

⑦ 按 Ctrl+C 键复制上述组合。按 Ctrl+Shift+V 键 11 次原位置粘贴组合。

⑧ 向下竖直移动其中一个组合至如图 6-81 所示的位置（组合竖直方向的中点大致在矩形的下边线上）。

⑨ 单击图层 2 的首帧以选择舞台上所有 12 个组合。在【对齐】面板（不选择“相对于舞台”按钮）上单击“垂直居中分布”按钮。

⑩ 锁定图层 2，删除图层 1。至此“转场 23”元件创建完毕。这是后面要调用的第 2 个转场动画元件。

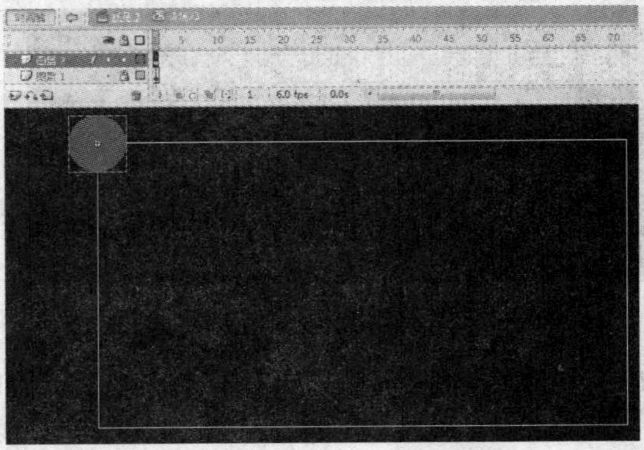

图 6-80　定位第 1 个圆形的位置

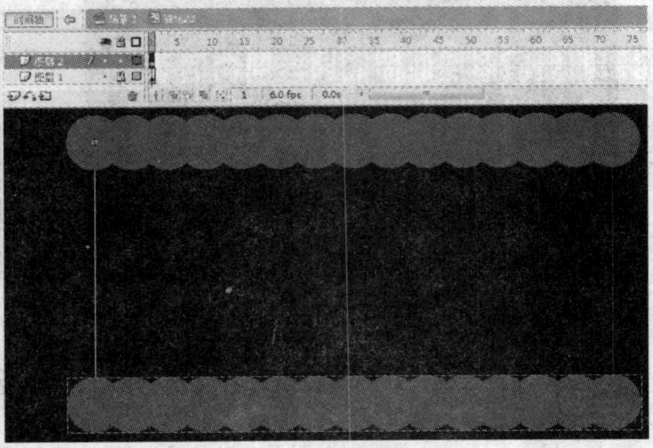

图 6-81　确定垂直分布的间距

3）创建第 3 个转场动画元件（转场 33）

步骤 1　新建图形元件“转场 31”。在其编辑窗口，绘制一个大小 640×30 像素的红色无边框矩形。利用【对齐】面板将该矩形对齐到舞台中心，如图 6-82 所示。

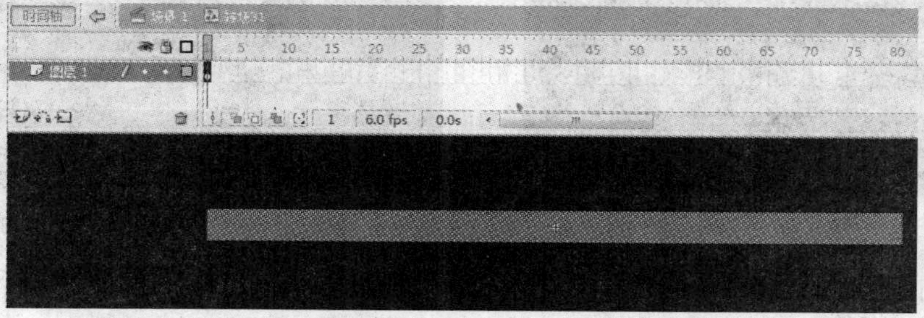

图 6-82　创建图形元件“转场 31”

步骤 2　新建影片剪辑元件“转场 32”，在该元件的编辑窗口，进行如下操作。

① 将图形元件“转场 31”从【库】面板拖移到舞台，并在水平与竖直方向分别与舞台居中对齐。

② 在第 5 帧插入关键帧。

③ 选择第 1 帧，利用【属性】面板将该帧矩形的高度设置为 1 像素（宽度不变），并利用【对齐】面板重新将其与舞台垂直居中对齐，如图 6-83 所示。

④ 在第 1 帧插入运动补间动画。

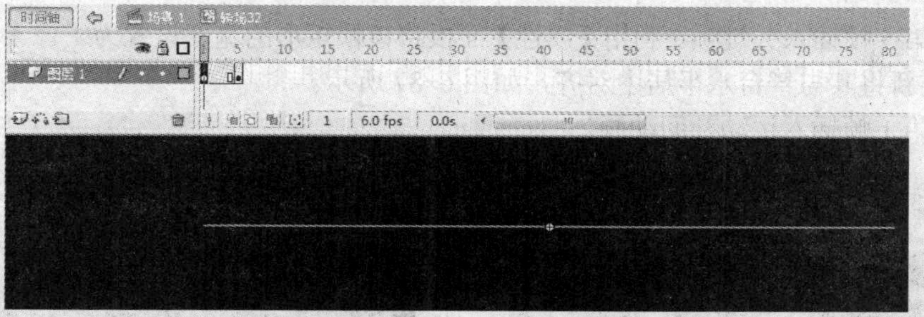

图 6-83　创建影片剪辑元件“转场 32”

步骤 3　新建影片剪辑元件“转场 33”，在其编辑窗口进行如下操作。

① 将元件“舞台标示”从【库】面板拖移到舞台。利用【对齐】面板将其与舞台左对齐和顶对齐；锁定图层 1。

② 新建图层 2。将影片剪辑元件“转场 32”从【库】面板拖移到舞台（显示为一条水平线），利用【对齐】面板将其与舞台左对齐和顶对齐。

③ 用选择工具在“水平线”上单击，利用【属性】面板将其位置坐标修改为（0，15），如图 6-84 所示。

④ 按 Ctrl+C 键复制“水平线”。按 Ctrl+Shift+V 键 15 次原位置粘贴“水平线”。

⑤ 利用【属性】面板将当前选中的一条“水平线”的位置坐标修改为（0，465），如图 6-85 所示。

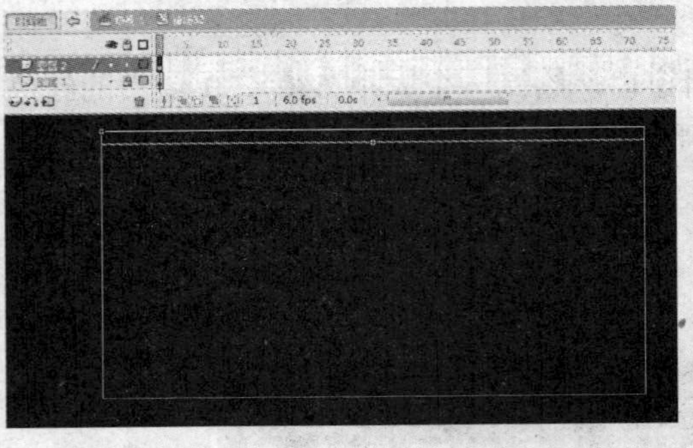

图 6-84 定位第 1 条“水平线”的位置

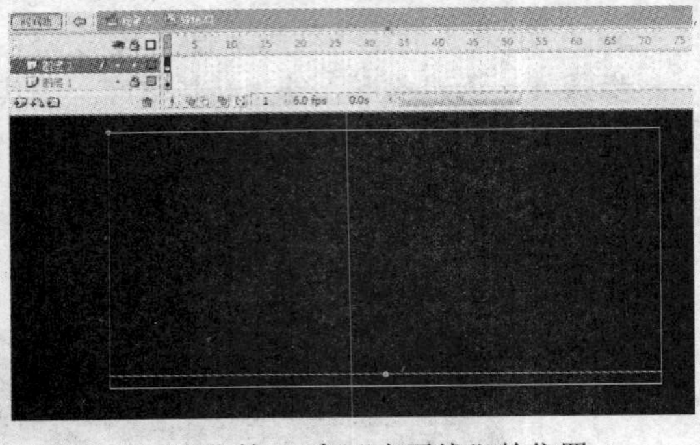

图 6-85 定位第 16 条“水平线”的位置

⑥ 单击图层 2 的首帧以选择舞台上所有的“水平线”。在【对齐】面板（不选择“相对于舞台”按钮）上单击“垂直居中分布”按钮，如图 6-86 所示。

⑦ 锁定图层 2，删除图层 1。至此“转场 33”元件创建完毕。这是后面要调用的第 3 个转场动画元件。

4）创建第 4 个转场动画元件（转场 43）

说明：第 4 个转场动画元件与第 3 个转场动画元件的多数操作类似。简述如下。

步骤 1 新建图形元件“转场 41”。在其编辑窗口，绘制一个大小 40×480 像素的红色无边框矩形，利用【对齐】面板对齐到舞台中心。

步骤 2 新建影片剪辑元件“转场 42”，在该元件的编辑窗口，进行如下操作。

① 将图形元件“转场 41”从【库】面板拖移到舞台，并在水平与竖直方向分别与舞台居中对齐。

② 在第 5 帧插入关键帧。利用【属性】面板将该帧矩形的宽度设置为 1 像素，利用【对齐】面板重新将其与舞台水平居中对齐，如图 6-87 所示。

③ 在第 1 帧插入运动补间动画。

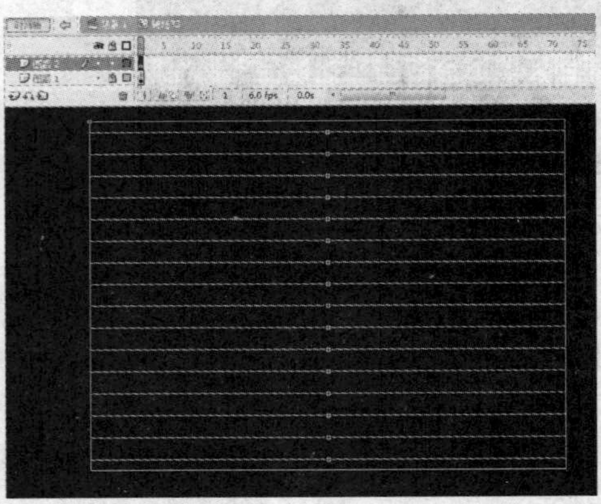

图 6-86 垂直分布“水平线”

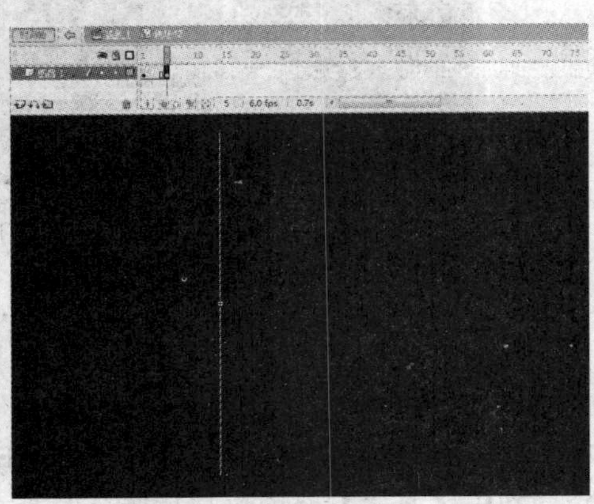

图 6-87 创建影片剪辑元件“转场 42”

步骤 3 新建影片剪辑元件“转场 43”，在其编辑窗口进行如下操作。

① 将元件“舞台标示”从【库】面板拖移到舞台。利用【对齐】面板将其与舞台左对齐和顶对齐；锁定图层 1。

② 新建图层 2。将影片剪辑元件“转场 42”从【库】面板拖移到舞台，利用【对齐】

面板将其与舞台左对齐和顶对齐，如图 6-88 所示。

③ 按 Ctrl+C 键复制矩形（“转场 42”元件的实例）。按 Ctrl+Shift+V 键 15 次原位置粘贴矩形。

④ 利用【属性】面板将其中一个矩形的位置坐标修改为（600，0），如图 6-89 所示。

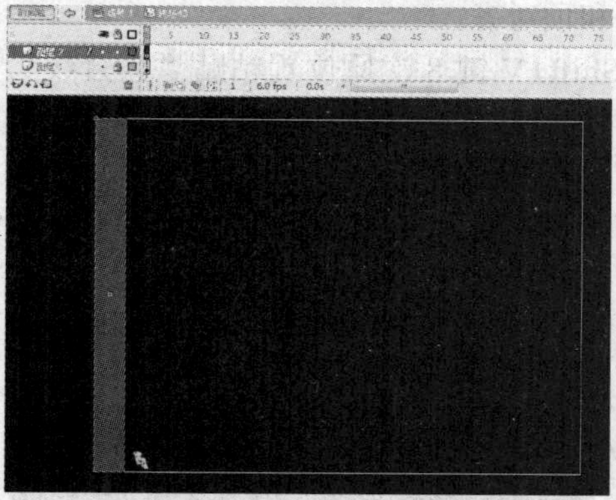

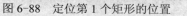

图 6-88　定位第 1 个矩形的位置

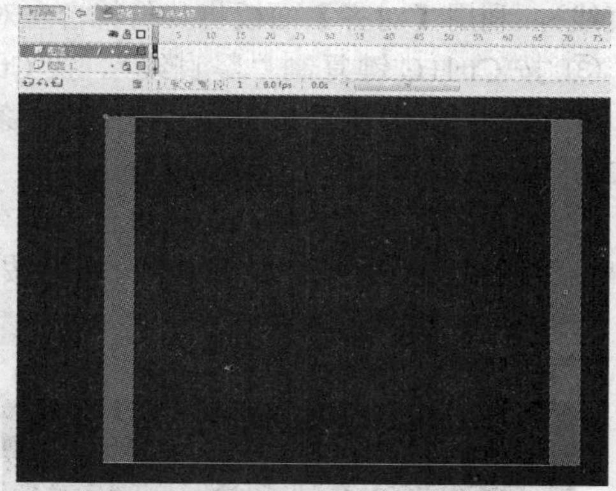

图 6-89　确定水平分布的间距

⑤ 单击图层 2 的首帧以选择舞台上所有的矩形。在【对齐】面板（不选择“相对于舞台”按钮）上单击“水平居中分布”按钮，如图 6-90 所示。

⑥ 锁定图层 2，删除图层 1。至此“转场 43”元件创建完毕。这是后面要调用的第 4 个转场动画元件。

5）创建第 5 个转场动画元件（转场 53）

步骤 1　新建图形元件“转场 51”。在其编辑窗口，绘制一个大小 80×80 像素的红色无边框矩形，利用【对齐】面板对齐到舞台中心。

步骤 2　新建影片剪辑元件“转场 52”，在该元件的编辑窗口，进行如下操作。

① 将图形元件“转场 51”从【库】面板拖移到舞台，并在水平与竖直方向分别与舞台居中对齐。

② 在第 5 帧插入关键帧。

③ 选择第 1 帧，利用【属性】面板将该帧矩形的宽度设置为 1 个像素，如图 6-91 所示。

④ 在第 1 帧插入运动补间动画。

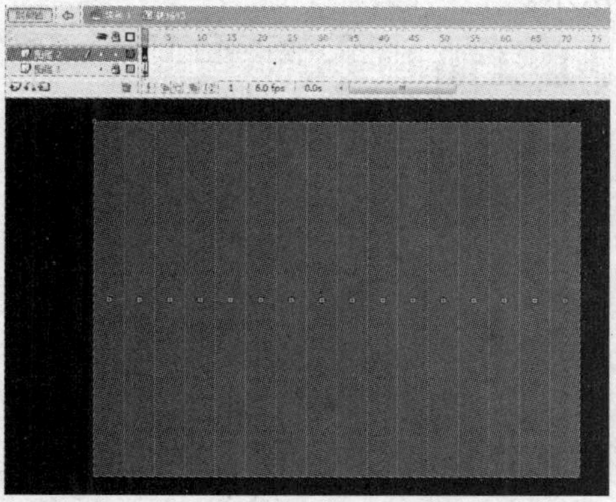

图 6-90　水平分布“竖直线”

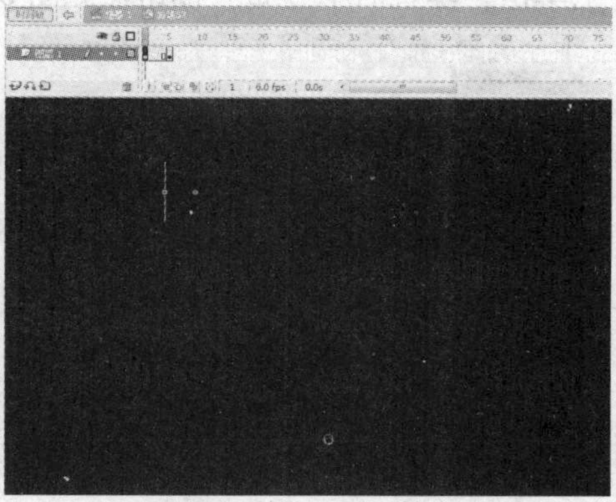

图 6-91　将矩形的宽度设为 1 个像素

步骤 3　新建影片剪辑元件“转场 53”，在其编辑窗口进行如下操作。

① 将元件“舞台标示”从【库】面板拖移到舞台。利用【对齐】面板将其与舞台左对齐和顶对齐；锁定图层 1。

② 新建图层 2。将影片剪辑元件“转场 52”从【库】面板拖移到舞台（显示为一条短竖直线），利用【对齐】面板将其与舞台左对齐和顶对齐。

③ 按 Ctrl+C 键复制“竖直线”。按 Ctrl+Shift+V 键 8 次原位置粘贴“竖直线”。

④ 利用【属性】面板将当前选中的一条“竖直线”的位置坐标修改为（640，0），如图 6-92 所示。

⑤ 单击图层 2 的首帧以选择舞台上所有的“竖直线”。在【对齐】面板（不选择“相对于舞台”按钮）上单击“水平居中分布”按钮，如图 6-93 所示。

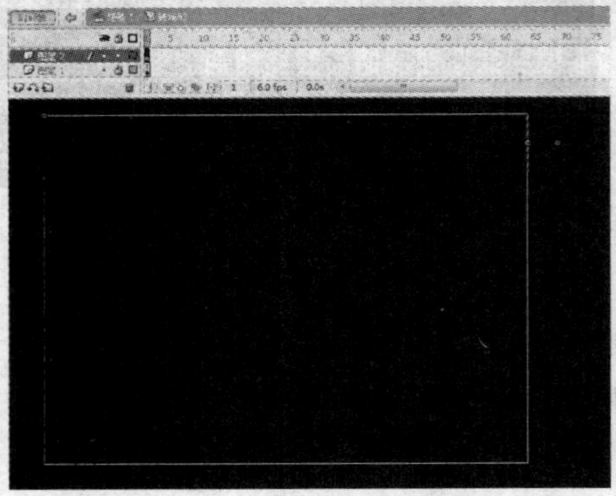

图 6-92　定位第 9 条“竖直线”的位置

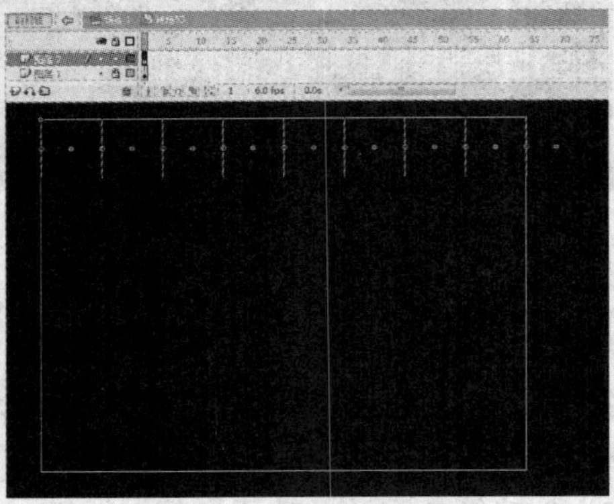

图 6-93　水平分布“竖直线”

⑥ 按 Ctrl+G 键组合所有 9 条“竖直线”。

⑦ 按 Ctrl+C 键复制上述组合。按 Ctrl+Shift+V 键 1 次原位置粘贴组合。

⑧ 利用【属性】面板将其中一个组合的位置坐标修改为（–40，80），如图 6-94 所示。

⑨ 单击图层 2 的首帧以选择两个组合。按 Ctrl+G 键将二者再次组合。

⑩ 按 Ctrl+C 键复制新组合。按 Ctrl+Shift+V 键 2 次原位置粘贴组合。

⑪ 利用【属性】面板将其中一个组合的位置坐标修改为（–40，320），如图 6-95 所示。

⑫ 单击图层 2 的首帧以选择所有 3 个组合。在【对齐】面板（不选择【相对于舞台】按钮）上单击“垂直居中分布”按钮，如图 6-96 所示。

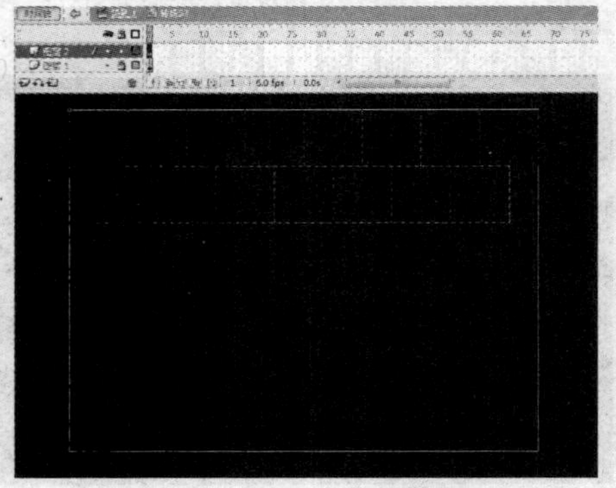

图 6-94　设置 1 个组合的坐标

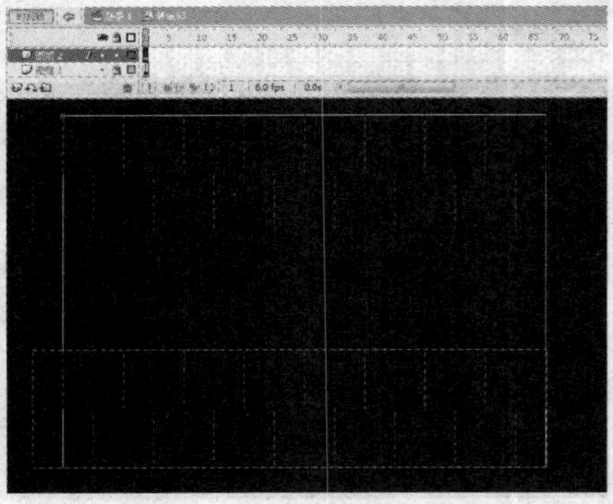

图 6-95　确定竖直分布的间距

⑬ 锁定图层 2，删除图层 1。至此“转场 53”元件创建完毕。这是后面要调用的第 5 个转场动画元件。

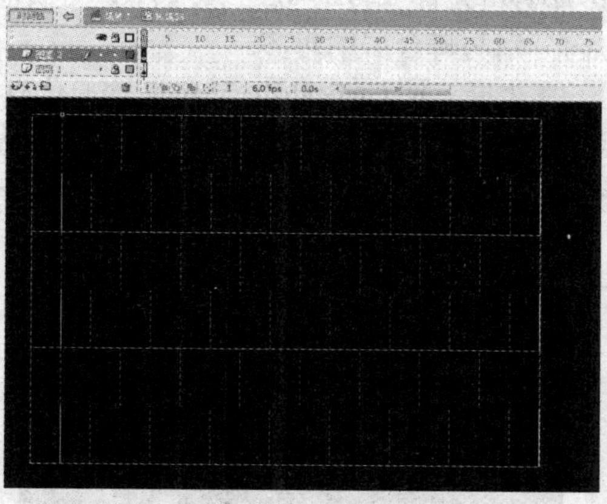

图 6-96　垂直分布组合

6）创建第 6 个转场动画元件（转场 63）

步骤 1　新建图形元件“转场 61”。在其编辑窗口，进行如下操作，

① 选择“多角星形工具”，在【属性】面板上单击【选项】按钮，参数设置如图 6-97 所示，单击【确定】按钮。

② 按住 Shift 键不放，通过拖移鼠标在舞台上绘制一个如图 6-98 所示的红色无边框正六边形（有 2 条边在垂直方向），通过【属性】面板将像素大小设置为 86.6×100。

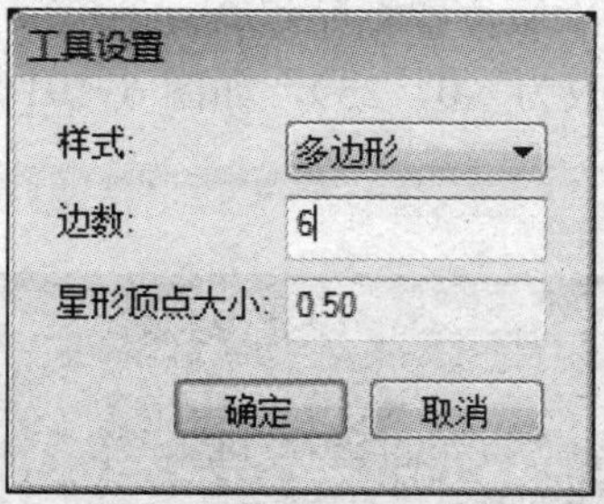

图 6-97　设置多角星形参数

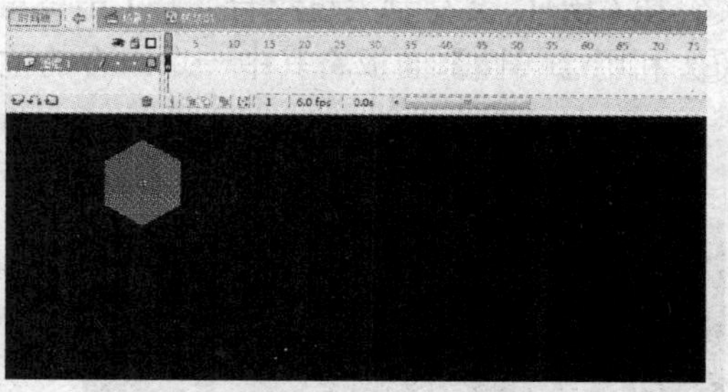

图 6-98　创建图形元件“转场 61”

③ 利用【对齐】面板将正六边形对齐到舞台中心。

步骤 2　新建影片剪辑元件“转场 62”，在该元件的编辑窗口，进行如下操作。

① 将图形元件“转场 61”从【库】面板拖移到舞台，并在水平与竖直方向分别与舞台居中对齐。

② 在第 5 帧插入关键帧，利用【属性】面板将该帧正六边形的宽度与高度分别设置为 0.9 像素和 1.0 像素（变成一个小“点”）。

③ 利用【对齐】面板将这个小“点”在水平与竖直方向分别与舞台居中对齐。

④ 在第 1 帧插入运动补间动画。

步骤 3　新建影片剪辑元件“转场 63”，在其编辑窗口进行如下操作。

① 将元件“舞台标示”从【库】面板拖移到舞台。利用【对齐】面板将其与舞台左对齐和顶对齐，锁定图层 1。

② 新建图层 2。将影片剪辑元件“转场 62”从【库】面板拖移到舞台，利用【对齐】面板将其在水平与竖直方向分别与舞台居中对齐。

③ 按 Ctrl+C 键复制正六边形。按 Ctrl+Shift+V 键 7 次原位置粘贴正六边形。

④ 利用【属性】面板将其中的一个正六边形的位置坐标修改为（562.9，–50），如图 6–99 所示（注：562.9＝86.6×7–43.3）。

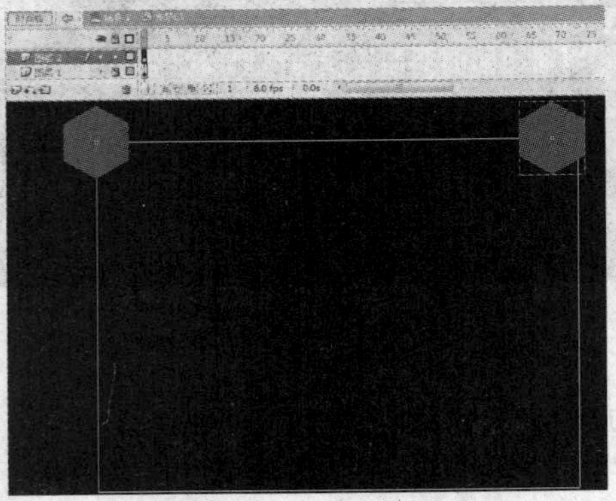

图 6–99 确定水平分布的间距

⑤ 单击图层 2 的首帧以选择舞台上所有的正六边形。在【对齐】面板（不选择“相对于舞台”按钮）上单击“水平居中分布”按钮，如图 6–100 所示。

⑥ 按 Ctrl+G 键组合所有 8 个正六边形。

⑦ 按 Ctrl+C 键复制上述组合。按 Ctrl+Shift+V 键 1 次原位置粘贴组合。

⑧ 利用【属性】面板将其中一个组合的位置坐标修改为（0，25），如图 6–101 所示。

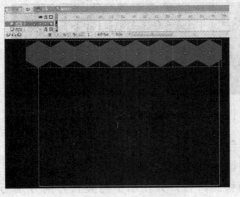

图 6–100 水平分布正六边形

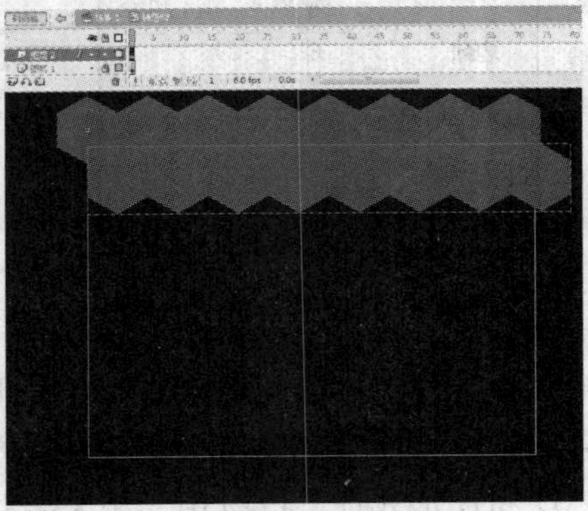

图 6–101 调整组合的位置

⑨ 单击图层 2 的首帧以选择两个组合。按 Ctrl+G 键将二者再次组合。

⑩ 按 Ctrl+C 键复制新组合。按 Ctrl+Shift+V 键 3 次原位置粘贴组合。

⑪ 利用【属性】面板将其中一个组合的位置坐标修改为（–43.3，400），如图 6–102 所示。

⑫ 单击图层 2 的首帧以选择所有 4 个组合。在【对齐】面板（不选择“相对于舞台”按钮）上单击“垂直居中分布”按钮，如图 6–103 所示。

⑬ 锁定图层 2，删除图层 1。至此转场 63 元件创建完毕。这是后面要调用的第 6 个转场动画元件。

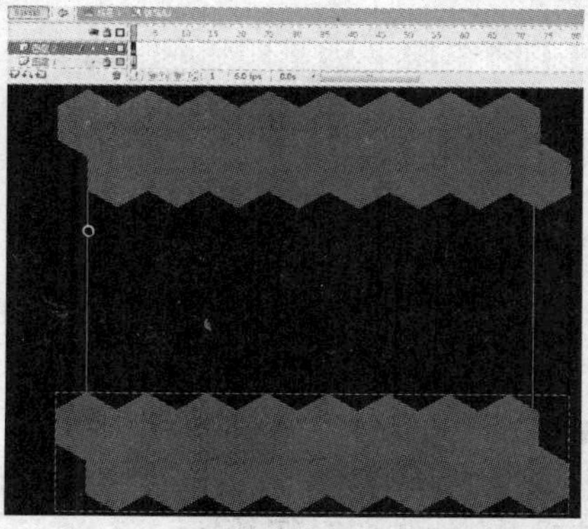

图 6-102　确定竖直分布的间距

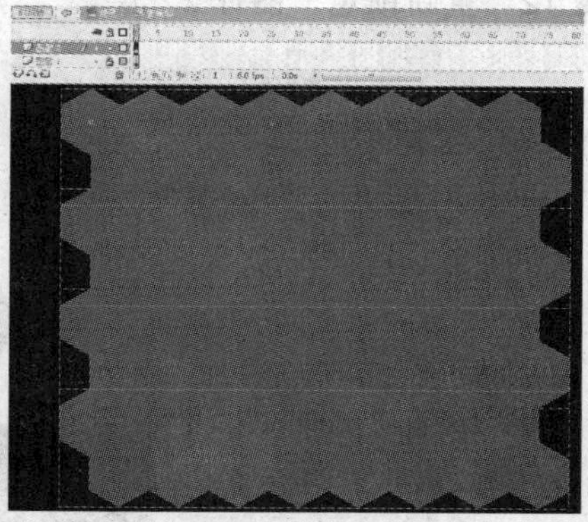

图 6-103　垂直分布组合

4．在遮罩层上应用转场动画

步骤 1　返回场景 1。锁定图层 1 与图层 2；新建图层 3。

步骤 2　在图层 3 的第 31 帧插入关键帧，将影片剪辑元件“转场 13”从【库】面板拖移到舞台，利用【对齐】面板将其在水平与竖直方向分别与舞台居中对齐；在图层 3 的第 36 帧插入空白关键帧。

步骤 3　在图层 3 的第 66 帧插入关键帧，将影片剪辑元件“转场 23”从【库】面板拖移到舞台，利用【对齐】面板将其在水平与竖直方向分别与舞台居中对齐；在图层 3 的第 71 帧插入空白关键帧。

步骤 4　在图层 3 的第 101 帧插入关键帧，将影片剪辑元件“转场 33”从【库】面板拖移到舞台，利用【对齐】面板将其在水平与竖直方向分别与舞台居中对齐；在图层 3 的第 106 帧插入空白关键帧。

步骤 5　在图层 3 的第 136 帧插入关键帧，将影片剪辑元件“转场 43”从【库】面板拖移到舞台，利用【对齐】面板将其在水平与竖直方向分别与舞台居中对齐；在图层 3 的第 141 帧插入空白关键帧。

步骤 6　在图层 3 的第 171 帧插入关键帧，将影片剪辑元件“转场 53”从【库】面板拖移到舞台，利用【对齐】面板将其在水平方向右对齐，垂直方向居中对齐；在图层 3 的第 176 帧插入空白关键帧。

步骤 7　在图层 3 的第 206 帧插入关键帧，将影片剪辑元件“转场 63”从【库】面板拖移到舞台，利用【对齐】面板将其在水平与竖直方向分别与舞台居中对齐；在图层 3 的第 211 帧插入空白关键帧。

步骤 8　将图层 1 改名为“图片 1”，将图层 2 改名为“图片 2”；将图层 3 改名为“转场效果”，并转化为遮罩层（“图片 2”层自动转化为被遮罩层）。

步骤 9　解锁“图片 2”层。单击选择该层的第 241 帧，如图 6-104 所示，通过选择菜单命令【修改】|【转换为元件】将图片“荷（处理）.jpg”转换为图形元件，命名为“荷花”。

步骤 10　在“图片 2”层的第 245 帧插入关键帧。

步骤 11 单击“图片 2”层的第 241 帧，在该帧插入运动补间动画；选择舞台上的“荷花”元件实例，通过【属性】面板的【颜色】选项，将其 Alpha 值设置为 0%。

步骤 12 重新锁定“图片 2”层。

图 6-104 将位图图片转化为元件

5. 添加字幕文本

步骤 1 在所有层的上面新建图层 4，命名为“文本”。在该层的首帧如图 6-105 所示的位置创建文本 01“*春有百花，秋有月，夏有凉风，冬有雪；如此足矣。*”；属性：华文中宋、20 点、红色（#FF0000）、粗体、字间距 5。

说明： 本作品中创建的所有文本的内容可从文本文件“第 6 章素材\转场效果\春花秋月.txt”中直接复制。

步骤 2 将文本转化为图形元件，命名为“文本 01”。

步骤 3 在“文本”层的第 10 帧插入关键帧，在第 31 帧插入空白关键帧。

步骤 4 在“文本”层的第 1 帧插入运动补间动画，选择该帧舞台上的“文字”，通过【属性】面板的【颜色】选项，将其 Alpha 值设置为 0%。

图 6-105 创建文本 01

步骤 5　在“文本”层的第 36 帧插入关键帧，并在该帧如图 6-106 所示的位置创建文本 02“*昨天还感到孤独冷寂，今天雪已下满屋瓦与亭台，迎到了门前的台阶。*”；属性：华文中宋、20 点、黄色（#FFFF00）、粗体、字间距 5、行间距 15。

步骤 6　将文本转化为图形元件，命名为“文本 02”。

步骤 7　在“文本”层的第 45 帧插入关键帧，在第 66 帧插入空白关键帧。

步骤 8　在“文本”层的第 36 帧插入运动补间动画，选择该帧舞台上的“文字”，通过【属性】面板的【颜色】选项，将其 Alpha 值设置为 0%。

图 6-106　创建文本 02

步骤 9　在“文本”层的第 71 帧插入关键帧，并在该帧如图 6-107 所示的位置创建文本 03“*一路走去，忽然就有了欣喜和兴奋。茫茫大雪真干净，落几行深深脚印，旷野无人 ……*”；属性：华文中宋、19 点、白色（#FFFFFF）、粗体、字间距 5、行间距 15。

步骤 10　将文本转化为图形元件，命名为“文本 03”。

步骤 11　在“文本”层的第 80 帧插入关键帧，在第 101 帧插入空白关键帧。

步骤 12　在“文本”层的第 71 帧插入运动补间动画，选择该帧舞台上的“文字”，通过【属性】面板的【颜色】选项，将其 Alpha 值设置为 0%。

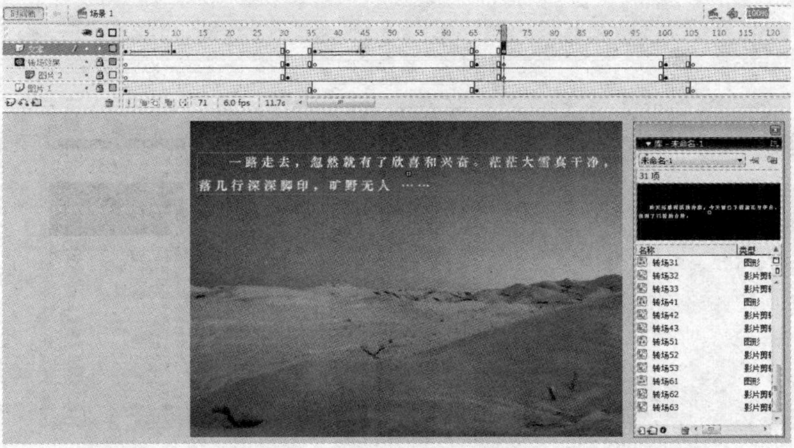

图 6-107　创建文本 03

步骤 13　在“文本”层的第 106 帧插入关键帧，并在该帧如图 6-108 所示的位置创建文本 04“*一生的时光，该会有多少个温馨串织？*”；属性：华文中宋、24 点、黄色（#FFFF00）、粗体、字间距 5。

步骤 14　将文本转化为图形元件，命名为“文本 04”。

步骤 15　在“文本”层的第 115 帧插入关键帧，在第 136 帧插入空白关键帧。

步骤 16　在“文本”层的第 106 帧插入运动补间动画，选择该帧舞台上的“文字”，通过【属性】面板的【颜色】选项，将其 Alpha 值设置为 0%。

图 6-108　创建文本 04

步骤 17　在“文本”层的第 141 帧插入关键帧，并在该帧如图 6-109 所示的位置创建文本 05“*那些虽然一纵即逝却湿润我眼眸的份份感念，那些纵然久远亦不能淡忘的感人故事……*”；属性：华文中宋、18 点、深灰色（#333333）、粗体、字间距 11、行间距 5。

步骤 18　将文本转化为图形元件，命名为“文本 05”。

步骤 19　在“文本”层的第 150 帧插入关键帧，在第 171 帧插入空白关键帧。

步骤 20　在“文本”层的第 141 帧插入运动补间动画，选择该帧舞台上的“文字”，通过【属性】面板的【颜色】选项，将其 Alpha 值设置为 0%。

图 6-109　创建文本 05

步骤 21　在"文本"层的第 176 帧插入关键帧，并在该帧如图 6-110 所示的位置创建文本 06"*在我心中渐渐累积，渐渐沉淤成一份最凝重、最美丽、最隽永的温馨……*"；属性：华文中宋、18 点、黄色（#FFFF00）、粗体、字间距 10、行间距 5。

步骤 22　将文本转化为图形元件，命名为"文本 06"。

步骤 23　在"文本"层的第 185 帧插入关键帧，在第 206 帧插入空白关键帧。

步骤 24　在"文本"层的第 176 帧插入运动补间动画，选择该帧舞台上的"文字"，通过【属性】面板的【颜色】选项，将其 Alpha 值设置为 0%。

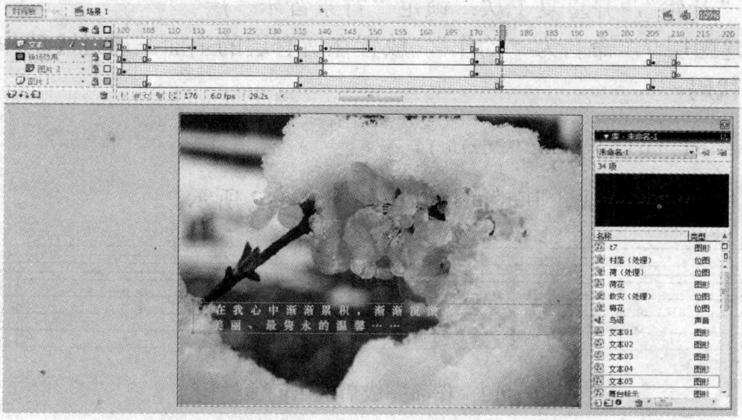

图 6-110　创建文本 06

步骤 25　在"文本"层的第 211 帧插入关键帧，并在该帧如图 6-111 所示的位置创建文本 07"*任岁月侵蚀、心境变迁，永不消逝，永远地珍惜。*"；属性：华文中宋、20 点、黄色（#FFFF00）、粗体、字间距 8。

步骤 26　将文本转化为图形元件，命名为"文本 07"。

步骤 27　在"文本"层的第 220 帧插入关键帧，在第 241 帧插入空白关键帧。

步骤 28　在"文本"层的第 211 帧插入运动补间动画，选择该帧舞台上的"文字"，通过【属性】面板的【颜色】选项，将其 Alpha 值设置为 0%。

图 6-111　创建文本 07

步骤 29 锁定“文本”层。

6. 添加声音与代码

步骤 1 新建图层 5，命名为“鸟语”，放置在所有层的上面。选择“鸟语”层的首帧，在【属性】面板的【声音】选项中选择“鸟语.mp3”，【同步】选项中选择“开始”，并重复 1 次；锁定“鸟语”层。

步骤 2 新建图层 6，命名为“背景音乐”，放置在所有层的上面。在背景音乐层的第 37 帧插入关键帧，选择该关键帧，在【属性】面板的【声音】选项中选择“秋日私语.mp3”，【同步】选项中选择“开始”，并重复 1 次；锁定“背景音乐”层。

步骤 3 新建图层 7，命名为“动作”，放置在所有层的上面。通过【动作】面板为该层的首帧添加如下代码。

```
fscommand("fullscreen",true);
```

至此，整个作品制作完成，其时间线结构如图 6-112 所示。

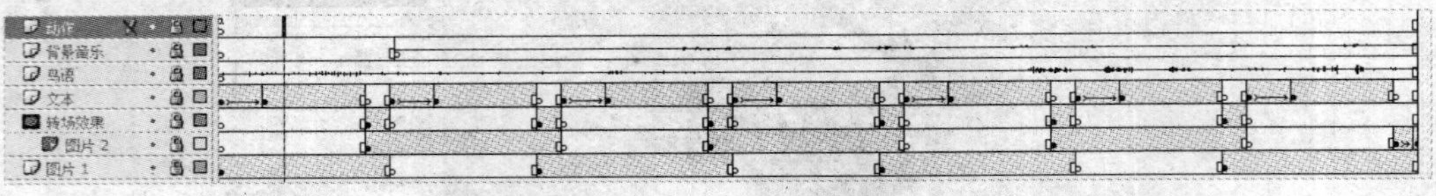

图 6-112 作品完成后的时间线结构

7. 保存并输出作品

步骤 1 通过选择菜单命令【文件】|【另存为】，保存多媒体作品源文件，命名为“心语.fla”。

步骤 2 通过选择菜单命令【控制】|【测试影片】，在存储源文件的位置生成 SWF 电影文件，名字为“心语.swf”；关闭测试窗口，关闭源文件；退出程序 Flash 8.0。

步骤 3 打开 Windows 资源管理器。双击运行文件“心语.swf”观看作品整体效果。

6.4 习题与思考

一、选择题

1．对传统数字媒体的集成的理解以下__________是正确的。

A．各单媒体素材往往以关联的形式合成到多媒体作品中

B．多媒体作品的最终文件大小与所用媒体素材的文件大小之间不存在直接的联系

C．多媒体作品的文件格式多种多样；相应的，播放工具也有多种

D．使用同步多媒体集成语言（Smil）将各媒体素材集成在一起

2．下列对多媒体作品的理解错误的是__________。

A．仅仅使用多媒体集成软件将各单媒体素材简单“堆砌”，并不是好的多媒体作品

B．借助多种媒体形式表达作品主题，其主要目的是增强信息的感染力

C．各媒体之间应建立有效的逻辑链接，利用不同媒体形式进行优势互补

D．具有“高超”的多媒体集成技术和手段的多媒体作品一定是好的多媒体作品

二、填空题

1．多媒体信息集成包括__________的集成和__________的集成。

2．多媒体信息集成是指在文本、图形、图像、音频和视频等多种媒体信息之间建立__________，集成为一个系统并具有__________功能。

3．使用__________语言（Smil）可以将各流式媒体集成在一起，形成流式多媒体作品。

4．流式多媒体文件较小，主要用于__________传输。

三、操作题

使用 Photoshop、Flash 与“练习\合成\”文件夹下的图片素材“风景 01.jpg”、“风景 02.jpg”和音频素材“念故乡(伴奏).mp3”合成多媒体作品“片尾”，作品画面效果如图 6-113 所示。效果参考“练习\合成\片尾.swf”。

图 6-113　作品画面效果

以下是操作提示。

（1）使用 Photoshop 的“可选颜色”命令对图片素材“风景 01.jpg”进行调色（调整图片中的绿色与蓝色）。结果参考“练习\合成\风景 01（调色）.jpg”。

（2）使用 Photoshop 对调色后的图片进行裁切，裁切后的图片大小为 600×480 像素。结果参考“练习\合成\风景 01（调色+裁切）.jpg”。

（3）使用 Photoshop 的“可选颜色”命令对图片素材“风景 02.jpg”进行调色（调整图片中的黄色）。结果参考“练习\合成\风景 02（调色）.jpg”。

（4）使用 Photoshop 对调色后的图片进行裁切，裁切后的图片大小为 600×480 像素。结果参考“练习\合成\风景 02（调色+裁切）.jpg”。

（5）启动 Flash，新建 Flash 文档（舞台大小 600×480 像素）。将调色并裁切后的图片“风景 01”与“风景 02”、音频素材“念故乡（伴奏）.mp3”导入库。

（6）在图层 1 插入图片“风景 02”，并与舞台对齐。在第 105 帧插入帧。

（7）新建图层 2，在第 11 帧插入空白关键帧。插入图片“风景 01”，并与舞台对齐。

（8）将图片“风景 01”转换为图形元件。在图层 2 的第 31 帧插入关键帧。在图层 2 的第 11 帧插入运动补间动画，并将该帧“图片”的不透明度设置为 0%。

（9）新建图层 3，在第 51 帧至 61 帧之间创建半透明（不透明度为 40%）白色屏幕展开的形状补间动画。其中第 51 帧中透明矩形的大小为 1×480 像素；第 61 帧中透明矩形的大小为 400×480 像素。

（10）新建图层 4，在第 61 帧至 71 帧之间创建字幕上升的运动补间动画。

（11）新建图层 5 和图层 6。在两个图层的第 71 帧至 105 帧之间分别创建白色竖直线条同时展开的补间动画（位于透明白色屏幕左右两侧，一条从上向下展开，另一条从下向上展开）。

（12）新建图层 7，在第 105 帧插入关键帧，并在该帧插入背景音乐“念故乡(伴奏).mp3”（同步：开始；重复 1 次）。

（13）新建图层 8，在第 105 帧插入关键帧，并在该帧插入动作脚本“stop();”。作品最终的时间线结构如图 6-114 所示。

（14）测试动画，确定无误后保存并输出动画。

图 6-114　作品最终的时间线结构

部分习题答案

第 1 章

一、选择题

1. B　2. C　3. A　4. A　5. D　6. C

7. A　8. D　9. D　10. B　11. D

二、填空题

1. 娱乐　2. WAV　3. 硬件、软件　4. 多媒体应用软件

5. D/A　6. 视频卡　7. 音量

三、简答题

略。

第 2 章

一、选择题

1. A　2. C　3. A

二、填空题

1. 图像分辨率　2. 位分辨率　3. PSD

三、操作题

略。

第 3 章

一、选择题

1. B　2. D　3. C　4. B　5. A　6. A　7. A

二、填空题

1. 帧　视觉滞留（或视觉暂留）　2. 逐帧　补间　3. 时间轴　4. 舞台

5. 文档属性

三、操作题

略。

第 4 章

一、选择题

1. D　2. A　3. C　4. B　5. D

二、填空题

1．量化　量化位数（或量化精度、量化等级）　2．立体声　3．编码　采样频率

4．指令　5．修剪（Trim）　6．混合粘贴　7．合并到新音轨　混缩到新文件

8．视频

三、思考题

略。

四、操作题

略。

第 5 章

一、选择题

1．C　2．D　3．B　4．B　5．B

二、填空题

1．时间　2．时间　3．编码　4．非线性

三、思考题

略。

四、操作题

略。

第 6 章

一、选择题

1．C　2．D

二、填空题

1．传统数字媒体 流媒体　2．逻辑连接 交互　3．同步多媒体集成　4．网络

三、操作题

略。